■ 大学计算机基础与应用系列立体化教材

统计数据分析基础教程

——基于SPSS 20 和Excel 2010的调查数据分析（第二版）

叶　向　李亚平◎编著

中国人民大学出版社

· 北京 ·

内容简介

本教材介绍了从设计调查问卷开始直到完成调查报告为止的整个社会调查过程，包括问卷设计与数据收集、问卷数据的录入与清理、问卷数据基本统计分析（单变量的一维频率分析、双变量的交叉表分析、多选变量的一维频率分析和交叉表分析、描述统计分析）、假设检验、单因素方差分析、线性相关分析与线性回归分析等内容。作者还结合自己10多年学习、实践、讲授和研究统计方法及其应用的经验体会，介绍了许多专门的方法和技巧。

本教材的写作基础是安装于Windows 7操作系统上的中文版SPSS 20和中文版Excel 2010。

本教材可作为各级各类高等院校本科生统计数据分析的入门教材，也可以作为MBA学生、研究生以及从事统计数据分析工作的人士的参考书。同时本教材也十分便于实际调研部门的人员和对数据分析感兴趣的读者自学及实践时参考。

总序

随着计算机与互联网应用的普及、信息技术的发展及中小学对信息技术基础课程的普遍开设，针对大学计算机基础与应用教育的方向和重点，我们认为应该研究新的教育与教学模式，使得计算机基础与应用课程摆脱传统的课堂上课＋课后上机这种简单、低效的教学方式，逐步转向以实践性教学和互动式教学为手段，利用现代化的计算机实现辅助教学、管理与考核，同时提供包括教材、教辅、教案、习题、实验、网络资源在内的丰富的立体化教学资源和实时或在线答疑系统，使得学生乐于学习、易于学习、学有成效、学有所用，同时减轻教师备课、授课、布置作业与考核、阅卷的工作量，提高教学效率。这是我们建设这套“大学计算机基础与应用系列立体化教材”的初衷。

根据大学非计算机专业学生的社会需求和教育部对计算机基础与应用教育的指导意见，中国人民大学从2005年开始对计算机公共课进行大规模改革，包括增设课程、改革教学方式和考核方式、进行教材建设等多个方面的内容。在最新的《中国人民大学本科生计算机教学指导纲要（2008年版）》中，将与计算机教育有关的内容分为三个层次。第一层次为“计算机应用基础”课程，第二层次为“计算机应用类”课程（包含约10门课程），第三层次纳入专业基础课或专业课教学范畴，形成1＋X＋Y的计算机基础与应用教育格局。其中，第一层次的“计算机应用基础”课程和第二层次的“计算机应用类”课程，作为分类分层教学中的核心课程，走在教学改革的前列，同时结合中国人民大学计算机教学改革中开展的其他项目，已经形成了教材（部分课程）、教案、教学网站、教学系统、作业系统、考试系统、答疑系统等多层次、立体化的教学资源。同时，部分项目获得了学校、北京市、全国各级教学成果奖励和立项。

为了巩固我们的计算机基础与应用教学改革成果并使其进一步深化，我们认为有必要系统地建立一套更合理的教材，同时将前述各项立体化、多层次的教学资源整合到一起。为此，我们组织中国人民大学、中央财经大学、天津财经大学、河北大学、东华大学、华北电力大学等多所院校中从事计算机基础与应用课程教学的一线骨干教师，共同建设“大学计算机基础与应用系列立体化教材”项目。

本项目对中国人民大学及合作院校的计算机公共课教学改革和课程建设起着非常关键的作用，得到了各校领导和相关部门的大力支持。该项目将在原来的应用教学的基础上，更进一步地加强实践性教学、实验和考核环节，让学生真正地做到学以致用，与信息技术的发展同步成长。

本系列教材覆盖了“计算机应用基础”（第一层次）和“计算机应用类”（第二层次）的十余门课程，包括：

- 大学计算机应用基础

- Internet 应用教程
- 多媒体技术与应用
- 网站设计与开发
- 数据库技术与应用
- 管理信息系统
- Excel 在经济管理中的应用
- 统计数据分析基础教程
- 信息检索与应用
- C 程序设计教程
- 电子商务基础与应用

每门课程均编写了教材和配套的习题与实验指导。

随着信息化技术的发展，许多新的应用不断涌现，同时数字化的网络教学手段也在发展和成熟。我们将为此项目全面、系统地构建立体化的课程与教学资源体系，以方便学生学习、教师备课、师生交流。具体措施如下：

- 教材建设：在教材中减少纯概念性理论的内容，加强案例和实验指导的分量；增加关于最新的信息技术应用的内容并将其系统化，增加互联网和多媒体应用方面的内容；密切跟踪和反映信息技术的新应用，使学生学到的知识马上就可以使用，充分体现“应用”的特点。
- 教辅建设：针对教材内容，精心编制习题与实验指导。每门课程均安排大量针对性很强的实验，充分体现课程的实践性特点。
- 教学视频：针对主要教学要点，我们将逐步录制教学操作视频，使得学生的学习和复习更为方便。
- 电子教案：我们为教师提供电子教案，针对不同专业和不同的课时安排提出合理化的教学备课建议。
- 教学网站：纸质课本容量有限，更多更全面的教学内容可以从我们的教学网站上查阅。同时，新的知识、技巧和经验不断涌现，我们亦将它们及时地更新到教学网站上。
- 教学辅助系统：针对采用本教材的院校，我们开发了教学辅助系统。通过该系统，可以完成课程的教学、作业、实验、测试、答疑、考试等工作，极大地减轻教师的工作量，方便学生的学习和测试，同时网络的交流环境使师生交流答疑更为便利。（对本教学辅助系统有兴趣的院校，可联系 yxd@yxd. cn 了解详情。）
- 自学自测系统：针对个人读者，可以通过我们提供的自学自测系统来了解自己学习的情况，调整学习进度和重点。
- 在线交流与答疑系统：及时为学生答疑解惑，全方位地为学生（读者）服务。

相信本套教材和教学管理系统不仅对参与编写的院校的计算机基础与应用教学改革起到促进作用，而且对全国其他高校的计算机教学工作也具有参考和借鉴意义。

杨小平

2009 年 6 月

第二版前言

自从周以真教授比较系统地提出计算思维的概念以来，计算思维便受到国内外计算机专家和学者的普遍关注。现在，许多高校都在积极开展计算思维的教学研究，重新审视与梳理计算机技术在各学科中的应用，培养学生的计算思维能力。

本教材第一版出版后受到了广泛的关注。许多教师、学生和读者在支持鼓励的同时，对本教材提出了许多宝贵的意见和建议。我们对这些意见和建议进行了认真的分析，提出了改进的思路，在出版社的大力支持下，经过努力完成了本教材的修订任务。在此修订版发行之际，我们对关爱、支持我们的各界人士表示衷心的感谢。

这次是对本教材进行的第一次修订，整体上基本保留了原书的结构，但对内容进行了更加适当的筛选，同时对例子和习题进行了大幅更新。各章节的具体变化如下：

第 1 章概述：将附录改为 Excel 数据分析工具。

第 2 章问卷设计与数据收集：附录中增加一个问卷实例（问卷实例二，大学入学新生信息技术与计算机基础情况调查问卷）。

第 3 章问卷数据的录入与清理：删去了“在 SPSS 中核对问卷数据”一节，将附录中的“Excel 数据分析工具”提前至第 1 章。

第 4 章单变量的一维频率分析：调整 4.3 节和 4.4 节的顺序，删去了“根据频率排名”一节，将其内容调整到 4.1.3 小节和 4.2.2 小节。

第 5 章双变量的交叉表分析：将原来在“利用 SPSS 实现两个单选题的交叉表分析”一节中的“在 Excel 中绘制百分比堆积柱形图”分离出来，增加了“在 Excel 中绘制两个单选题的交叉表统计图”一节。删去了附录中的“关于计算机课程教学情况调查问卷”。

第 6 章多选变量的一维频率分析和交叉表分析：将原来的“利用 SPSS 对多选题进行频率分析”一节拆分成三节，分别为：利用 SPSS 实现“二分法”编码多选题的一维频率分析、利用 SPSS 实现“分类法”编码多选题的一维频率分析和利用 SPSS 实现多选题的交叉表分析。将原来的“利用 Excel 对多选题进行一维频率分析”一节全部重新改写并拆分成两节，分别为：利用 Excel 实现“分类法”编码多选题的一维频率分析和利用 Excel 实现“二分法”编码多选题的一维频率分析。增加了一节：利用 Excel 实现“分类法”编码多选题的交叉表分析。删去了“撰写多选题的一维频率分析调查报告”一节，将其内容调整到相应的小节。

第 7 章描述统计分析：将原来在“利用 SPSS 实现多组均值比较”一节中的“利用 SPSS 实现定序变量的描述统计分析”分离出来，增加为两节：利用 SPSS 实现有序变量的描述统计分析和利用SPSS实现有序变量的多组均值比较。删去了“利用Excel对定量变量进行描述统计分析”和“利用Excel求量表均值并排名”两节，增加一节：利用Excel“描述统计”分析工具实现矩阵题的描述统计分析。删去了附录：简化版的“手机营销组合”调查问卷。

第8章简单统计推断：假设检验：删去了“总体比例的检验”一节。

第9章单因素方差分析和第10章线性相关分析与线性回归分析改动不大。

本教材的写作基础是安装于Windows 7操作系统上的中文版SPSS 20和中文版Excel 2010。为了能顺利学习本教材介绍的例子，建议读者在中文版SPSS 20和中文版Excel 2010的环境下学习。

为了使广大读者更好地掌握本教材的内容，加深理解并增强处理实际问题的能力，我们将本教材所有例题和习题的数据文件放在中国人民大学出版社的网站（www.crup.com.cn）上，读者可以登录该网站免费下载；为支持教师的教学，编著者还把她们多年教学中积累的教学课件奉献给教师们，需要的教师请与我们联系。

为方便教师教学和学生自学，我们还将出版本教材的同步配套辅导书《统计数据分析基础教程（第二版）习题与实验指导》。

本教材的修订由叶向和李亚平两位老师完成，她们是中国人民大学全校共同课“SPSS基础与应用”课程的主讲教师，也是中国人民大学从事计算机基础教学工作的骨干教师。本教材修订的大部分内容，在“SPSS基础与应用”课程及其他课程中讲授过多次，受到普遍欢迎。

在本教材的修订过程中参考了大量的国内外有关文献书籍，它们对本教材的成文起了重要作用。在此对一切给予支持和帮助的家人、朋友、同事、有关人员以及参考文献的作者一并表示衷心的感谢。

同时，也要感谢中国人民大学出版社的编辑，他们对本教材写作的支持以及对书稿的认真编辑和颇有效率的工作，使得本教材能尽快与读者见面。

鉴于编著者的水平和经验有限，教材第二版中仍难免有不当或失误之处，恳请各位专家和广大读者给予指正并提出宝贵意见，同时欢迎同行进行交流。编著者联系邮箱是：yexiang@ruc.edu.cn。

最后，再次感谢多年来阅读和使用本教材的老师、同学和读者，感谢他们对本教材修改提出的宝贵意见和建议。

叶向

于中国人民大学信息学院

2014年12月

第一版前言

在经济全球化进程不断加快、世界经济联系日趋紧密、市场竞争越来越激烈的今天，一个企业要想赢得市场，求得生存和发展，必须最大限度地减少决策失误的概率。为此，决策者仅凭个人的经验、知识和感觉是很难做到这一点的。在决策过程中，必须充分利用集体的经验、知识、智慧和科学的分析方法，对收集到的数据做出准确、及时的分析并制定正确的决策。掌握数据分析方法和实施工具，是现代管理人才必备的基本技能。

近年来在西方发达国家，信息技术人才和统计应用人才一直排名在就业需求榜的前列，具备计算机知识和统计知识的复合型人才在未来将具有巨大的发展前景和明显的从业优势。

本教材坚持以案例为依托，利用国内外普遍流行的 SPSS 统计分析软件以及最普遍流行的 Excel 软件来解决案例中的问题，使读者能更好地利用数据分析方法和实施工具解决实际问题，使数据分析方法在决策中能发挥重要作用，也使学生对统计应用更加感兴趣。

本教材的主要内容包括：问卷设计及数据收集、问卷数据录入与清理、问卷数据基本统计分析（单变量的频率分析、双变量的交叉表分析、多选变量的频率分析、描述统计分析）、假设检验、单因素方差分析以及相关与回归分析。

笔者从事统计应用教学与研究十多年，收集整理了丰富的案例和实践经验。本教材重点突出以下特点：

1. 把 SPSS 和 Excel 放在一起介绍。本教材的写作基础是安装于 Windows XP 操作系统上的 SPSS 13.0 英文版和 Excel 2003 中文版。

2. 对统计数据分析方法的介绍，力求通俗易懂、简明扼要。

3. 应用实际案例，从实际问题出发，重点介绍软件是如何帮助解决实际问题的，并不强调对软件中每个细节的介绍。

4. 在介绍应用 SPSS 和 Excel 软件进行统计分析时，给出了详细的步骤。对输出结果也尽量以读者较容易接受的口语方式进行阐述，而不是用难懂的统计术语讲解。也就是说，过程和说明并重，告诉读者如何根据统计分析结果撰写调查报告。

5. 每章提供了实际案例及相关数据，供读者练习。

本教材的大部分内容，在中国人民大学计算机应用类课程《SPSS 基础与应用》及其他课程中讲授过多次，受到普遍欢迎。其教学辅助资源（习题与实验指导、课件、考题等）也在同步建设中。

经过整整8个月紧张的写作，终于在祖国60周年华诞的喜庆日子里完成了全部书稿。在本书出版之际，要感谢的人很多。首先要感谢信息学院信息系的陈禹教授和方美琪教授，让笔者有机会于1998年3—11月到香港理工大学计算机系进行有关数据仓库与数据挖掘方面的合作研究。1999年2月，陈禹老师让笔者跟李丘副教授一起给全校本科生讲授《统计分析软件SPSS》，从李丘老师那里学到很多，特别是他能够利用统计分析软件解决实际问题（从调查问卷设计、在Excel中录入数据、在SPSS中进行统计分析、在Excel中绘制图表到在Word中撰写调查报告的整个社会调查过程）的讲课方法，给笔者留下了深刻印象。让笔者明白了，学生需要我们能够教给他们解决实际问题的能力。2002年2—6月，笔者去听了李燕琛副教授退休前最后一次给全校硕士研究生开设的《统计分析软件SPSS》和《数据分析软件——Excel高级功能》两门课程。在李老师的课堂上，笔者开始感受到了Excel强大的数据处理与分析功能。2003年8—12月，劳动人事学院的潘锦棠教授给了我一次组织大型的全国性的调查问卷数据录入和统计分析的实践机会。2003年9月，陈禹教授让笔者给信息学院的硕士研究生开设方法课《现代统计方法》，于是笔者去听了统计学院吴喜之教授给全校博士生开设的方法课《统计模型及应用》。笔者非常喜欢吴喜之老师的这门课，从头到尾认认真真听了两遍。从吴老师的课中，笔者知道了统计课程还可以这么教："统计已经渗入到人们的社会、生活、工作等各个领域；以应用为目标学习统计，通过学习获得解决和处理问题的能力；要还统计应用以其本来面目，使得统计变成人人都能够基本上理解和掌握的有用工具"。2009年3月，笔者正式从信息系调入信息技术基础教研室，杨小平教授和尤晓东副教授让我负责《SPSS基础与应用》这门课，包括教学内容、教材编写、教学系统、课件、考题等。要感谢这些给我机会的老师们、使我重新感受到做学生的幸福的教授们以及让我"教学相长"的学生们。

这里还要特别感谢策划本书的中国人民大学出版社的潘旭燕老师，她非常热心，工作认真负责，一直鼓励我将有自己特色的统计应用教学方法写出来，也告诉我很多把书写好的方法。在编写过程中参考了大量的国内外有关文献书籍，它们对本书的成文起了重要作用。在此对一切给予支持和帮助的家人、朋友、同事、同学、有关人员以及参考文献书籍的作者一并表示衷心感谢。

为了使广大读者更好地掌握本教材的内容，加深理解并增强处理问题的能力，我们将本书所有例题和习题的数据文件放在中国人民大学出版社的网站（www. crup. com. cn）的资源中心处，读者可以登录该网站免费下载；为支持教师的教学，本书的作者还将她多年教学中积累的教学课件奉献给老师们。需要的老师，请与本书作者或中国人民大学出版社编辑部联系，电子邮箱：yexiang@ruc. edu. cn 或 panxuyan@263. net。

为方便教师教学和学生自学，我们还将出版本教材的配套辅导书《统计数据分析基础教程习题与实验指导》。

鉴于编著者的水平和经验有限，书中错误和不妥之处在所难免，恳请各位专家和广大读者给予指正并提出宝贵意见，同时欢迎同行进行交流。编著者联系邮箱是：yexiang@ruc.edu.cn。

叶向
于中国人民大学信息学院
2009 年 10 月

目录 CONTENTS

第 1 章　概述 ········· 1

1.1　什么是统计 ········· 1

1.2　统计、计算机与统计软件 ········· 2

1.3　为何要使用 Excel 来学习统计 ········· 3

1.4　变量及其分类 ········· 4

1.5　数据的收集 ········· 6

1.6　思考题与上机实验题 ········· 10

本章附录　Excel 数据分析工具 ········· 10

第 2 章　问卷设计与数据收集 ········· 13

2.1　问卷的概念及其结构 ········· 13

2.2　设计问卷的步骤 ········· 16

2.3　几种典型的问卷题型 ········· 18

2.4　“态度 8”问卷模板库简介 ········· 25

2.5　编辑问卷的技巧 ········· 27

2.6　收集问卷数据 ········· 29

2.7　思考题与上机实验题 ········· 34

本章附录Ⅰ　问卷实例一 ········· 35

本章附录Ⅱ　问卷实例二 ········· 38

本章附录Ⅲ　调查研究方案实例 ········· 41

第 3 章　问卷数据的录入与清理 ………… 45
3.1　问卷数据的录入 ………… 45
3.2　在 Excel 中录入问卷数据 ………… 47
3.3　核对和清理问卷数据 ………… 55
3.4　在 Excel 中核对问卷数据 ………… 58
3.5　建立调查问卷的 SPSS 数据文件 ………… 67
3.6　思考题与上机实验题 ………… 78
本章附录　在 Excel 2010 中生成随机数 ………… 81

第 4 章　单变量的一维频率分析 ………… 89
4.1　利用 SPSS 实现单选题的一维频率分析 ………… 89
4.2　利用 Excel 实现单选题的一维频率分析 ………… 103
4.3　在 Excel 中绘制单选题的一维频率分布统计图 ………… 114
4.4　如何用 Word 编辑一维频率分布表和统计图 ………… 124
4.5　利用 SPSS 实现填空题的一维频率分析 ………… 128
4.6　利用 Excel 实现填空题的一维频率分析 ………… 134
4.7　撰写调查报告 ………… 139
4.8　思考题与上机实验题 ………… 145
本章附录　社会调查报告实例（频率分析） ………… 145

第 5 章　双变量的交叉表分析 ………… 149
5.1　利用 SPSS 实现两个单选题的交叉表分析 ………… 149
5.2　在 Excel 中绘制两个单选题的交叉表统计图 ………… 157
5.3　利用 Excel 数据透视表实现单选题的一维频率分析和交叉表分析 ………… 166
5.4　交叉表行列变量间关系的分析 ………… 186
5.5　思考题与上机实验题 ………… 189
本章附录　社会调查报告实例（交叉表分析） ………… 190

第 6 章　多选变量的一维频率分析和交叉表分析 ………… 198
6.1　利用 SPSS 实现“二分法”编码多选题的一维频率分析 ………… 198
6.2　利用 SPSS 实现“分类法”编码多选题的一维频率分析 ………… 209
6.3　利用 SPSS 实现多选题的交叉表分析 ………… 213
6.4　在 Excel 中绘制多选题的一维频率分布条形图和交叉表簇状条形图 ………… 221
6.5　利用 Excel 实现“分类法”编码多选题的一维频率分析 ………… 231
6.6　利用 Excel 实现“二分法”编码多选题的一维频率分析 ………… 237
6.7　利用 Excel 实现“分类法”编码多选题的交叉表分析 ………… 242
6.8　思考题与上机实验题 ………… 248

第7章　描述统计分析 …… 250
7.1　利用SPSS实现定量变量的描述统计分析 …… 250
7.2　利用SPSS实现定量变量的多组均值比较 …… 255
7.3　利用SPSS实现有序变量的描述统计分析 …… 262
7.4　利用SPSS实现有序变量的多组均值比较 …… 269
7.5　利用Excel“描述统计”分析工具实现矩阵题的描述统计分析 …… 279
7.6　思考题与上机实验题 …… 284

第8章　简单统计推断：假设检验 …… 285
8.1　假设检验的基本原理 …… 285
8.2　利用SPSS实现单样本t检验 …… 289
8.3　利用SPSS实现独立样本t检验 …… 293
8.4　利用SPSS实现配对样本t检验 …… 296
8.5　利用Excel实现单样本t检验 …… 301
8.6　利用Excel实现独立样本t检验 …… 303
8.7　利用Excel实现配对样本t检验 …… 306
8.8　思考题与上机实验题 …… 308

第9章　单因素方差分析 …… 311
9.1　单因素方差分析的基本原理 …… 311
9.2　利用SPSS实现单因素方差分析 …… 313
9.3　利用Excel实现单因素方差分析 …… 318
9.4　思考题与上机实验题 …… 320

第10章　线性相关分析与线性回归分析 …… 321
10.1　问题的提出 …… 321
10.2　定量变量的线性相关分析 …… 322
10.3　利用SPSS实现线性相关分析 …… 323
10.4　定量变量的线性回归分析 …… 324
10.5　利用SPSS实现线性回归分析 …… 326
10.6　利用Excel“图表”实现一元线性回归分析 …… 329
10.7　利用Excel“回归”分析工具实现多元线性回归分析 …… 334
10.8　思考题与上机实验题 …… 337

参考文献 …… 340

第 1 章

概 述

本章将介绍统计数据分析中经常用到的一些基本概念，包括什么是统计、统计与计算机的关系、统计软件、变量、数据的收集等内容。

1.1 什么是统计

你想过下面的问题吗?①

(1) 当你买了一台电视，被告知三年内可以免费保修时，你想过厂家凭什么这样说吗? 说多了，厂家会损失；说少了，会失去竞争，也是损失。到底这个保修期是怎样决定的呢?

(2) 在同一年级中，同一门统计学的课程可能由一些不同的教师讲授。教师讲课方式当然不一样，考试题目也不一定相同。那么如何比较不同班级的统计学成绩呢?

(3) 大学排名是一个非常敏感的问题。不同的机构会得出不同的结果，各自都说自己是客观、公正和有道理的。到底如何理解这些不同的结果呢?

(4) 如何通过大众调查来得到性别、年龄、职业、收入等各种因素与公众对某件事物（比如商品或政策）的态度的关系呢?

(5) 如何才能够客观地得知某个电视节目的收视率，以确定广告的价格是否合理呢?

其实，这些都是统计应用的例子。这样的例子太多了。因为统计学可以应用于几乎所有的领域，包括社会学、新闻调查、精算、农业、动物学、人类学、考古学、审计学、人口统计学、牙医学、生态学、计量经济学、教育学、选举预测和策划、工程、

① 参见吴喜之编著:《统计学：从数据到结论》(第二版)，1 页，北京，中国统计出版社，2006。

流行病学、金融、水产渔业研究、遗传学、地理学、地质学、历史研究、人类遗传学、水文学、工业、法律、语言学、文学、劳动力计划、管理科学、市场营销学、医学诊断、气象学、军事科学、眼科学、制药学、物理学、政治学、心理学、心理物理学、质量控制、宗教研究、分类学、气象改善、博彩等。当然，大家用不着也不可能理解所有的统计应用，只要能够解决自己身边的统计问题就足够了。

上面的例子并没有明确说出什么是统计。其实很简单，上面的所有例子都要通过各种直接或间接的手段来收集数据（Data），都要利用一些方法来整理和分析数据，最后通过分析得到结论。一句话，统计学（Statistics）是用以收集数据、分析数据并进而由数据得出结论的一组概念、原则和方法。因而有学者也将统计学称为统计方法（Statistical Method）。比如，要得到某电视节目的收视率，可能首先要在该节目播出时，利用电话对看电视的人进行采访，同时问他们在观看什么节目。在得到了被采访的看电视的总人数和其中观看该节目的人数之后，就有可能得到这部分观众中观看该节目的比例，即大致的收视率了。之后还要经过统计分析，评估这个收视率的可信度和代表性等。显然，这是一个收集数据，然后通过分析数据得到结论的简单例子。

1.2 统计、计算机与统计软件

现代生活越来越离不开计算机了。最早使用计算机的统计当然更离不开计算机了。事实上，最初的计算机仅仅是为科学计算而设计和制造的。大型计算机最早的一批用户就包含统计。现在，统计仍然是进行数字计算最多的用户。当然，计算机现在早已脱离了仅有数字计算功能的单一模式，成为了百姓生活的一部分。计算机的使用，也从过去必须学会计算机语言发展到只需要“傻瓜式”地点击鼠标；结果也从单纯的数字输出发展到包括漂亮的表格和图形在内的各种形式。①

统计软件的发展，也使得统计从统计学家的圈内游戏变成了大众的游戏。只要输入你的数据，点几下鼠标，做一些选项，马上就得到令人惊叹的漂亮结果了。人们可能会问，是否傻瓜式统计软件的使用可以代替统计课程？当然不是。数据的整理和识别，方法的选用，计算机输出结果的理解都不像使用傻瓜相机那样简单可靠。有些诸如法律和医学方面的软件都有不少警告，不时提醒你去咨询专家。但统计软件则不那么负责，只要数据格式无误、选项不矛盾而且不用零作为除数就一定给你结果，而且几乎没有任何警告。另外，统计软件输出的结果太多。即使是同样的方法，不同软件输出的内容也不一样。有时同样的内容名称也不一样。这就使得使用者大伤脑筋。即使是统计学家也不一定能解释所有的输出。因此，就应该特别留神，明白自己是在干什么，不要在得到一堆毫无意义的垃圾之后还沾沾自喜。

统计软件的种类很多。有些功能齐全，有些价格便宜，有些容易操作，有些需要更多的实践才能掌握。还有些是专门的软件，只处理某一类统计问题。面对太多的选

① 参见吴喜之编著：《统计学：从数据到结论》（第二版），8～9页，北京，中国统计出版社，2006。

择往往给决策带来困难。这里介绍最常见的几种。

1. SPSS

这是一个很受欢迎的统计软件。它操作容易，输出漂亮，功能齐全，价格合理。它也有自己的程序语言，但基本上已经“傻瓜化”。对于非专业统计工作者，它是很好的选择。

2. Excel

严格说来，Excel并不是统计软件，但作为数据表格软件，必然有一定的统计计算功能。而且凡是安装了Microsoft Office的计算机，基本上都装有Excel。但要注意，如果在安装Office时没有安装（加载）“数据分析”的功能，那么必须安装（加载）了才行。[①] 当然，画图功能是已经具备了的。对于简单分析，Excel还算方便，但随着问题的深入，Excel就不那么“傻瓜”了，需要使用宏命令来编程，这时就没有相应的简单选项了。多数较为专业的统计推断问题还需要其他专门的统计软件来处理。

3. SAS

这是一款功能非常齐全的软件。尽管价格相当不菲，但许多公司，特别是美国制药公司都在使用，这多半因为其功能众多和某些美国政府机构中一些人的偏爱。尽管现在已经尽量“傻瓜化”，但仍然需要一定的训练才可以使用。也可以用它编程计算，但对于基本统计课程则不那么方便。

当然，还有很多其他的软件，如S-Plus、R软件、MATLAB等，这里不一一罗列。其实，聪明的读者只要学会使用一种“傻瓜式”软件，使用其他的软件也不会困难；最多看看帮助和说明即可。如果只有英文帮助，还可以顺便提高英文阅读能力。学习软件最好的方式是需要时在使用中学。

1.3 为何要使用Excel来学习统计

前面介绍的SPSS、SAS等统计分析软件，在市面上的普及率很低，在个人计算机上，占有率甚至连千分之一都不到。[②] 其原因如下：

1. 价格昂贵

这几种软件价格高达上万到几十万。通常，教育单位、国家机关或大型研究单位才有能力购买；一般学生、个人或中小企业都因负担不起而不可能购买。

2. 学习困难

这几个软件，若仅是要进行操作而取得分析结果，在有人指导下或有相关优秀书籍来参考的情况下并不困难。但因学习的人不多，受过完整训练的师资本来就不多，市面上可用的书籍也不是很多。所以，对大部分人来说，学习起来还是很困难的。况且很多单位所使用的还是英文版，更加大了学习的难度。

---

① 参见本章附录。

② 参见杨世莹编著：《Excel数据统计与分析范例应用》，2页，北京，中国青年出版社，2008。

事实上，SAS软件较适合学习统计理论时使用，无论操作或编写程序均较为困难。而SPSS软件则较适合分析市场调查的数据，通常不需要编写程序，即可进行操作。

3. 报表难懂

这几个高级的统计软件，所分析出来的统计结果相当多，很多是读者学统计时从来就没看过的统计量，根本就不知道其作用。而事实上，一般统计应用所使用的统计结果并不很复杂，主要目的是要让大部分人能看得懂。计算并列出这些无法拿来应用的统计结果，不只是浪费资源，更是对学习者信心的一大打击。

如果统计结果只有少数几个人能看懂，其作用将大打折扣。例如，市场调查的分析结果，如果只有少数几个研究人员能看懂，那么企业经营者或主管又怎能有信心根据一个完全不懂的结果来做决策？又如政策支持度的结果，只要简单的几个百分比大概也就够了，列出一大串的相关统计量，不仅管理者看不懂，各报刊杂志的记者及主编也看不懂，刊登出来后，读者也看不懂，如何引起共鸣？政策又将如何修正或推行？

如果用这类高级统计分析软件来学习统计，因普及率过低，将来离开学校后很容易面临没有适当软件可用的窘境，纵有一身绝技，也难以发挥。

由于微软的Office已相当普及，并且广泛地应用于工商企业及个人使用领域，要想在一台个人计算机上找到Excel，要比找到SPSS或SAS软件容易得多，而且Excel具有易学易懂的特性。所以本套教材①中除了使用原有的SPSS统计软件作为工具外，还以Excel为工具来帮助读者学习统计。② 虽然Excel并没有被归类为统计软件，并且其与统计有关的函数和“数据分析”功能是绝对无法与SPSS或SAS统计软件相提并论的，但对绝大多数人而言已经足够用了。

生活在“信息时代”中的人们比以前任何时候都更频繁地与数据打交道，Excel就是为现代人进行数据处理而定制的一个工具。无论是在科学研究、医疗教育、商业活动还是家庭生活中，Excel都能满足大多数人的数据处理需求。Excel拥有强大的计算、分析、传递和共享功能，可以帮助用户将繁杂的数据转化为有用的信息。伟人说“实践出真知”，在Excel中，不但实践出真知，而且实践出技巧。

1.4 变量及其分类

1. 变量定义

变量（Variable）是用来描述总体中成员的某一特性。

在搜集数据的过程中，需要搜集各类的变量。例如，性别、年龄、职业、教育程度、收入等人口统计变量。又如，为了预测明年的销售量，所搜集到的数据如广告费、人事费、销售人员数等，也都是一种变量。

---

① 本套教材包括本书及配套的习题与实验指导书（共两本）。

② 本套教材是编著者为中国人民大学全校共同课“计算机应用类”课程《SPSS基础与应用》编写的，之前的老师用SPSS授课，但编著者根据多年来的教学经验，认为Excel也很适合这门课程。

在现实生活或自然界中的一些现象，通常都不是单一变量可以描述得很清楚的。例如，要描述某一个人，仅使用性别变量，说他（或她）是男性（或是女性），肯定是无法说明白的。但随着变量（例如年龄、肤色、头发、身高、体重、种族等）的增加，可以逐渐描述得更清楚一些。

2. 变量类型

（1）定性变量（分类变量）

定性变量（Qualitative Variable）也称离散变量（Discrete Variable）或分类变量（Categorical Variable）。例如，使用的手机品牌、学生所在的学院、就读的班级、宗教信仰、参加的社团、喜好的运动、最常饮用的饮料类别、最喜欢的歌手、最喜欢的影星、民族、党派，均属定性变量（分类变量）。

分类变量的观测结果称为分类数据（Categorical Data）。

性别为男或女，只是描述性别的现象。将男性标示为1或将女性标示为2，仅是为了方便计算机处理，并没有任何大小或倍数的关系。直觉上读者可能认为2>1，2为1的两倍。但若转为口语，将变为：女大于男，女为男的两倍。任谁都不可能同意。而且若其均值为1.69，也不具任何意义。最多也只能知道此次调查的女性样本比男性样本多些而已。

对于分类变量，一般进行单变量的一维频率分析（参见第4章）和双变量的交叉表分析（参见第5章）。

（2）定序变量（有序变量）

定序变量也称有序变量。如果类别具有一定的顺序，这样的变量也称为有序变量（Rank Variable）或有序分类变量。相应的观测结果就是有序数据（Rank Data）或有序分类数据。

例如，成绩：优［5］、良［4］、中［3］、及格［2］、不及格［1］；产品质量：特等品［3］、一等品［2］、二等品［1］；文化程度：小学［1］、中学［2］、大学［3］、研究生［4］；职称：教授［4］、副教授［3］、讲师［2］、助教［1］；评价：非常重要［5］、重要［4］、一般［3］、不重要［2］、非常不重要［1］；态度：赞成［3］、中立［2］、反对［1］。

有序变量，更多的时候是将其看做分类变量的一种，可进行单变量的一维频率分析（参见第4章）和双变量的交叉表分析（参见第5章）。

有序分类数据，只有大小先后的关系，无倍数关系。例如“非常重要”用5表示，“非常不重要”用1表示，只能说5比1重要而已，无法说“非常重要”是“非常不重要”的5倍。但为了方便，研究上，有时也将其视为数值型数据（定量数据），直接求其均值等描述统计量（参见第7章）。

（3）定量变量（数值型变量）

定量变量（Quantitative Variable）也称数值型变量。例如，成绩、年龄、收入、国民生产总值、体重、身高、智力、温度等均属定量变量。

定量变量的观测结果就是定量数据或数值型数据。

定量数据有大小和倍数的关系，例如：考试成绩，90分比80分高10分；3 000>

1 000，3 000 是 1 000 的 3 倍。

对于定量变量（数值型变量），一般求其均值等描述统计量（参见第 7 章），还可以进行假设检验（参见第 8 章）、方差分析（参见第 9 章）和相关分析与回归分析（参见第 10 章）等。

在实际应用中，变量类型一般只分为定性变量（分类变量）和定量变量（数值型变量）两大类。

1.5 数据的收集①

1.5.1 怎样得到数据

每天翻开报纸或打开电视，就可以看到各种数据，比如高速公路通车里程、股票行情、外汇牌价、房价、流行病的有关数据。当然还有国家统计局定期发布的各种国家经济数据、海关发布的进出口贸易数据等。从这些数据中，各有关方面可以提取对自己有用的信息。显然，这些间接得到的数据都是二手数据。

获得第一手数据并不像得到二手数据那么轻松。某些企业每年至少要花三四千万元来收集和分析数据。他们调查其产品目前在市场中的状况和地位，并确定其竞争对手的态势。他们调查不同地区、不同阶层的民众对其产品的认知程度和购买意愿，以改进产品或推出新品种以争取新顾客。他们还收集各地方的经济、交通等信息，以决定如何保住现有市场和开发新市场。市场信息数据对企业是至关重要的，他们很舍得在这方面花钱。因为这是企业生存所必需的，绝不是可有可无的。

上面所说的数据是在自然的未被控制的条件下观测到的，称为观测数据（Observational Data）。而对于有些问题，比如在不同的医疗手段下某疾病的治疗结果有什么不同，在不同的肥料和土壤条件下某农作物的产量有没有区别，用什么成分可以提高某物质变成超导体的温度等，这种在人工干预和操作情况下收集的数据就称为试验数据（Experimental Data）。

1.5.2 个体、总体和样本

要想了解北京市民对建设北京交通设施是以包括轨道运输在内的公共交通工具为主还是以小汽车为主的观点，需要进行调查。调查对象是所有北京市民，调查目的是希望知道市民中对这个问题的不同看法各自占有的比例。显然，不可能去问所有的北京市民，而只能够问一部分，并且根据这一部分的观点来理解整个北京市民的总体观点。在这个例子中，单个北京市民称为调查的对象（Object）；而他们的观点称为（这个调查问题的）个体（Element，Individual，Unit）；而称所有北京市民对这个问题的观点为一个总体（Population），总体是包含所有要研究的个体的集合；而调查时问到的那部分市民的观点（也就是部分个体）称为该总体的一个样本（Sample），是总体中

---

① 参见吴喜之编著：《统计学：从数据到结论》（第二版），13～18 页，北京，中国统计出版社，2006。

选出的一部分。当然，也有可能试图调查所有的人，那叫普查（Census），比如人口普查。有人喜欢把作为调查对象的北京市民称为个体，但每个市民还有其他诸如身高、体重、教育程度等无数特征，这些都不是我们调查的目的。因此，为了强调我们调查的目的，市民的观点才应称为个体。

在抽取样本时，如果总体中的每一个个体都有同等机会被选到样本中，这种抽样称为简单随机抽样（Simple Random Sampling），而这样得到的样本则称为随机样本（Random Sample）。以北京交通问题的调查为例，在简单随机抽样的情况下，如果样本量（Sample Size，也就是样本中个体的数目）在总体中的比例为1/5 000，那么，无论在海淀区、西城区还是在延庆、怀柔，无论是白领阶层还是蓝领阶层，被问到的人的比例都应该大体是1/5 000。也就是说，这种比例在总体的任何部分是大体不变的。换言之，在随机抽样的一个样本中，各个不同特征人群的比例和他们在总体中的比例应该类似。随机抽样就像从一锅搅匀的八宝粥中舀出一勺，其中各种成分的比例应该和锅里的比例大致一样。

大小为N的总体中产生样本量为n的随机样本的一个常用的方法是利用随机数（Random Number）。其步骤为：（1）先把总体的所有个体编号；（2）然后产生n个1到N之间的随机数；（3）与如此产生的随机数中的数目相同的个体则形成了样本量为n的简单随机样本。在广泛使用计算机的今天，为了方便，很多实际工作者应用计算机所产生的伪随机数（Pseudo-random Number）来代替真正的随机数[①]。

在实践中，得到随机样本并不容易，很多搞调查的人就采取简单的办法。还以北京的交通问题的调查为例，如果按照随机选出的电话号码进行调查，肯定节省时间和资源，但这样得到的就不是一个随机样本了。首先，没有电话的阶层就不会被问到。其次，如果号码是从住户号码中选，那么白天打住户电话，得到的多半是不在单位工作的人的意见。即使都在家，无论家里多少人，一般只有接电话人的观点能被调查到，这种样本称为方便样本（Convenience Sample）。在调查中，即使选择对象的确是随机的，也即使是最理想的情况，所得到的样本也只代表那些愿意回答问题的人的观点，不愿回答问题的人的观点永远不会得到。这种不回答所造成的问题是抽样调查特有的问题。在其他问题中，也有使用方便样本的情况。比如在肺癌研究中，人们往往去分析吸烟和肺癌关系的数据，这些数据多半不是从整个人群中采集的随机样本，它们可能只是从医院中的病人记录中得到的。在杂志和报纸上也有问卷，但得到的只是拥有这份报刊而且愿意回答问题的人的观点。

1.5.3 收集数据时的误差

假定在某一职业人群中女性占的比例为60%。如果在这个人群中抽取一些随机样本，这些随机样本中女性的比例并不一定刚好是60%，可能稍微多些或稍微少些。这

---

① 例如：从100名学生名单中抽取10名同学（或排考试座次）。操作步骤如下：在学生名单旁边紧挨着的一列中输入公式“=RAND ()”，那么就在这张Excel表中产生一系列随机数，其范围在0～1之间。根据生成的随机数，从小到大对名单进行排序（包括原名单各列和随机数列），然后选取经过重新排序后的前10名学生。这种方法十分简便。

是很正常的，因为样本的特征不一定和总体完全一样。这种差异不是错误，而是必然会出现的抽样误差（Sampling Error）。刚才提到在抽样调查中，一些人因为种种原因没有对调查做出反应（或回答），这种误差称为未响应误差（Nonresponse Error）。而另有一些人因为各种原因回答时并没有真实反映他们的观点，这称为响应误差（Response Error）。和抽样误差不一样，未响应误差和响应误差都会影响对真实世界的了解，应该在设计调查方案时尽量避免。

1.5.4 抽样调查以及一些常用的方法

抽样调查（Sample Survey）的领域涉及如何用有效的方式得到样本数据。最常用的问卷调查方式，包括通过邮件报刊等手段调查、电话调查和面对面调查等。这些调查方式都利用了问卷（Questionnaire），而问卷的设计则很有学问。它涉及如何用词、问题的次序以及问题的选择和组合等。这涉及心理学、社会学等知识。面对面调查则需要对调查者进行培训。首先，问卷中的问题数目不能太多。太多了，回答者就会厌倦，便不能得到真实结果。其次，为了提高效率，问题一般都是选择题，但选项不宜过多。问题的语言应该和被调查者的文化水平相适应，通俗易懂，但又要准确而不至于造成误解。有时本来被访者没有观点，但问卷的措辞使得被访者觉得一定要选择一个观点。再次，问题的次序也很重要，简单的在先，等到"热身"以后，再提敏感的和核心的问题，这在面对面调查时尤为重要。另外，注意问题的相关性可能会使人觉得必须前后一致。比如：在前面的问题中，被访者回答说支持公共交通，而在后面问是否购买小轿车时，可能就会犹豫，觉得应该回答"不买"才和前面一致，其实这两个问题不必联系起来。最后，在面对面调查中，调查员（访问员）的选择也很重要。不能想象，一个西装革履的调查员能够从贫困人群中得到某些敏感问题的真实可信的回答。

此外，也有不包含问卷的抽样调查。比如：对个人或企业的信用记录的抽样，对个人或企业的纳税记录的抽样等，也可以用计算机从大型数据库中抽样。

抽样调查设计的目的之一是确保样本对总体的代表性，以保证后续推断的可靠性。前面说到，每个个体等可能的简单随机抽样是一个理想情况。这种简单随机抽样是概率抽样方法（Probability Sampling Method）中的一个特例。概率抽样假定每个个体出现在样本中的概率是已知的。这种概率抽样方法使得能够对数据进行合理的统计推断。但是为了节省调查的费用和时间，常常采取基于方便或常识判断的非概率抽样方法（Nonprobability Sampling Method）。对从非概率抽样得到的数据进行推断要非常慎重。它依赖于具体的抽样方案是如何设计的，也依赖于它是如何实施的。这种推断往往无法根据完善的统计理论来进行，也很难客观地估计抽样误差的范围。

在抽样调查时，最理想的样本是前面提到的简单随机样本。但是由于实践起来不方便，在大规模调查时一般不用这种全部随机抽样的方式，而只是在局部采用随机抽样的方法。

下面介绍几种抽样方法。这里没有深奥的理论，读者完全可以根据常识判断在什么情况下获取简单的随机样本不方便，以及下面的每个方法有什么优点和缺陷。对于它们具体的设计、实施与数据分析，有许多专门的书籍，在此不再赘述。另外，一般仅有少数人有机会来确定抽样方案。读者仅需把这些方法当成常识来了解就可以了。[1]

下面是一些概率抽样方法。

（1）系统抽样（Systematic Sampling）。这也称为每 n 个名字选择方法（N-th Name Selection Technique）。这是先把总体中的每个个体编号，然后随机选取其中之一作为抽样的开始点进行抽样。根据预订的样本量决定“间距”n。在选取开始点之后，通常从开始点开始按照编号进行所谓的等距抽样。也就是说，如果开始点为5号，“间距”为 $n=10$，则下面的调查对象为15号、25号等。

不难想象，如果编号是随机选取的，则系统抽样和简单随机抽样是等价的。

（2）分层抽样（Stratified Sampling）。这是简单随机抽样的一个变种。先把要研究的总体按照某些性质分成相对相似或齐次（Relatively Homogeneous）的个体组成的类（Stratum），再在各类中分别抽取简单随机样本，然后把从各类得到的结果汇总，并对总体进行推断。在每一类中调查的人数通常是按照该类人数的比例，但出于各种考虑，也可能不按照比例，也可能需要加权（加权就是在求若干项的和时，对各项乘以不同的系数，这些系数的和通常为100%）。比如，可以按照教育程度把要访问的人群分成几类，再在每一类中调查和该类人数成比例数目的人，这样就确保了每一类都有相应比例的代表。分层抽样的一个副产品就是同时可以得到各类的结果。

（3）整群抽样（Cluster Sampling）。该抽样是先把总体划分成若干群（Cluster）。和分层抽样不同，这里的群是由不相似或异类的（Heterogeneous）个体组成。在单级整群抽样（Single-stage Cluster Sampling）中，先（通常是随机地）从这些群中抽取几群，然后再在这些抽取的群中对个体进行全面调查。在两级整群抽样（Two-stage Cluster Sampling）中，先（通常是随机地）从这些群中抽取几群，然后再在这些抽取的群中对个体进行简单随机抽样。比如，在某县进行调查，首先在所有村中选取若干村子，然后只对这些选中的村子的人进行全面或抽样调查。显然，如果各村情况差异不大，这种抽样还是方便的，否则就会增大误差。整群抽样的主要应用是所谓的区域抽样（Area Sampling），实施该抽样时，群就是县、镇、街区或者其他适当的关于人群的地理划分。

（4）多级抽样（Multi-stage Sampling）。在群体很大时，往往在抽取若干群之后，再在其中抽取若干子群，甚至再在子群中抽取子群，等等。最终只对最后选定的最下面一级进行调查。比如在全国调查时，先抽取省，再抽取市（地区），再抽取县（区），再抽取乡（镇）、村直到户。在多级抽样中的每一级都可能采取各种抽样方法。因此，整个抽样计划可能比较复杂，也称为多级混合型抽样。

而非概率抽样方法有：

（1）目的抽样（Purposive Sampling）。这是由研究人员主观地选择对象。比如在民意调查中，在富人、中产阶级、穷人的街区各取得一些样本，样本多少依赖于预先就有的知识。

---

① 注意，各种文献中关于这些抽样的术语和定义可能有所不同。

（2）方便抽样（Convenience Sampling）。它用于探索性的研究，研究人员以较少的花费得到对客观情况的近似。这种非概率抽样常用于初期的评估。比如，为了调查游客的意见，你可以选择不同的时间和旅游景点，随意对愿意停下的游客进行调查。有时看起来是随机的，但实际上不是。

（3）判断抽样（Judgment Sampling）。研究人员凭判断选择样本，它通常是方便抽样的延伸。比如要研究各县的情况，而研究人员仅在一个县抽样，认为该县能够代表其他县。

（4）定额抽样（Quota Sampling）。指非概率抽样中的分层抽样。先是确定各类和比例，然后利用方便抽样或判断抽样从每一类中按比例选取需要的个体数。

（5）雪球抽样（Snowball Sampling）。它用于感兴趣的样本特征较稀有的情况，依赖于一个目标推荐另一个目标的方法，比如想要调查吸毒者的情况，你找到一个，然后他（她）会介绍给你其他吸毒者。虽然减少了花费，但可能产生较大偏差。

（6）自我选择（Self-selection）。这是让个体自愿参加调查。比如对高血压病防治的调查，一些人会作为志愿者来参加。

实际上，抽样通常都可能是各种抽样方法的组合。既要考虑精确度，又要根据客观情况考虑方便性、可行性和经济性，不能一概而论。

1.6 思考题与上机实验题

思考题：

1. 举出你所知道的统计应用的例子。

2. 你使用过统计软件（如 SPSS、SAS）或者利用过其他软件（如 Excel）中的统计功能吗？你有什么经验和体会？

3. 根据你的经验，举出总体和样本的一些具体例子。

4. 举出调查抽样时可能发生的各种影响调查结果的问题，并且提出你认为可以减少或避免这些问题的建议。

上机实验题：

1. 浏览“中国互联网络信息中心（CNNIC）”网站（http://www.cnnic.net.cn），查看最新发布的《中国互联网络发展状况统计报告》。

2. 浏览“数字 100 市场调研公司”网站（http://www.data100.com.cn）。

本章附录　Excel 数据分析工具

1. Excel 数据分析工具

Excel 提供了一组数据分析工具，称为“分析工具库”。需要开发复杂的统计或工程分析时，可以使用分析工具库节省步骤和时间。只需为每一个分析工具提供数据和参数，该工具就会使用适当的统计或工程宏函数计算相应的结果并将它们显示在输出表格中。其中有些工具在生成输出表格时还能同时生成图表。

（1）工作表函数与数据分析工具的区别

Excel除了可以通过创建公式、工作表函数进行数据分析之外，还提供了一系列数据分析工具，这些数据分析工具可以分析问题并处理更复杂的统计计算。

数据分析工具和工作表函数之间具有明显的不同：

①数据分析工具的分析结果和输入之间不存在动态联系，而工作表函数输入项和输出结果之间则存在着动态联系，所以如果不重新运行数据分析工具，以使其新的结果覆盖原来结果的话，数据分析工具输出的结果是不会改变的。

②工作表函数的输出结果通常只占用一个单元格，而数据分析工具的输出结果则要根据分析内容与选项的不同占用多个单元格。

③工作表函数只能测定所要分析的一个内容，而大部分数据分析工具则能够从事一系列计算，所以可用于更加复杂的统计分析。

④数据分析工具（分析工具库）虽然内置在Excel中，但需要激活后方可使用，而工作表函数可随时使用，无需激活。

（2）数据分析工具的内容

在Excel数据分析工具库中，共有19个工具可供统计分析使用，如表1—1所示。在Excel 2010中，要访问这些工具，请在“数据”选项卡的“分析”组中，单击“数据分析”。如果没有显示“数据分析”命令，则需要激活“分析工具库”加载宏（加载项）。

表1—1　　Excel的数据分析工具

序号	数据分析工具	备注
1	方差分析：单因素方差分析	见第9章
2	方差分析：可重复双因素分析	
3	方差分析：无重复双因素分析	
4	相关系数	
5	协方差	
6	描述统计	见第7章
7	指数平滑	
8	F-检验：双样本方差	见第8章
9	傅利叶分析	
10	直方图	
11	移动平均	
12	随机数发生器	见第3章
13	排位与百分比排位	
14	回归	见第10章
15	抽样	
16	t-检验：平均值的成对二样本分析	见第8章
17	t-检验：双样本等方差假设	见第8章
18	t-检验：双样本异方差假设	见第8章
19	z-检验：双样本平均差检验	

2. 在 Excel 2010 中激活“分析工具库”加载项

(1) 单击“文件”选项卡，在弹出的列表中单击“选项”命令，这时将出现“Excel 选项”对话框。

(2) 在“Excel 选项”对话框中单击“加载项”，在右侧“管理”下拉列表中选择“Excel 加载项”，然后单击“转到”按钮，打开“加载宏”对话框，如图 1—1 所示。

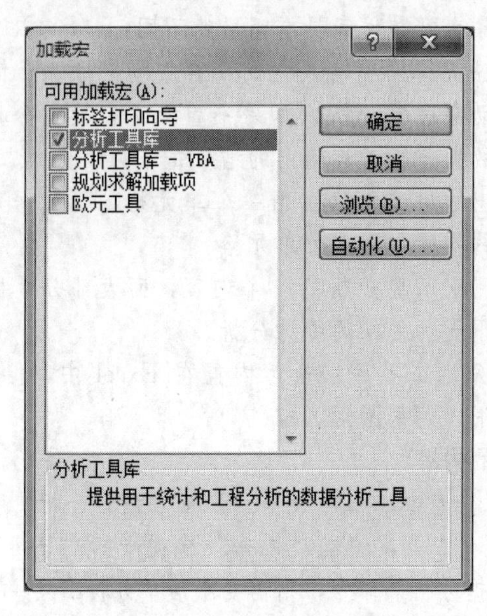

图 1—1 Excel 2010“加载宏”对话框（选中要激活的“分析工具库”）

(3) 在“可用加载宏”框中，选中要激活的“分析工具库”加载项，然后单击“确定”按钮。

激活“分析工具库”加载项之后，“数据分析”命令将出现在“数据”选项卡的“分析”组中。此后每次启动 Excel 2010 时，“分析工具库”都会自动激活（加载），激活（加载）过程需要占用一定的系统响应时间。如果不再需要使用“分析工具库”，可以采用类似的方法卸载“分析工具库”。也就是在图 1—1 中，单击取消（不勾选）“分析工具库”加载项。

第 2 章

问卷设计与数据收集

社会调查的结论来自对真实反映社会现象的数据的科学分析，而问卷设计则是在收集这种“真实反映社会现象的数据”的过程中具有重大影响的关键环节之一，同时，它也是整个社会调查过程的难点之一。这是因为，社会调查方法与实验、观察、文献等方法的一个主要区别，就在于研究所需要的数据既不是靠研究者亲自耳闻目睹得到，也不是靠查阅文献资料获得，而是靠研究者以问卷作为工具从被调查者那里获得。所以，作为社会调查活动中一种中介物的问卷，其质量好坏，将直接影响到调查数据的真实性、适用性，影响到问卷的回收率，进而影响到整个调查的结果。另外，由于社会调查中的数据收集工作往往具有一次性的特点，一切问题都必须在正式调查前考虑好，一旦问卷发出，就难以更改和补救。所以，问卷设计在社会调查过程中占有十分重要的地位。

本章将介绍问卷的概念及其结构、设计问卷的步骤、几种典型的问卷题型、编辑问卷的技巧、收集问卷数据等内容。

本章附录Ⅰ是关于手机的营销组合调查问卷实例，附录Ⅱ是关于大学入学新生信息技术与计算机基础情况调查问卷实例，附录Ⅲ是一个项目的调查研究方案实例。

2.1 问卷的概念及其结构

问卷是社会调查中用来收集数据（资料）的一种工具。问卷在形式上是一份精心设计的问题和表格，而其用途是用来测量人们的行为、态度和社会特征，它所收集的则是有关社会现象和人们社会行为的各种数据。

尽管实际调查中所用的问卷各不相同，但是它们往往都包含：封面信、指导语、问题、答案、编码等几个部分。具体可参照本章附录Ⅰ和附录Ⅱ的问卷实例。

1. 封面信

封面信，即一封致被调查者的短信。它的作用在于向被调查者介绍和说明调查的目的、调查单位或调查者的身份、调查的大概内容、调查对象的选取方法以及对结果保密的措施等。封面信的语言要简明、中肯，篇幅宜小不宜大，两三百字最好。

虽然封面信的篇幅短小，但在问卷调查过程中却有着特殊的作用。研究者能否让被调查者接受调查，并使他们认真地填写问卷，在很大程度上取决于封面信的质量。

下面是两份实际调查问卷的封面信。

中国儿童发展研究（CCS——1990）家长调查表

亲爱的家长：

您好！

首先请原谅打扰了您的工作和休息！

儿童是祖国的未来，儿童的成长和教育是家长们十分关心的问题。为了探索儿童成长和教育的规律，我们在北京、湖南、安徽、甘肃等地开展了这项调查，希望得到家长们的支持和帮助。

本调查表不用填写姓名和工作单位，各种答案没有正确、错误之分。家长们只需按自己的实际情况在合适的答案上打“√”或者在____中填写。请您在百忙之中抽出一点时间填写这份调查表。

为了表示对您的谢意，我们为您的孩子准备了一份小小的礼物，作为这项调查活动的纪念。

祝您的孩子健康成长！

祝您全家生活幸福！

北京大学社会学系《儿童发展研究》课题组

1990 年 3 月

企业职工调查问卷

尊敬的中国移动员工：

为配合中国移动工会“提高员工素质三年规划”，受中国移动工会女工委员会的委托，中国人民大学劳动人事学院正在中国移动开展员工问卷调查。以下问题不计姓名、尊重隐私，您的如实回答将帮助中国移动工会实事求是地制定女工发展规划。问卷较长，麻烦您抽时间耐心回答。

答题方式：

1. 在备选答案选项的□内打“√”，除注明多选外，均为单选；

2. 在“________”上填写答案。

对您的合作与付出我们深表感谢。

中国人民大学劳动人事学院调查组

2003 年 8 月

2. 指导语

指导语是用来指导被调查者填答问卷的各种解释和说明。有些问卷的填答方法比较简单，指导语很少，常常只在封面信中用一两句话说明即可。比如："请根据自己的实际情况在合适的答案编码上划圈或者在空白处直接填写。"有些指导语则集中在封面信之后，并标有"填表说明"的标题，其作用是对填表的方法、要求、注意事项等做一个总的说明。示例如下：

填表说明

(1) 请在每一个问题后适合自己情况的答案编码上划圈，或者在____处填上适当的内容。

(2) 若无特殊说明，每一个问题只能选择一个答案。

(3) 填写问卷时，请不要与他人商量。

另外，有些指导语分散在某些较复杂的调查问题后，对填答要求、方式和方法进行说明。

3. 问题及答案

问题及答案是问卷的主体，也是问卷设计的主要内容。问卷中的问题从形式上看，可分为开放式与封闭式两大类。所谓开放式问题（简称开放题），就是那种只提出问题，但不为回答者提供具体答案，由回答者根据自己的情况自由填答的问题。简言之，就是只提问题不给答案。封闭式问题（又称选择题）是在提出问题的同时，还给出若干个答案，要求回答者根据实际情况进行选择。比如："您最喜欢看哪一类电视节目？"就是一个开放题。但是，当在这个问题下面列出了若干个答案，要求回答者选择其一作为答案时，就变成了选择题。比如：

您最喜欢看哪一类电视节目？

□ 1. 新闻节目　　□ 2. 体育节目　　□ 3. 文艺节目　　□ 4. 其他节目

开放题的主要优点是允许回答者充分自由地发表自己的意见，因而，所得数据丰富生动；其缺点是数据难以编码和进行统计分析，对回答者的知识水平和文字表达能力有一定要求，填答所花费的时间和精力较多，还可能产生一些无用的数据。

选择题的优点是填答方便，省时省力，数据易于作统计分析；其缺点是数据失去了自发性和表现力，回答中的一些偏误也不易发现。

根据开放题与选择题的不同特点，研究人员常常把它们用于不同的调查中。比如，在探索性调查中常常采用由开放题构成的问卷；而在大规模的正式调查中，则主要采用由选择题构成的问卷。

4. 编码及其他信息

在较大规模的统计调查中，研究者常常采用以选择题为主的问卷。为了将被调查者的答案转换成数字（或英文字母），以便输入计算机进行处理和定量分析，往往需要对回答结果进行编码。所谓编码就是对问题的每一个答案赋予一个数字（或英文字母）

作为它的代码。

除了编码以外，有些问卷还需要在封面印上访问员姓名、访问日期、审核员姓名、被调查者居住地等有关信息。

简言之，问卷一般由开头、正文和结尾三部分组成。

(1) 问卷的开头主要包括封面信和指导语。

(2) 问卷的正文一般包括问卷的调查资料（调查信息）和被调查者的个人资料（个人信息）。

(3) 问卷的结尾可以设置开放题，征询被调查者的意见或感受，或者是记录调查情况，也可以是感谢语及其他补充说明。

2.2 设计问卷的步骤

设计问卷的步骤一般包括如下几个方面。

1. 列举所要收集的信息

一方面，收集各种有关的二手数据，并与相关人员沟通讨论可能出现的问题；另一方面，访问外部对此问题有丰富经验或学识的人士，取得对此问题的看法与可能的解决方案。这样才有可能将所要收集的信息完全归纳。若是学生，则找几份相关研究的论文参考，并与同组同学及老师讨论，得出要收集的信息。

2. 决定访问的型态

访问的型态有：结构—直接、结构—非直接、非结构—直接与非结构—非直接等4类。

决定访问的型态时需要看是否使用结构问卷，是否使用直接访问。如：人员访谈为直接访问，但仍可能使用结构式问卷或非结构式问卷。

3. 决定访问的方式

访问型态确定后，需要决定使用何种访问方式：人员访谈、电话访谈或邮寄问卷（普通邮件或电子邮件）。

不同的访问方式，其访问的对象、经费与回收时间均有差异。如：用人员访谈时，访问员与受访者之间可以相互交谈，其题目可深入一点，但其成本较高；用邮寄问卷访问时，成本虽低，但题目不能太难，也不能太多，且要有详细的填写说明，否则受访者可能不会填写。

4. 决定问题的内容

在开始设计问卷前，最好能参考相关的论文或研究报告，以问卷为蓝本，将会省下很多设计的时间。然后，针对研究目的，将所有要收集的信息一一列举出来，除了有关要调查的产品本身的问题外，如：品牌知名度、品牌占有率、购买原因、购买频率、购买考虑因素等，也要调查受访者的个人信息，如：性别、年龄、教育程度、职业、收入等。

在决定问题内容时，要考虑下列几点：

（1）此问题是否必要？尽量避免与研究目的无关的题目，以避免增加访问员和受访者的负担，同时也增加了数据处理的时间与费用。

（2）受访者能否回答？如：受访者本身就没有答案、忘记了或没有使用经验，则无法回答。

（3）受访者是否愿意回答？不应问那些令人难堪或牵涉个人隐私的问题。不过有时仍可以设计一些技巧来加以弥补。如：直接要受访者填写每月收入，可能会有困难。但若改为勾选某一区间范围，就比较容易接受。

（4）受访者是否要费时费力才能回答？应避免受访者需要费尽周折找出数据或是要经过复杂运算才能回答问卷上的问题这种情况的发生。

5. 决定问题的形式

问题形式分为选择题或开放题。选择题还可分为单选题或多选题，多选题最好在题目上标明最多可选择几项，以方便以后编码。开放题则是要受访者自己填入答案。

选择题可能会有提示效果，如：以开放题直接问受访者知道哪些汽车品牌？他可能一个也填不出来；但若以选择题来问，可能看了那些品牌答案后，每一个都好像听过，一选就选了一大堆。

开放题因不提供答案，虽不会有提示效果，但答案常常是五花八门，反而不易整理，最后需要投入较大量的人工来整理。特别是利用计算机来分析时，还得先通过人工加以列出、整理归类并编码。

6. 决定问题的用语

问卷上每一问题的用语，不仅要让访问员与受访者看得懂，而且看到后所认定的意思也要一致。可参考下列几个原则：

（1）使用简单的字，使用的词汇要符合受访者的认知程度，不要使用专家才能看得懂的专有名词。

（2）使用意义明确的字，无论谁来看，其意义均只有一个，不会有两种不同的解释。

（3）避免引导性的问题，如："目前公司管理加强，是否已造成您收入增加？"可能会让人误以为是公司调查，访问员很可能是公司的人，后面的问题，会因访问员在场，而尽可能挑好的回答。若改为："目前公司管理的方式，会造成您收入增加还是减少？"就比较中性。

（4）避免受访者计算或估计，如："您一年的零用钱有多少？"就不如："您一个月的零用钱有多少？"。

（5）避免开放题，如果能用选择题（单选或多选）让受访者选择更好，一方面让受访者更愿意回答问卷，另一方面也使得对数据的处理更有效率。

7. 决定问题的顺序

问题先后，需要合理安排。如：还不知道是否有手机，就问其手机的品牌或每月平均话费，是不正确的顺序。又如：回答无手机后，就不必再继续问其对手机产品的评价。所以应有跳答或续答某题的情况。最好将其问卷的流程绘制成流程图，以免顺序安排错误。图2—1是"关于手机的营销组合调查问卷"流程图。

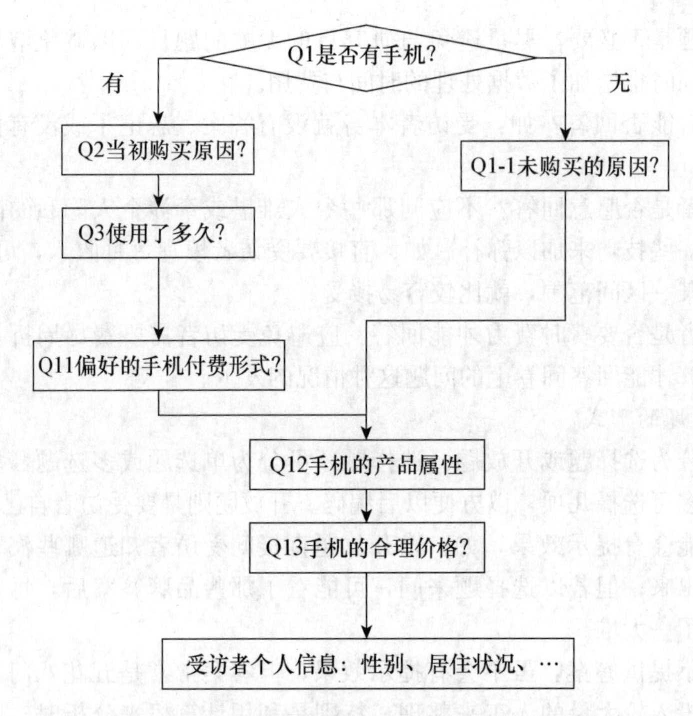

图 2—1 “关于手机的营销组合调查问卷”流程图

8. 测验及修订

初次设计好的问卷，要经过至少一次的测验及修订。在测验中，经过与受访者的接触，可发现许多问卷中未考虑到的问题、未列入的选项或设计上的错误等。

测验的人数不必太多，但也不可太少，20 人左右即可。测验前先将问卷打印，然后复印所需的份数。接受测验的对象也不必经过认真抽样，找几位较愿意与访问员进行讨论的合格受访者即可。至于访问员，当然也得挑选经验丰富的人。如此可经由双方讨论，进行更理想的修订。

测验后将每份测验问卷所发现的问题一一汇总，并加以修正。最后再将问卷定稿。

测验的次数，一次就够了，但若修改的部分很多并且变动很大，当然可再次测验。

9. 决定问卷的外观

问卷定稿后，需要决定问卷纸质、颜色、是否加封面、是否双面印刷、问卷前是否加入开场白的信函等。一个印刷精美的问卷，会让人觉得有价值、觉得访问单位很重视这件事，从而更愿意回答问题。

切记，问卷上一定要先加上编号。问卷编号可在开始访问前或访问回收后加入。因此日后分析时，若发现数据可能有编码错误，仍可利用编号找回原问卷来进行更正。

2.3 几种典型的问卷题型

本节将介绍在社会调查中，常见的问卷题目类型、答案的设计以及有关量表等内容。

2.3.1　问卷题型

在问卷中，常见的题目类型有下列几种：

1. 填空题

在问题后划一短横线，让回答者直接在空白处填写。

例 2—1　请问您家有几口人？____口人

例 2—2　您的年龄多大？____周岁

例 2—3　您有几个孩子？____个

例 2—4　您每天上班在路上大约需要多少时间？____分钟

填空题一般只用于那些对回答者来说既容易回答，又容易填写的问题，通常只需填写数字。当然，有时也会要求填写一些文字。

2. 二项单选题

问题的答案只有是和不是（或其他肯定形式和否定形式）两种，回答者根据自己的情况选择其一。这种形式的问题有两种不同的情形。一种是问题所能列举的答案本身就只有两种可能的类别。比如询问人们的性别时，答案只可能有“男”和“女”两种，例 2—5、例 2—6、例 2—7 就是这种情形的例子。另一种是在询问人们的态度或看法时进行的两极区分，例 2—8、例 2—9 就是这种情形的例子。

例 2—5　您是共青团员吗？　□ 1. 是　□ 2. 不是

例 2—6　您是否住在本市？　□ 1. 是　□ 2. 否

例 2—7　最近三个月内，您有没有购买过某品牌产品？　□ 1. 有　□ 2. 没有

例 2—8　您是否同意民主选举厂长？　□ 1. 同意　□ 2. 不同意

例 2—9　您是否同意“主观为自己，客观为他人”的说法？ □ 1. 同意 □ 2. 不同意

二项选择这一问题形式在民意测验、市场调查所用的问卷中用得最多。其特点是答案简单明确，可以严格地把回答者分成两类不同的群体，可以简化人们的答案分布，便于集中、明确地从总体上了解被调查者的看法。它的缺点是：对于态度问题它所得到的信息量太少，两种极端的回答类型不能很好地测量出人们在态度上的程度差异，因而不便于了解和分析回答者中客观存在的不同的态度层次。另一方面，这种问题形式也会使得原本处于中立状态的回答者违心地偏向一方，因而它在一定程度上带有强迫选择的性质。

3. 多项单选题

给出的答案至少在两个以上，回答者根据自己的情况选择其一作为回答。这是各种社会调查问卷中采用得最多的一种问题形式，其答案特别适合于进行频率分析和交叉分析。在设计上，这种问题形式的关键之处是要保证答案的穷尽性和互斥性。具体见下列例子。

例 2—10　您的文化程度是：

□ 1. 小学及以下　□ 2. 中学及中专　□ 3. 大专
□ 4. 本科　□ 5. 研究生及以上

例 2—11　您的婚姻状况是：

□ 1. 未婚有恋人　□ 2. 未婚无恋人　□ 3. 已婚
□ 4. 离异　□ 5. 丧偶

例 2—12　您最喜欢看哪一类电视节目？

□ 1. 新闻节目　□ 2. 电视剧　□ 3. 体育节目

□ 4. 广告节目　□ 5. 其他节目

4. 多项限选题

与多项选一（多项单选题）有所不同的是，多项限选题可以在所列举的多个答案中，要求回答者根据自己的情况从中选择若干个。比如将例 2—12 改成多项限选题，变为例 2—13。例 2—14 和例 2—15 也是多项限选题的例子。

例 2—13　您最喜欢看哪些电视节目？（可多选，最多 3 项）

□ 1. 新闻节目　□ 2. 电视剧　□ 3. 体育节目

□ 4. 广告节目　□ 5. 教育节目　□ 6. 歌舞节目

□ 7. 少儿节目　□ 8. 其他节目

例 2—14　您生育孩子的主要动机是什么？（可多选，最多 3 项）

□ 1. 传宗接代　□ 2. 完善人生　□ 3. 增加夫妻感情

□ 4. 养儿防老　□ 5. 扩大家族势力　□ 6. 体验做父母的乐趣

□ 7. 增加劳动力　□ 8. 没考虑过　□ 9. 其他

例 2—15　您认为作为一名企业领导，最重要的素质是什么？（可多选，最多 3 项）

□ 1. 大公无私　□ 2. 坚持原则　□ 3. 敢想敢干

□ 4. 以身作则　□ 5. 团结群众　□ 6. 思想敏锐

□ 7. 业务熟悉　□ 8. 文化程度高　□ 9. 其他

多项限选题的优点是，在有些情况下它比多项选一（多项单选题）的方式更能反映被调查者的实际情况。因此在很多方面人们实际上是存在着不止一种选择的，比如例 2—13、例 2—14、例 2—15，而这种形式就给了回答者更充分地表达自己情况的机会。需要注意的是，此时问题的变量个数已不是 1 个，而是 3 个，即多选变量。对这种问题的答案，可以作频率分析，以比较不同答案被选择的比例。

5. 多项任选题

多项任选也称不限选。多项任选题是在所提供的答案中，被调查者可以任意选择各种不同答案的一种问题形式。比如例 2—16。

例 2—16　在以下各种家用物品中，您家有哪些？（可多选，不限选）

□ 1. 彩电　□ 2. 录像机　□ 3. 影碟机　□ 4. 空调　□ 5. 洗衣机

□ 6. 冰箱　□ 7. 计算机　□ 8. 微波炉　□ 9. 电话

需要注意的是，这种形式的问题实际上已不再是“一个”问题了，它在某种意义上已经变成了“多个”类似的问题，即针对每一个具体答案而提出的多个问题。因此，在对问题进行变量定义时，不能像多选一那样只用一个变量，而是要将每一个答案都看成一个变量。这样，此例中的变量就有 9 个。

6. 排名题（排序题）

排名（多项排序）也是一种衡量的方式，例如：将几个品牌、厂商、商店或属性依其品质、服务水准、偏好程度等排名（排序）。如：

例 2—17　请您将下列方便面的口味，按您喜好程度进行排序：

1＝最喜欢，依此类推，5＝最不喜欢：

红烧牛肉面____ 老坛酸菜面____ 香菇鸡肉面____ 海鲜面____ 卤肉面____

此种类型的问卷，作为被排序的对象也不宜太多。否则，受访者也无法排好序。排个5、6项基本就是上限了。

7. 矩阵题（表格题）

经常采用矩阵（表格）的形式将同一类型的若干个“小”问题集中在一起，构成一个“大”问题，如例2—18。矩阵题通常采用李克特量表（有关量表的介绍请参见后面的2.3.3小节）。

例2—18 您觉得下列现象在你们学校是否严重？（请在每一行适当的□内打“√”）

现象	很严重	比较严重	不知道	不太严重	不严重
(1) 迟到	□1	□2	□3	□4	□5
(2) 早退	□1	□2	□3	□4	□5
(3) 请假	□1	□2	□3	□4	□5
(4) 旷课	□1	□2	□3	□4	□5

这种矩阵（表格）的优点是节省问卷的篇幅，同时由于同类问题集中在一起，回答方式也相同，因此也节省了回答者阅读和填写的时间。

8. 相倚问题（子题）

在问卷设计中，常常会遇到这样的情况：有些问题只适用于样本中的一部分调查对象。比如，“您有几个孩子”这一问题，就只适合于那些已结婚的调查对象；“对电视剧《渴望》中的刘慧芳这一人物如何评价”这一问题，就只适合于那些看过电视剧《渴望》的调查对象；等等。因此，为了使设计的问卷适合每一个调查对象，在设计时必须采取相倚问题（或称子题）的办法。

所谓相倚问题，指的是在前后两个（或多个）相连的问题中，被调查者是否应当回答后一个（或后几个）问题，要由他对前一个问题的回答结果来决定。前一个问题称作过滤性问题，后一个问题则称作相倚问题（子题）。

在问卷设计中，根据不同的情况，可以采取以下几种不同形式的相倚问题（子题）。

例2—19 您有孩子吗？

□1. 有→

> 请问您有几个孩子？________个。
>
> 您最小的孩子上学了吗？
>
> □1. 上了→
>
> > 他在上哪级学校？
> >
> > □1. 小学
> >
> > □2. 中学（职高）
> >
> > □3. 大学（研究生）
>
> □2. 没上

□2. 没有

例 2—20 请问您的婚姻状况是：

□ 1. 未婚→请跳过问题 2～8，直接从问题 9 开始回答。

□ 2. 已婚

□ 3. 离异

□ 4. 丧偶

2.3.2 答案的设计

由于社会调查中的大多数问卷主要由选择题构成，而答案又是选择题非常重要的一部分，因此，答案设计得好坏就直接影响到调查的成功与否。关于答案的设计，除了要与所提的问题协调一致以外，特别要注意做到使答案具有穷尽性和互斥性。

所谓答案的穷尽性，指的是答案包括了所有可能的情况。比如，例 2—21 问题的答案就具有穷尽性。

例 2—21 您的性别是：□ 1. 男 □ 2. 女

之所以说它是穷尽性的，是因为对于任何一个被调查者来说，问题的答案中总有一个是符合他（她）的情况的，或者说每个回答者都一定是有答案可选的。但是，如果有某个回答者的情况不包括在某个问题所列的答案中，那么这个问题的答案就一定不是穷尽的，或者说是有所遗漏的。比如，例 2—22 问题的答案就不是穷尽的。

例 2—22 您最喜欢看哪一类电视节目？

□ 1. 新闻节目 □ 2. 体育节目 □ 3. 电视剧 □ 4. 教育节目

之所以说它是不穷尽的，是因为所列的答案并不是全部电视节目种类，所以肯定会有许多回答者无法填答这样的问题。比如，有的人喜欢广告节目，有的人喜欢少儿节目等，而答案中却没有这些内容。解决这类问题的办法是，在所列举的若干个主要答案后面，再加上一个"其他"类，这样那些无法选择所列举答案的人，总是可以选择这一答案的。当然，应该注意的是，如果一项调查结果中，选择"其他"的回答者人数相当多，那么，说明问卷中所列答案的分类是不恰当的，即有些比较重要的答案类别没有单独列出。

所谓答案的互斥性，指的是答案之间不能交叉重叠或相互包含，即对于每个回答者来说，最多只能有一个答案适合他的情况。如果一个回答者可同时选择属于某一个问题的两个或更多的答案，那么这一问题的答案就一定不是互斥的。例 2—23 问题的答案就不是互斥的。

例 2—23 您的职业是什么？

□ 1. 工人 □ 2. 农民 □ 3. 教师 □ 4. 商业人员

□ 5. 干部 □ 6. 医生 □ 7. 售货员 □ 8. 专业人员

□ 9. 其他

因为答案中的"商业人员"与"售货员"、"专业人员"与"教师"和"医生"都是不互斥的。

2.3.3　量表

量表主要用来测量人们的感觉或主观判断，它的测量逻辑是假定有相同主观感觉的人，会在一个由弱到强的连续线段（维度）的相同位置，标出自己的感觉。下面介绍应用范围较广的李克特量表和语义差异量表。

1. 李克特量表

问卷调查经常会询问被访者是否同意某个陈述。例如，您是否同意“吸烟有害无益”这种说法。对此您可以回答“同意”或“不同意”。但是，如果您的回答是“特别同意”或“十分不同意”，那二项选择答案就无法完全反映出您的相对同意程度。[①] 20世纪30年代美国心理学家李克特（R. A. Likert），将答案从两种选择扩展成了四种：“非常同意”、“同意”、“不同意”和“非常不同意”。

清楚的顺序回答形式，是李克特量表（Likert Scale）最大的优点。而且根据以上回答形式，还可以衍生出其他许多回答形式：

例2—24　对“统计数据分析基础”这门课的教学质量，您的总体评价是：

□1. 优秀　□2. 良好　□3. 一般　□4. 较差　□5. 很差

例2—25　总的说来，我觉得自己是个失败者。

□1. 总是这样　□2. 常常这样　□3. 有时这样

□4. 很少这样　□5. 从未这样

例2—26　您对飘柔洗发水的感觉是：

□1. 很不喜欢　□2. 比较不喜欢　□3. 稍有不喜欢　□4. 无所谓

□5. 稍有喜欢　□6. 比较喜欢　□7. 很喜欢

不难看出，李克特量表可以在很多不同的场合和情况下使用，虽然针对不同的陈述内容，答案的用词有所变化，但答案的排列顺序和强度结构并没有变化。另外，李克特量表的答案类别应保持在4～8个之间，最好能提供类似“无所谓”、“不知道”、“未决定”、“一般”和“说不清楚”等中性类别。如：

（1）五级量表：很好、比较好、一般、比较差、很差。

（2）五级量表：很幸福、比较幸福、一般、比较不幸福、很不幸福。

（3）五级量表：非常同意、同意、说不清楚、不同意、非常不同意。

（4）五级量表（公园游览舒适度）：舒适、较舒适、一般、较拥挤、拥挤。

（5）七级量表：非常赞成、赞成、较赞成、中立、较不赞成、不赞成、非常不赞成。

（6）七级量表：非常不同意、比较不同意、有一点不同意、说不清楚、有一点同意、比较同意、非常同意。

在实际应用中，李克特量表很少单独使用。一般会针对某个议题的不同层面，设

---

① 假设你询问一个人对某个问题的看法，如果你仅仅是询问他同意与否，那么，他的回答并不能提供关于他对这个问题的同意（不同意）的程度。但是，如果你是用一个七级量表（非常不同意、比较不同意、有一点不同意、说不清楚、有一点同意、比较同意、非常同意）来调查他对这个问题的看法，那么，在一定程度上，你可以更加明确地知道他对这个问题认可的程度。

计出不同的陈述，分别用李克特量表进行测量，如前面提到的矩阵题例 2—18。下面的例 2—27 是用来测量“自尊心”的罗森伯格量表（Rosenberg Scale）。

例 2—27 您是否同意下列说法？（请在每一行适当的□内打“√”）

项目	完全同意	同意	不同意	完全不同意
(1) 总的说来，我对自己很满意	□1	□2	□3	□4
(2) 有时我认为自己一无是处	□1	□2	□3	□4
(3) 我认为我有一些好的品质	□1	□2	□3	□4
(4) 我能把事情干得像其他大多数人那样好	□1	□2	□3	□4
(5) 我感到我没有什么可自豪的	□1	□2	□3	□4
(6) 我有时候确实感到自己很无用	□1	□2	□3	□4
(7) 我感到我是个有价值的人，至少和别人一样	□1	□2	□3	□4
(8) 我希望我对自己的尊重能多些	□1	□2	□3	□4
(9) 总的说来，我倾向于认为自己是个失败者	□1	□2	□3	□4
(10) 我对自己采取积极的态度	□1	□2	□3	□4

需要指出的是，量表 10 个陈述中的（1）、（3）、（4）、（7）、（10）是自尊心高的表现，（2）、（5）、（6）、（8）、（9）则是自尊心低的表现，建立量表时，要将不同方向的陈述穿插安排，避免被访者不认真考虑，全部选择“同意”或者“不同意”。如何给李克特量表的答案类别编码，完全由研究者个人决定，既可以用“4”来代表“完全同意”，也可以用“1”来代表（如例 2—27）。

2. 语义差异量表

语义差异量表（Semantic Differential Scale）是 20 世纪 50 年代发展起来的，主要用来测量人们对观念、事物或他人的感觉。人们通常愿意用形容词来描述自己的感觉，而形容词又多具有反义词，如好与坏、快与慢、多与少等，因此，以形容词正反语义为基础建立的量表，被称为语义差异量表。从语义上看，形容词大致分为三大类：评价（好与坏）、力度（强与弱）和行动（主动与被动）。其中，最经常使用的是评价。这种量表除了可用于社会研究，还有其他多种用途，例如，在市场研究中，了解消费者对某种产品的感觉；在精神治疗中，判断病人如何理解自己；在舆论调查中，了解大众对某项公共议题的看法。

语义差异量表的形式由处于两端的两组意义相反的形容词构成。例如，可以将客户对某种产品的喜好程度、关注程度、评价等问题，设计为 1 到 10 的评分。1 分代表一点也不喜欢、一点也不关注及评价很差，10 分代表非常喜欢、非常关注及评价非常高。

例 2—28 请对以下 5 种方便面的口味，根据喜好程度，从 1～10 分进行评分：

1. 红烧牛肉面______

不喜欢 1 2 3 4 5 6 7 8 9 10 很喜欢

2. 老坛酸菜面______

不喜欢 1 2 3 4 5 6 7 8 9 10 很喜欢

3. 香菇鸡肉面______

不喜欢 1 2 3 4 5 6 7 8 9 10 很喜欢

4. 海鲜面______

不喜欢 1 2 3 4 5 6 7 8 9 10 很喜欢

5. 卤肉面______

不喜欢 1 2 3 4 5 6 7 8 9 10 很喜欢

例 2—29 您对该住宅楼盘产品的地段位置的评价是______

很差 1 2 3 4 5 6 7 8 9 10 很好

2.4 "态度 8"问卷模板库简介

"态度 8"问卷模板库（http://www.taidu8.com/template，如图 2—2 所示）的建设始于 2006 年，经过多年的建设和积累，逐渐形成了不同行业、不同类型调研的问卷积累，目前包含行业一级分类 15 个，二级分类 44 个，调研问卷类型分为 6 大类 37 种。模板总计达到 1 456 个。

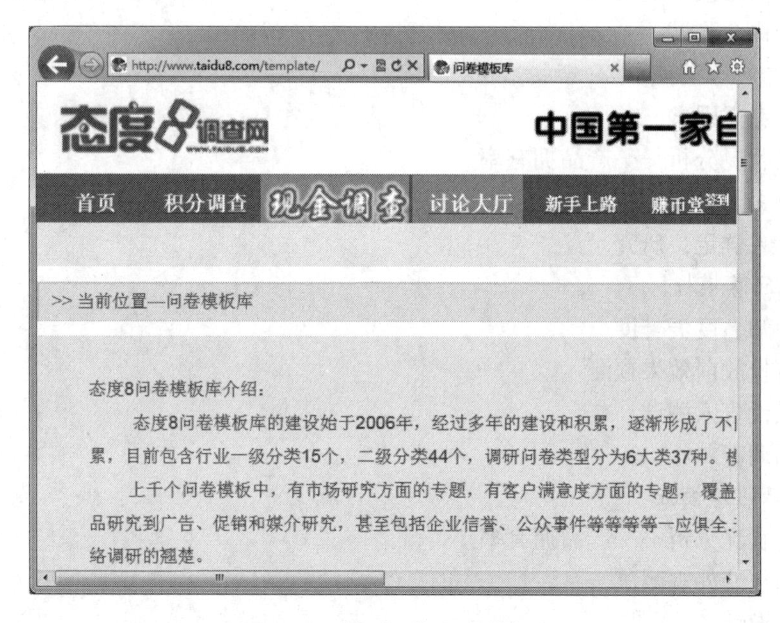

图 2—2 "态度 8"问卷模板库

在这上千个问卷模板中，有市场研究方面的专题，也有客户满意度方面的专题，覆盖面从消费者研究到品牌研究，从产品研究到广告、促销和媒介研究，甚至包括企业信誉、公众事件等，一应俱全。无论从规模还是从质量上来说，它都堪称网络调研的翘楚。

"态度 8"问卷模板库中的主要模板有如下几种：

1. 社会调查问卷模板

- 校园生活模板（就业）

- 娱乐时尚问卷模板
- 新闻时事问卷模板

2. 消费品问卷模板

- 购买决策
- 消费者习惯研究
- 售后服务满意度
- 节目收视调查

3. 医药问卷模板

- 购买决策
- 市场状况分析——市场占有率
- 品牌忠诚度
- 品牌知名度美誉度

4. 家电问卷模板

- 市场状况分析——产品拥有率
- 品牌形象
- 促销活动接受度测试
- 广告概念测试

5. 汽车问卷模板

- 购买考虑因素
- 市场状况分析——产品拥有率
- 信息渠道分析
- 目标人群定位研究

6. IT 问卷模板

- 品牌知名度美誉度
- 广告投放前效果预测
- 明星代言人测试
- 新闻调查

7. 金融问卷模板

- 市场状况分析——产品拥有率
- 产品包装外观测试
- 产品设计
- 代理商、经销商配合度

8. 传媒出版问卷模板

- 促销活动接受度测试
- 广告投放前效果预测
- 员工满意度
- 售后服务满意度

在众多的调研主题中，总会找到最适合您的！

2.5 编辑问卷的技巧

编辑问卷的技巧，应属于Word的范围，不应在SPSS和Excel的书籍中来谈。不过为了使读者能设计出一份较有水准的问卷，在此稍微加以补充说明。

读者可能会问：编辑问卷不过是打打字罢了，有何技巧？可是不同的打法，会让问卷看起来更有价值感，使得受访者觉得访问单位很注重这份问卷，从而更加愿意来回答问题。

对前面叙述的单选题，一般的打字及排版的方式可能为：

Q3. 请问您的手机是哪一种入网方式？

□ 全球通　□ 神州行　□ 如意通　□ 动感地带　□ 其他________

其中：

(1) 各答案选项前的空心方形"□"，可以通过插入"符号"来输入。在Word 2010中的操作步骤如下：

①在"插入"选项卡的"符号"组中，单击"符号"按钮，展开"符号"下拉列表（最近使用过的符号），如图2—3所示。

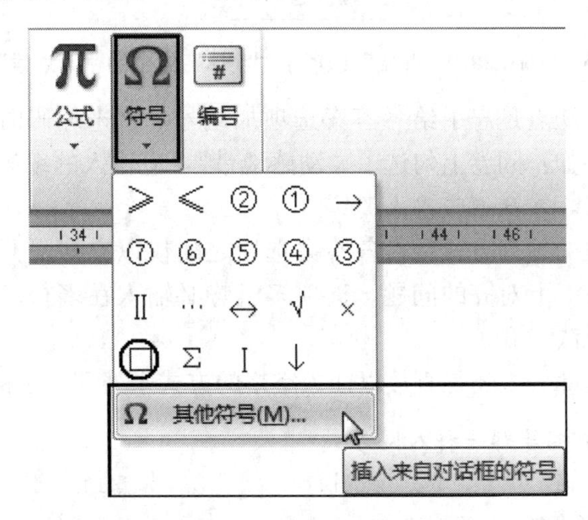

图2—3　单击"符号"按钮，展开"符号"下拉列表（近期使用过的符号）

②如果"符号"下拉列表（最近使用过的符号）中有空心方形"□"，则单击插入"□"；否则单击"其他符号"命令，打开"符号"对话框，在"符号"选项卡，将"字体"设置为"(普通文本)"，"子集"设置为"几何图形符"，在符号区选择需要的符号"□"，如图2—4所示。单击"插入"按钮。

(2) 在"其他"选项后面，则是先输入几个空格，然后选中这些空格，再在"开始"选项卡的"字体"组中（如图2—5所示），单击"下划线"按钮将其格式设置为含有下划线。

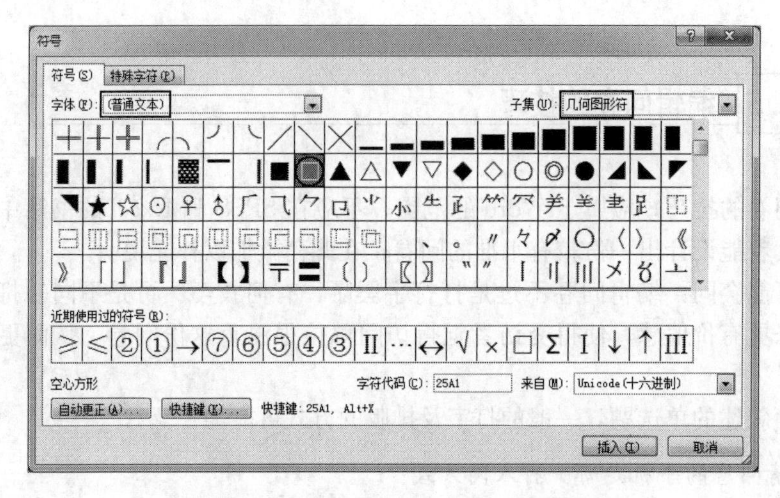

图 2—4　Word 2010 的插入“符号”对话框

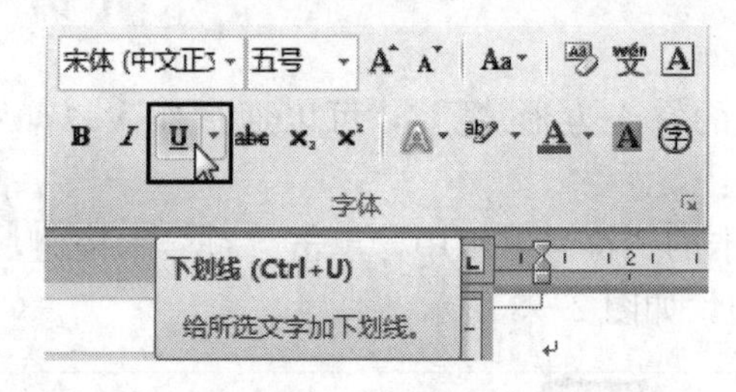

图 2—5　Word 2010“开始”选项卡“字体”组中的“下划线”按钮

（3）上述步骤的缺点是忘了给各答案选项加编号，将来编码时，不仅不方便，而且很容易发生错误。如：问卷上勾选了“动感地带”，应输入的编码是几？还得每次由左边一个一个数过来，才知道应输入“4”。

（4）此外，一般的处理方式会在各答案选项之间仅以空格隔开，选项少还好，一行就输入完了，没有上下对齐的问题。选项多了势必输入在多行。此时，各答案选项前的符号□就可能无法对齐了。

考虑到对齐，大部分人还是直接以插入空格的方式来处理。示例如下：

Q4. 请问您的手机是哪一种入网方式？

□1. 全球通　　□2. 神州行　　□3. 如意通
□4. 动感地带　□5. 新时空　　□6. 其他______

在这个例子中没问题。但那是巧合，因为选项答案没有含数字或英文字母。如果答案选项含有数字或英文字母，单用空格还是无法解决对齐的问题。此时就应该改用按制表符“Tab”键来隔开各答案选项。如果各答案选项的位置要精确在水平标尺刻度如 12、18、25、30 等位置，那就要配合使用制表符“Tab”键和“制表位”对齐位置。具体使用方法可查看 Word 的帮助，也可参见本教材的配套辅导书《统计数据分析基础教程（第二版）习题与实验指导》中第 2 章的实验 2.1。

2.6 收集问卷数据

社会调查在完成准备阶段的任务之后，就进入调查的具体实施阶段，即按照调查设计的具体要求，进行问卷填写收集数据。收集数据是整个社会调查工作中最复杂、最辛苦，投入的时间、人力、财力相对较多的工作，同时也是最吸引人的工作。数据的收集工作要按照严格的程序与科学的方法进行。根据调查问卷由谁来填写，可把社会调查中的数据收集方法分为两种类型：一是自填问卷法，二是结构访问法。在这两个大的类型中，根据具体操作方法与程序的不同，又可以进一步划分出不同的子类型。比如，自填问卷法又可分为个别发送法、集中填答法、邮寄填答法和网络填答法；结构访问法又可分为当面访问与电话访问等。可以用图 2—6 来说明。

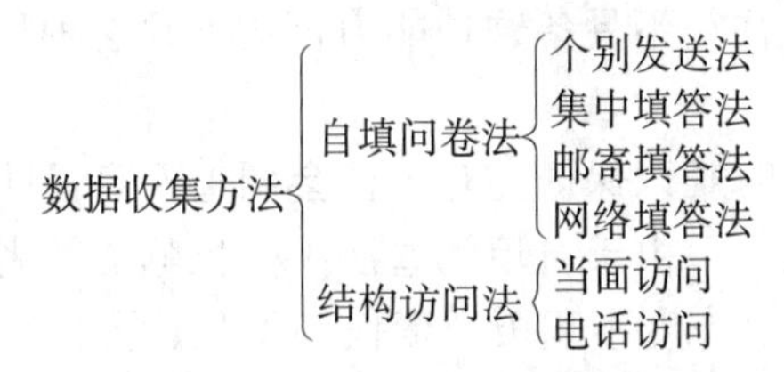

图 2—6　数据收集方法的分类

2.6.1 自填问卷法

自填问卷法是调查问卷完全由被调查者自己来填写的方法，也就是访问员将事先设计好的问卷发送给（或者邮寄给）受访者（或者将问卷制作成网页，发布在某网站上），由受访者自己阅读和填答，然后再由访问员收回的数据收集方法。根据具体操作和实施方法的不同，自填问卷法又可分为个别发送法、集中填答法、邮寄填答法、网络填答法等子类型。

自填问卷法的主要特征在于完全依靠问卷，完全依赖于受访者，也正是这种对问卷、对受访者的高度依赖，决定了自填问卷法的优缺点。

1. 自填问卷法的优点

（1）具有很好的匿名性。由于自填问卷法一般不要求署名，填写地点又可在受访者家中或由其自己选择，受访者独自进行填答，不受他人干扰和影响；即便填写的过程中访问员在场（如集中填答法），但受访者也不用将自己的情况向访问员口头报告，不用“说出来”，而是“默默填写”，同样可以大大减轻受访者的心理压力，有利于他们如实填答问卷，从而收集到客观真实的数据。正是因为自填问卷法有很好的匿名性，所以对于某些比较敏感的社会现象或者有关个人隐私、社会禁忌等受访者难以同陌生人交谈的敏感性问题，采用自填问卷法收集数据会取得相对较好的效果。

（2）节省时间、经费和人力。由于自填问卷法不必与受访者就问卷中的每一个问题逐一进行询问和交谈，可以在很短的时间内同时对很多人进行调查，因此，十分省时省力。若采用邮寄的方式或借助于网络，还不受地域范围的限制。因此，采用这种方法收集数据具有很高的效率。

（3）可减少某些人为误差。在采用自填问卷法收集数据的过程中，因为每一位受访者得到的都是一份统一设计和印制的问卷，所以无论是在问题的表达、答案的类型方面，还是在问题的前后次序、填答方式方面，都具有高度的一致性。因此，每一位受访者受到的刺激和影响都是相同的，这样就在很大程度上减少了不同访问员所带来的不同影响，尽可能地避免了某些人为原因所造成的误差。

2. 自填问卷法的缺点

自填问卷法本身也还存在着一些不足和缺点，主要表现在以下几个方面。

（1）对象范围受到限制。采用自填问卷法收集数据，对受访者的文化水平有一定要求。由于自填问卷是由受访者自己填写的问卷，所以要求受访者能看得懂问卷，能够阅读和理解问题及答案的含义，能够正确理解填答问卷的方式。但实践经验表明，一般要具备高中及以上文化程度的受访者才具有这种能力，达到这种程度；而对一些文化程度较低的受访者，往往不具备这种能力，达不到这种程度，就不宜使用自填问卷的方法。

（2）问卷的回收率有时难以保证。对于社会调查而言，回收率是决定和影响调查样本代表性的重要因素之一。由于自填问卷法十分依赖受访者的合作，因此，当受访者对该项调查的兴趣不大、态度不积极、责任心不强、合作精神不够时，或者受访者受时间、精力、能力等方面的限制，就有可能无法有效完成问卷填答工作，从而影响问卷的回收率。

（3）问卷的质量得不到保证。这主要是因为采取自填问卷法时，受访者往往是在没有访问员在场指导的情况下进行问卷的填答工作的，对于理解不清的问题，他们无法及时向访问员询问，各种错答、误答、缺答、乱答的情况时有发生。采用自填问卷法时，访问员不能对受访者填答问卷的环境进行有效的控制，受访者既可能同别人讨论着填写，也可能完全交给别人代填。所有这些，都会导致问卷调查所得数据的质量比较差，可信度不高。这正是当前自填问卷法面临的主要问题之一。也正是由于自填问卷法所收集的数据的质量难以保证，许多研究者不得不放弃这种方法而采用费用高、代价大的结构访问法。

3. 自填问卷法的运用

根据自填问卷法的上述特点，在运用自填问卷法收集数据时，应注意以下两点。

（1）一般来说，这种方法在发达的调查地区和文化程度较高的被调查群体中比较适用。比如，在城市地区就比在农村地区更适用；在东部发达地区就比在西部欠发达地区更适用；在专业技术人员、知识分子、管理人员中就比在餐厅服务员、农民中更适用等。

（2）在成分单一的总体中比在成分复杂的总体中适用。比如，在全体工人、全体学生或全体青年中就比在全体居民中适用。这是因为在成分单一的总体中，由于受访者的社会背景、行为特征、社会态度等方面相同或相似的成分较多，可以减少许多问卷设计中的困难和麻烦。在一个构成复杂的总体中，受访者的各种因素、社会各方面的差异往往比较大，相互之间共同的或相似的东西往往比较少，因此，要设计出一份适合每部分人情况的问卷，就会更困难一些。

2.6.2　网络填答法

下面介绍自填问卷法中的网络填答法的优缺点及运用，而个别发送法、邮寄填答法、集中填答法等传统的自填问卷法，有许多专门的书籍介绍，在此不再赘述。

网络填答法是指借助于互联网来发放和回收问卷的方法。具体可分为网站（弹出式网页）填答法和电子邮件填答法。网站填答法是研究者将调查问卷设置在访问率较高的一个或多个站点上，由浏览这些站点并对该项调查感兴趣的上网用户按照个人意愿完成问卷的数据收集方法。电子邮件填答法是指研究者将问卷设计好后，通过Email的方式将问卷发送给受访者，受访者填答完问卷后，再以Email的方式将问卷反馈给研究者。电子邮件填答法其实是将传统的邮寄填答法放到网上去运作。因此，这里对网络填答法的介绍主要针对网站填答法。

举例来说，现在各高校甚至许多中学都流行“网络评教”，这种评教其实就是采用网络填答法来收集学生对教师授课的评价情况。教学管理部门（通常是教务处）将评教内容，如教师是否遵守课堂纪律、知识面、教学方式、对学生的要求、对课本以外新知识的了解程度、教学热情以及对学生关心与否等方面，设计成一张问卷调查表，放在学生成绩查询系统中，学生查询本门课程成绩之前，系统会自动弹出学生对这门课程的评教网页，只有完成评教之后，才能进行成绩查询。也有高校将“评教问卷”放在选课系统中，新学期开始，学生输入学号进入选课系统时，系统会自动弹出上一学期所开课程的“评教问卷”，学生填答完评教问卷之后，系统才会弹出本学期的选课网页。

“态度8”调查网（www. taidu8. com）是中国第一家自助网络调查互动平台，是典型的网站填答法的应用实例。

1. 网络填答法的优点

（1）网络填答具有及时性。网络上的信息传输速度非常快，一份调查问卷制作成网页通过Internet可以立即传送到世界各地，在短时间内就可获得大量的反馈信息；同时所得的数据一经输入数据库，能马上通过统计分析产生结果。

（2）网络填答具有超时空性。互联网覆盖面广，突破了地域限制，全国各地乃至全世界的受访者都可以不受地域限制地参与填答问卷。互联网也突破了时间限制，一天24小时不间断地进行，不受时差影响。因此，网络填答法在理论上来讲是世界范围的、全天候的。

（3）网络填答成本低。网络填答法从问卷的制作到回收依托的都是无纸化环境，因此，节省了纸张费用、印刷费用；省去了邮寄法需要的邮费和信件装封人员的人工费，个别发送法需要的大量派送和回收人员所产生的费用；个别发送法、邮寄填答法在问卷回收后需要数据录入人员进行数据输入，而在网络填答法中这项工作在受访者填完问卷后自动完成。

（4）匿名性好，特别适合对敏感性问题的调查。网络填答法中，填答者是在独立条件下通过网络回答问题，不仅不与访问员见面，而且访问员也不知道填答者的一些个人信息，如姓名、通信地址等，这相对提高了受访者回答的匿名性，从而比其他数据收集方法更容易获得某些敏感的信息。对于敏感性问题用网络填答法，受访者更乐于合作，例如，同性恋、婚外性、艾滋病等一些敏感性问题，采用传统的问卷填答方法，人们往往有一定的压力，而不愿意吐露实情；而采用网络填答法，这种担心大为减少，从而更有利于受访者参与调查。

（5）网络填答法生动活泼并且有趣味性。网络填答法采用的是电子化问卷，所以在调查问卷中可附加多种形式的多媒体背景资料，图文音像并茂，使问卷生动活泼；利用网络技术，可将各种图片、声音、游戏、视频、动画穿插在问卷中，使受访者在轻松、娱乐的环境中完成问卷填答，提高填答过程的趣味性。

2. 网络填答法的缺点

网络填答法虽然具有很多传统数据收集方法无法比拟的优点，但因为其必须通过互联网来进行数据收集，所以在数据收集过程中无法避免一些由网络带来的缺点与不足，主要表现在以下几方面。

（1）样本代表性差。网络填答法的对象是网民，但网民主要还是一些特定的人群，难以代表全国民众。据中国互联网络信息中心（CNNIC）2014年7月发布的《第34次中国互联网络发展状况统计报告》显示，截至2014年6月，中国网民规模达6.32亿，其中，手机网民规模5.27亿，互联网普及率达到46.9%。网民上网设备中，手机使用率达83.4%，首次超越传统PC整体80.9%的使用率。从网民的性别分布来看，男性占55.6%，女性占44.4%；从年龄分布来看，主要是年轻人，其中19岁及以下的占26.6%、20～29岁的占30.7%、30～39岁的占23.4%、40～49岁的占12.0%、50岁及以上的占7.3%；从文化程度分布来看，小学及以下占12.1%、初中占36.1%、高中/中专/技校占31.1%、大专占9.9%、大学本科及以上的占10.7%，中国网民继续向低学历人群扩散。由于这种状况的存在，因此，不是所有的调查都可以采用网络填答法来收集数据。另外，即使调查对象的总体是网民，但因为抽样框难以界定，严格的随机抽样也无法实施，同样也会产生代表性难以判断的问题。

（2）数据的真实性、准确性难以判断。网络社会中的人实际上处于非现实的、匿名的“虚拟世界”中。这就为虚假的甚至是带有欺骗性质的信息发布提供了方便。再加上黑客的出现、病毒的侵入，都使得人们对网络安全有种恐惧感，受访者出于自我保护的需要，提供的个人信息，如性别、年龄、收入等都有可能是虚假的。这使得通过网络填答法所收集到的数据的真实性、准确性难以判断。

3. 网络填答法的运用

网络填答法作为一种新的数据收集方法，其中存在的问题虽然还不能完全解决，但通过一些方法却可以提高网络填答的质量。

（1）提高问卷设计的质量。采用网络填答法收集数据，因为没有调查者与受访者之间的直接交流，所以问题的设计应该简单、明了，通俗易懂，不易产生误解；问题的填答方式要简单，尽可能让受访者通过点击鼠标来完成；问题不宜过多，对受访者来说，过多的问题一方面影响其耐心，另一方面，又意味着完成一次调查所付出的上网费更多。一般来说，以受访者20分钟内能填答完为标准。另外，网络填答问卷还可以充分利用多媒体，制作出令人赏心悦目的视听效果，增强趣味性、参与性，提高受访者填答的积极性。

(2) 尽可能提高样本的代表性。对于网络填答法来说，要提高样本的代表性，就要尽可能提高调查对象的覆盖面，就要使更多的人、不同特征的人参加调查。这可以通过各种广告宣传方式，如在点击率高的网站上建立链接、在BBS上发布消息、在传统媒体上做广告等，发动尽可能多的不同特征的人参与到网络填答中来。

(3) 注意网络填答所适用的人群范围。目前，由于网络使用率在很大程度上仍然受到人口的年龄特征、文化素质与对信息的需求程度等方面的限制，网络用户和非网络用户在年龄、文化程度、生活习惯等方面存在一定差异，网络填答法收集的数据只能代表网络用户这一群体。因此，在现阶段，网络填答法只适用于上网比例比较高的人群，并不是所有的调查课题都适合采用网络填答法。

(4) 提高专业网络调研人员的素质与技能。网络调查系统的建立是一项复杂的工作，其中既包括建立调查对象的网址清单系统，形成抽样方法系统化和计算机化的调查软件系统，还包括抽样结果的反馈系统、链接数据的整理和分析系统等。这就要求网络访问员必须是综合性人才，具备综合技能，既掌握统计调查的理论和方法，又熟悉计算机理论，擅长网络技术，能够对数据库及网络系统进行管理。但目前我国这样的复合型专业网络调研人才严重匮乏，网络调查中的调查专业技术与网络专业技术结合度小；缺乏对网络调查中出现的新的理论技术问题和实际操作问题的研究和创新。因此，要想提高网络填答法的质量，必须加强调研人员计算机网络技术和社会调查方法两方面知识和技能的培训。

(5) 注重与传统数据收集方法的结合运用。由于样本代表性差，数据的真实性难以判断，网上调查得到的结果一般不宜做统计推断，目前运用网络进行的商业调查、民意调查在推断总体的时候一定要谨慎。当前的网络调查可作为其他数据收集方式的补充，比如，在问卷设计前的“探索性工作”可通过网络来收集一些数据，问卷设计完之后的试调查工作可采用网上调查的方式进行。

2.6.3 结构访问法

结构访问法又称标准化访问、问卷访谈，它的最大特点是整个访问过程是严格控制和标准化的。调查问卷完全由访问员来填写，也就是访问员根据事先设计好的调查问卷，采用口头提问的方式，向受访者了解社会情况、收集有关社会现象数据的方法。访问员必须严格按照统一问卷上问题的提法和顺序提问，根据事先规定的统一口径对访问对象的疑问作出解释，同时对访谈对象回答的记录也是完全统一的。

根据具体操作和实施方法的不同，结构访问法可分为当面访问和电话访问两种具体类型。

与自填问卷法相比，结构访问法有一个十分突出的特点，即在通常情况下，它是一种以口头语言为中介的、访问员与受访者的交往和互动过程。访问员与受访者之间的相互作用和相互影响贯穿数据收集过程的始终，并对调查结果产生影响。正是因为访问员与受访者之间的互动，使得结构访问法具有与自填问卷法一些不同的优点和缺点。

1. 结构访问法的优点

结构访问法的优点主要有以下几个方面。

（1）调查的回答率较高。由于结构访问法通常是在访问员与受访者直接接触、两者面对面交流的环境中进行的，因此，受访者拒绝合作或者半途而废的情况比较少，调查的回答率和成功率普遍比自填问卷法高。

（2）调查数据的质量较好。在访问过程中，由于访问员在场，因而可以对访问的环境和受访者的表情、态度进行观察，由此估计其回答的可信度；可以对问题或答案做适当的解释，减少各种错答、误答、缺答、乱答的情况；可以对访问的环境进行有效的控制，受访者既不可能同别人讨论着回答，也不可能完全交给别人回答。所有这些都使得调查数据的真实性和准确性大大提高。

（3）调查对象的适用范围广。由于结构访问法主要依赖于口头语言，而对书面语言的阅读、理解和表达能力没有要求，因此，它适用的调查对象范围十分广泛，既可以用于文化水平比较高的调查对象，也可以用于文化水平比较低的调查对象。

2. 结构访问法的缺点

当然，结构访问法也有自身的一些缺点，主要有以下几个方面。

（1）访问员和受访者之间的互动有时会影响到调查的结果。由于访问双方都是有知觉、有感情、有思想、有反应的人，因此，双方在访问过程中往往难以做到完全客观，这样就会导致一些访问偏差，影响到访问数据的质量和效果。例如，当访问员听到受访者表示同意自己强烈反感的某种看法时，若在表情上或手势上流露出不以为然的样子或对受访者进行启发，就会影响受访者对后面类似问题的回答。

（2）访问调查的匿名性比较差。由于结构访问法通常是在访问员和受访者面对面交流、一问一答的环境中进行的，因而匿名性较差。因此，对于一些涉及人们的隐私（如个人婚姻、私生活）、社会的禁忌、人与人之间利害关系等敏感性内容的社会调查来说，往往难以采用结构访问的方法来收集数据。

（3）访问调查的费用高，代价大。由于结构访问法需要与每一个受访者就问卷中的每一个问题逐一进行询问和交谈，不像自填问卷法可以在很短的时间内同时调查很多人。因此，从总体上看，结构访问法在时间、人力以及经费的花销上，都大大高于自填问卷调查，这样，它在客观上就限制了调查样本的规模和调查的空间范围，在它的具体运用上造成了一定的局限性。

（4）结构访问法对访问员的要求更高。尽管自填问卷法也会用到访问员，但其作用相对较小，结构访问法则可以说完全离不开访问员，或者说完全依赖于访问员。访问员对调查数据的质量、对调查结果的质量影响更大。因此，访问员具有比较高的访问技巧和比较强的应变能力，是成功完成访问调查所必不可少的条件。

2.7 思考题与上机实验题

思考题：

1. 设计问卷的步骤是什么？
2. 常用的问卷题型有哪些？

3. 你填写过调查问卷吗？有什么体会？

4. 你做过访问员吗？有什么经验和体会？

上机实验题：

结合自己的专业或研究项目（如："大学生创新实验计划"、"创新杯"课外学术科技作品竞赛、"暑期社会实践"活动等），设计一份相关的调查问卷，并进行抽样调查、发放问卷（填写问卷）、回收问卷（收集数据）。

本章附录Ⅰ 问卷实例一

关于手机的营销组合调查问卷①

亲爱的同学：

首先感谢您的热心帮忙！这是一份学术问卷，目的是研究"手机的营销组合"，希望借此了解消费者的真正需求。

本问卷采用不记名方式，所有数据仅供学术分析使用，绝不对外公开，请您安心作答。

并祝

学业进步，事事顺心！

北京大学企管系

学生：王丽雯、许俪扬、黄淑盈

Q1. 请问您现在是否拥有手机？

□1. 有 □2. 没有。未购买的原因：(可多选，最多3项)

□1. 价格太高 □2. 想保留自我空间 □3. 不喜追随流行

□4. 没有需要 □5. 电磁波有害人体 □6. 避免被骚扰

□7. 其他______

(请跳答第12题)

Q2. 请问您当初购买手机的原因是什么？(可多选，最多3项)

□1. 方便与家人联络 □2. 方便与朋友同学联络 □3. 追求流行

□4. 工作需要 □5. 同学间比较的心理 □6. 别人赠送

□7. 手机价格下降 □8. 厂商推出的促销方案 □9. 网内互打较便宜

□10. 其他______

Q3. 请问您使用手机到现在已有多久？

□1. 未满六个月 □2. 六个月至一年 □3. 一年至一年半

□4. 一年半至两年 □5. 两年以上

Q4. 请问您现在使用的手机品牌是什么？

□1. 苹果（APPLE） □2. 诺基亚（NOKIA） □3. 三星（SAMSUNG）

① 参见杨世莹编著：《Excel数据统计与分析范例应用》，107～110页，北京，中国青年出版社，2008。这里对其中的问卷做了一些改动。

□ 4. 联想（LENOVO）　□ 5. 华为（HUAWEI）　□ 6. 中兴（ZTE）
□ 7. 酷派（COOLPAD）　□ 8. 索尼（SONY）　□ 9. 小米（MI）
□ 10. HTC　□ 11. 其他______

Q5. 整体而言，您是否满意现在所使用的手机？
□ 1. 非常满意　□ 2. 满意　□ 3. 一般
□ 4. 不满意　□ 5. 非常不满意

Q6. 请问您最不满意目前使用手机的哪一部分？(单选)
□ 1. 大小　□ 2. 颜色　□ 3. 重量
□ 4. 形状　□ 5. 不符合人体工学　□ 6. 短信状况
□ 7. 附属功能　□ 8. 待机时间　□ 9. 手机本身的价格
□ 10. 维修服务　□ 11. 其他______

Q7. 请问您有无更换过手机？
□ 1. 无　□ 2. 有。原因：(可多选，最多3项)
□ 1. 消费能力提高　□ 2. 手机降价　□ 3. 短信状况不佳
□ 4. 喜新厌旧　□ 5. 遗失或遭窃
□ 6. 厂商推出吸引人的促销方案　□ 7. 功能太少
□ 8. 受广告影响　□ 9. 其他______

Q8. 如果您最近3个月内考虑更换手机，是否会继续使用原品牌手机？
□ 1. 会　□ 2. 不会。请问您会选择更换成哪种品牌的手机？(单选)
□ 1. 苹果（APPLE）　□ 2. 诺基亚（NOKIA）
□ 3. 三星（SAMSUNG）　□ 4. 联想（LENOVO）
□ 5. 华为（HUAWEI）　□ 6. 中兴（ZTE）
□ 7. 酷派（COOLPAD）　□ 8. 索尼（SONY）
□ 9. 小米（MI）　□ 10. HTC
□ 11. 其他______

Q9. 请问您的手机是哪一种入网方式？
□ 1. 全球通　□ 2. 神州行　□ 3. 如意通
□ 4. 动感地带　□ 5. 新时空　□ 6. 其他______

Q10. 请问您平均每个月手机的话费约______元？

Q11. 您比较偏好哪种收费方案？
□ 1. 包月　□ 2. 预存　□ 3. 其他______

Q12. 请就下列有关手机的产品属性勾选其重要程度。

产品属性	非常重要	重要	普通	不重要	非常不重要
(1) 大小适中	□5	□4	□3	□2	□1
(2) 重量轻巧	□5	□4	□3	□2	□1
(3) 颜色绚丽	□5	□4	□3	□2	□1
(4) 外形大方	□5	□4	□3	□2	□1

续前表

产品属性	非常重要	重要	普通	不重要	非常不重要
(5) 符合人体工学	□5	□4	□3	□2	□1
(6) 附属功能多	□5	□4	□3	□2	□1
(7) 短信状况佳	□5	□4	□3	□2	□1
(8) 内设震动	□5	□4	□3	□2	□1
(9) 可换壳	□5	□4	□3	□2	□1
(10) 可编曲	□5	□4	□3	□2	□1
(11) 可翻盖	□5	□4	□3	□2	□1
(12) 双频手机	□5	□4	□3	□2	□1
(13) 中文显示	□5	□4	□3	□2	□1
(14) 待机时间长	□5	□4	□3	□2	□1
(15) 品牌知名度高	□5	□4	□3	□2	□1
(16) 辐射的伤害	□5	□4	□3	□2	□1

Q13. 您认为手机的合理价格是多少？

□1. 500元以下　□2. 500～1 000元　□3. 1 000～1 500元

□4. 1 500～2 000元　□5. 2 000元以上

Q14. 您认为手机的功能？

□1. 越多越好　□2. 没有差别　□3. 有基本功能即可

Q15. 您大多从哪里得知有关手机的信息？（可多选，最多3项）

□1. 电视　□2. 报纸　□3. 杂志

□4. 广播　□5. 网络　□6. 亲朋好友

□7. 商店广告　□8. 通讯厂商

□9. 户外的大型展板、海报　□10. 其他______

Q16. 您认为谁最适合代言手机？（可多选，最多3项）

□1. 影视明星　□2. 专家学者　□3. 政治人物

□4. 上班族　□5. 学生　□6. 家庭主妇

□7. 普通人　□8. 其他______

Q17. 您会因为通讯厂商（如：中国电信等）推出的促销方案而选择其所搭配的手机吗？

□1. 会　□2. 不会

Q18. 您会因为购买商品赠送手机（例如：订报、办信用卡等）而去参与此类促销活动吗？

□1. 会　□2. 不会

Q19. 您知道手机发出的电磁波会伤害身体吗？

□1. 知道。请说明有何种伤害：______________________

请问这是否会影响您购买手机的意愿？□1. 会　□2. 不会

□2. 不知道

Q20. 您认为“上课时将手机关机或调整为震动”的规定有其必要性吗？

□1. 有。请简述原因：____________________

□2. 没有。请简述原因：____________________

Q21. 您认为未来手机的趋势如何？（可多选，最多3项）

□1. 与电子商务结合 □2. 更人性化的设计 □3. 取代传统电话的地位

□4. 可抛弃式手机 □5. 与Notebook连接使用

□6. 手机租用普及化 □7. 其他____

请填写您的个人信息：

JB1. 性别

□1. 男 □2. 女

JB2. 居住状况

□1. 家里 □2. 学校宿舍 □3. 校外 □4. 其他____

JB3. 整个家庭月收入状况

□1. 5千元以下 □2. 5千元至1万元 □3. 1万元至1.5万元

□4. 1.5万元至2万元 □5. 2万元以上

JB4. 每月零用钱的最主要来源（单选）

□1. 家里给予 □2. 靠打工赚取 □3. 其他____

JB5. 每月可支配的零用钱大约

□1. 200元以下 □2. 200～400元 □3. 400～600元

□4. 600～800元 □5. 800～1 000元 □6. 1 000元以上

JB6. 现在是否有男（女）朋友

□1. 有 □2. 没有

本问卷至此全部结束，感谢您的热情协助！

本章附录Ⅱ 问卷实例二

大学入学新生信息技术与计算机基础情况调查问卷

亲爱的同学：

首先祝贺你成为一名大学生，开始了新的大学学习生活。当今社会已经进入了信息时代，计算机与信息技术已经成为当代大学生必须掌握的一项基本生存技能，学好计算机与网络应用技术将对你今后的学习、生活与工作产生重大的影响，计算机基础课程也是国家规定的必修的公共基础课程之一。

为了做好中学信息技术教学与大学计算机基础教学的衔接，更好地组织大学计算机课程教学，我们希望通过调查问卷的方式，了解你在中学信息技术课程学习的内容，掌握计算机与网络应用技术的实际情况，以及你对大学计算机基础教学学习的期望，希望得到你们的支持。

全国高等院校计算机基础教育研究会

2013年9月

调查问卷内容

请在以下前 1～19 个问题的 A、B、C、D 四个选项中，选出一项，第 20 题需要做出多个选择。

T1. 你对计算机感兴趣的程度　（　）

A. 很感兴趣，想熟练使用计算机完成学业和设计一些作品

B. 兴趣一般，只是想用来上网娱乐一下，必要时可用来完成作业

C. 谈不上兴趣，只想将计算机课对付过去就行

D. 毫无兴趣，可以不开设计算机课程

T2. 对于大学计算机课程，你最喜欢的教学方式　（　）

A. 主要由老师讲授，学生听讲和记笔记

B. 老师指点方法，学生先学，老师再讲，讲练结合

C. 老师较少讲解，主要由学生在机房练习

D. 老师提出问题，学生通过自学后回答问题，最后再由老师讲解

T3. 你对大学计算机课程学习的期望　（　）

A. 对计算机某一方面非常感兴趣，希望深入学习下去

B. 学一些常用软件，今后学习、工作中能够用到就行

C. 能够扫盲，通过计算机课程考试即可

D. 无所谓，没兴趣

T4. 你对防病毒软件与漏洞检测软件的使用情况　（　）

A. 重视防病毒和漏洞检测，经常更新防病毒等安全工具、检查和处理计算机的安全问题

B. 偶尔会更新防病毒等安全工具、检查和处理计算机的安全问题

C. 知道病毒的危害，但是缺少主动使用防病毒软件的意识

D. 知道有计算机病毒，不知道计算机系统还有漏洞

T5. 你对计算机网络、网页与网站设计的熟悉程度　（　）

A. 熟悉计算机网络的相关知识，独立设计过网站

B. 对计算机网络基本知识了解不多，设计过简单的网页

C. 不了解计算机网络相关知识，也从未设计过网页和网站

D. 不知道网页与网站设计方面的知识在实际中有什么用处

T6. 你对网络个人隐私保护的认识　（　）

A. 注意在网络上保护包括用户名/密码在内的个人隐私，定期更换密码

B. 听说过网络个人隐私保护这个名词，不相信会有人盗用，从不更换密码

C. 经常将用户名/密码告诉别人或借给朋友使用

D. 不知道有网络个人隐私保护这回事

T7. 你对网络上歌曲、电影、论文等信息资源版权保护的认识　（　）

A. 应该保护歌曲、电影、论文等信息资源的版权

B. 如果保护歌曲、电影、论文等信息资源的版权，我们使用就不方便了

C. 支持版权保护，也支持计算机高手通过非正常手段使用这些资源

D. 无所谓

T8. 你对信息安全危害性的认识 （ ）

A. 信息安全影响到国家安全、社会稳定与个人利益，与我们每个人都有关

B. 信息安全是重要，但那是政府的事，与个人无关

C. 信息安全没有想象中那么重要

D. 不知道信息安全的危害性

T9. 你使用表格处理软件（如 Excel 等）的熟练程度 （ ）

A. 能够熟练完成数据录入与排版，能够使用常用的函数完成计算和数据汇总

B. 能够使用简单的公式完成数据录入和排版

C. 只会录入文字和数字，不会作公式计算

D. 基本不会使用

T10. 你使用多媒体软件（如图像处理 Photoshop 或动画制作 Flash 软件等）的熟练程度 （ ）

A. 能够熟练地使用 Photoshop 或 Flash 软件，对图片进行各种编辑处理和动画制作

B. 能够使用 Photoshop 或 Flash 软件，对图片进行一般的编辑处理和动画制作

C. 只能使用 Photoshop 或 Flash 软件对图片进行简单的处理

D. 基本不会使用

T11. 你使用文字处理软件（如 Word 等）的熟练程度 （ ）

A. 能够熟练完成文字录入、编辑与排版，编排过小报、海报等内容较为复杂的文档

B. 能够完成基本的录入、编辑与排版，编排过作文、通知等内容较为简单的文档

C. 上机操作过 Word 等，能够做简单的录入、编辑与排版

D. 基本不会使用

T12. 你使用演示文稿软件（如 PowerPoint 等）的熟练程度 （ ）

A. 能够熟练完成演示文稿的设计和动画播放设置，独立完成过演示文稿的制作

B. 能够制作一般的演示文稿，基本掌握动画播放的设置

C. 只能制作非常简单的演示文稿，不会动画播放的设置

D. 基本不会使用

T13. 你所在的高中信息技术课程的开设情况 （ ）

A. 按照教材的全部教学内容教授，上机时间超过 70 小时

B. 选择教材中的部分内容教授，上机时间在 40～70 小时

C. 随意讲解一些常用软件的使用，上机时间不足 40 小时

D. 几乎没有上信息技术课程或上机随意玩电子游戏

T14. 你所掌握的计算机知识与技能主要来源于 ( )

A. 中学信息技术课程 B. 父母与朋友

C. 自学 D. 社会培训

T15. 你一般每周上网的时间 ( )

A. 多于14个小时 B. 7～13小时

C. 3～6小时 D. 基本不上网

T16. 你用在玩网络游戏或手机电子游戏的时间 ( )

A. 每天玩2个小时以上 B. 每天玩1～2小时

C. 偶尔玩 D. 基本上不玩

T17. 你在需要查询信息和学习不懂的知识时所使用的主要方法 ( )

A. 通过互联网搜索引擎查询

B. 通过书籍和字典，偶尔通过互联网搜索引擎查询

C. 询问父母、同学和老师，偶尔也会在互联网上查询

D. 没有使用过搜索引擎

T18. 你在作业中有不会的问题时首选的求助方式 ( )

A. 通过互联网查询 B. 向老师或家长请教

C. 向同学询问 D. 从不求助，完成不了就不交作业

T19. 你使用互联网的主要途径 ( )

A. 台式机 B. 手机 C. 平板电脑 D. 笔记本电脑

T20. 请从下列事情挑选出你经常使用计算机做的事（不多于4件）

( )( )( )( )

A. 上网浏览 B. 收发电子邮件 C. 上网聊天 D. 玩游戏

E. 上网看电影 F. 写博客或微博 G. 文字编辑处理 H. 图片编辑处理

I. 编写程序 J. 设计网页 K. 检索信息 L. 其他

本章附录Ⅲ 调查研究方案实例

城市居民社会保障状况调查方案①

一、调查目的与内容（略）

二、调查总体、样本以及数据收集与分析方法

本次调查的总体为6个城市中所有18岁以上的居民（包括外来人口，但不包括因年龄太大等生理原因不能接受调查者）。

本次调查的样本规模为：每个城市成功调查500位居民。6个城市总共成功调查3 000位居民。

本次调查的分析单位为个人。

---

① 参见风笑天：《现代社会调查方法》（第三版），265～268页，武汉，华中科技大学出版社，2005。

调查数据的收集方法为入户结构访问法。数据分析主要包括单变量描述统计、单因素方差分析、双变量相关分析以及因子分析和多元回归分析等。

三、抽样程序

样本抽取采用多阶段随机抽样方法进行。

1. 从每一城市所有城区中各抽取 5 个城区。

2. 从每个抽中的城区中各抽取 2 个街道办事处（或社区）。这样，每个城市总共抽取 10 个街道办事处（或社区）。

3. 从每个抽中的街道办事处（或社区）中各抽取 2 个居委会（如果居委会规模较大，比如说超过 1 000 户，就从居委会中再抽取居民小组）。这样，每个城市中总共抽取 20 个居委会（或居民小组）。

4. 从每个抽中的居委会中各抽取 25 户居民家庭。

5. 从每户抽中的家庭中抽取一个 18 岁以上的成员。

四、抽样的具体步骤与方法

第一阶段：从城市中抽取城区。

采用简单随机抽样的方法，列出全市所有城区的名单，顺序编号，用写小纸条抽签的方法抽出 5 个城区。假设某市共有 7 个城区，编为 1～7 号，写 7 张小纸条，也是 1～7 号，将每张小纸条叠起来，放进口袋里混合，从中摸出 5 张，这 5 张小纸条上面的号码所对应的城区就是所抽取的样本城区。

第二阶段：从城区中抽取街道办事处（或社区）。

采用简单随机抽样的方法，列出每个城区中的全部街道办事处（社区）的名单，顺序编号，同样用上述写小纸条抽签的方法抽出 2 个街道办事处（或社区）。假设某城区共有 9 个街道办事处（或社区），编为 1～9 号，写 9 张小纸条，也是 1～9 号，将小纸条叠起来，放进口袋里混合，从中摸出两张。这两张小纸条上的号码所对应的街道办事处（或社区）就是所抽取的样本街道办事处（或社区）。

第三阶段：从街道办事处（或社区）中抽取居委会。

采用系统随机抽样的方法，先列出每个街道办事处（或社区）中全部居委会的名单，顺序编号，然后计算抽样间隔，即：抽样间隔＝居委会总数/2。假定某街道办事处共有 23 个居委会，那么，23/2＝11.5，间隔应为整数，即 12；然后，将 1～12 号分别写到 12 张小纸条上，将小纸条叠好，放在口袋里混合，随机抽出一张，假定小纸条上的号码是 6，那么，这就是第一个抽中的居委会号码；第二个抽取的居委会号码应为 6＋12＝18。（如果第一次抽到的号码是 12，那么，12＋12＝24，则第 1 号居委会为抽中的第二个居委会。如果居委会的规模很大，再从抽中的居委会中按简单随机抽样的方法抽取一个居民小组。）

第四阶段：从居委会中抽取居民户。

事先应与居委会负责人联系，讲明调查目的、性质、内容和方法，请他们提供居委会所辖全部家庭户的名单。获得名单后，先将名单顺序编号，然后采用系统随机抽样的方法抽取样本居民户的名单（考虑到实际调查中可能出现的拒访、搬迁、无人在家等各种实际情况，抽样的规模按样本实际比例的两倍来抽，即每个居委会抽出 50 户居民家庭)。假设某居委会中共有 336 户居民，先将他们编上序号。然后计算抽样间隔，即抽样间隔＝居民户总数/50＝336/50＝6.72，取整数为 7；然后，将 1～7 分别写在 7 张小纸条上，将小纸条叠好，放在口袋里混合，从中抽出一张。假定小纸条上的号码是 3，那么，从 3 开始，每隔 7 户抽一户。这样，最终可以抽出第 3、10、17、24、31、…、325、332 号总共 48 户居民，再加上第 2 户和第 9 户总共 50 户居民户。

第五阶段：从居民户中抽被调查人。

这是抽样的关键。首先，需要了解抽中的户中 18 岁以上的人口数；然后询问他们每人的生日是几月几日；最后，抽取其中生日距 8 月 1 日最近的那个人作为调查对象(如果此人当时不在家，则约好时间再次上门访问)。比如，某户家庭共有 5 口人，老年夫妇两人，青年夫妇两人，一个上小学的儿童。通过询问，4 个成年人的生日分别为老先生 2 月 9 日、老太太 9 月 27 日、年轻丈夫 6 月 18 日、年轻妻子 5 月 6 日。那么，就应该把年轻丈夫作为调查对象。

每个城市抽样完成后，应有一份全市所有城区、所抽城区中所有街道办事处（或社区)、所抽取街道办事处（或社区）中所有居委会的名单，以供复查使用。每位调查对象在问卷调查结束后应询问其家庭的电话号码。

五、调查实施

1. 挑选访问员

每个城市的访问员队伍最好由 20～25 名高年级大学生或者研究生组成，男女生比例最好相当。访问员应具有诚实、认真、吃苦、耐劳的品质，以及较强的人际交往能力、口头表达能力、自我保护能力。

2. 培训访问员

访问员必须经过短期专门培训，培训内容包括了解调查项目、调查要求、访问技巧、熟悉问卷、做试访问、分组和管理要求等。正式调查前，每个访问员必须完成一份试调查，经过集体总结后才能正式开展调查。

3. 联系调查

通过市、区的民政部门介绍（包括开介绍信、打电话等)，与各街道办事处和居委会联系。努力争取街道与居委会的支持与配合。这一点对于调查的顺利进行，特别是对于减少调查过程中的阻碍、取得受访者的信任和节省调查时间具有十分重要的作用。

4. 保证调查质量

建议将访问员分为几组，每组 4～5 名访问员。调查最好在双休日进行，以避免工作日大部分调查对象上班外出不在家的情况发生。建议每组每天集中调查一个居委会，完成 20～25 户（平均每人 4～5 户)。每天调查结束后，有人专门负责检查，及时发现问题，及时补救。每份问卷上需要有访问员和审核员的签名。

5. 访问员报酬

为保证访问员的工作质量和相应的劳动所得，按每份问卷 20 元给予访问员调查报酬（不包括市内交通费、饮料费等)；同时，为了保证受访者的利益和便于调查的开展，给予每一位被调查对象价值 10 元左右的纪念品。

6. 注意访问员的人身安全

采取切实可行的措施，保证访问员的人身安全。最好在双休日白天进行调查，晚上调查必须两人一组进行，男女搭配，不能单独行动，21:00 前必须返回。

六、进度安排

1. 准备阶段：4 月 1 日—5 月 31 日

具体工作为设计调查问卷，组织访问员队伍，各城市抽取城区、街道、居委会（若条件许可，抽到居民户），联系街道和居委会，访问员培训，试调查。

2. 调查实施阶段：6 月 1 日—6 月 30 日

具体工作为按调查计划安排，将访问员分组，进入样本街道和居委会开展调查；实地抽取居民户以及户中抽人；以结构访问法的方式完成调查问卷。

每天实地审核调查问卷，发现问题及时处理和开展补充调查。

3. 数据整理阶段：7 月 1 日—7 月 31 日

为保证数据质量，各地调查问卷统一通过邮局于 7 月 5 日前寄往南京调查点，由南京调查点集中编码和录入。南京调查点组织专门人员依据编码手册对问卷进行编码和录入。建议编码者和录入者为同一组人，编码和录入前一定要进行专门培训，强调认真仔细，切忌马虎。编码和录入时先慢后快，以便于减少录入中的错误。数据录入完毕后，经过计算机处理，于 7 月底以前将数据分别用电子邮件传给各个城市研究人员。

4. 分析数据和撰写研究报告阶段：8 月 1 日—12 月 31 日

各城市研究人员利用所在城市的调查数据完成本城市居民社会保障状况的调查报告一份，专题论文若干篇。课题组利用六城市数据完成课题总报告一份，并为编辑成果出版作准备。

第 3 章

问卷数据的录入与清理

进行数据统计分析之前，必须先将问卷数据录入计算机。为了保证不“GIGO，Garbage In Garbage Out”（垃圾进垃圾出），在统计分析之前，需要对录入的数据进行核对和清理。

本章将介绍如何在 Excel 和 SPSS 中录入几种典型问卷题型的数据，并对数据进行核对和清理。

本章附录将介绍如何在 Excel 中利用“数据分析”工具中的“随机数发生器”，生成上机练习或考试用的问卷数据。

3.1 问卷数据的录入

问卷数据需要输入计算机，以便于进行统计分析。数据输入就是将问卷数据所对应的编码通过扫描或用键盘输入计算机，建立数据文件的过程。

目前，数据输入的方式主要有三种：人工输入、计算机辅助系统转换和光电输入。①

1. 人工输入

在社会调查中，人工输入是最常用和最主要的数据输入方式。人工输入就是输入人员通过键盘，将问卷数据逐一输入计算机的过程。

由于本教材介绍如何使用 Excel 和 SPSS 两种软件来进行统计分析，因此将在 3.2 节和 3.5 节中分别介绍如何在 Excel 和 SPSS 中录入问卷数据。

① 这里不包括网站填答法的问卷数据的自动录入。

2. 计算机辅助系统转换

计算机辅助系统转换主要是当调查采用“计算机辅助面访系统”（CAPIS）或“计算机辅助电话调查系统”（CATIS）搜集数据时，将每个访问员计算机中的数据转换成数据文件的过程。这种方法的优点是节省了数据整理和输入的时间，提高了数据整理的速度，节省了人工成本，并且避免了数据多次转换可能出现的误差。但是，这种数据输入的方法主要以电话访谈的数据为主，因为在电话调查中，访谈问卷的使用和管理以及整个抽样的过程都是在计算机上完成的，这就需要有电话访谈的专用机房和软件等设备。目前，国内有些高校已经建立了专门的电话访谈设备实验室，但这些设备较为昂贵，因此，这种数据输入方法的成本较高。

3. 光电输入

光电输入包括光电扫描和条形码判读两种方式。光电扫描是指将登录到专门的光电扫描纸上的编好码的数据，用扫描仪器扫描到计算机中。这种方法的优点有两个：一是比人工输入方法准确，二是输入速度较快。而其缺点则在于将数据登录到扫描纸上的过程既麻烦，又容易出错，并且扫描仪对扫描纸的要求较高，不仅纸质要好，不能折叠，而且对记录笔也有较高的要求（如要求 2B 硬度的铅笔），否则扫描时容易出错。这种方法主要用在考试过程中，例如，对大学英语四、六级考试的答题卡上的答案进行统计就是采用这种形式。

与光电扫描相类似的就是利用条形码判读器将问卷上与答案编码相对应的条形码直接扫描到计算机中。使用这种方法需要先将与问题的每一个答案相对应的编码设置成条形码，在印刷问卷的时候，一起印在问卷上，像商场、超市中销售的商品的条形码一样。输入数据时，先编写相应的输入程序，然后再将选中的答案的条形码逐一扫描进计算机即可。这种方法既有光电扫描方法输入快捷的特点，又省去了登录的麻烦，减少了登录的误差，提高了数据的准确性。但是，采用这种方法，既要有专门的条形码判读器，又要在问卷上印刷特定的条形码，还要有专门的输入程序，因而成本较高。

4. 人工输入的注意事项

虽然计算机辅助系统转换和光电输入等方法可以较为快捷地输入数据，但因为成本较高，其在社会调查中的应用极少，社会调查中数据的输入主要还是采用人工输入的方法。但是，由于一项问卷调查的数据总量很大，因此，在实际输入的过程中需要由很多人共同完成，这就要求研究者在数据输入的过程中进行精心组织和安排，从而保证数据输入的速度和质量。在数据输入的过程中有以下几个方面的问题需要注意。

首先，在输入之前，研究者要规定统一的输入内容和输入格式。因为除了正式的问卷内容之外，调查问卷中一般还有一些确认调查者的“甄别问题”，调查后复核的信息等，这些是否要输入，要有统一的规定。

虽然是由很多输入人员来输入数据，但研究者应要求每个输入人员采用同样的输入程序，按照统一的编码输入数据，以避免因格式不同，造成调查数据无法合并或需要重新输入的情况发生。另外，对于问题较多，较复杂的问卷，最好是每隔一些题目（变量）或在每一部分之间设置一个“校验码”（如身份证最后一位就是“校验码”），以免输入人员发生题目录入错位。

其次，挑选和培训数据输入人员。数据输入人员一般是熟悉计算机操作、熟悉调查问卷的人，绝对不能假定会计算机的人就懂得如何进行数据输入。因此，要对输入人员进行一定的培训，对问卷中每一个题目（或变量）输入时要注意的问题进行说明，使输入人员熟悉数据输入软件的操作方法，知晓一些简单的故障排除方法，以及数据输入过程中的一些自查的方法，强调数据输入的正确性对整个调查的意义，合理分工，加强管理。

最后，输入过程中要注意的问题，除了数据输入之前有些问题要注意之外，在数据输入的过程中也需要注意以下几点。

第一，统一规定数据文件名。因为多人输入，每个输入人员除按统一规定的格式输入之外，还应统一规定数据文件名，每个人分配一个，以防与他人输入的数据发生混淆，或丢失数据。

第二，数据输入时要为每一个输入人员提供一份有关输入内容和格式的手册。在开始输入最初几份问卷时，研究人员须在现场解答和解决输入过程中出现的各种问题。

第三，要为每个输入人员提供足够的空间摆放问卷，避免不同输入人员的问卷或者同一输入人员已输入和未输入的问卷发生混淆，造成漏输或重复输入，影响数据的质量。

第四，每个输入人员在完成各自负责的问卷的输入任务后，由研究者把他们的数据合并成一个总的数据文件，以供统计分析使用。为了避免数据丢失，要把每个输入人员输入的数据单独存档，以备查找。

3.2 在 Excel 中录入问卷数据

本节将介绍如何在 Excel 中录入几种典型问卷题型的数据。

3.2.1 单选题

使用选择题，且其答案只有一个，这是最常见的问卷题型。单选题分为二项单选题和多项单选题，具体请参见 2.3.1 小节。如：

Q1. 请问您现在是否拥有手机？

□ 1. 有　　□ 2. 没有（请跳答 Q12 题）

1. 确定取得单一答案

有时为了避免受访者勾选了不止一个答案，还得在题目上以非常肯定的语气，让受访者只能填答一个答案。如：“请问您目前使用哪种品牌的洗发精？”其答案可能不止一个。若改为：“请问您最常使用哪种品牌的洗发精？”其答案就只有一个。

2. 尽可能使用单选题

读者可能会有疑问，既然真实答案不止一个，为何不干脆设计成允许多选的多选题呢？

因为多选题虽可多获得几个答案，但进一步分析时，却多了许多限制。即使是使用 SPSS 或 SAS 统计分析软件，多选题也只能进行频率分析与交叉分析，而且还无法进行相关性的 χ^2（卡方）检验。若无法检验，将会使用户在撰写报告时，显得非常没有信心。更何况 Excel 和 SPSS 都无法直接处理多选题，需要加上许多额外步骤。所以应尽量避免将问题设计成多选题。

3. *单选题如何编码和输入*

编码就是将问卷的回答结果转换为适当的数字（或英文字母，如 A、B、C、D 等，但绝大多数转换为数字，因为很多统计软件的分析方法无法直接处理英文字母）。输入则是将该编码（数字或英文字母）输入到计算机中，以便进行后续的统计分析。

大部分的人是事先将编码填入问卷的问题后面（或前面），然后才开始输入。也有人跳过书写编码的过程，一边看问卷一边由键盘输入，这样比较容易出错。我们也看过很多学生采用分工合作的方式，一位同学看问卷，将答案编码念给另一位同学输入。同时，还帮输入的同学检查是否打错，这也是不错的方式。

问卷回收后，记得加上问卷编号（问卷编号可以不连续，但必须唯一），以方便在编码或输入发生错误时，仍可利用编号找到原问卷来进行更正。

进行输入问卷数据的工作时，先在第一行加入问卷编号及各题目的标题（也称为列名、变量名、字段名）。Excel 允许使用中英文当列名（变量名），字数也几乎没有限制（Excel 2010 单元格字符数量的上限为 32767）。不过，若这些问卷数据将来有可能导入 SPSS 或 SAS 统计软件中进行分析，建议将字数缩到 8 个英文字符或 4 个中文字以内。①

例 3—1 在 Excel 中录入单选题 Q1 的数据。

对于单选题，由于答案只有一个，只需将答案编码直接输入即可，如图 3—1 所示，详见“第 3 章　在 Excel 中录入问卷数据 . xlsx”中的“问卷编号与单选题编码”工作表。

B1　　*fx*　是否有手机

	A	B	C
1	问卷编号	是否有手机	
2	201	2	
3	202	1	
4	203	2	
5	204	1	
6	205	2	
7	206	2	

图 3—1　单选题的编码和输入（用文字“是否有手机”当列名）

① （1）在 SPSS 中，变量名一般以字母（或汉字）开头，不能以数字（或特殊符号）开头；（2）SPSS 变量名不能含有半角减号“－”，但可以含有下划线“ _ ”；（3）SPSS 对输入的变量名会自动判断。

温馨提示：并不需要按照“问卷编号”的顺序来输入，允许随机拿一份就输入一份，将来若要按“问卷编号”排序，只需在“数据”选项卡的“排序和筛选”组（如图 3—2 所示）中，单击“升序”按钮来排序即可。

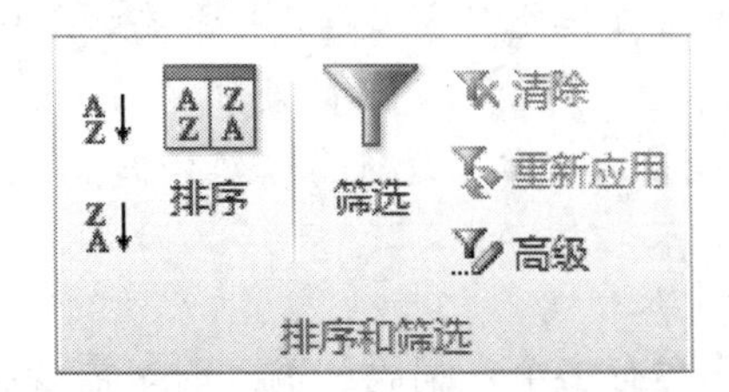

图 3—2　Excel 2010“数据”选项卡的“排序和筛选”组

有时为了方便查找及输入，也可以用题号（题目编号，如 Q1）来当列名（变量名），如图 3—3 所示，详见“第 3 章　在 Excel 中录入问卷数据 . xlsx”中的“问卷编号与单选题编码（用题号）”工作表。

B1　fx　Q1

	A	B	C
1	问卷编号	Q1	
2	201	2	
3	202	1	
4	203	2	
5	204	1	
6	205	2	
7	206	2	

图 3—3　单选题的编码和输入（用题号“Q1”当列名）

3. 2. 2　多选题

虽然前面建议读者应尽量避免将问题设计成多选题，但事实上很多情况的答案就是不止一个，要勉强设计成单选题也不容易。于是仔细斟酌后，若问题涉及的后续分析不多，当然还是可以使用多选题的。

多选题一般有多项限选题和多项任选题，具体请参见 2. 3. 1 小节。

设计多选题时，为了方便编码和输入，一般在题目上限制最多可选择几项（称为多项限选题），如：

Q2. 请问您当初购买手机的原因是什么？（可多选，最多 3 项）

□ 1. 方便与家人联络　□ 2. 方便与朋友同学联络　□ 3. 追求流行
□ 4. 工作需要　□ 5. 同学间比较的心理　□ 6. 别人赠送
□ 7. 手机价格下降　□ 8. 厂商推出的促销方案　□ 9. 网内互打较便宜
□ 10. 其他

例 3—2　在 Excel 中录入多选题 Q2 的数据。

若未限制最多可选择几项（多项任选题），此题答案最多可能有 10 个，在编码时就得留下 10 列（10 个变量）来输入。然而，绝大多数人不可能填答到 10 个答案，这将使得很多单元格的内容为空白（缺失值）。设定最多可选择的项目数，并无一定限制，较常见的是：最多 3 项或最多 4 项。

温馨提示：Excel 是无法直接处理多选题的，需要加上许多额外步骤。多选题太多，只能增加日后处理的不方便并消耗更多的处理时间。当然可以将数据导入 SPSS 软件中，在"分析→多重响应"菜单中进行多选题分析。

1. 多选题如何编码和输入

对于多选题，由于其答案有多个，编码和输入时，需要根据该题限制的答案数上限保留列数，如：最多 3 项，应保留 3 列（3 个变量）。

列名可使用中文，如：购买原因 1、购买原因 2 和购买原因 3。或题号（题目编号），再加下划线及顺序编号，如：Q2_1、Q2_2 和 Q2_3 分别表示第 2 题的第 1、2 和 3 个答案。

受访者未必均会填满三个答案。如果只填答一个，则输入在其中一列（三列的位置是平等的），而其余两列则不输入任何值（空白表示缺失值）①，如编号为 302、304、305 的问卷；如果只填答两个，则输入在其中两列，其余一列则不输入任何值，如编号为 301、303、307 的问卷。有的受访者因答题流程的关系，该题免答，所以一个答案也不用填，则在三列中均不输入任何值，如编号为 229、230、232 的问卷，如图 3—4 所示，详见"第 3 章　在 Excel 中录入问卷数据 . xlsx"中的"多选题编码"工作表。

C1　fx　Q2_1

	A	B	C	D	E
1	问卷编号	Q1	Q2_1	Q2_2	Q2_3
2	229	2			
3	230	2			
4	231	1	1	2	8
5	232	2			
6	301	1	2	3	
7	302	1		1	
8	303	1	2		5
9	304	1	2		
10	305	1			8
11	306	1	2	7	8
12	307	1		1	2
13	308	1	1	2	10

图 3—4　多选题的"分类法"编码和输入（用题号当列名）

---

① 多选题会占用多列，但经常会填不满，有很多缺填。如果用某一编码（如"0"或"99"等）表示缺填，就需要输入很多该编码（如"0"）。笔者曾看到过学生为缺填输入了一万多个"0"的情况（输入到凌晨 2 点）。

2. 冻结窗格——固定显示表头标题行（或者标题列）

问卷中的问题（变量、列）一般会很多，问卷份数也不少。输入问卷数据时，输入到底下的行时，第 1 行的“标题”将被顶出屏幕画面，将因看不到“标题”而造成数据输入的不便，如图 3—5 所示。

E8　f_x　5

	A	B	C	D	E
8	303	1	2		5
9	304	1	2		
10	305	1			8
11	306	1	2	7	8
12	307	1		1	2
13	308	1	1	2	10

图 3—5　冻结窗格前（看不到第 1 行的“标题”）

此时，可根据下列步骤将“问卷编号”列和“标题”行，固定显示在 A 列和第 1 行。①

（1）单击 B2 单元格，表示要将 B2 单元格左边的列（这里的 A 列）和上方的行（这里的第 1 行）冻结。

（2）在“视图”选项卡的“窗口”组中，单击“冻结窗格”下拉按钮，在展开的下拉菜单（如图 3—6 所示）中，单击选择“冻结拆分窗格”。这时在 A 列的右边框和第 1 行的下边框自动增加两条黑色冻结线。

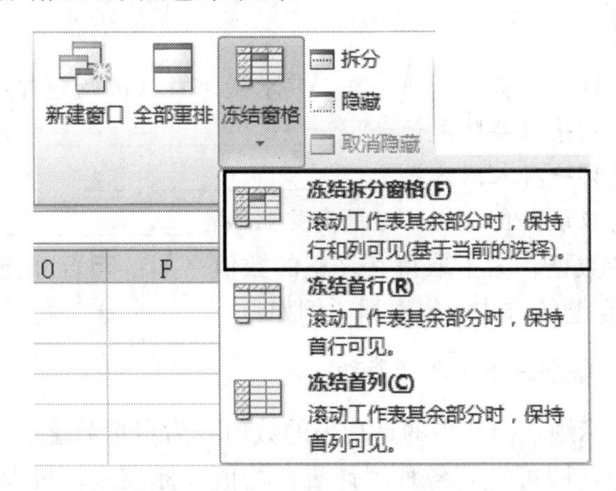

图 3—6　Excel 2010“视图”选项卡“窗口”组中的“冻结窗格”的下拉菜单

经过固定的位于 A 列的“问卷编号”和位于第 1 行的“标题”将保留在屏幕上。当光标移往右边或下方的屏幕时，仍可看到“问卷编号”和“标题”，便于输入、查阅、编辑和修改问卷数据，如图 3—7 所示，详见“第 3 章　在 Excel 中录入问卷数据 . xlsx”中的“冻结窗格”工作表。

① 在 Excel 工作表中常常有大量的数据，如果拖动了工作表的滚动条，有可能前面（或左边）的数据就不能显示了，如第 1 行的“标题”（或 A 列的“问卷编号”），这样看到后面（或右边）的数据时就不知道哪些数据对应哪个标题（或哪份问卷）了，鉴于这种情况，Excel 提供了“冻结窗格”功能。

E8 fx 5

	A	B	C	D	E
1	问卷编号	Q1	Q2_1	Q2_2	Q2_3
8	303	1	2		5
9	304	1	2		
10	305	1			8
11	306	1	2	7	8
12	307	1		1	2
13	308	1	1	2	10

图 3—7 冻结窗格后（固定 A 列的“问卷编号”和第 1 行的“标题”）

温馨提示：

（1）从哪个位置冻结窗格，取决于在进行冻结窗格操作前选中哪个单元格，将会冻结所选单元格左边的列和上边的行。如冻结 A 列和第 1 行，则选中 B2 单元格。

（2）用户还可以在“冻结窗格”的下拉菜单（如图 3—6 所示）中，选择“冻结首行”或“冻结首列”，快速地冻结工作表的首行或首列。

（3）要取消工作表的冻结窗格状态，可以在“视图”选项卡的“窗口”组中，单击“冻结窗格”，在其下拉菜单中，单击“取消冻结窗格”。

（4）用户如果需要变换冻结位置，需要先“取消冻结窗格”，然后再执行一次“冻结窗格”操作。但“冻结首行”或“冻结首列”不受此限制。

3.2.3 填空题

填空题也称开放题，不提示任何答案，要求受访者（被调查者）直接填写。如：

请问您现在使用的手机品牌是什么？____________________

请问您的手机是哪一种入网方式？________________

请问您认为政府应该如何做，才可提高就业率？____________

有时对数值型的数据，为了取得其真正的数值（如：55），而非只取得区间（如：41～60），会采用填空题的方式取得数据，例如：

Q3. 请问您平均每个月手机的话费约______元？

这种方式虽然较麻烦，但获得的是真正的数值，为定量数据（数值型数据）。定量数据可不经任何转换，即可计算各种统计量：均值、标准差、最大值、最小值等，而且也可以直接进行均值比较与检验，甚至可以作为回归分析的因变量或自变量。

如果为了取得数据的方便，就设计成选择题（单选题），如：

Q3. 请问您平均每个月手机的话费约多少钱？

□ 1. 20 元及以下　　□ 2. 21～40 元　　□ 3. 41～60 元

□ 4. 61～80 元　　□ 5. 81～100 元　　□ 6. 101 元及以上

这将取得区间编码（数字）1～6，为有序数据。往后若只是进行频率分析或交叉分析，确实是非常方便。但如果要计算各种统计量：均值、标准差、最大值、最小值等，或进行均值比较与检验，就得再将其由区间转换为组中值。如：将 21～40 转换为组中值 30、将 41～60 转换为组中值 50，依此类推，才可以进行计算或检验。但这样一转换，所取得的已不是真正的手机话费，而只是不得已的情况下的一个替代值，其结果当然不是很准确。

例 3—3　在 Excel 中录入填空题 Q3 的数据。

如果只是要求填入数值的填空题，如：

Q3. 请问您平均每个月手机的话费约________元？

输入时，直接将该数值输入适当的列即可，若受访者未填写任何数值，则不输入任何值，如图 3—8 所示，详见“第 3 章　在 Excel 中录入问卷数据 . xlsx”中的“填空题（平均月费）”工作表。

F1　　fx　平均月费

	A	B	C	D	E	F
1	问卷编号	Q1	Q2_1	Q2_2	Q2_3	平均月费
2	229	2				
3	230	2				
4	231	1	1	2	8	20
5	232	2				
6	301	1	2	3		40
7	302	1		1		40
8	303	1	2		5	80

图 3—8　填空题的输入（平均月费）

如果是类似问答题的填空题，如：

请问您认为政府应该如何做，才可提高就业率？____________________

其答案常常是五花八门，得先将答案一一详列，等所有问卷均回收后，再将这些答案用人工归类成少数的几类，并赋予数字编号（编码），再回到原问卷上，写上受访者所答的答案编码，然后才可开始输入。

此时它的输入方式就变成是单选题或多选题了。如果每人均只发表一个解决方案，那就是单选题；如果有人发表数个解决方案，那就是多选题。

3.2.4　矩阵题（表格题）和量表

问卷中经常采用矩阵（表格）的形式将同一类型的若干个“小”问题集中在一起，构成一个“大”问题（矩阵题通常采用衡量态度的李克特量表），如：

Q4. 请就下列有关手机的产品属性勾选其重要程度。

产品属性	非常重要	重要	普通	不重要	非常不重要
(1) 大小适中	□5	□4	□3	□2	□1
(2) 重量轻巧	□5	□4	□3	□2	□1
(3) 颜色绚丽	□5	□4	□3	□2	□1
(4) 外形大方	□5	□4	□3	□2	□1
(5) 符合人体工学	□5	□4	□3	□2	□1
(6) 附属功能多	□5	□4	□3	□2	□1

量表其实是一种有序分类数据，只有大小先后的关系，无倍数关系。例如“非常重要”用5表示，“非常不重要”用1表示，只能说5比1重要而已，无法说“非常重要”是“非常不重要”的5倍。但为了方便，研究上，有时也将其视为数值型数据（定量数据），直接求其均值等描述统计量（具体可参见第7章的7.5节）。虽不是很合理，但也是不得已的应变措施。

量表有多种编码方式，如表3—1是量表常用的三种编码方式。问题Q4采用的是第1种编码方式。

表3—1　　量表常用的三种编码方式

	非常重要	重要	普通	不重要	非常不重要
编码方式1	5	4	3	2	1
编码方式2	2	1	0	−1	−2
编码方式3	1	2	3	4	5

以编码方式1和编码方式2，均值较高者，就代表该属性的重要性较高。例如“大小适中”与“附属功能多”的均值，如果分别为4.16与3.03，就表示受访者较注重“大小适中”的属性。如果以编码方式3，情况则刚好相反。

例3—4　在Excel中录入矩阵题Q4的数据。

直接将答案编码值（数字）输入到相应的列，对未填答者则不输入任何值，如图3—9所示，详见“第3章　在Excel中录入问卷数据.xlsx”中的“矩阵题”工作表。

G2　　fx　2

	A	G	H	I	J	K	L
1	问卷编号	大小适中	重量轻巧	颜色炫丽	外形大方	符合人体工学	附属功能多
2	229	2	2	3	2	1	1
3	230	3	3	5	2	2	3
4	231	1	3	2	1	1	3
5	232	2	2	2	1	1	2
6	301	4	4	4	4	4	4
7	302	4	4	3	4	4	4
8	303	5	5	3	4	4	5

图3—9　矩阵题的编码和输入（手机产品属性的重要程度）

3.2.5　排名题（排序题）

排名（多项排序）也是一种衡量的方式，例如：将几个品牌、厂商、商店或属性依其品质、服务水准、偏好程度等排名（排序）。如：

Q5. 下列几种手机的入网方式，请问您认为哪一种的收费最便宜？

请依排名顺序，填入1、2、3、4、5：

全球通____　神州行____　如意通____　动感地带____　新时空____

此种类型的问卷，作为被排序的对象也不宜太多。否则，受访者也无法排好序。排个5、6项基本就是上限了。

例3—5　在Excel中录入排名题Q5的数据。

1. 排名题如何编码和输入

假设要处理问题Q5的数据，由于有5种入网方式，需要安排5列（5个变量）分别来输入各种所得到的排名，第1列输入“全球通”的排名、第2列输入“神州行”的排名、…、第5列输入“新时空”的排名。

此种排名题最常见的问题是：受访者无法依序填完所有的排名。可能只填1、2项而已。此时将未填的项目视为缺失值，不输入任何值。

假定某位受访者的问卷填写结果为：

Q5. 下列几种手机的入网方式，请问您认为哪一种的收费最便宜？
请依排名顺序，填入1、2、3、4、5：
全球通__3__　神州行__1__　如意通____　动感地带____　新时空__2__

其5列数据如图3—10中的问卷编号为229所示，详见“第3章　在Excel中录入问卷数据.xlsx”中的“排名题”工作表。

A2　fx　229

	A	B	C	D	E	F
1	问卷编号	全球通	神州行	如意通	动感地带	新时空
2	229	3	1			2
3	230	2	3	1	4	5
4	231	5	4	3	2	1
5	232	1				
6	301		2	1		

图3—10　排名题的编码和输入

2. 可将排名题改为单选题

事实上，虽然常见此种排名的问卷方式，但建议读者尽可能不要使用这类问法，因为将来分析时无论是频率分析或交叉分析，都不太容易处理。

替代的做法是将题目修改成：

Q5. 下列几种手机的入网方式，请问您认为哪一种的收费最便宜？
□ 1. 全球通　□ 2. 神州行　□ 3. 如意通
□ 4. 动感地带　□ 5. 新时空

直接将其改为单选题，将来用出现次数的多少来排名即可。例如：认为甲种最便宜的受访者有125位，而认为乙种最便宜的受访者有70位，这就可以说消费者认为甲种的收费比乙种的便宜。

直接将前面所说的问题Q5排名题改为单选题，最大的好处是可顺利地进行交叉分析和检验。例如：认为甲种最便宜的受访者，其个人信息是什么？认为甲种最便宜的受访者，是否就真的使用该种入网方式？或检验其平均月费是否真的低于其他入网方式。

3.3　核对和清理问卷数据

调查数据从问卷上的回答转化为数字（或英文字母）编码，再输入计算机成为数据文件的过程中，无论组织安排得多么仔细，工作多么认真，还是不可避免地会出现一些错误。因此，在问卷数据输入完成之后、统计分析进行之前，需要先进行问卷数据核对和清理，以提高问卷数据的质量，降低问卷数据统计过程中的出错率。核对和清理工作是在计算机的帮助下进行的，主要包括对问卷数据有效范围的清理、问卷数据逻辑一致性的清理和问卷数据质量的抽查。

3.3.1 有效范围的清理

有效范围的清理，主要指的是对数据中的奇异值进行清理。对于问卷中的任何一个变量来说，它的有效编码值往往都在某一个范围之内，当数据中的数字超出了这一范围时，可以肯定这个数字一定是错误的。比如，在数据文件的“性别”这一变量中，如果出现了数字 5，6 或者 7，8 等，则马上可以判定这是错误的编码值。因为根据编码规定，“性别”这一变量的编码值是 {1＝“男”，2＝“女”}（这里假定如果对“性别”没有回答，该份问卷就不输入了，因为连自己的性别都不回答的受访者，对其他调查问题的回答可想而知）。也就是说，所有受访者在这一个变量上的编码只能是 1 和 2 这两个数字，凡是超出这二者范围的其他编码值都肯定是错误的，因此要对其进行检查、核对和更正。

当然，因为数据从受访者的回答到转化为数据文件要经过多个阶段，因此，这种错误的产生可能发生在不同的阶段。

首先，可能是原问卷中的答案出现了问题。例如，有一项调查，要求调查对象是 1986 年之后出生的青年人，而问卷中填答的结果是 1968，但其他的信息显示受访者不可能是 1968 年出生的，而应是 1986 年，那很可能是因为受访者在回答这一问题时发生笔误，把 1986 写成 1968，这一错误来源于受访者。当然，这种错误是可以进行更正或作适当处理的。

其次，错误可能发生在计算机输入人员输入数据的过程中。输入人员在输入数据时，往往都是眼睛看着问题和编码，手在计算机键盘上敲打 0～9 这 10 个数字，但是因为键盘上数字之间的空隙很小，任何一点马虎或疏忽，都可能造成输入错误。比如，要输入“2”，但因为手的位置稍微偏上了一点，就错敲成了“5”。这个超出有效范围的错误就来自输入人员。

要检查出这类不符合要求的特殊编码值（奇异值），可利用 Excel 的“筛选”功能实现，具体请参见 3.4.1 小节。

假设在某次调查中，关于“性别”变量的有效编码值只有 {1＝“男”，2＝“女”} 两个，但是统计结果出现了“5”和“7”这样的编码值，这明显超出了编码所规定的有效范围，这就需要将这些个案（个案的英文称为 Case，也就是一份问卷数据在计算机中的编码值，Excel 或 SPSS 中的一行数据）找出来，并同原问卷进行核对，根据问卷的信息，针对不同的错误，要作相应的处理。

例如，“性别”变量中出现的“5”和“7”这样的奇异值，如果发现原问卷的回答是“2”，是录入错误，在数据中直接更正即可；如果核对时发现是受访者的错误填答，比如，年龄填的是“252”，但是要求调查对象的年龄在 55 岁以下，那么，就只能将这一错误作缺省处理；如果一份问卷中错答、乱答的问题不止一两处，则要考虑将这份问卷的全部数据取消，作为废卷处理。

3.3.2　逻辑一致性的清理

除了数据输入的奇异值之外，还有一种较为复杂的工作就是逻辑一致性的清理。其基本思路是依据问卷中的问题相互之间所存在的某种内在的逻辑联系，来检查前后数据之间的合理性，主要针对的是相倚问题和多选题中的多项限选题（还有排名题）。

1. 相倚问题（子题）

比如，在对青年进行调查时，问卷中有这样一对相倚问题。其过滤性问题是："您现在有男/女朋友吗?"答案选项为"□ 1. 有　□ 2. 没有"。而后续性问题是："您的男/女朋友是哪里人?"那么，对于那些在前一问题中的回答"□ 2. 没有"的受访者，后面的问题不适用，应该不作答。如果在回答了"没有男/女朋友"的受访者中，有的受访者又对第二个问题作了回答，那么这些个案的数据就一定有问题。其他一些具有前后内在逻辑矛盾的例子如：编码为"独生子女"的个案中，出现了"哥哥、姐姐、弟弟、妹妹的个数与年龄"的答案数字；编码为"未婚"的个案数据中，出现了"配偶的文化程度、年龄、职业"的答案数字等，都违反了逻辑一致性，应对这些问题进行查找、核对和清理。

要查找和清理"相倚问题"中的逻辑一致性，可在 Excel 中实现，具体请参见 3.4.2 小节。

2. 多选题中的多项限选题

对于采用"分类法"编码的多项限选题（还有排名题），要检查其输入的编码值是否相同（输入的编码值应互不相同）。要查找和清理"多项限选题"中的逻辑一致性问题，可在 Excel 中实现，具体请参见 3.4.3 小节。

3.3.3　数据质量的抽查

尽管采取了上述两种方法对数据进行核对和清理，但仍会有一些错误的数据无法查出来。举一个很简单的例子：假设某个案的数据在"性别"这一变量上输错了，问卷上填答的答案是"1"（男性），但数据录入时却错敲成了"2"（女性）。因为"2"这个答案在正常有效的编码值范围中，所以有效范围的清理检查不出这一错误。同时，这一变量值与其他变量之间又没有诸如"性别"与"怀孕次数"、"未婚"与"有孩子"那样的逻辑联系，因此，逻辑一致性的清理也用不上。

在这种情况下，查出这类输入错误的唯一办法是拿着原问卷逐份地、逐个答案地进行校对。但实际调查中却没有一个人会这么去做，因为这样做的工作量实在太大。这时，人们往往采用随机抽样的方法，从样本的全部个案中，抽取一部分个案，对这些个案参照原问卷进行这种形式的校对。用这一部分个案校对的结果，来估计和评价全部数据的质量。根据样本中个案数目的多少，以及每份问卷中变量数和总字符数的多少，研究者往往抽取 2%～5%的个案进行核对。例如，一项调查样本的规模为 1 000 个个案（样本量为 1 000），一份问卷的数据个数为 200，研究者从中随机抽取了 3%的个案，即 30 份问卷进行核查，结果发现有 2 个数据输入错误，这样，2÷(200×30)≈

0.033%，说明数据的错误率在0.033%左右，在总共20万个数据中，有60个左右的错误。虽然无法查出它们进行修改，但知道它们占了多大的比例，以及对调查结果有多大的影响。

3.4 在Excel中核对问卷数据

学过计算机的人，应该都听过一句话“GIGO，Garbage In Garbage Out”（垃圾进垃圾出）。若输入的问卷数据错误，其分析结果当然也是错的。所以录入问卷数据时，应随时核对其问卷数据是否正确。

3.4.1 筛选出范围不合理的单列

例3—6 在Excel中核对“大小适中”的数据。

问卷数据输入完成后，可以利用Excel的数据“筛选”功能[①]找出数据范围错误的个案。如G列“大小适中”的数据应为1～5（非常不重要到非常重要），但目前该列中的输入有几个错误，如图3—11所示，问卷编号为230在该列中（G3单元格）输入了“7”，应找出原问卷查看问题出在哪里。详见“第3章　在Excel中核对问卷数据.xlsx”中的“单列（筛选）”工作表。

G3　　fx 7

	A	B	C	D	E	F	G	H
1	问卷编号	是否有手机	购买原因1	购买原因2	购买原因3	平均月费	大小适中	重量轻巧
2	229	2					2	2
3	230	2					7	3
4	231	1	1	12	8	20	1	3
5	232	2					2	2

图3—11　筛选出范围不合理的单列（单击“筛选”按钮前）

可用下列步骤来筛选出范围不合理的单列。

(1) 进入筛选状态。单击问卷数据中的任意一个单元格（如G3单元格），在“数据”选项卡的“排序和筛选”组（如图3—2所示）中，单击“筛选”按钮。此时，图3—2中的“筛选”按钮将呈现高亮显示状态，问卷数据的标题（这里的标题在第1行）单元格也会出现下拉箭头按钮，如图3—12所示。

(2) 筛选数据。单击“大小适中”（G1单元格）的下拉箭头按钮，在弹出的下拉菜单中可显示在该列中输入的各种数据，单击取消（不勾选）“(全选)”，然后单击（勾选）该列中输入的错误编码值（如该列中的−5，−4，6，7），如图3—13所示。

---

① 数据“筛选”的意思是只显示符合用户指定条件的数据行（个案），隐藏不符合条件的数据行（个案）。Excel提供了两种筛选数据列表的命令（如图3—2所示，“筛选”和“高级”）：(1) 筛选：适用于简单的筛选条件，不需要用户设置条件，Excel 2003以及更早的版本中称为“自动筛选”。(2) 高级筛选：适用于复杂的筛选条件，按用户设定的条件对数据进行筛选。

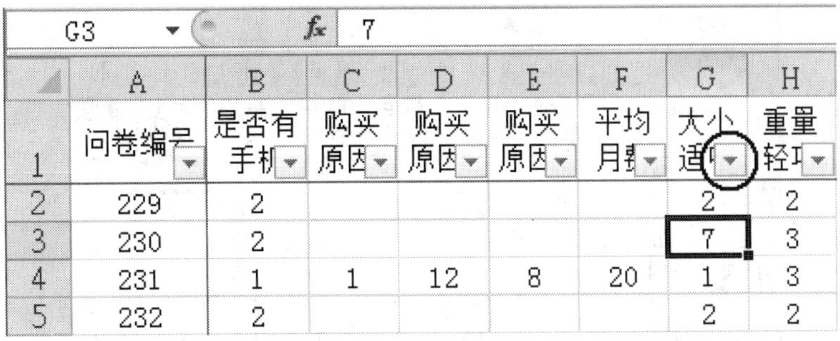

图 3—12　筛选出范围不合理的单列（单击“筛选”按钮后，标题行各单元格出现下拉箭头按钮）

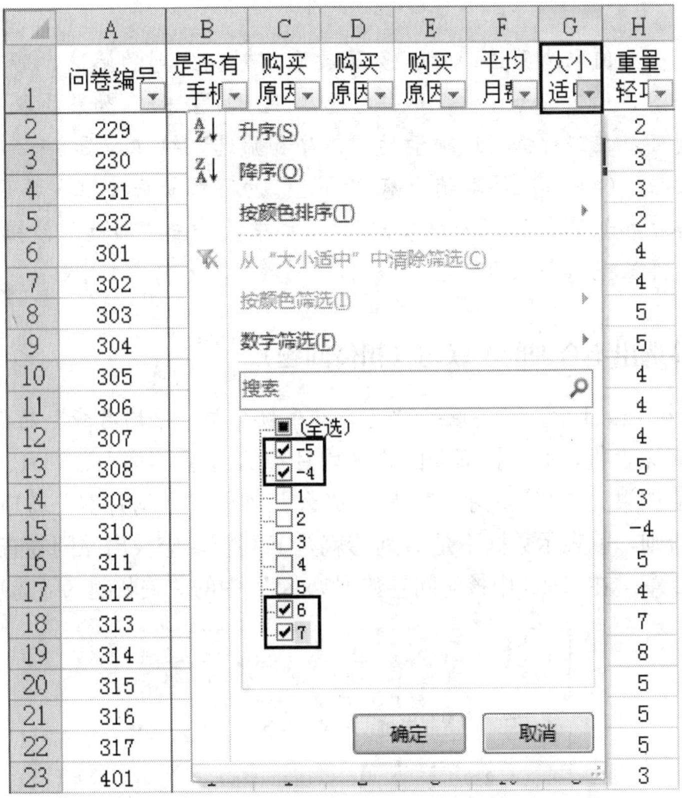

图 3—13　选中“大小适中”列中输入的错误编码值（−5，−4，6，7）

(3) 单击“确定”按钮，可以找出在“大小适中”列中输入错误的数据行（个案），如图 3—14 所示。

筛选完成后，Excel 会暂时隐藏不符合条件的数据行（个案），只显示目前有输入错误的数据行（个案）。被筛选标题（这里是“大小适中”）的下拉按钮形状会发生改变，行号颜色也会改变（改用蓝色表示），从其行号可以看出不符合条件的数据行（个案）被暂时隐藏了。

找到错误后，还是通过编号找到原问卷，查看问题所在并加以更正。这就是要给每份问卷加上编号的原因。

G3 fx 7

	A	B	C	D	E	F	G	H
1	问卷编号	是否有手机	购买原因	购买原因	购买原因	平均月费	大小适中	重量轻巧
3	230	2					7	3
6	301	3	2	3		40	6	4
11	306	3	2	7	8	80	7	4
19	314	3	1	2		20	6	8
20	315	1	10	11		70	-5	5
24	402	1	1	2	5	50	-4	3

图 3—14 筛选出范围不合理的个案（大小适中）

温馨提示：如何取消筛选。(1) 如果要取消对指定列的筛选，则可以在该列的下拉菜单（如图 3—13 所示）中，单击勾选“(全选)”。(2) 如果要取消问卷数据的所有筛选，则可以在“数据”选项卡的“排序和筛选”组（如图 3—2 所示）中，单击“清除”按钮。(3) 如果要取消所有“筛选”的下拉箭头按钮，则可以在“数据”选项卡的“排序和筛选”组（如图 3—2 所示）中，单击“筛选”按钮。此时，“筛选”按钮将不再呈现高亮显示状态。

3.4.2 筛选出不合理的关联题（相倚问题）

例 3—7 在 Excel 中核对关联题“是否有手机”与“平均月费”的数据。

如果受访者无手机，那他就不会回答平均月费的问题。所以图 3—15 中 B 列“是否有手机”的取值如果为“2”，表示无手机，那么 F 列的“平均月费”就应该是空白，表示没有话费。否则，就表示数据不是 B 列错就是 F 列错，应找出原问卷查看问题出在哪里。详见“第 3 章　在 Excel 中核对问卷数据 .xlsx”中的“关联题（筛选）”工作表。

B3 fx 2

	A	B	C	D	E	F
1	问卷编号	是否有手机	购买原因1	购买原因2	购买原因3	平均月费
2	229	2				
3	230	2				50
4	231	1	1	2	8	20
5	232	2				100
6	301	1	2	3	7	40
7	302	1	1	5		

图 3—15 筛选出不合理的关联题（单击“筛选”按钮前）

可利用下列步骤来找出此类错误：

(1) 进入筛选状态。单击问卷数据中的任意一个单元格（如 B3 单元格），在“数据”选项卡的“排序和筛选”组（如图 3—2 所示）中，单击“筛选”按钮。此时，图 3—2 中的“筛选”按钮将呈现高亮显示状态，问卷数据的标题单元格也会出现下拉箭头按钮。

(2) 筛选“是否有手机”等于“2”。单击“是否有手机”（B1 单元格）的下拉箭头按钮，在弹出的下拉菜单中可显示在该列中输入的各种数据，单击取消（不勾选）“1”，保留“2”，如图 3—16 所示。保留“2”，表示想寻找编码为 2（无手机者）的数据行（个案）。单击“确定”按钮。

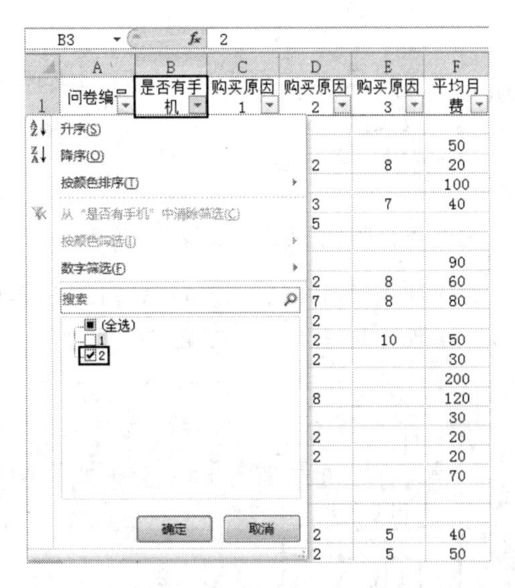

图 3—16　筛选出不合理的关联题（筛选“是否有手机”等于“2”的操作）

（3）还有一个条件：有平均月费。也就是，在筛选“是否有手机”等于“2”的基础上，再筛选“平均月费”不为“(空白)”。单击“平均月费”（F1 单元格）的下拉箭头按钮，在弹出的下拉菜单中，可显示当“是否有手机”等于“2”时在“平均月费”列中输入的各种数据，单击取消（不勾选）“(空白)”，保留平均月费“50”和“100”（表示有平均月费），如图 3—17 所示。

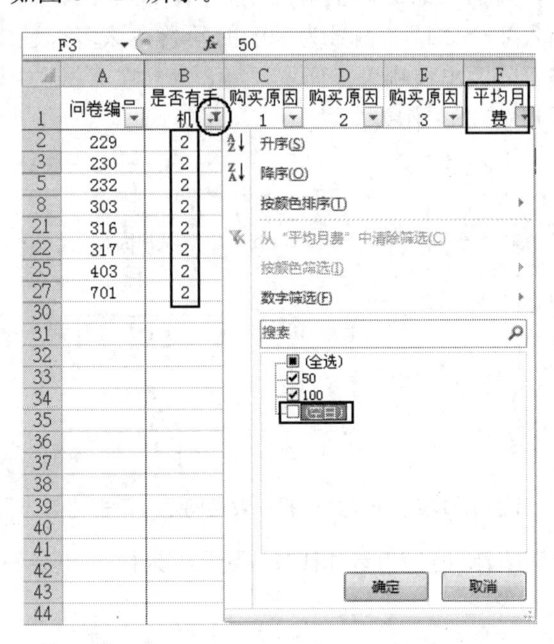

图 3—17　筛选出不合理的关联题（在无手机的基础上，筛选“平均月费”的操作）

（4）单击“确定”按钮，筛选结果如图 3—18 所示。[①] 同时使用了两个条件“没有手机且有平均月费”，可找出有此类型错误的数据行（个案）。

B3 f_x 2

	A	B	C	D	E	F
1	问卷编号	是否有手机	购买原因1	购买原因2	购买原因3	平均月费
3	230	2				50
5	232	2				100

图 3—18　筛选出不合理的关联题（没有手机但有手机话费的结果）

如果情况恰好相反，有手机而未填答平均月费（空白），那也是一种错误。请读者上机练习，筛选出如图 3—19 所示的不合理关联题。

B7 f_x 1

	A	B	C	D	E	F
1	问卷编号	是否有手机	购买原因1	购买原因2	购买原因3	平均月费
7	302	1	1	5		
12	307	1	1	2		

图 3—19　筛选出不合理的关联题（有手机但没有手机话费的结果）

3.4.3　筛选出多项限选题的逻辑一致性问题

例 3—8　在 Excel 中核对多项限选题“当初购买手机原因”的数据（相应的多选题请参见 3.2.2 小节，有 10 个选项，编码值为 1～10，可多选，最多 3 项）。

对于多项限选题，其输入的编码值应互不相同。但在图 3—20 中，编号为 231 的问卷在该多选题中输入 2 个“1”、编号为 303 的问卷在该多选题中输入 2 个“2”，等等。应找出原问卷查看问题出在哪里。详见“第 3 章　在 Excel 中核对问卷数据 . xlsx”中的“多项限选题（筛选）”工作表。

D4 f_x 1

	A	B	C	D	E
1	问卷编号	是否有手机	购买原因1	购买原因2	购买原因3
2	229	2			
3	230	2			
4	231	1	1	1	8
5	232	2			
6	301	1	2	3	
7	302	1		1	
8	303	1	2		2

图 3—20　筛选出多项限选题的逻辑一致性问题（单击“筛选”按钮前）

首先要根据输入的编码值应互不相同的要求，具体列出各种不合理条件。对于

① 是否有手机（B1 单元格）和平均月费（F1 单元格）两个筛选标题的下拉按钮形状都发生了改变。

“当初购买手机原因”多选题，由于选项较多（10 项），从理论上讲，购买手机的三个最主要原因，取值相同的可能性就有 $10\times C_3^2=10\times 3=30$ 种，具体见表 3—2。

表 3—2　　“当初购买手机原因”多选题的逻辑一致性问题

不合理条件	购买原因 1	购买原因 2	购买原因 3	含义
1	1	1		前 2 个相同
2	2	2		前 2 个相同
3	3	3		前 2 个相同
4	4	4		前 2 个相同
5	5	5		前 2 个相同
6	6	6		前 2 个相同
7	7	7		前 2 个相同
8	8	8		前 2 个相同
9	9	9		前 2 个相同
10	10	10		前 2 个相同
11	1		1	第 1、3 个相同
12	2		2	第 1、3 个相同
13	3		3	第 1、3 个相同
14	4		4	第 1、3 个相同
15	5		5	第 1、3 个相同
16	6		6	第 1、3 个相同
17	7		7	第 1、3 个相同
18	8		8	第 1、3 个相同
19	9		9	第 1、3 个相同
20	10		10	第 1、3 个相同
21		1	1	后 2 个相同
22		2	2	后 2 个相同
23		3	3	后 2 个相同
24		4	4	后 2 个相同
25		5	5	后 2 个相同
26		6	6	后 2 个相同
27		7	7	后 2 个相同
28		8	8	后 2 个相同
29		9	9	后 2 个相同
30		10	10	后 2 个相同

可利用下列步骤来找出此类错误（多项限选题输入的编码值应互不相同）：

（1）进入筛选状态。单击问卷数据中的任意一个单元格（如 D4 单元格），在“数据”选项卡的“排序和筛选”组（如图 3—2 所示）中，单击“筛选”按钮。此时，图

3—2 中的“筛选”按钮将呈现高亮显示状态，问卷数据的标题单元格也会出现下拉箭头按钮。

（2）对于表 3—2 中的不合理条件 1，筛选方法为：首先筛选出“购买原因 1”等于“1”的数据行（个案），然后再筛选出“购买原因 2”等于“1”（同时满足两个条件）的数据行（个案）。

（3）筛选“购买原因 1”等于“1”。单击“购买原因 1”（C1 单元格）的下拉箭头按钮，在弹出的下拉菜单中可显示在“购买原因 1”列中输入的各种数据，单击取消（不勾选）“(全选)”，然后单击（勾选）“1”，如图 3—21 所示。单击“确定”按钮。

图 3—21　筛选出多项限选题的逻辑一致性问题（筛选“购买原因 1”等于“1”的操作）

（4）在筛选“购买原因 1”等于“1”的基础上，再筛选“购买原因 2”等于“1”。单击“购买原因 2”（D1 单元格）的下拉箭头按钮，在弹出的下拉菜单中，可显示当“购买原因 1”等于“1”时在“购买原因 2”列中输入的各种数据，单击取消（不勾选）“(全选)”，然后单击（勾选）“1”，如图 3—22 所示。

> **温馨提示：**如果无法筛选第二个条件（标志是：在如图 3—22 所示的下拉菜单中没有相应的编码），说明没有相应的不合理条件，则可以跳过以下步骤（5）。直接单击“取消”按钮，返回步骤（2），核对并更正表 3—2 中的下一个不合理条件。

（5）单击“确定”按钮，筛选结果如图 3—23 所示。[①] 同时使用了两个条件：在“购买原因 1”列中输入“1”和在“购买原因 2”列中输入“1”，可找出有此类型错误

---

① 购买原因 1（C1 单元格）和购买原因 2（D1 单元格）两个筛选标题的下拉按钮形状都发生了改变。

的数据行（个案）。从中可以看到，编号为 231 的问卷的“购买原因”输入有问题。找到错误后，通过编号找到相应的原问卷，查看问题所在并加以更正。

图 3—22　筛选出多项限选题的逻辑一致性问题（再筛选“购买原因 2”等于“1”的操作）

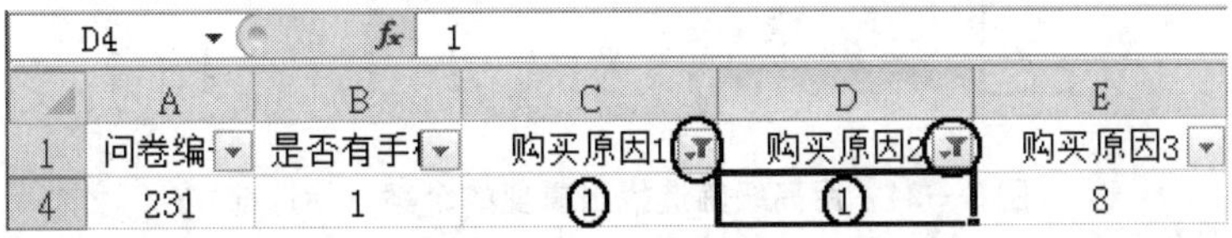

图 3—23　筛选出多项限选题的逻辑一致性问题（“购买原因 1”和“购买原因 2”同时等于“1”的个案）

（6）采用类似的操作，筛选表 3—2 中的不合理条件 2～30。方法为：首先要取消问卷数据的所有筛选（可在“数据”选项卡的“排序和筛选”组中，单击“清除”按钮）。然后重复步骤（3）～（5）共 29 次，核对并更正表 3—2 中的不合理条件 2～30。

温馨提示：对于核对“多项限选题输入的编码值应互不相同”，更为简便快捷的方法是利用辅助列和公式实现。这里以例 3—8 为例，说明操作步骤。详见“第 3 章在 Excel 中核对问卷数据.xlsx”中的“多项限选题（公式）”工作表。

（1）在多项限选题的右侧，插入一空白列（称为“辅助列”）。这里“购买原因”多项限选题右侧无数据，无需再插入空白列，直接用相邻的空白 F 列（也就是这里的“辅助列”为 F 列）。

（2）在“辅助列”的第 1 行，输入标题。这里在 F1 单元格中输入文字“是否相同”。

（3）在“辅助列”的第 2 行，输入核对公式。这里在 F2 单元格中输入以下公式：

=IF(COUNTA(C2:E2)<2,"",IF(OR(C2=D2,C2=E2,D2=E2),"F",""))

也就是说，如果多项限选题输入的编码个数在 2 个以下（只输入 1 个、或没有输入），则无需核对（显示空），否则核对 3 个“购买原因”中是否有 2 个编码相同，如果相同，则显示错误信息“F”。

（4）复制核对公式。双击 F2 单元格右下角的填充柄。

（5）降序排序“辅助列”。单击“辅助列”中的任意一个单元格（如 F2 单元格），在“数据”选项卡的“排序和筛选”组中，单击“降序”按钮。此时“购买原因”输入有问题（显示错误信息“F”）的个案显示在前。通过编号找到相应的原问卷，查看问题所在并加以更正。

（6）更正完成后，可删除“辅助列”。

3.4.4 用高级筛选找出重复的个案

例 3—9 用 Excel 处理重复的个案。

问卷数据的录入，难免会有重复输入同一份问卷数据（个案）的情况。如“第 3 章 在 Excel 中核对问卷数据.xlsx”中的“重复个案（高级筛选）”工作表的第 3 行与第 7 行问卷编号同为 230，如图 3—24 所示。

A7 | f_x 230

	A	B	C	D	E	F	G	H	I	J	K	L
1	问卷编号	是否有手机	购买原因1	购买原因2	购买原因3	平均月费	大小适中	重量轻巧	颜色炫丽	外形大方	符合人体工学	附属功能多
2	229	2					2	2	3	2	1	1
3	230	2					3	3	5	2	2	3
4	231	1	1	2	8	20	1	3	2	1	1	3
5	232	2	1	4			2	2	2	1	1	2
6	301	1	2	3	7	40	4	4	4	4	4	4
7	230	2					3	3	5	2	2	3
8	303	1	2	5		80	5	5	3	4	4	5

图 3—24 用高级筛选找出重复的个案（筛选前）

可以用下列步骤将其找出：

（1）单击问卷数据中的任意一个单元格（如 A7 单元格）。

（2）在“数据”选项卡的“排序和筛选”组（如图 3—2 所示）中，单击“高级”按钮，打开如图 3—25 所示的“高级筛选”对话框。由于高级筛选前，选中了问卷数据中的一个单元格，Excel 默认选取整个问卷数据（A1:L29 区域）作为“列表区域”。

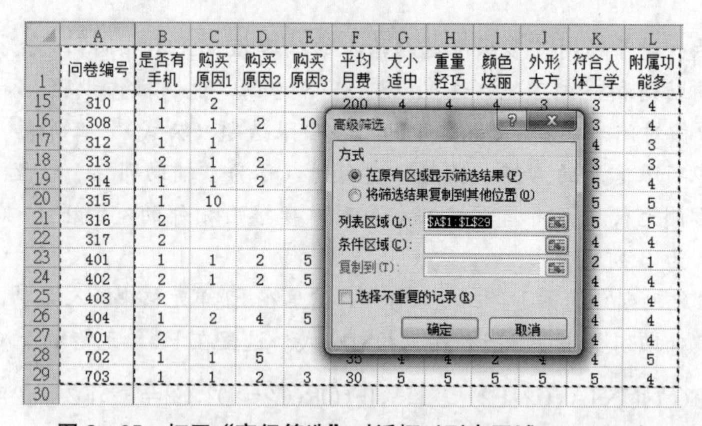

图 3—25 打开“高级筛选”对话框（列表区域：A1:L29）

（3）勾选（选中）“选择不重复的记录”复选框，表示要将重复的记录（个案）排除。

（4）单击选中“将筛选结果复制到其地位置”，然后单击“复制到（T）:”框，并在工作表中单击 A32 单元格，表示要将筛选结果复制到以 A32 为起始单元格的区域，如图 3—26 所示。

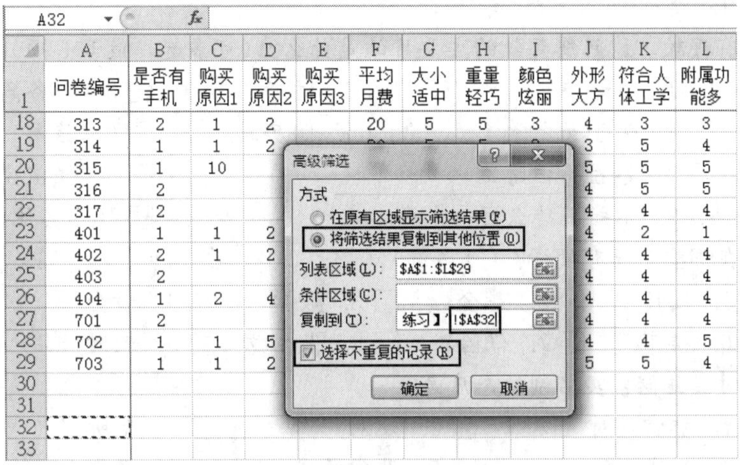

图 3—26　“高级筛选”对话框（选择不重复的记录，复制到 A32）

（5）单击“确定”按钮，进行高级筛选，如果记录存在完全相同的内容（如：原第 3 行与第 7 行问卷编号同为 230），将只显示其中一行（一份问卷数据，个案），而将多余的重复记录（个案）删除，以确保记录（个案）唯一。

最后，将不含重复记录的输出结果复制到新工作表中，或将含有重复记录的旧内容删除，即可得到没有重复输入的问卷数据内容。

3.5　建立调查问卷的 SPSS 数据文件

SPSS 数据文件的建立主要有两种形式：手工建立数据文件和外部获取数据文件。手工建立数据文件是直接在 SPSS 中输入数据，建立数据文件。外部获取数据文件是指将 Microsoft Word 或 Excel 中的文件直接导入 SPSS，此种方法经常使用，比较方便。在实际应用的过程中，用得最多的还是 Microsoft Excel 文件。

3.5.1　手工建立调查问卷的 SPSS 数据文件

例 3—10　在 SPSS 中，手工建立调查问卷的数据文件。

为了研究居民收入与生活状况而设计的调查问卷（节选），现在考虑如何把问卷中的信息转化为 SPSS 数据文件中的内容。

1. 调查问卷

Q1. 您的性别是：　□ 1. 男　　□ 2. 女

Q2. 您的年龄是：　□ 1. 18～35 岁　　□ 2. 36～59 岁　　□ 3. 60 岁及以上

Q3. 您的月均收入是：

□ 1. 1 500 元以下 □ 2. 1 500～3 000 元 □ 3. 3 000～4 500 元
□ 4. 4 500～6 000 元 □ 5. 6 000 元以上

Q4. 您是否有存款？

□ 1. 没有 □ 2. 有

如有存款，请问您存款的主要目的是什么？（可多选，最多 3 项）

□ 1. 办婚事 □ 2. 防老 □ 3. 以备急需
□ 4. 为子女上学 □ 5. 购房 □ 6. 旅游
□ 7. 添置高档商品 □ 8. 保值生息
□ 9. 不知买什么好，先存起来 □ 10. 其他

Q5. 您在哪些市场有投资？（可多选）

□ 1. 国债 □ 2. 基金 □ 3. 股票 □ 4. 黄金 □ 5. 期货
□ 6. 楼市 □ 7. 保险 □ 8. 做生意 □ 9. 理财产品 □ 10. 其他

Q6. 您对实施储蓄实名制的态度是：

□ 1. 非常反对 □ 2. 反对 □ 3. 无所谓
□ 4. 赞成 □ 5. 非常赞成

Q7. 请您回答表中的调查项目。

调查项目	非常不同意	不同意	说不清楚	同意	非常同意
（1）您家的生活条件非常优越	□ 1	□ 2	□ 3	□ 4	□ 5
（2）您对现在的生活状态感到满意	□ 1	□ 2	□ 3	□ 4	□ 5
（3）您对现在的工作感到满意	□ 1	□ 2	□ 3	□ 4	□ 5
（4）您的家庭非常和睦	□ 1	□ 2	□ 3	□ 4	□ 5
（5）您与同事的关系很和谐	□ 1	□ 2	□ 3	□ 4	□ 5

2. 确定变量个数

本问卷节选中共有 7 个问题，但并不一定只设 7 个变量。下面结合问卷介绍如何设置变量。在 SPSS“数据编辑器”的“数据视图”窗口中，一列为一个变量。变量个数的确定依赖于问卷中问题回答的方式。问卷中绝大多数为选择题。作答的基本方式有：

（1）单选：Q1、Q2、Q3、Q4 的过滤题、Q6、Q7 中的 5 个调查项目。其中 Q6 和 Q7 中的 5 个调查项目采用衡量态度的李克特量表，且 Q7 是一个矩阵题（表格题）。

（2）多选：Q4 的子题（多项限选题）、Q5（多项任选题）。

变量个数的确定应根据作答的方式不同而不同，恰当地选取。此问卷节选中设置的变量个数如表 3—3 所示。

表 3—3　问卷变量个数（居民收入与生活状况调查）

问题编号	变量个数	问卷题型
Q1	1	单选题
Q2	1	单选题
Q3	1	单选题

续前表

问题编号	变量个数	问卷题型
Q4	1+3=4	单选题（过滤题）+多项限选题（子题，采用“分类法”编码）
Q5	10	多项任选题（采用“二分法”编码）
Q6	1	单选题（量表）
Q7	5	矩阵题（含有 5 个单选题，量表）

3. 在 SPSS 中定义问卷变量

打开 SPSS 软件（这里以“SPSS 20 中文版”为例），在“数据编辑器”主窗口中，单击左下方的“变量视图”，进入变量定义窗口（“数据编辑器”的“变量视图”窗口），如图 3—27 所示。

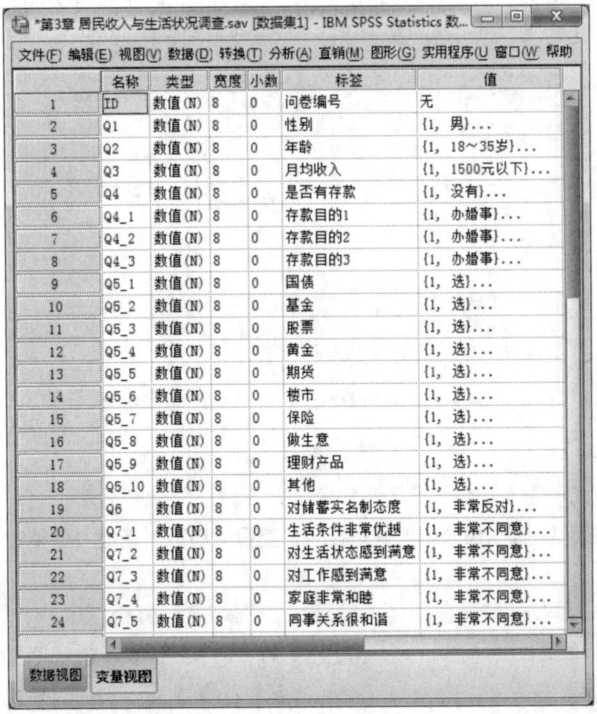
*第3章 居民收入与生活状况调查.sav [数据集1] - IBM SPSS Statistics 数...
文件(F) 编辑(E) 视图(V) 数据(D) 转换(T) 分析(A) 直销(M) 图形(G) 实用程序(U) 窗口(W) 帮助
名称 类型 宽度 小数 标签 值
1 ID 数值(N) 8 0 问卷编号 无
2 Q1 数值(N) 8 0 性别 {1, 男}...
3 Q2 数值(N) 8 0 年龄 {1, 18～35岁}...
4 Q3 数值(N) 8 0 月均收入 {1, 1500元以下}...
5 Q4 数值(N) 8 0 是否有存款 {1, 没有}...
6 Q4_1 数值(N) 8 0 存款目的1 {1, 办婚事}...
7 Q4_2 数值(N) 8 0 存款目的2 {1, 办婚事}...
8 Q4_3 数值(N) 8 0 存款目的3 {1, 办婚事}...
9 Q5_1 数值(N) 8 0 国债 {1, 选}...
10 Q5_2 数值(N) 8 0 基金 {1, 选}...
11 Q5_3 数值(N) 8 0 股票 {1, 选}...
12 Q5_4 数值(N) 8 0 黄金 {1, 选}...
13 Q5_5 数值(N) 8 0 期货 {1, 选}...
14 Q5_6 数值(N) 8 0 楼市 {1, 选}...
15 Q5_7 数值(N) 8 0 保险 {1, 选}...
16 Q5_8 数值(N) 8 0 做生意 {1, 选}...
17 Q5_9 数值(N) 8 0 理财产品 {1, 选}...
18 Q5_10 数值(N) 8 0 其他 {1, 选}...
19 Q6 数值(N) 8 0 对储蓄实名制态度 {1, 非常反对}...
20 Q7_1 数值(N) 8 0 生活条件非常优越 {1, 非常不同意}...
21 Q7_2 数值(N) 8 0 对生活状态感到满意 {1, 非常不同意}...
22 Q7_3 数值(N) 8 0 对工作感到满意 {1, 非常不同意}...
23 Q7_4 数值(N) 8 0 家庭非常和睦 {1, 非常不同意}...
24 Q7_5 数值(N) 8 0 同事关系很和谐 {1, 非常不同意}...
数据视图 变量视图

图 3—27 SPSS 20 中文版“数据编辑器”的“变量视图”窗口

在 SPSS 20 中文版“数据编辑器”的“变量视图”窗口中，可对各变量进行定义，定义变量时有 10 个功能选项，分别是名称（变量名）、类型（变量类型）、宽度（数据宽度）、小数（小数位数）、标签（变量名标签）、值（值标签）、缺失（缺失值）、列（列的显示宽度）、对齐（左对齐、右对齐、居中对齐）、度量标准。其中有些内容是必须定义的，有些则是可以省略的。

（1）名称（变量名）

在此列中输入变量的名称，变量名一般用英文，也可以用中文（汉字总数一般不超过 4 个，尽量避免使用中文，必要的中文说明可以放在“标签”列中），问卷经常用问题编号（题号），如 Q1、Q2、…（或 T1、T2、…）；对于多选题和矩阵题（表格题），再加下划线及顺序编号，如 Q5_1～Q5_10。变量名是变量访问和分析的唯一标志，每个变量的名称必须是唯一的，不允许重复。

温馨提示：（1）在 SPSS 中，变量名一般以字母（或汉字）开头，不能以数字（或特殊符号）开头；（2）SPSS 变量名不能含有半角减号“—”，但可以含有下划线“_”；（3）SPSS 对输入的变量名会自动判断。

（2）类型（变量类型）

单击“类型”列中的单元格，将会出现“…”标志，单击此标志就会打开如图 3—28 所示的“变量类型”对话框，在此对话框中有 9 种变量类型可供选择。SPSS 最基本的变量类型有数值、日期和字符串 3 种。每种类型都有默认的宽度和小数位，如数值类型的默认宽度为 8、小数位数为 2。

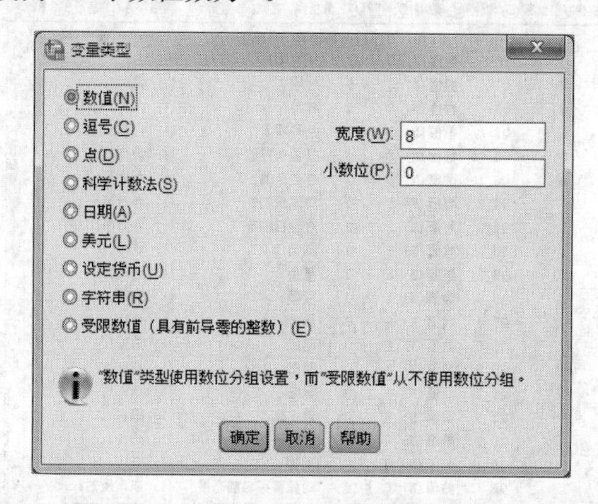

图 3—28　SPSS 20 中文版的“变量类型”对话框（数值）

温馨提示：在定义问卷变量时，（1）采用“数字”编码（如 1、2、3、4 等）的数值变量，保留默认的“数值（N）”，默认宽度为 8，最好将小数位数改为“0”。（2）采用“英文字母”编码（如 A、B、C、D 等）的字符串变量，则选择“字符串（R）”。

（3）标签（变量名标签）

对变量名含义的详细说明，它可增强变量名的可视性和统计分析结果的可读性。一般用中文。例如，在此调查问卷节选中，可以对“Q1”变量作如下定义：“名称”为“Q1”，“标签”为“性别”。

（4）值（值标签）

对变量的可能取值含义的说明，对于分类变量（分类数据）和有序变量（有序数据）尤为重要（通常仅对分类变量和有序变量的取值定义值标签）。单击“值”列中的单元格，将会出现“…”标志，单击此标志就会打开如图 3—29 所示的“值标签”对话框。

在对“性别”变量 Q1 进行取值定义时，可用“1”表示“男”，“2”表示“女”，则在“值”框中输入“1”，在“标签”框中输入对应值的标签“男”，当这两个框中都输入了内容后，左边第一个按钮“添加”由灰色不可用变为可用，单击“添加”按钮可将输入的值标签添加到下面的框中（即定义了｛1=“男”｝），如图3—29所示。用相同的方法，可添加其余的值标签。输入完所有的值标签后，单击“确定”按钮，使对设置的值标签生效。如果输入有误，可单击下面框中显示的错误标签，在“值”和“标签”框中修改后，单击“更改”按钮确认修改。单击“删除”按钮可删除不需要的值标签。

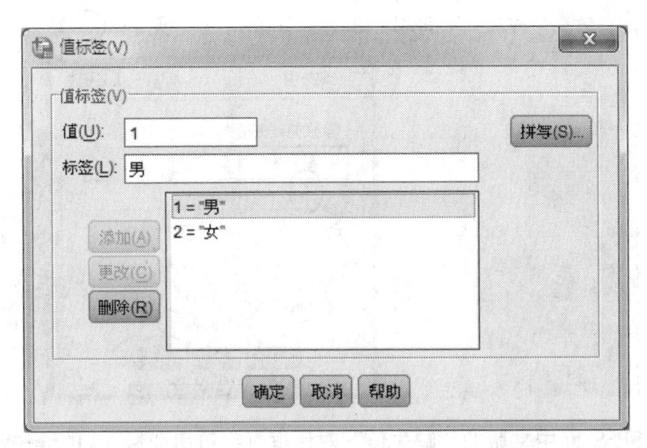

图3—29 SPSS 20中文版的“值标签”对话框（性别）

定义值标签后，在SPSS 20中文版“数据编辑器”的“数据视图”窗口中，可在工具栏中单击“值标签”开关按钮（或在菜单栏中选中“视图→值标签”），则经过值标签定义的变量显示为所定义的标签，如在Q1（性别）中，显示的是“男”、“女”，而不是1、2这样的数字。

（5）缺失（缺失值）

SPSS有两类缺失值：系统缺失值和用户缺失值。在“数据编辑器”的“数据视图”窗口中，任何空的数值单元都被认为是系统缺失值，用点“.”表示。由于特殊原因造成的信息缺失值，称为用户缺失值。例如在统计过程中，可能需要区别一些受访者不愿意回答的问题，然后将它们标为用户缺失值，统计过程可识别这些标识，带有缺失值的观测值会被特别处理。

温馨提示：本套教材用空白表示缺失值，（1）采用“数字”编码（如1、2、3、4等）的数值型变量，“缺失”保留默认的“无”。（2）采用“英文字母”编码（如A、B、C、D等）的字符串变量，需要用户定义缺失值。方法是：单击“缺失”列中的单元格，将会出现“…”标志，单击此标志就会打开如图3—30所示的“缺失值”对话框。单击选中“离散缺失值”，并在第一个框中输入一个英文半角空格（按“空格”键）。单击“确定”按钮，此时“缺失”单元格将由默认的“无”改为空格。

（6）列（列的显示宽度）

定义变量值（数据）显示的列宽度，列宽度只影响变量在“数据视图”中的值显示，更改列宽不会改变变量已定义的宽度。一般保留默认列宽，不更改。

（7）对齐（对齐方式）

定义变量值（数据）显示的对齐方式，默认对齐方式为数值变量右对齐，字符串变量左对齐，与 Excel 的默认对齐方式相同。此设置只影响变量在“数据视图”中的值显示。

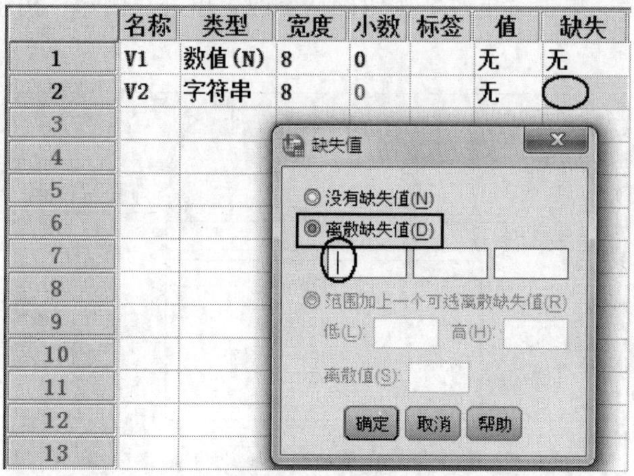

图 3—30 SPSS 20 中文版的“缺失值”对话框（字符串变量 V2 的缺失值为空格）

（8）度量标准

在“度量标准”单元格的下拉列表中，有“度量”、“序号”和“名义”三种标准的度量尺度可供选择。这三种度量尺度与 1.4 节所介绍的变量类型的概念有些差别。其对应关系为：度量——定量变量（数值变量）、序号——定序变量（有序变量）、名义——定性变量（分类变量）。

在定义问卷变量的“度量标准”属性时，究竟应该选择什么类型，应该视变量类型和统计分析的需要而定。“序号”和“名义”可以是“数值”型和“字符串”型，而“度量”对应的变量类型只能是“数值”型；有些统计分析对于变量类型有一定的要求，尤其是“名义”和“度量”，以独立样本 t 检验和方差分析为例，其自变量必须为“名义”或“序号”，而因变量必须为“度量”。分析者若在变量的度量尺度属性的设置上对度量尺度界定得清楚，则之后的统计分析会更为简便。

温馨提示：在定义问卷变量时，（1）采用“数字”编码（如 1、2、3、4 等）的“数值”变量，如果为有序变量（如 Q2、Q3、Q6、Q7）则选择“序号”；如果为分类变量（如 Q1、Q4、Q5）则选择“名义”。（2）采用“英文字母”编码（如 A、B、C、D 等）的“字符串”变量，如果为有序变量则选择“序号”；如果为分类变量则选择“名义”。

4. 单选题的变量定义与属性说明

问卷节选中有关问题的变量定义与属性说明，此处先介绍单选题（见表 3—4），多选题随后介绍。

表 3—4　　问卷变量定义（单选题的变量定义）

问题编号	名称	类型	标签	值（值标签）	度量标准
Q1	Q1	数值	性别	1=“男”，2=“女”	名义（分类变量）
Q2	Q2	数值	年龄	1=“18～35 岁”，2=“36～59 岁”，3=“60 岁及以上”	序号（有序变量）
Q3	Q3	数值	月均收入	1=“1 500 元以下”，2=“1 500～3 000 元”，3=“3 000～4 500 元”，4=“4 500～6 000 元”，5=“6 000 元以上”	序号（有序变量）
Q4	Q4	数值	是否有存款	1=“没有”，2=“有”	名义（分类变量）
Q6	Q6	数值	对储蓄实名制态度	1=“非常反对”，2=“反对”，3=“无所谓”，4=“赞成”，5=“非常赞成”	序号（有序变量）
Q7	Q7 _ 1	数值	生活条件非常优越	1=“非常不同意”，2=“不同意”，3=“说不清楚”，4=“同意”，5=“非常同意”	序号（有序变量）
	Q7 _ 2	数值	对生活状态感到满意	同上	同上
	Q7 _ 3	数值	对工作感到满意	同上	同上
	Q7 _ 4	数值	家庭非常和睦	同上	同上
	Q7 _ 5	数值	同事关系很和谐	同上	同上

单选题的“标签”为相应问题的主要含义，“值”为选项（包括编码和含义），“度量标准”为“名义”（分类变量，如 Q1、Q4）或“序号”（有序变量，如 Q2、Q3、Q6、Q7）。

5. 多选题的变量定义与属性说明

对于只有一个答案的问题（如单选题），在统计过程中，只需要将一个问题设为一个变量就可以了。但对于多选题（如问卷节选中的 Q4 的子题、Q5），答案则不止一个，如果一个问题只设置一个变量，那么无法存放多个答案，对分析很不利。SPSS 无法对多选题进行直接处理。要处理多选题，需要设计一个好的编码方案，对原问题进行重新编码，也就是将一个问题转化为多个子问题，设置多个 SPSS 变量，分别存放可能的几个答案。然后通过“分析→多重响应”菜单进行具体的操作，将这些子问题整合起来分析，具体操作请参见第 6 章。

下面以 Q4 的子题和 Q5 为例，对多选题的变量定义进行说明。

多选项问题，分解定义编码的方法有两种：分类法（Multiple Category Method）和二分法（Multiple Dichotomies Method）。

（1）分类法

多选项分类法分解的基本思想是估计多选题最多可能出现的答案个数，然后为每个答案定义一个 SPSS 变量，变量取值为多选题中的可选答案。比如，一个多选题，如果最多可选 3 个答案，那就设置 3 个变量，分别用来存放 3 个可能的答案。

分类法的优点是需要的变量个数比较少。分类法常用于“多项限选题”（很少用于“多项任选题”）。因此，对于Q4的子题，采用分类法，由于最多只能选择3个答案，所以只需设置3个SPSS变量，分别表示存款目的1、存款目的2和存款目的3，变量取值为1～10，依次对应10个“存款目的”，如表3—5所示。

表3—5　　Q4子题（多项限选题）的“分类法”编码

名称	类型	标签	值（值标签）	度量标准
Q4_1	数值	存款目的1	1=“办婚事”，2=“防老”，3=“以备急需”，4=“为子女上学”，5=“购房”，6=“旅游”，7=“添置高档商品”，8=“保值生息”，9=“不知买什么好，先存起来”，10=“其他”	名义（分类变量）
Q4_2	数值	存款目的2	同上	同上
Q4_3	数值	存款目的3	同上	同上

采用“分类法”编码多项限选题的变量定义与单选题类似，“标签”为相应问题的主要含义再加顺序编号（如存款目的1、存款目的2、存款目的3），“值”为选项（包括编码和含义），“度量标准”统一为“名义”（分类变量）。

（2）二分法

多选项二分法将多选题中的每个答案选项设为一个SPSS变量，每个变量的取值最多有两个（1和0），分别表示“选”或“不选”。

温馨提示：在实际应用中（如本套教材），经常只有一个取值“1”，表示“选”，而用空值表示“不选”。

二分法的缺点是需要的变量个数比较多，比如一道多选题有10个选项（如：Q5），若一个选项设置一个变量，就需要10个变量；二分法的优点是比较简单。二分法常用于“多项任选题”（很少用于“多项限选题”）。因此，对于Q5，采用二分法，需要为10个答案选项设置10个变量，对于每个变量，取值为“1”表示“选”，而用空值表示“不选”（也就是不输入任何值，在SPSS中显示为系统缺失值“.”）。如表3—6所示。

表3—6　　Q5（多项任选题）的“二分法”编码

名称	类型	标签	值（值标签）	度量标准
Q5_1	数值	国债	1=“选”	名义（分类变量）
Q5_2	数值	基金	1=“选”	同上
Q5_3	数值	股票	1=“选”	同上
Q5_4	数值	黄金	1=“选”	同上
Q5_5	数值	期货	1=“选”	同上
Q5_6	数值	楼市	1=“选”	同上
Q5_7	数值	保险	1=“选”	同上
Q5_8	数值	做生意	1=“选”	同上
Q5_9	数值	理财产品	1=“选”	同上
Q5_10	数值	其他	1=“选”	同上

采用“二分法”编码多项任选题（Q5 _ 1～Q5 _ 10）的变量定义，“标签”为相应选项（不含编码），“值”统一为 {1＝“选”}，“度量标准”也统一为“名义”（分类变量）。

也就是说，多项选择题（多选题）的变量定义通常分为以下两种情况：

第一种是在已给的多个答案选项中限选几项（多项限选题，如：Q4 的子题），这时一般采用“分类法”编码，因为设置较少的变量就可达到定义问卷变量的目的。

第二种是在已给的多个答案选项中任选几项（多项任选题，如：Q5），这时一般采用“二分法”编码，有几个答案选项就定义几个变量。

在 SPSS 中，变量定义在“数据编辑器”的“变量视图”窗口中完成。而数据录入在“数据视图”窗口中完成。录入带有值标签的数据可以通过下拉列表完成（要先打开“值标签”的显示开关，方法是在工具栏中单击“值标签”开关按钮或在菜单栏中选中“视图→值标签”）。

SPSS 数据文件的扩展名为“. sav”，该调查问卷示例的所有变量定义结果可参见“第 3 章　居民收入与生活状况调查 . sav”。

3. 5. 2　将 Excel 中的问卷数据导入 SPSS，建立 SPSS 数据文件

例 3—11　将 Excel 2010 中的问卷数据导入 SPSS，建立 SPSS 数据文件。

Excel 2010 数据文件的扩展名为“. xlsx”，如图 3—31 所示。具体请参见“第 3 章　居民收入与生活状况调查 . xlsx”，该数据文件包括变量名和问卷数据，其中变量名在第 1 行，问卷数据在第 2～601 行（共 600 行），每一行问卷数据代表一个受访者回答问卷的情况（在 SPSS 中称为“个案”）。[①]

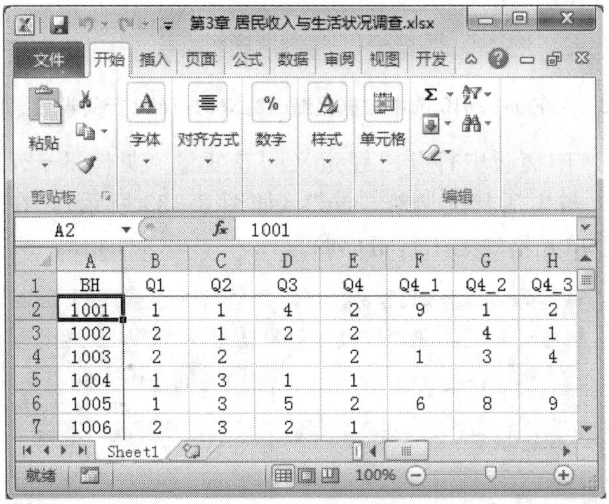

	A	B	C	D	E	F	G	H
1	BH	Q1	Q2	Q3	Q4	Q4_1	Q4_2	Q4_3
2	1001	1	1	4	2	9	1	2
3	1002	2	1	2	2		4	1
4	1003	2	2		2	1	3	4
5	1004	1	3	1	1			
6	1005	1	3	5	2	6	8	9
7	1006	2	3	2	1			

图 3—31　在 Excel 2010 中的问卷数据（第 1 行为变量名）

① 这些问卷数据是虚构的，采用 Excel 2010“数据分析”工具中的“随机数发生器”生成，并经过核对。在 Excel 2010 中产生随机数的方法请见本章附录，核对问卷数据的方法请见前面的 3. 4 节。具体可参见本教材的配套辅导书《统计数据分析基础教程（第二版）习题与实验指导》中的第 3 章实验。

将 Excel 数据文件转换为 SPSS 数据文件的方法有两种：

方法一：首先在 SPSS 中定义问卷变量，然后通过“复制—粘贴”方式将问卷数据从 Excel 复制到 SPSS 中。

具体操作如下：

（1）在 Excel 中打开“第 3 章　居民收入与生活状况调查 . xlsx”，如图 3—31 所示。

（2）在“Sheet1”工作表中，单击选中 A2 单元格（问卷数据区域左上角，注意：不包括第 1 行的变量名），然后按 Ctrl＋Shift＋End 组合键（先按住 Ctrl 键，再按住 Shift 键，最后按 End 键）来选取连续的大数据区域 A2∶X601（不包括第 1 行的变量名），然后在“开始”选项卡的“剪贴板”组中，单击“复制”按钮（或按 Ctrl＋C 快捷键），记下选取的 600 行问卷数据，如图 3—32 所示。

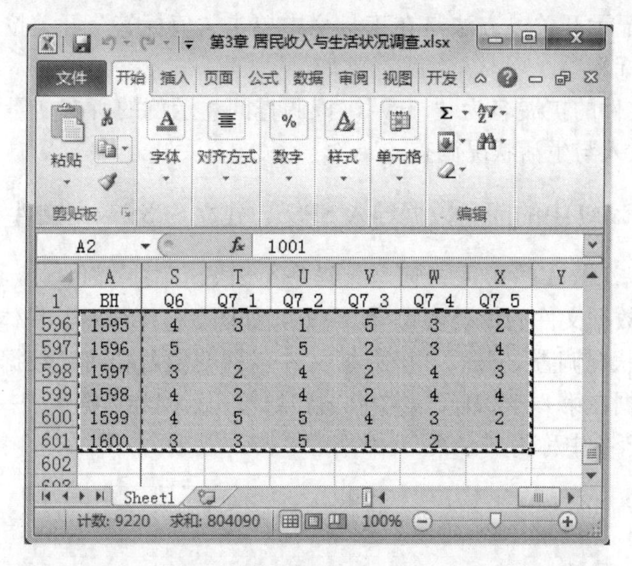

图 3—32　在 Excel 2010 选中数据区域 A2∶X601（600 行问卷数据）并复制

（3）在 SPSS 20 中文版中打开已经定义问卷变量（见图 3—27）但还没有数据的“第 3 章　居民收入与生活状况调查 . sav”（如图 3—33 所示），在“数据视图”窗口中，单击选中 1∶ID 单元格（第 1 行 ID 列）。

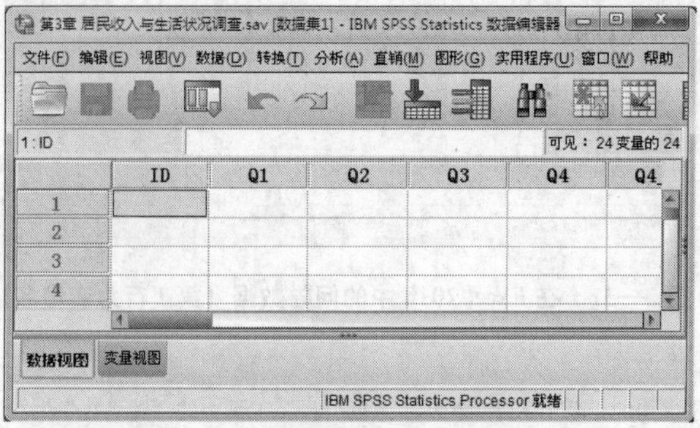

图 3—33　SPSS 20 中文版“数据编辑器”的“数据视图”窗口（1∶ID 单元格）

（4）单击菜单“编辑”→“粘贴”，将选取的 600 行问卷数据从 Excel 粘贴到 SPSS 中，结果如图 3—34 所示。

	ID	Q1	Q2	Q3	Q4	Q4_
1	1001	1	1	4	2	
2	1002	2	1	2	2	
3	1003	2	2	.	2	
4	1004	1	3	1	1	

图 3—34　将 600 行问卷数据从 Excel 粘贴到 SPSS 中（数据视图）

（5）单击工具栏中的“保存该文档”按钮，进行保存。

方法二：利用打开数据文件的方法直接将 Excel 2010 中的问卷数据导入 SPSS 20 中文版中，然后再定义问卷变量。

具体过程如下：

（1）在 SPSS 20 中文版中，单击菜单“文件”→“打开”→“数据”，进入“打开数据”对话框（如图 3—35 所示），在下面的“文件类型”下拉列表中选择“Excel（*.xls，*.xlsx，*.xlsm）”，然后选择录入变量名和问卷数据的 Excel 文件（如“第 3 章　居民收入与生活状况调查 .xlsx”）。

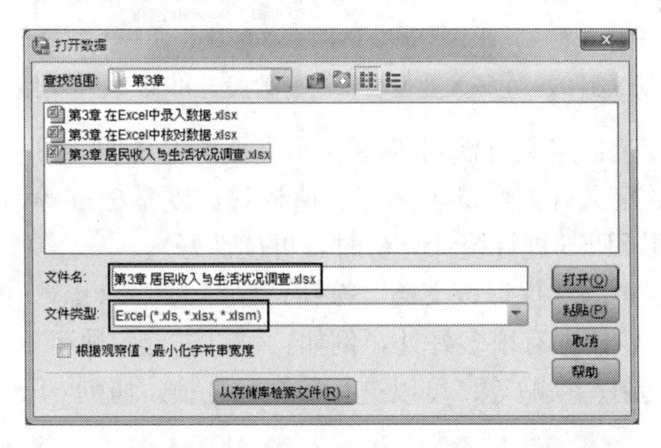

图 3—35　SPSS 20 中文版“打开数据”对话框（文件类型：Excel）

（2）单击“打开”按钮，进入“打开 Excel 数据源”对话框，如图 3—36 所示。保留默认选中（勾选）“从第一行数据读取变量名”选项，可以选择 Excel 工作表和数据区域（范围），由于“第 3 章　居民收入与生活状况调查 .xlsx”（如图 3—31 所示）只有一张工作表“Sheet1”，第 1 行为变量名，600 行问卷数据在 A2：X601 区域（如图 3—32 所示），这样 SPSS 可以自动识别要导入 SPSS 的数据区域是 A1：X601。

（3）单击“确定”按钮，即可将 Excel 文件中的第 1 行变量名和第 2～601 行问卷数据（Sheet1 工作表中的 A1：X601 区域）导入 SPSS 中。在 SPSS 20 中文版“数据视图”窗口中的结果如图 3—37 所示。

打开 Excel 数据源
C:\Users\y\Desktop\第3章\第3章 居民收入与生活状况调查.xlsx
从第一行数据读取变量名。
工作表: Sheet1 [A1:X601]
范围:
字符串列的最大宽度: 32767
确定 取消 帮助

图 3—36　SPSS 20 中文版“打开 Excel 数据源”对话框

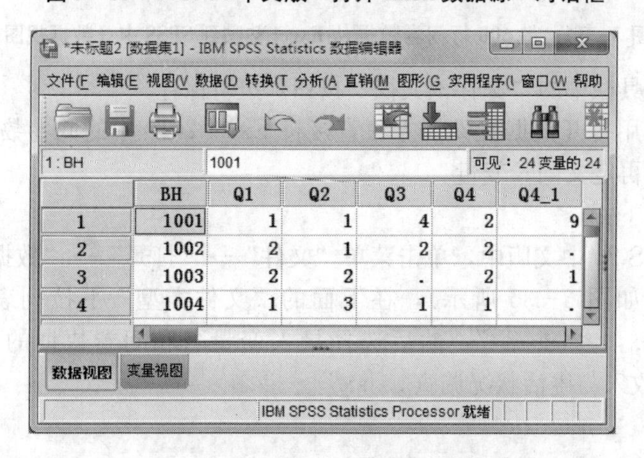

图 3—37　从 Excel 2010 导入变量名和问卷数据到 SPSS 20 中文版（数据视图）

（4）定义问卷变量：定义方法可参照 3.5.1 小节的说明（可参见图 3—27），对每个变量进行进一步的定义（如变量名标签、值标签、度量标准等），以期达到 SPSS 分析所要求的目的（用 SPSS 进行统计分析时，可读性好）。

（5）单击工具栏中的“保存该文档”按钮，保存为“*.sav”的 SPSS 数据文件。

用 Excel 输入问卷数据有很多好处，例如：可以进行各种运算，如数学和财务上的运算；还可以直接复制、粘贴等；可以进行数据的变换，协助 SPSS 分析，等等。

温馨提示：SPSS 中的数据文件，利用菜单“文件”→“另存为”，也可以将数据保存为 Excel 数据文件（包括变量名和问卷数据）。

3.6 思考题与上机实验题

思考题：

1. 为何要尽可能使用单选题？
2. 为何要冻结窗格？如何同时冻结列与行的标题？

3. 多选题如何编码？

4. 填空题如何编码？

上机实验题：

下面是“CCTV《中国经济生活大调查（2013—2014）》”调查问卷。[①]

Q1. 2013 年您家购买了以下哪些消费品或消费性服务？　（　　）（　　）（　　）

□ 0. 汽车　　□ 1. 家电　　□ 2. 电脑等数码产品
□ 3. 旅游　　□ 4. 保险　　□ 5. 奢侈品
□ 6. 保健养生　　□ 7. 教育培训　　□ 8. 文化娱乐
□ 9. 其他

Q2. 2013 年您在网上购买了哪些消费品或消费性服务？　（　　）（　　）（　　）

□ 0. 不网购　　□ 1. 服装　　□ 2. 书籍
□ 3. 家电数码　　□ 4. 食品　　□ 5. 化妆品
□ 6. 家居用品　　□ 7. 订票　　□ 8. 母婴用品
□ 9. 其他

Q3. 2014 年您家计划购买以下哪些消费品或消费性服务？（　　）（　　）（　　）

□ 0. 汽车　　□ 1. 家电　　□ 2. 电脑等数码产品
□ 3. 旅游　　□ 4. 保险　　□ 5. 奢侈品
□ 6. 保健养生　　□ 7. 教育培训　　□ 8. 文化娱乐
□ 9. 其他

Q4. 如果政策允许，您的家庭愿意生几个孩子？　（　　）

□ 0. 不生　□ 1. 一个　□ 2. 两个　□ 3. 三个　□ 4. 三个以上

Q5. 2014 年您预计您家的收入会比 2013 年　（　　）

□ 0. 增加 20%以上　□ 1. 增加 10%～20%　□ 2. 增加 10%以内
□ 3. 持平　□ 4. 减少 10%以内　□ 5. 减少 10%以上

Q6. 2014 年您家打算买什么价位的车？　（　　）

□ 0. 不买车　　□ 1. 5 万元以下　　□ 2. 5 万～10 万元
□ 3. 10 万～15 万元　　□ 4. 15 万～30 万元　　□ 5. 30 万～40 万元
□ 6. 40 万元以上

Q7. 您预计 2014 年您所在城市的房价会　（　　）

□ 0. 下跌 10%以上　□ 1. 下跌 10%以内　□ 2. 不变
□ 3. 上涨 10%以内　□ 4. 上涨 10%以上

Q8. 2014 年您打算在哪些市场进行投资？　（　　）（　　）（　　）

□ 0. 国债　　□ 1. 基金　　□ 2. 股票
□ 3. 黄金　　□ 4. 期货　　□ 5. 楼市
□ 6. 保险　　□ 7. 创业　　□ 8. 理财产品
□ 9. 不投资

① 参见 http://jingji.cntv.cn/special/2013jjsh/index.shtml，有改动。

Q9. 您家里的老人愿意采取哪种养老方式？ （ ）

□ 0. 老人独居 □ 1. 与子女同住 □ 2. 公立养老院
□ 3. 民营养老院 □ 4. 社区服务机构 □ 5. 家中无老人

Q10. 您家老人养老资金的主要来源是 （ ）（ ）（ ）

□ 0. 子女供养 □ 1. 退休工资 □ 2. 养老金 □ 3. 商业保险
□ 4. 老人积蓄 □ 5. 以房养老 □ 6. 社会救助 □ 7. 家中无老人

Q11. 您对目前生活的感受是 （ ）

□ 0. 很幸福 □ 1. 比较幸福 □ 2. 一般
□ 3. 比较不幸福 □ 4. 很不幸福

Q12. 您认为影响您幸福的主要因素是什么？ （ ）（ ）（ ）

□ 0. 社会保障 □ 1. 健康状况 □ 2. 婚姻或感情生活
□ 3. 环境卫生 □ 4. 治安状况 □ 5. 教育程度
□ 6. 事业成就感 □ 7. 收入水平 □ 8. 人际关系
□ 9. 道德风气

Q13. 在生活环境方面，您感觉自己生活的地方治安状况如何？ （ ）

□ 0. 非常安全 □ 1. 比较安全 □ 2. 比较不安全
□ 3. 很不安全

Q14. 目前您家的主要困难在哪些方面？ （ ）（ ）（ ）

□ 0. 就业 □ 1. 养老 □ 2. 医疗
□ 3. 收入 □ 4. 住房 □ 5. 子女教育
□ 6. 没有

Q15. 十八届三中全会提出未来的改革重点您最关注的是 （ ）（ ）（ ）

□ 0. 行政审批制度改革 □ 1. 户籍制度改革 □ 2. 农村土地制度改革
□ 3. 单独二胎政策 □ 4. 社会保障体制改革 □ 5. 国企改革
□ 6. 教育制度改革 □ 7. 财税体制改革 □ 8. 渐进式延迟退休
□ 9. 政绩考核制度改革

Q16. 如果您能在城镇定居，您愿意定居在什么地方？ （ ）

□ 0. 镇 □ 1. 县或县级城市 □ 2. 地级市
□ 3. 省会城市 □ 4. 北上广深

Q17. 这一年您最想做又没有做的事是什么？ （ ）（ ）（ ）

□ 0. 没有 □ 1. 回家看父母 □ 2. 休假旅游
□ 3. 换工作 □ 4. 进修学习 □ 5. 买房
□ 6. 卖房 □ 7. 买车 □ 8. 结婚
□ 9. 生育

请填写您的个人信息

JB1. 年龄 （ ）

□ 0. 18～25 岁 □ 1. 26～35 岁 □2. 36～45 岁
□ 3. 46～59 岁 □ 4. 60 岁及以上

JB2. 性别 ( )

□ 0. 男 □ 1. 女

JB3. 常住地 ( )

□ 0. 城市 □ 1. 农村

JB4. 家庭年收入 ( )

□ 0. 2 万元以下 □ 1. 2 万～5 万元 □ 2. 5 万～10 万元

□ 3. 10 万～20 万元 □ 4. 20 万元以上

JB5. 文化程度 ( )

□ 0. 小学及以下 □ 1. 中学及中专 □ 2. 大专

□ 3. 本科 □ 4. 研究生及以上

JB6. 婚姻状况 ( )

□ 0. 未婚有恋人 □ 1. 未婚无恋人 □ 2. 已婚

□ 3. 离异 □ 4. 丧偶

JB7. 家庭未成年子女情况 ( )

□ 0. 无 □ 1. 独子 □ 2. 独女

□ 3. 两个 □ 4. 三个及以上

JB8. 家庭住房状况 ( )

□ 0. 自有房（大产权） □ 1. 自有房（小产权） □ 2. 农村住房

□ 3. 公租房 □ 4. 自租房

JB9. 职业 ( )

□ 0. 行政事业单位人员 □ 1. 企业管理人员 □ 2. 城市户籍企业职工

□ 3. 在校学生 □ 4. 务农农民 □ 5. 进城务工人员

□ 6. 离退休人员 □ 7. 待业/失业 □ 8. 自由职业者

要求：

（1）确定问卷中每个问题（单选题或多项限选题）应该设置的变量个数。

（2）在 SPSS 中定义问卷变量，包括变量名称、变量类型、变量名标签和值标签等。

（3）自己填写一份问卷，并把相应的编码输入数据文件中。

本章附录 在 Excel 2010 中生成随机数[①]

1. 在 Excel 2010 中生成序号（填充序列）

如：在 A 列中生成序号（填充序列）1～1 000。可参见“第 3 章 附录 . xlsx”中的“填充序列”工作表。

① 编著者经常利用本附录介绍的方法，生成上机练习或考试用的问卷数据文件。需要注意的是：数据生成后，使用之前，一定要对数据进行核对和清理。核对数据可采用 3.4 节介绍的方法。

操作步骤如下：

(1) 在A1单元格中输入表示序号的名称（如问卷编号“BH”）。

(2) 在A2单元格中输入数值“1”，并将存有起始值“1”的单元格（这里是A2）当做当前单元格（也就是说，单击A2单元格）。

(3) 在“开始”选项卡的“编辑”组中，单击“填充”下拉按钮，在展开的如图3—38所示的“填充”下拉菜单中，单击选择“系列”。

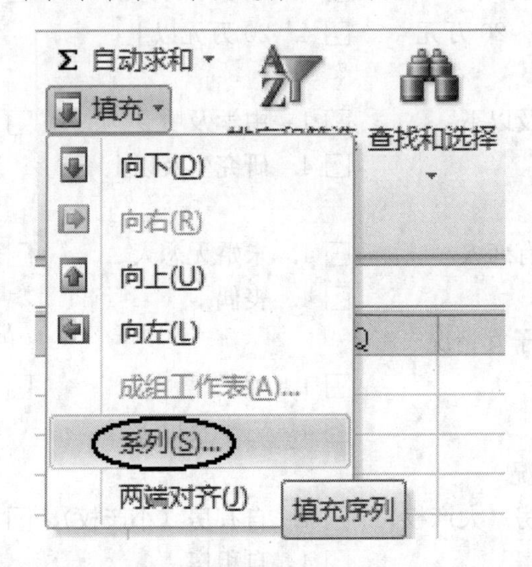

图3—38 Excel 2010“开始”选项卡“编辑”组中的“填充”下拉菜单

(4) 在打开的“序列”对话框中，在“序列产生在”框中选择“列”；“类型”保留默认的“等差序列”；“步长值”保留默认的“1”；在“终止值”框中输入“1 000”，如图3—39所示。

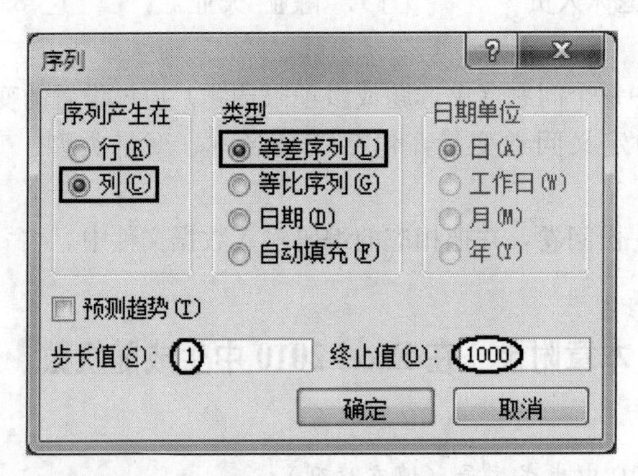

图3—39 Excel 2010的“序列”对话框（在列中填充序列）

(5) 单击“确定”按钮，即可在A3:A1001区域中生成序号（填充序列）2～1 000。

2. 在Excel中生成单选题的随机数（利用“数据分析”工具中的“随机数发生器”，选用“离散”分布，要给出每个选项的“编码与被选概率”，没有缺填）

如问题为：“Q1. 您的性别是：□1. 男 □2. 女”，将随机生成的1 000个Q1

模拟选择结果写在 B 列中。假设“1 表示男性，2 表示女性，且男女比例为 4∶6”。可参见“第 3 章　附录 . xlsx”中的“单选题 Q1”工作表。

操作步骤如下：

(1) 在 B1 单元格中输入表示“性别”变量的名称（如“Q1”）。

(2) 在 B 列右侧（间隔 1 列）的空白区域中输入如表 3—7 所示的单选题“性别”各选项的编码与被选概率，结果如图 3—40 中的 D1∶F5 区域所示。[①]

表 3—7　　　　单选题“性别”各选项的编码与被选概率

编码	被选概率	选项
1	40%	男
2	60%	女
合计	100%	

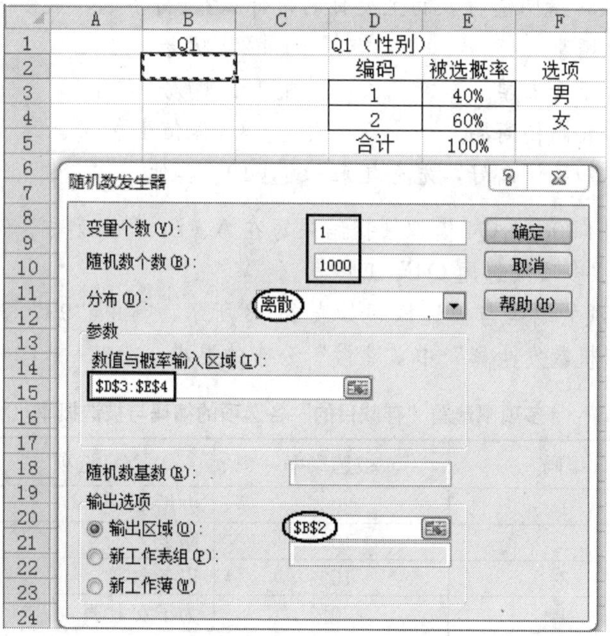

图 3—40　Excel 2010“随机数发生器”对话框（单选题，“离散”分布）

(3) 在“数据”选项卡的“分析”组中，单击“数据分析”[②]，打开“数据分析”对话框。在“分析工具”列表中选择“随机数发生器”，单击“确定”按钮。

(4) 在打开的“随机数发生器”对话框中，在“变量个数”框中输入“1”，表示

① (1) 有边框线 D3∶E4 区域中的编码与被选概率是必须输入的，而其余的内容（D1 单元格中的标题“Q1 (性别)”、D2∶E2 区域中的说明、F2∶F4 区域中选项的含义、D5∶E5 区域中的合计 100%）不是必需的，可以不输入。(2) 单选题的各选项被选概率之和必须为 100%（这是“随机数发生器”中“离散”分布的要求）。可以利用“公式”检查，如 E5 单元格的公式为“=SUM(E3∶E4)”。如果合计不为 100%，则需要调整某些选项的被选概率，直到合计为 100%。

② 如果没有“分析”组或“分析”组中没有“数据分析”，则需要激活“分析工具库”加载宏（加载项）。在 Excel 2010 中激活“分析工具库”加载项的操作步骤请参见第 1 章的附录。

要产生1列；在“随机数个数”框中输入“1 000”，表示要产生1 000行；在“分布”下拉列表中选“离散”；在“参数”的“数值与概率输入区域”框中选择（或输入）单选题“性别”各选项的编码与被选概率区域“D3:E4”；在“输出选项”框中选择“输出区域”，并单击“输出区域”框，然后在工作表中单击输出结果起始单元格B2（将自动填入$B$2），如图3—40所示。

(5) 单击“确定”按钮，即可在B2:B1001区域中按相应的概率随机生成1 000个“1”或“2”。

3. 在Excel中生成多项限选题（采用“分类法”编码的多选题）的随机数（利用“数据分析”工具中的“随机数发生器”，选用“离散”分布，要给出每个选项的“编码与被选概率”，有缺填）

如问题为：

Q4. 如有存款，请问您存款的主要目的是什么？（可多选，最多3项）

□ 1. 办婚事　□ 2. 防老　□ 3. 以备急需
□ 4. 为子女上学　□ 5. 购房　□ 6. 旅游
□ 7. 添置高档商品　□ 8. 保值生息
□ 9. 不知买什么好，先存起来　□ 10. 其他

将随机生成的1 000个Q4模拟选择结果写在A、B、C三列中。可参见“第3章附录.xlsx”中的“多项限选题Q4”工作表。

假设Q4各选项的编码与被选概率如表3—8所示，其中“99”表示缺填。合计为100%是Excel“随机数发生器”中“离散”分布的要求。

表3—8　多项限选题“存款目的”各选项的编码与被选概率

编码	被选概率	选项
1	20%	办婚事
2	10%	防老
3	16%	以备急需
4	20%	为子女上学
5	3%	购房
6	1%	旅游
7	2%	添置高档商品
8	5%	保值生息
9	20%	不知买什么好，先存起来
10	1%	其他
99	2%	缺填
合计	100%	

操作方法与生成单选题“Q1（性别）”随机数的方法类似，最大区别在于“变量个数”为“3”。

操作步骤如下：

(1) 在A1:C1区域中输入表示“存款目的”三个变量的名称（如“Q4_1”、“Q4_

2”和“Q4 _ 3”)。

(2) 在C列右侧(间隔1列)的空白区域中输入如表3—8所示的多项限选题“存款目的”各选项的编码与被选概率,结果如图3—41中的E1:G14区域所示。其中:有边框线的E3:F13区域中的编码与被选概率是必须输入的,其余内容不是必需的,可以不输入。可以利用“公式”检查各选项被选概率之和必须为100%,如F14单元格的公式为“=SUM(F3:F13)”。如果合计不为100%,则需要调整某些选项的被选概率,直到合计为100%。

	A	B	C	D	E	F	G
1	Q4_1	Q4_2	Q4_3		Q4_1、Q4_2、Q4_3(存款目的)		
2					编码	被选概率	选项
3					1	20%	办婚事
4					2	10%	防老
5					3	16%	以备急需
6					4	20%	为子女上学
7					5	3%	购房
8					6	1%	旅游
9					7	2%	添置高档商品
10					8	5%	保值生息
11					9	20%	不知买什么好
12					10	1%	其他
13					99	2%	缺填
14					合计	100%	

图3—41　多项限选题“存款目的”各选项的编码与被选概率区域E1:G14

(3) 在“数据”选项卡的“分析”组中,单击“数据分析”,打开“数据分析”对话框。在“分析工具”列表中选择“随机数发生器”,单击“确定”按钮。

(4) 在打开的“随机数发生器”对话框中,在“变量个数”框中输入“3”,表示要产生3列;在“随机数个数”框中输入“1 000”,表示要产生1 000行;在“分布”下拉列表中选“离散”;在“参数”的“数值与概率输入区域”框中选择(或输入)多项限选题“存款目的”各选项的编码与被选概率区域“E3:F13”;在“输出选项”框中选择“输出区域”,并单击“输出区域”框,然后在工作表中单击输出结果起始单元格A2(将自动填入$A$2),如图3—42所示。

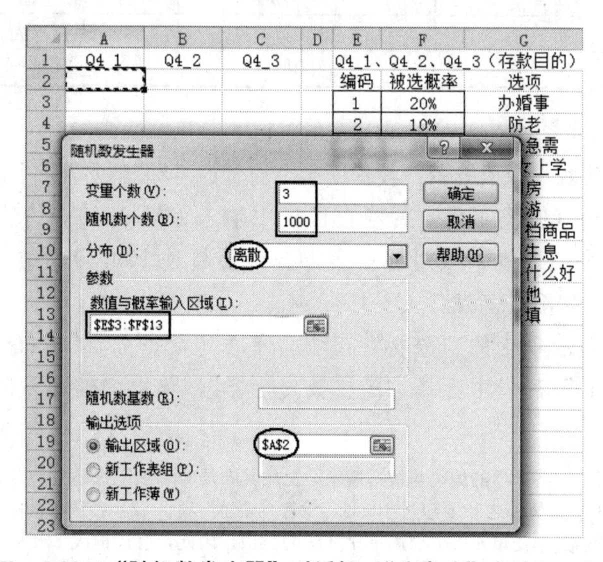

图3—42　Excel 2010“随机数发生器”对话框(“分类法”多选题,“离散”分布)

(5) 单击“确定”按钮，即可在 A2:C1001 区域中按相应的概率随机生成 3×1 000 个“1”～“10”或“99”。

4. 在 Excel 中生成多项任选题（采用“二分法”编码的多选题）的随机数（利用“数据分析”工具中的“随机数发生器”，选用“伯努利”分布，要给出每个选项的“被选概率”）

如问题为：

Q5. 您在哪些市场有投资？（可多选）

□ 1. 国债　□ 2. 基金　□ 3. 股票　□ 4. 黄金　□ 5. 期货
□ 6. 楼市　□ 7. 保险　□ 8. 做生意　□ 9. 理财产品　□ 10. 其他

将随机生成的 1 000 个 Q5 模拟选择结果写在 A～J 十列中。可参见“第 3 章　附录.xlsx”中的“多项任选题 Q5”工作表。

假设 Q5 各选项的编码与被选概率如表 3—9 所示。由于 Excel“随机数发生器”中“伯努利”分布，对各选项被选概率之和没有要求。因此，多项任选题的各选项被选概率一般保留其一维频率分析的百分比，合计超过 100%。

表 3—9　　多项任选题“投资”各选项的编码与被选概率

编码	被选概率	选项
1	18.9%	国债
2	30.0%	基金
3	25.2%	股票
4	28.1%	黄金
5	10.6%	期货
6	22.3%	楼市
7	20.5%	保险
8	27.4%	做生意
9	22.6%	理财产品
10	32.0%	其他

操作步骤如下：

(1) 在 A1:J1 区域中输入表示“投资”十个变量的名称（如“Q5 _ 1”～“Q5 _ 10”）。

(2) 在 J 列右侧（间隔 1 列）的空白区域中输入如表 3—9 所示的多项任选题“投资”各选项的编码与被选概率（温馨提示：合计要超过 100%），结果如图 3—43 中的 L1:N13 区域所示（截图时隐藏了 C～I 列）①。

(3) 在“数据”选项卡的“分析”组中，单击“数据分析”，打开“数据分析”对话框。在“分析工具”列表中选择“随机数发生器”，单击“确定”按钮。

① 多项任选题“投资”各选项的编码与被选概率，虽然其布局与多项限选题“存款目的”类似，但实际上有很大区别：(1) 各选项被选概率之和要超过 100%，没有“缺填”项。(2) 各选项的被选概率，需要手工输入（如图 3—44 所示），不能通过单击单元格去引用单元格中的数值。因此，有边框线 L3:M12 区域中的编码与被选概率也不是必须输入的（这里输入，主要是起提示作用）。

	A	B	J	K	L	M	N
1	Q5_1	Q5_2	Q5_10		Q5_1～Q5_10（投资，二分法）		
2					编码	被选概率	选项
3					1	18.9%	国债
4					2	30.0%	基金
5					3	25.2%	股票
6					4	28.1%	黄金
7					5	10.6%	期货
8					6	22.3%	楼市
9					7	20.5%	保险
10					8	27.4%	做生意
11					9	22.6%	理财产品
12					10	32.0%	其他
13					温馨提示：合计要超过100%		

图3—43　多项任选题“投资”各选项的编码与被选概率区域L1:N13

(4) 在打开的“随机数发生器”对话框中，在“变量个数”框中输入“1”，表示要产生1列；在“随机数个数”框中输入“1 000”，表示要产生1 000行；在“分布”下拉列表中选“柏努利”（“伯努利”分布）；在“参数”的“p(A)＝”框中输入相应选项的被选概率（这里是“投资”第1选项“国债”的被选概率“18.9%”）；在“输出选项”框中选择“输出区域”，并单击“输出区域”框，然后在工作表中单击输出结果起始单元格A2（将自动填入$A$2），如图3—44所示（截图时隐藏了C～I列）。

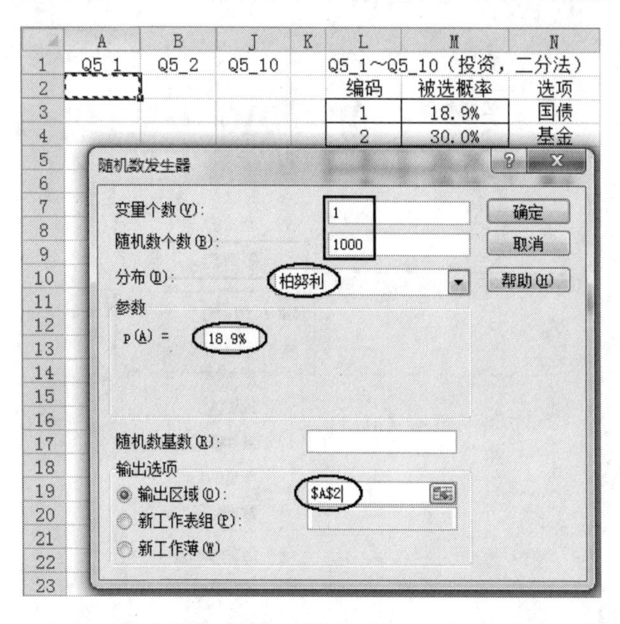

图3—44　Excel 2010“随机数发生器”对话框（“二分法”多选题，“伯努利”分布）

(5) 单击“确定”按钮，即可按相应的概率（这里是第1选项“国债”的被选概率“18.9%”）在指定的输出区域（这里是A2:A1001区域）中随机生成1 000个“1”或“0”，其中“1”表示被选中，“0”表示未被选中。

(6) 分别重复步骤（3）～（5）共9次（注意：每次都要修改“p(A)＝”和“输出区域”），即可在B～J列中按相应的概率（第2～10选项的被选概率）随机生成9×1 000个“1”或“0”。

温馨提示一：如果“随机数发生器”对话框中指定的输出区域中已有数据，单击“确定”按钮后将出现如图 3—45 所示的提示框，如果单击“确定”按钮，原有的数据将被覆盖。

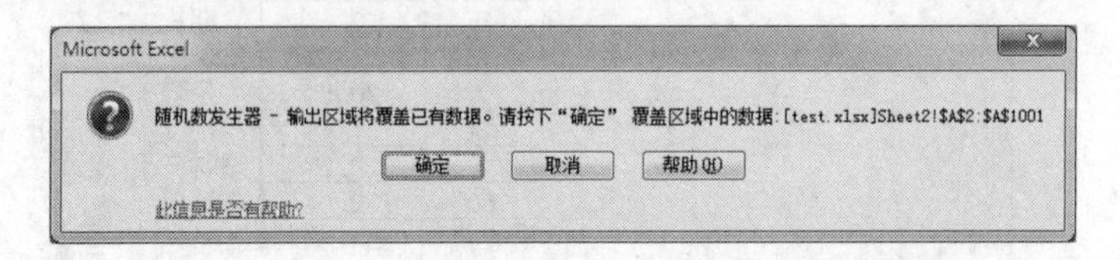

图 3—45　Excel 2010 提示框（输出区域将覆盖已有数据）

温馨提示二：由于“0”表示“未被选中”，而本套教材用空值（空白）表示缺失值，所以先选中要将“0”替换成空白的数据区域（如 A2:J1001），然后在“开始”选项卡的“编辑”组中，单击“查找和选择”下拉按钮，在展开的如图 3—46 所示的“查找和选择”下拉菜单中，单击选择“替换”。在如图 3—47 所示的“查找和替换”对话框中，在“查找内容”框中输入“0”，而“替换为”框中不输入任何值（保留空白），单击“全部替换”按钮，即可将选中区域（如 A2:J1001）中的“0”全部清空。

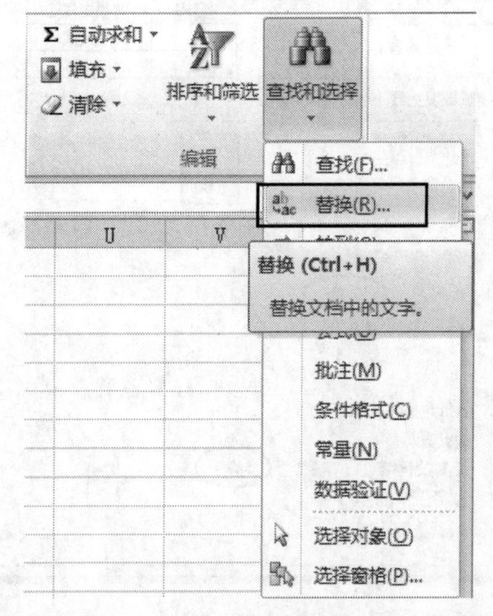

图 3—46　Excel 2010“开始”选项卡“编辑”组中的“查找和选择”下拉菜单

图 3—47　Excel 2010 的“查找和替换”对话框（将“0”替换成空白，即删除“0”）

第 4 章

单变量的一维频率分析

频率分析是所有调查问卷中最广泛使用的分析方法。因为它的频率分布表的建表方式最简单，分析阅读最容易，是一般大众最能接受的分析结果。

普通报纸杂志（网站、电视）上对调查问卷通常也只是进行频率分析而已。因为如果使用其他分析方法，读者（观众）也不见得能看懂，如何引起共鸣呢?

基本统计分析往往从频率分析开始，通过频率分析能够了解变量取值情况，对把握数据的分布特征是非常有用的。例如，在问卷数据分析中，通常应首先对本次调查的被调查者（受访者）的背景资料（个人信息），如受访者的总人数、性别、年龄、学历等进行分析和总结。通过这些分析，能够在一定程度上反映出样本是否具有总体代表性，抽样是否存在系统偏差。这些分析可以通过频率分析来实现。

频率分析的第一个基本任务是编制频率分布表，第二个基本任务是绘制统计图。

频率分析有一维频率分析和交叉表分析，本章（第 4 章）将介绍单变量的一维频率分析，包括调查问卷中常用的单选题的一维频率分析、填空题的一维频率分析。第 5 章将介绍双变量（两个单选题）的交叉表分析。第 6 章将介绍调查问卷中常用的多选题的一维频率分析和交叉表分析。

本章附录是一个应用频率分析的社会调查报告实例。

4.1 利用 SPSS 实现单选题的一维频率分析

有了数据，可以利用 SPSS 的各种分析方法进行分析，但选择何种统计分析方法，即调用哪个统计分析命令，是得到正确分析结果的关键。

SPSS 有数值分析和作图分析两种方法。由于 SPSS 所作的统计图没有 Excel 的专业，况且一般是用 Word 撰写调查报告，而 Excel 和 Word 同为微软办公软件 Office 中的组件，兼容性好，所以本套教材的作图分析，全部在 Excel 中实现。

4.1.1 利用 SPSS 的"频率"命令求单选题的一维频率分布表

例 4—1 利用 SPSS 实现品牌支持率的一维频率分析。

品牌支持率的调查数据见"第 4 章 品牌支持率 . xlsx"中的"品牌支持率（调查数据）"工作表。在受访的 1 000 人中，调查其居住地区与品牌倾向，取得数据及其编码如图 4—1 所示。

	A	B	C	D	E	F
1	问卷编号	品牌倾向	所在地区		编码	品牌倾向
2	101	3	1		1	HB
3	102	6	2		2	IPSON
4	103	1	1		3	Kanon
5	104	2	4		4	MARK
6	105	1	3		5	NOVO
7	106	6	1		6	其他
8	107	3	1			
9	108	1	1			
10	109	6	3		编码	所在地区
11	110	2	4		1	华北
12	111	6	4		2	华中
13	112	6	3		3	华南
14	113	2	1		4	华东
15	114	6	3			
16	115	6	1			

图 4—1 在 Excel 中的品牌支持率调查数据

相应的 SPSS 数据文件为"第 4 章 品牌支持率 . sav"，在 SPSS 20 中文版"数据编辑器"的"数据视图"窗口中的数据如图 4—2 所示，而变量定义在"变量视图"窗口中。

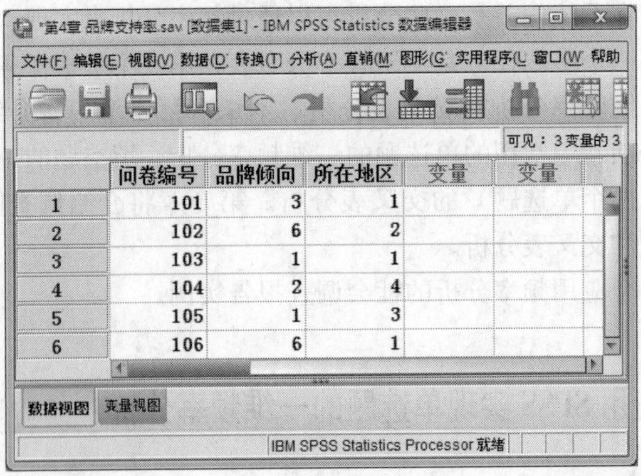

*第4章 品牌支持率.sav [数据集1] - IBM SPSS Statistics 数据编辑器

文件(F) 编辑(E) 视图(V) 数据(D) 转换(T) 分析(A) 直销(M) 图形(G) 实用程序(U) 窗口(W) 帮助

可见：3 变量的 3

	问卷编号	品牌倾向	所在地区	变量	变量
1	101	3	1		
2	102	6	2		
3	103	1	1		
4	104	2	4		
5	105	1	3		
6	106	6	1		

数据视图 变量视图

IBM SPSS Statistics Processor 就绪

图 4—2 在 SPSS 20 中文版中的品牌支持率调查数据（数据视图）

求品牌支持率，可以利用 SPSS 的一维频率分析来实现。

1. 打开一维频率分析对话框

在 SPSS 20 中文版中，打开数据文件"第 4 章 品牌支持率 . sav"，然后单击菜单

“分析”→“描述统计”→“频率”，打开如图 4—3 所示的“频率”对话框。左侧源变量框中列出的是该数据文件的全部变量。

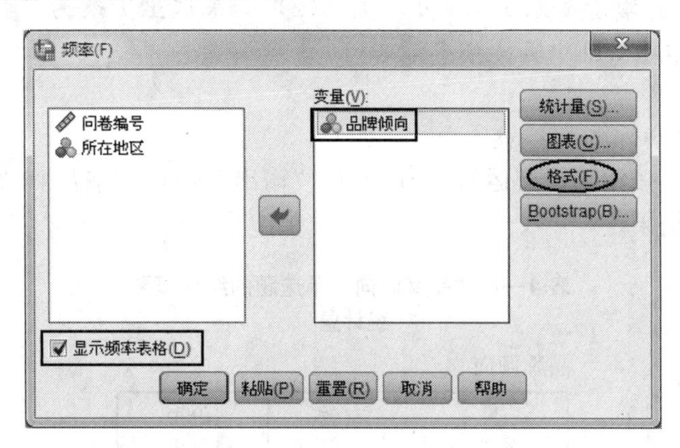

图 4—3　SPSS 20 中文版的“频率”对话框（品牌倾向，一维频率分析）

“显示频率表格”是确定是否在结果中显示一维频率分布表的选项，默认是显示（勾选）。

2. 确定要进行一维频率分析的变量

从左侧的源变量框中选择一个或多个将要进行一维频率分析的变量，使之进入右侧的“变量”框中。这里选择“品牌倾向”到“变量”框中。

3. 确定要输出的数据格式

默认的数据输出格式是“按（编码）值的升序排序”输出一维频率分布表，可以更改为“按计数（频率）的降序排序”输出一维频率分布表。①

在如图 4—3 所示的“频率”对话框中，单击“格式”按钮，打开“频率：格式”对话框，如图 4—4 所示。

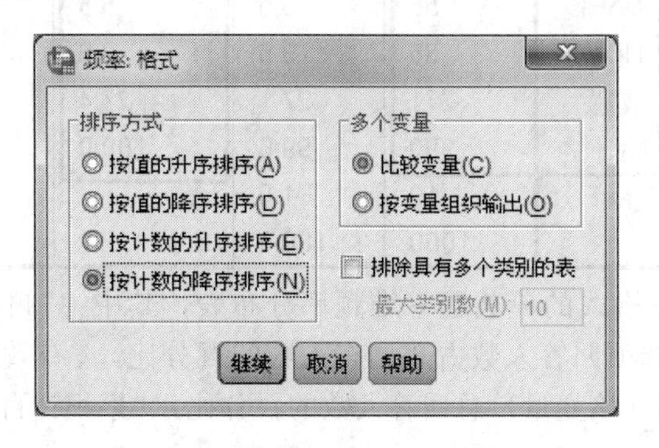

图 4—4　SPSS 20 中文版的“频率：格式”对话框（可以更改排序方式）

① 如果单选题的选项是无序的（在图 4—3 中的标志是变量前有一个由三个圆圈组成的图形，在 SPSS 20 中文版定义变量时，其“度量标准”为“名义”），其一维频率分布表一般要按百分比降序排序（按计数的降序排序）。如果单选题的选项是有序的（在图 4—3 中的标志是变量前有一个由三根柱子从低到高组成的柱形图，在 SPSS 20 中文版定义变量时，其“度量标准”为“序号”），其一维频率分布表根据需要可以按默认的编码值升序排序，也可以按百分比降序排序（按计数的降序排序）。

温馨提示：（1）这里保留默认的排序方式（按值的升序排序），然后在 Excel 中根据频率排名（具体请参见 4.1.3 小节）。（2）如果这里更改为“按计数的降序排序”，则就无需在 Excel 中再按频率排名。

4. 选择统计分析结果

单击“确定”按钮，提交运行。SPSS 在“输出”窗口中输出如表 4—1 和表 4—2 所示的统计分析结果。

表 4—1 “品牌倾向”单选题的统计概要

统计量

品牌倾向

N	有效	990
	缺失	10

表 4—1 是“品牌倾向”单选题的统计概要，表中的内容是：有效数据个数为 990 个，缺失数据个数为 10 个。也就是说，在 1 000 个受访者中，有 990 人对“品牌倾向”单选题作了回答，有 10 人没有作答。

表 4—2 “品牌倾向”单选题的一维频率分布表（SPSS 格式）

品牌倾向

		频率	百分比	有效百分比	累积百分比
有效	HB	228	22.8	23.0	23.0
	IPSON	204	20.4	20.6	43.6
	Kanon	196	19.6	19.8	63.4
	MARK	55	5.5	5.6	69.0
	NOVO	36	3.6	3.6	72.6
	其他	271	27.1	27.4	100.0
	合计	990	99.0	100.0	
缺失	系统	10	1.0		
合计		1000	100.0		

表 4—2 是 SPSS 格式的单选题一维频率分布表，其中：“频率”是各选项回答人数；“百分比”是各选项回答人数占总调查人数的百分比，“有效百分比”是各选项回答人数占对该单选题（该变量）总回答人数的百分比，“累积计百分比”是对“有效百分比”的累加。

如果所分析的数据在频率分析变量上有缺失值，那么“有效百分比”能更加准确地反映变量的取值分布情况。在报告调查结果时，研究人员通常会使用“有效百分比”而不是“百分比”（本套教材使用“有效百分比”），如选择“HB”品牌所占的百分比是“23.0%”而不是“22.8%”。

撰写调查报告时，一般需要的是单选题一维频率分布表中的选项、有效频率（各选项回答人数）和有效百分比（各选项回答人数占总回答人数的百分比）。

4.1.2　在 Excel 中，将 SPSS 格式的单选题一维频率分布表转换为调查报告所需格式

例 4—2　在 Excel 中，将例 4—1 求得的品牌支持率的 SPSS 格式一维频率分布表转换为如表 4—3 所示的调查报告格式的一维频率分布表。可参见“第 4 章　品牌支持率（SPSS 到 Excel）.xlsx”中的“一维频率分布表（SPSS 到 Excel）”工作表。

撰写调查报告时，单选题一维频率分布表的格式，一般包含选项、有效频率（各选项回答人数）和有效百分比（各选项回答人数占总回答人数的百分比），如表 4—3 所示。

表 4—3　　品牌支持率的一维频率分布表（按编码值升序排序）

品牌倾向	人数	百分比
HB	228	23.0%
IPSON	204	20.6%
Kanon	196	19.8%
MARK	55	5.6%
NOVO	36	3.6%
其他	271	27.4%
合计	990	100%

1. 将 SPSS 格式的单选题一维频率分布表拷贝到 Excel 2010 中

(1) 在 SPSS 的“输出”窗口中，单击选中如表 4—2 所示的“品牌倾向”单选题一维频率分布表，然后单击鼠标右键，从快捷菜单中单击“复制”（以默认的“Excel 工作表（BIFF）”格式复制），如图 4—5 所示。

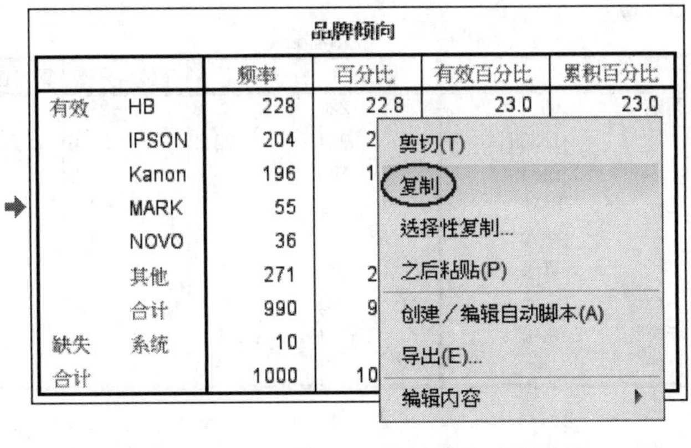

品牌倾向

		频率	百分比	有效百分比	累积百分比
有效	HB	228	22.8	23.0	23.0
	IPSON	204	2		
	Kanon	196	1		
	MARK	55			
	NOVO	36			
	其他	271	2		
	合计	990	9		
缺失	系统	10			
合计		1000	10		

剪切(T)
复制
选择性复制...
之后粘贴(P)
创建/编辑自动脚本(A)
导出(E)...
编辑内容

图 4—5　从 SPSS 20 中文版复制“品牌倾向”一维频率分布表的操作

温馨提示： 可以以多种格式复制 SPSS 的一维频率分布表。在图 4—5 所示的快捷菜单中单击“选择性复制”，打开如图 4—6 所示的“选择性复制”对话框，从中可以选择一种（或多种）复制格式（这里仅保留默认的“Excel 工作表（BIFF）”一种要复制的格式）。在粘贴时，通过“选择性粘贴”选取相应的格式。

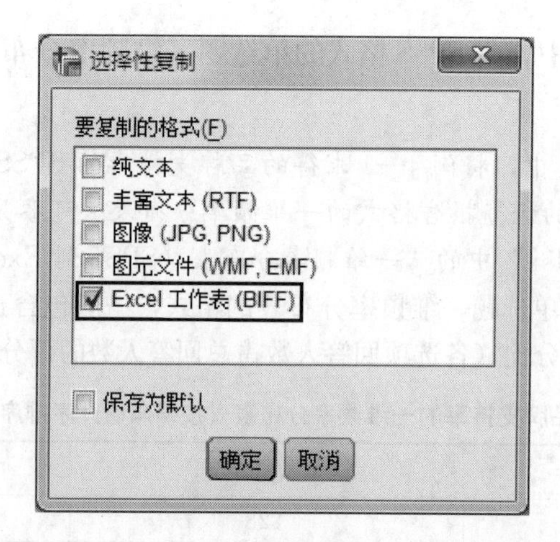

图 4—6 SPSS 20 中文版“选择性复制”对话框（以“Excel 工作表（BIFF）”格式复制）

（2）打开一个新的 Excel 工作簿（或工作表），单击 A1 单元格，然后在“开始”选项卡的“剪贴板”组中，单击“粘贴”按钮。粘贴到 Excel 中的 SPSS 格式的“品牌倾向”一维频率分布表如图 4—7 中的 A1:F11 区域所示。

2. 根据调查报告所需格式，在 Excel 2010 中转换单选题一维频率分布表

在 Excel 中，根据表 4—3 的格式，通过选取（或输入）标题、选取所需数据（如：品牌选项、人数和有效百分比，直接复制—粘贴，或利用公式实现均可），然后设置格式（居中对齐显示、有边框线）修饰表格，将 SPSS 格式的“品牌倾向”单选题一维频率分布表（如图 4—7 中的 A1:F11 区域所示）转换为调查报告所需格式（如图 4—7 中的 B14:D21 区域所示）。如果利用公式实现（利用公式实现数据的相对引用），则公式如图 4—8 所示。

	A	B	C	D	E	F
1			品牌倾向			
2			频率	百分比	有效百分比	累积百分比
3	有效	HB	228	22.8	23.0	23.0
4		IPSON	204	20.4	20.6	43.6
5		Kanon	196	19.6	19.8	63.4
6		MARK	55	5.5	5.6	69.0
7		NOVO	36	3.6	3.6	72.6
8		其他	271	27.1	27.4	100.0
9		合计	990	99.0	100.0	
10	缺失	系统	10	1.0		
11	合计		1000	100.0		
12						
13						
14		品牌倾向	人数	百分比		
15		HB	228	23.0%		
16		IPSON	204	20.6%		
17		Kanon	196	19.8%		
18		MARK	55	5.6%		
19		NOVO	36	3.6%		
20		其他	271	27.4%		
21		合计	990	100%		

图 4—7 SPSS 格式和调查报告格式的“品牌倾向”单选题一维频率分布表（排序前）

B14　　f_x　=A1

	A	B	C	D
14		=A1	人数	百分比
15		=B3	=C3	=E3%
16		=B4	=C4	=E4%
17		=B5	=C5	=E5%
18		=B6	=C6	=E6%
19		=B7	=C7	=E7%
20		=B8	=C8	=E8%
21		=B9	=C9	=E9%

图 4—8　将 SPSS 格式转换为调查报告格式的公式（“品牌倾向”单选题一维频率分布表）

操作步骤如下：

（1）在 B14 单元格中输入公式“＝A1”，引用 A1 单元格内容“品牌倾向”。

（2）在 B15 单元格中输入公式“＝B3”，引用“品牌倾向”第一个选项内容“HB”。

（3）向下复制 B15 公式，引用“品牌倾向”其他选项内容。向下拖拽 B15 单元格右下角的填充柄到 B21 单元格，结果如图 4—9 中的 B15:B21 区域所示。

B15　　f_x　=B3

	A	B	C	D
13				
14		品牌倾向		
15		HB		
16		IPSON		
17		Kanon		
18		MARK		
19		NOVO		
20		其他		
21		合计		
22				

图 4—9　向下拖拽 B15 单元格填充柄到 B21 单元格的结果（B15:B21 区域）

（4）在 C14 单元格中输入文字“人数”。

（5）在 C15 单元格中输入公式“＝C3”，引用“品牌倾向”为“HB”的人数（频率，选择“HB”的人数）。

（6）向下复制 C15 公式，引用其他“品牌倾向”的人数（选择其他品牌的人数）。双击 C15 单元格右下角的填充柄（或向下拖拽 C15 单元格右下角的填充柄到 C21 单元格）。

（7）在 D14 单元格中输入文字“百分比”。

（8）在 D15 单元格中输入公式“＝E3%”（或“＝E3/100”，转化为百分比，是为了显示为百分比样式“%”），引用“品牌倾向”为“HB”的“有效百分比”，如图 4—10 中的编辑栏所示。

（9）将 D15 单元格的格式设置为 1 位小数的百分比样式。单击 D15 单元格，然后在“开始”选项卡的“数字”组中，单击“百分比样式”按钮，再单击一次“增加小数位数”按钮。

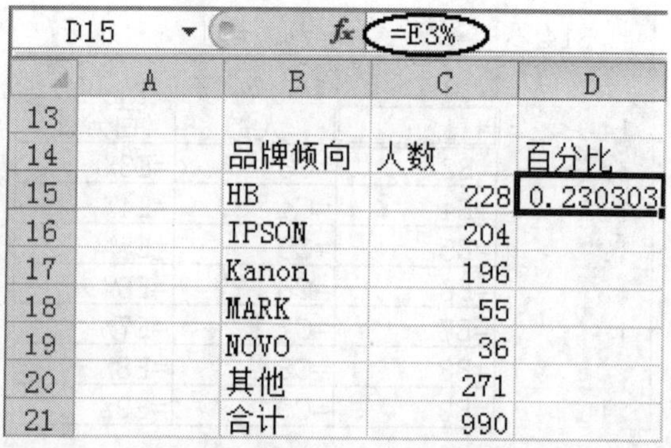

D15 =E3%

	A	B	C	D
13				
14		品牌倾向	人数	百分比
15		HB	228	0.230303
16		IPSON	204	
17		Kanon	196	
18		MARK	55	
19		NOVO	36	
20		其他	271	
21		合计	990	

图 4—10 在 D15 单元格中输入公式（转化为百分比）

（10）向下复制 D15 公式和格式，引用其他“品牌倾向”的有效百分比。双击 D15 单元格右下角的填充柄（或向下拖拽 D15 单元格右下角的填充柄到 D21 单元格），结果如图 4—11 中的 D15:D21 区域所示。

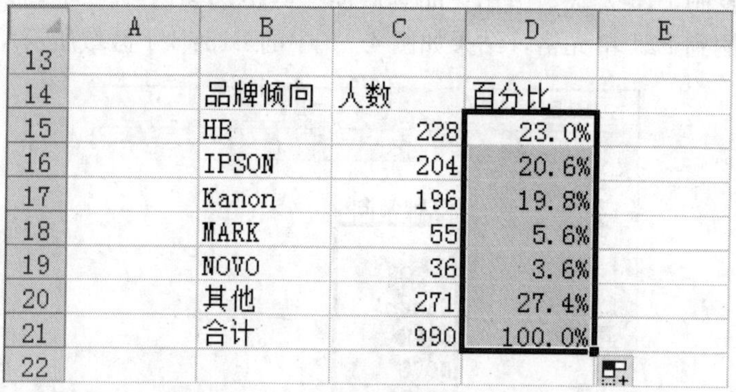

	A	B	C	D	E
13					
14		品牌倾向	人数	百分比	
15		HB	228	23.0%	
16		IPSON	204	20.6%	
17		Kanon	196	19.8%	
18		MARK	55	5.6%	
19		NOVO	36	3.6%	
20		其他	271	27.4%	
21		合计	990	100.0%	
22					

图 4—11 双击 D15 单元格填充柄的结果（D15:D21 区域）

（11）将 D21 单元格的格式设置为没有小数的百分比样式（100%）。单击 D21 单元格，然后在“开始”选项卡的“数字”组中，单击一次“减少小数位数”按钮。

（12）设置 B14:D21 区域（“品牌倾向”单选题一维频率分布表）的格式：居中对齐显示，有边框线。选中 B14:D21 区域，在“开始”选项卡的“对齐方式”组中，单击“居中”按钮；再在“开始”选项卡的“字体”组中，单击“边框”下拉按钮，在展开的下拉菜单中选择“所有框线”，结果如图 4—12 所示。

4.1.3 在 Excel 中，根据频率排名

求得单选题一维频率分布表后，在撰写调查报告进行文字说明时，通常会加以排序（排名，排位）。① 例如，根据例 4—2 调查的结果，品牌依其支持率的高低排名，依序为：其他、HB、IPSON、Kanon、MARK 和 NOVO，如表 4—4 所示。

---

① 如果单选题的选项是无序的，且选项个数较多，其一维频率分布表一般要按百分比降序排序。如果单选题的选项是有序的，其一维频率分布表根据需要可以按默认的编码值升序排序，也可以按百分比降序排序。

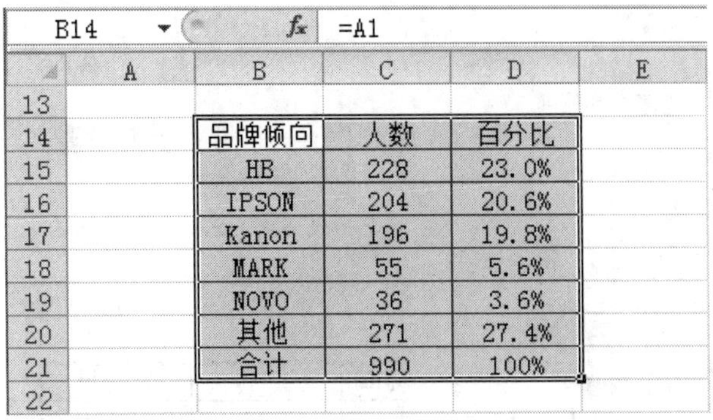

B14 =A1

	A	B	C	D	E
13					
14		品牌倾向	人数	百分比	
15		HB	228	23.0%	
16		IPSON	204	20.6%	
17		Kanon	196	19.8%	
18		MARK	55	5.6%	
19		NOVO	36	3.6%	
20		其他	271	27.4%	
21		合计	990	100%	
22					

图 4—12　设置 B14:D21 区域格式的结果（居中对齐，所有框线）

表 4—4　品牌支持率的一维频率分布表（根据频率排名）

排名	品牌倾向	人数	百分比
1	其他	271	27.4%
2	HB	228	23.0%
3	IPSON	204	20.6%
4	Kanon	196	19.8%
5	MARK	55	5.6%
6	NOVO	36	3.6%
合计		990	100%

温馨提示：如果在 4.1.1 小节中，一维频率分布表的数据格式已经更改为“按计数的降序排序”（如图 4—4 所示），则就无需在 Excel 中再按频率（百分比）排名，可直接在图 4—12 中的 B14:D21 区域左侧输入排名即可。

在进行排序时，如果选项个数较少，读者一眼就可看出结果。若选项个数较多，就需要利用“降序”按钮进行排名。

例 4—3　在 Excel 中，根据例 4—2 转换的品牌支持率一维频率分布表，对其支持率高低进行排名。可参见“第 4 章　品牌支持率（SPSS 到 Excel).xlsx”中的“一维频率分布表（排名)”工作表。

由于图 4—7 中的调查报告格式单选题一维频率分布表（B14:D21 区域）是利用公式引用 SPSS 格式的数据（A1:F11 区域）得到的，因此不能直接利用“降序”按钮对其支持率（百分比）高低进行排名，需要先将其复制，再粘贴其“值和源格式”后，才能对其支持率（百分比）高低进行排名。

1. 复制利用公式转换的一维频率分布表（B14:D21 区域），然后粘贴其“值和源格式”到 B24:D31 区域

(1) 选中 B14:D21 区域（如图 4—12 所示），在“开始”选项卡的“剪贴板”组中，单击“复制”按钮。

(2) 单击 B24 单元格，然后在“开始”选项卡的“剪贴板”组中，单击“粘贴”下拉按钮，展开如图 4—13 所示的下拉菜单。

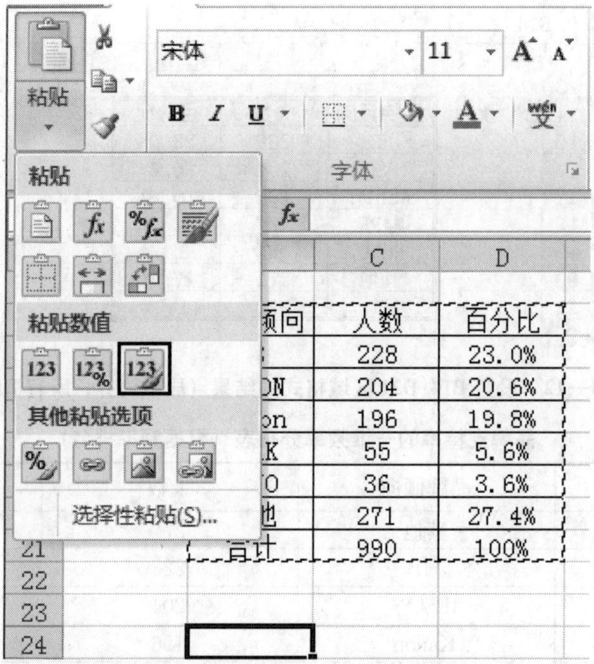
宋体
11
粘贴
B I U
字体
粘贴
粘贴数值
其他粘贴选项
选择性粘贴(S)...
C
D
人数
百分比
228
23.0%
204
20.6%
196
19.8%
55
5.6%
36
3.6%
271
27.4%
合计
990
100%
21
22
23
24

图 4—13　复制 B14:D21 区域，单击 B24，再单击“粘贴”下拉按钮后的下拉菜单

（3）单击“粘贴数值”中最右侧的“值和源格式”，结果如图 4—14 中的 B24:D31 区域所示。对照图 4—12 和图 4—14，在单元格中，B14 和 B24 显示结果都是“品牌倾向”，

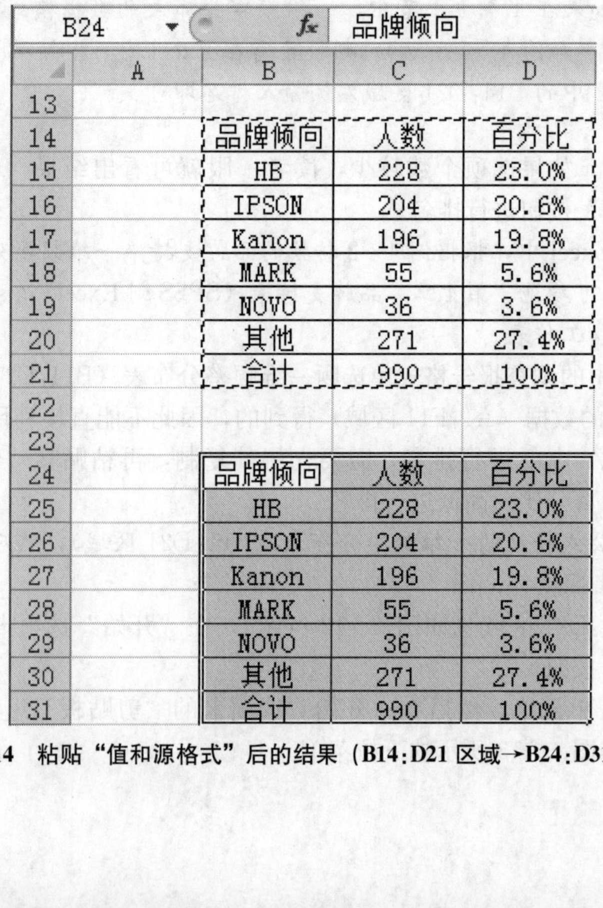
B24
品牌倾向
A
B
C
D
13
14 品牌倾向 人数 百分比
15 HB 228 23.0%
16 IPSON 204 20.6%
17 Kanon 196 19.8%
18 MARK 55 5.6%
19 NOVO 36 3.6%
20 其他 271 27.4%
21 合计 990 100%
22
23
24 品牌倾向 人数 百分比
25 HB 228 23.0%
26 IPSON 204 20.6%
27 Kanon 196 19.8%
28 MARK 55 5.6%
29 NOVO 36 3.6%
30 其他 271 27.4%
31 合计 990 100%

图 4—14　粘贴“值和源格式”后的结果（B14:D21 区域→B24:D31 区域）

但从编辑栏中可以看到，B14 单元格的内容是公式“＝A1”，而 B24 单元格的内容是 B14 公式的计算结果（值，品牌倾向）。同理，可以对比 B14:D21 区域和 B24:D31 区域对应单元格的内容（公式和结果值）。

2. 对 B24:D31 区域中的品牌支持率一维频率分布表，利用“降序”按钮对其支持率（百分比）高低进行排名

（1）由支持率（百分比）所在的 D25 单元格（或 D30 单元格）开始（这一点很重要，表示要根据百分比排序），选取 B25:D30 区域（注意：避开“合计”行），如图 4—15 所示。

D25　　*fx*　23.030303030303%

	A	B	C	D
23				
24		品牌倾向	人数	百分比
25		HB	228	23.0%
26		IPSON	204	20.6%
27		Kanon	196	19.8%
28		MARK	55	5.6%
29		NOVO	36	3.6%
30		其他	271	27.4%
31		合计	990	100%

图 4—15　对品牌支持率的一维频率分布表排序（从 D25 开始，选取 B25:D30 区域）

（2）在“数据”选项卡的“排序和筛选”组中，单击“降序”按钮，可根据支持率（百分比）降序排序，结果如图 4—16 所示。

D25　　*fx*　27.3737373737374%

	A	B	C	D
23				
24		品牌倾向	人数	百分比
25		其他	271	27.4%
26		HB	228	23.0%
27		IPSON	204	20.6%
28		Kanon	196	19.8%
29		MARK	55	5.6%
30		NOVO	36	3.6%
31		合计	990	100%

图 4—16　对品牌支持率的一维频率分布表排序（按“百分比”降序排序后的 B25:D30 区域）

温馨提示：（1）如果选中区域的第一行（这里是 B25:D25）没有参与排序，则在“数据”选项卡的“排序和筛选”组中，单击“排序”按钮，打开“排序”对话框，取消（不勾选）“数据包含标题”复选框，单击“确定”按钮关闭“排序”对话框。此时，选中区域的第一行（这里是 B25:D25）作为数据参与排序。

（2）也可以利用“排序”对话框实现对支持率（百分比）的降序排序。排序数据区域可以是不包含标题的B25:D30区域，也可以是包含标题的B24:D30区域（主要关键字可以是“百分比”，也可以是“人数”）。

（3）利用“自动填充”功能输入连续排名。① 在A24单元格输入文字“排名”，在A25单元格输入排名“1”，在A26单元格输入排名“2”。选中A25:A26（两个单元格）区域，然后向下拖拽A25:A26区域右下角的填充柄到A30单元格，即可得到其他品牌的排名，结果如图4—17中的A24:A30区域所示。

温馨提示： 这里介绍利用“自动填充”功能输入连续排名，在4.2.2小节中将会介绍利用美式排名函数RANK（或RANK.EQ）输入排名。

A25 fx 1

	A	B	C	D
23				
24	排名	品牌倾向	人数	百分比
25	1	其他	271	27.4%
26	2	HB	228	23.0%
27	3	IPSON	204	20.6%
28	4	Kanon	196	19.8%
29	5	MARK	55	5.6%
30	6	NOVO	36	3.6%
31		合计	990	100%

图4—17 对品牌支持率的一维频率分布表排序（在A24:A30区域中输入连续排名）

（4）设置A24:A31区域（排名）的格式：居中对齐显示，有边框线。选中A24:A31区域，在“开始”选项卡的“对齐方式”组中，单击“居中”按钮；再在“开始”选项卡的“字体”组中，单击“边框”下拉按钮，在展开的下拉菜单中选择“所有框线”，结果如图4—18中的A24:A31区域所示。

A24 fx 排名

	A	B	C	D
23				
24	排名	品牌倾向	人数	百分比
25	1	其他	271	27.4%
26	2	HB	228	23.0%
27	3	IPSON	204	20.6%
28	4	Kanon	196	19.8%
29	5	MARK	55	5.6%
30	6	NOVO	36	3.6%
31		合计	990	100%

图4—18 设置A24:A31区域格式的结果（居中对齐，所有框线）

① 利用“自动填充”功能输入连续排名，如果有两个支持率相同时，需要手动更改为同一排名。本套教材采用“美式排名”，也就是当有同值的情况时，给出相同的排名。如第2名有2个，其排名均为2，而下一个则是第4名，无第3名。

(5) 将 A31:B31 两个单元格合并。选中 A31:B31 两个单元格，在“开始”选项卡的“对齐方式”组中，单击“合并后居中”按钮，结果如图 4—19 所示。

A31　　fx　合计

	A	B	C	D
23				
24	排名	品牌倾向	人数	百分比
25	1	其他	271	27.4%
26	2	HB	228	23.0%
27	3	IPSON	204	20.6%
28	4	Kanon	196	19.8%
29	5	MARK	55	5.6%
30	6	NOVO	36	3.6%
31	合计		990	100%

图 4—19　合并 A31:B31 两个单元格后的结果

4.1.4　在 Excel 中绘制单选题的一维频率分布统计图

单选题的一维频率分布统计图，可以是饼图、柱形图或条形图。首选是饼图（原因是单选题的百分比之和为 100%），其次是柱形图，第三才是条形图。

温馨提示：在 Excel 中绘制单选题一维频率分布饼图和柱形图的操作方法请参见 4.3.1 和 4.3.2 小节，绘制单选题一维频率分布条形图的操作方法可参照 6.4.1 小节。

(1) 当选项个数较少（一般少于 6 个）、选项文字内容较短、百分比分布比较均匀（标志是：能正常显示“类别名称”和“值”这两个数据标签）时，则可用选项和百分比作饼图，如图 4—42 所示的品牌支持率饼图。在 Excel 中绘制饼图的方法请参见 4.3.1 小节的例 4—6。

(2) 当选项个数较少、选项文字内容较短（标志是：在“水平（类别）轴”中能正常显示“类别名称”）时，则可用选项和百分比作柱形图，如图 4—51 所示的品牌支持率柱形图。在 Excel 中绘制柱形图的方法请参见 4.3.2 小节的例 4—7。

(3) 当百分比分布不是很均匀，在“饼图”中不能正常显示“类别名称”和“值”这两个数据标签时，则可用选项和百分比先作柱形图试试。如果在“柱形图”的“水平（类别）轴”中不能正常显示“类别名称”，则再考虑作条形图。在 Excel 中绘制条形图的方法可参照 6.4.1 小节。

4.1.5　在 Word 中撰写单选题的一维频率分析调查报告

单选题的一维频率分析调查报告，一般包含表格、统计图和结论（建议）等。

温馨提示：操作方法请参见 4.4 节的例 4—8。

将 Excel 中的单选题一维频率分布表和统计图复制到 Word 文件中的操作步骤如下：

(1) 将“第 4 章　品牌支持率（SPSS 到 Excel）.xlsx”中的“一维频率分布表（排

名）”工作表中有排名的品牌支持率一维频率分布表复制到 Word 文件中，作为调查报告的一部分。操作步骤请参见 4.4.1 小节。

（2）将“第 4 章　品牌支持率（SPSS 到 Excel）.xlsx”中的“一维频率分布表（饼图）”工作表中的品牌支持率饼图复制到 Word 文件中，作为调查报告的一部分。操作步骤请参见 4.4.2 小节。

（3）输入分析结果的文字内容。

品牌支持率的调查报告如下：

此次调查了 1 000 人，其中 990 名受访者对“品牌倾向”单选题作了回答（占总调查人数的 99.0%）。受访者关于“品牌倾向”的一维频率分布表和饼图如表 1 和图 1 所示。

表 1　　品牌支持率一维频率分布表

排名	品牌倾向	人数	百分比
1	其他	271	27.4%
2	HB	228	23.0%
3	IPSON	204	20.6%
4	Kanon	196	19.8%
5	MARK	55	5.6%
6	NOVO	36	3.6%
合计		990	100%

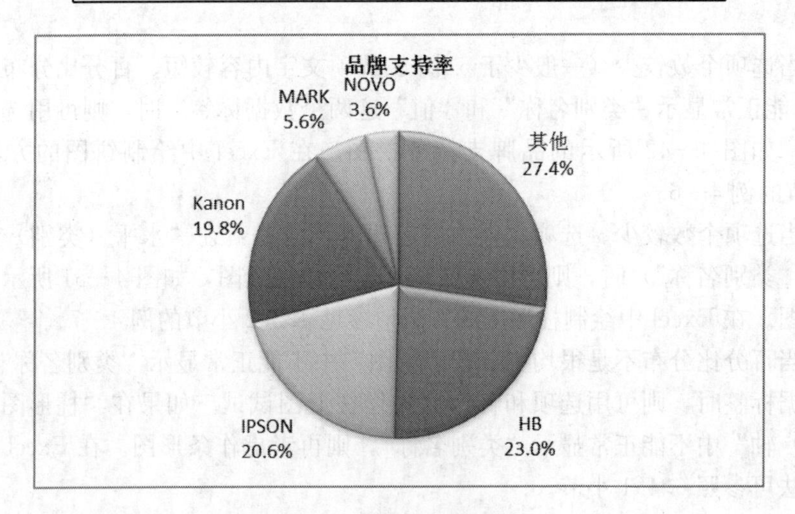

图 1　品牌支持率饼图

本次调查结果显示：在 990 名有回答的受访者中，以其他品牌倾向的人居多（27.4%）。有明显品牌倾向的受访者中，以 HB 的支持率最高（23.0%），其次依次是 IPSON（20.6%）、Kanon（19.8%）、MARK（5.6%）和 NOVO（3.6%）。由于其他品牌倾向的人的比例如此之高，可见将来各品牌仍有很大的成长空间。

4.2 利用 Excel 实现单选题的一维频率分析

调查问卷中常用的单选题的一维频率分布表，可以利用 Excel 的 COUNTIF 函数和 COUNTA 函数实现。①

1. COUNTIF 函数的语法为：

COUNTIF（单元格区域，指定条件）

COUNTIF 函数的功能是统计“单元格区域”中满足“指定条件”的单元格个数。其中：

(1) 第1个参数（单元格区域）：需要统计其中满足条件的单元格区域。

(2) 第2个参数（指定条件）：确定哪些单元格将被统计在内的条件，其形式可以为数值、表达式、单元格引用或文本（例如，3、“>=90”、F3、“男”），等等。

2. COUNTA 函数的语法为：

COUNTA（参数1，[参数2]，…）

COUNTA 函数的参数可以是数值、单元格或单元格区域。

COUNTA 函数的功能是统计非空单元格的个数。

4.2.1 利用 Excel 的 COUNTIF 函数求单选题的一维频率分布表

例 4—4 利用 Excel 求“品牌倾向”单选题的一维频率分布表。

品牌支持率的调查数据见“第4章　品牌支持率.xlsx”中的“品牌支持率（调查数据）”工作表。在受访的1 000人中，调查其居住地区与品牌倾向，取得数据及其编码如图4—1所示。

用 COUNTIF 函数求得支持各品牌的人数后，将其除以对该单选题的总回答人数，得到品牌支持率的分布情况，如图4—20中的 E1:H8 区域所示。

G2　=COUNTIF($B$2:$B$1001,E2)

	A	B	C	D	E	F	G	H
1	问卷编号	品牌倾向	所在地区		编码	品牌倾向	人数	百分比
2	101	3	1		1	HB	228	23.0%
3	102	6	2		2	IPSON	204	20.6%
4	103	1	1		3	Kanon	196	19.8%
5	104	2	4		4	MARK	55	5.6%
6	105	1	3		5	NOVO	36	3.6%
7	106	6	1		6	其他	271	27.4%
8	107	3	1			合计	990	100%
9	108	1	1					
10	109	6	3			总调查人数	1000	99.0%

图4—20　用 COUNTIF 函数求“品牌倾向”单选题的一维频率分布表

① 更为方便快捷的方法是利用 Excel 的“数据透视表”实现，具体请参见第5章的5.3节。

请参见“第 4 章　品牌支持率 . xlsx”中的“品牌支持率（一维频率分布）”工作表。

温馨提示：本小节将模仿 4.1.1 小节 SPSS 的“频率”命令，利用 Excel 的 COUNTIF 函数求单选题的一维频率分布表。一维频率分布表的格式（布局，图 4—20 中的 F1:H8 区域）采用 4.1.2 小节介绍的调查报告格式（选项、人数、百分比三列，如表 4—3 所示）。

建表步骤为：

(1) 在问卷数据的右边（注意：计算表格与问卷数据之间，至少间隔一列，以免被误认为是问卷数据的一部分），如图 4—21 中的 E1:H10 区域所示，在第 1 行输入标题（E1:H1 区域）、在 E 列（E2:E7 区域）输入品牌对应的编码 1～6、在 F 列（F2:F7 区域）输入品牌名称，等等。

F2　fx　HB

	A	B	C	D	E	F	G	H
1	问卷编号	品牌倾向	所在地区		编码	品牌倾向	人数	百分比
2	101	3	1		1	HB		
3	102	6	2		2	IPSON		
4	103	1	1		3	Kanon		
5	104	2	4		4	MARK		
6	105	1	3		5	NOVO		
7	106	6	1		6	其他		
8	107	3	1			合计		
9	108	1	1					
10	109	6	3			总调查人数		

图 4—21　用 COUNTIF 函数求“品牌倾向”单选题的一维频率分布表（布局，E1:H10 区域，按编码 1→6 升序输入）

(2) 单击 G2 单元格，输入如下公式（如图 4—22 中的编辑栏所示）：

=COUNTIF($B$2: $B$1001,E2)

其中：

①由于考虑到公式要向下复制，所以按 F4 键（也可以直接输入绝对引用符号“$”），将区域变成绝对引用 $B$2： $B$1001，意思是无论如何复制，函数内的区域永远固定在 B2:B1001。

②条件“E2”，其意义在于：要在 $B$2: $B$100 区域中，寻找品牌编码恰好为 E2 单元格的值（这里为 HB 的编码“l”）的个数（单元格个数，支持 HB 的人数）。

G2　fx　=COUNTIF($B$2:$B$1001,E2)

	A	B	C	D	E	F	G	H
1	问卷编号	品牌倾向	所在地区		编码	品牌倾向	人数	百分比
2	101	3	1		1	HB	228	
3	102	6	2		2	IPSON		
4	103	1	1		3	Kanon		
5	104	2	4		4	MARK		
6	105	1	3		5	NOVO		
7	106	6	1		6	其他		
8	107	3	1			合计		
9	108	1	1					
10	109	6	3			总调查人数		

图 4—22　用 COUNTIF 函数求“品牌倾向”单选题的一维频率分布表（输入 G2 公式）

（3）向下复制 G2 公式，将求得支持各品牌的人数。向下拖拽 G2 单元格右下角的填充柄到 G7 单元格，结果如图 4—23 中的 G2:G7 区域所示。

G2　=COUNTIF($B$2:$B$1001,E2)

	A	B	C	D	E	F	G	H
1	问卷编号	品牌倾向	所在地区		编码	品牌倾向	人数	百分比
2	101	3	1		1	HB	228	
3	102	6	2		2	IPSON	204	
4	103	1	1		3	Kanon	196	
5	104	2	4		4	MARK	55	
6	105	1	3		5	NOVO	36	
7	106	6	1		6	其他	271	
8	107	3	1			合计		
9	108	1	1					
10	109	6	3			总调查人数		

图 4—23　用 COUNTIF 函数求“品牌倾向”单选题的一维频率分布表（向下复制 G2 公式）

（4）单击 G8 单元格，然后在“开始”选项卡的“编辑”组中，单击“自动求和”按钮，将自动得到公式“=SUM(G2:G7)”，如图 4—24 所示。

IF　=SUM(G2:G7)

	A	B	C	D	E	F	G	H
1	问卷编号	品牌倾向	所在地区		编码	品牌倾向	人数	百分比
2	101	3	1		1	HB	228	
3	102	6	2		2	IPSON	204	
4	103	1	1		3	Kanon	196	
5	104	2	4		4	MARK	55	
6	105	1	3		5	NOVO	36	
7	106	6	1		6	其他	271	
8	107	3	1				=SUM(G2:G7)	
9	108	1	1				SUM(number1, [nu	
10	109	6	3			总调查人数		

图 4—24　用 COUNTIF 函数求“品牌倾向”单选题的一维频率分布表（在 G8 单元格中输入合计公式）

（5）单击编辑栏左侧的“输入”按钮（或按 Enter 回车键），完成人数求和（总回答人数），结果如图 4—25 中的 G8 单元格所示。

G8　=SUM(G2:G7)

	A	B	C	D	E	F	G	H
1	问卷编号	品牌倾向	所在地区		编码	品牌倾向	人数	百分比
2	101	3	1		1	HB	228	
3	102	6	2		2	IPSON	204	
4	103	1	1		3	Kanon	196	
5	104	2	4		4	MARK	55	
6	105	1	3		5	NOVO	36	
7	106	6	1		6	其他	271	
8	107	3	1			合计	990	
9	108	1	1					
10	109	6	3			总调查人数		

图 4—25　用 COUNTIF 函数求“品牌倾向”单选题的一维频率分布表（总回答人数，G8 单元格）

（6）单击 H2 单元格，输入公式“=G2/$G$8”，意思是无论如何复制，分母将永远固定在 G8 单元格（可先输入公式“=G2/G8”，然后再按 F4 键，将分母变为绝对引用$G$8)，如图4—26中的编辑栏所示。

H2 　fx =G2/$G$8

	A	B	C	D	E	F	G	H
1	问卷编号	品牌倾向	所在地区		编码	品牌倾向	人数	百分比
2	101	3	1		1	HB	228	0.2303
3	102	6	2		2	IPSON	204	
4	103	1	1		3	Kanon	196	
5	104	2	4		4	MARK	55	
6	105	1	3		5	NOVO	36	
7	106	6	1		6	其他	271	
8	107	3	1			合计	990	
9	108	1	1					
10	109	6	3			总调查人数		

图4—26　用COUNTIF函数求“品牌倾向”单选题的一维频率分布表（输入H2公式）

(7) 将H2单元格的格式设置为1位小数的百分比样式。单击H2单元格，然后在“开始”选项卡的“数字”组中，单击“百分比样式”按钮，再单击一次“增加小数位数”按钮，结果如图4—27中的H2单元格所示。

H2 　fx =G2/$G$8

	A	B	C	D	E	F	G	H
1	问卷编号	品牌倾向	所在地区		编码	品牌倾向	人数	百分比
2	101	3	1		1	HB	228	23.0%
3	102	6	2		2	IPSON	204	
4	103	1	1		3	Kanon	196	
5	104	2	4		4	MARK	55	
6	105	1	3		5	NOVO	36	
7	106	6	1		6	其他	271	
8	107	3	1			合计	990	
9	108	1	1					
10	109	6	3			总调查人数		

图4—27　用COUNTIF函数求“品牌倾向”单选题的一维频率分布表（设置H2格式）

(8) 向下复制H2公式。双击H2单元格右下角的填充柄（或向下拖拽H2单元格右下角的填充柄到H7单元格），结果如图4—28中的H2:H7区域所示。

H2 　fx =G2/$G$8

	A	B	C	D	E	F	G	H
1	问卷编号	品牌倾向	所在地区		编码	品牌倾向	人数	百分比
2	101	3	1		1	HB	228	23.0%
3	102	6	2		2	IPSON	204	20.6%
4	103	1	1		3	Kanon	196	19.8%
5	104	2	4		4	MARK	55	5.6%
6	105	1	3		5	NOVO	36	3.6%
7	106	6	1		6	其他	271	27.4%
8	107	3	1			合计	990	
9	108	1	1					
10	109	6	3			总调查人数		

图4—28　用COUNTIF函数求“品牌倾向”单选题的一维频率分布表（向下复制H2公式）

(9) 单击H8单元格，然后在“开始”选项卡的“编辑”组中，单击“自动求和”按钮，将自动得到公式“＝SUM(H2:H7)”。单击编辑栏左侧的“输入”按钮（或按Enter回车键），完成百分比求和。

（10）将 H8 单元格的格式设置为没有小数的百分比样式（100%）。单击 H8 单元格，然后在“开始”选项卡的“数字”组中，单击一次“减少小数位数”按钮，使百分比合计为 100%，结果如图 4—29 中的 H8 单元格所示。

H8　=SUM(H2:H7)

	A	B	C	D	E	F	G	H
1	问卷编号	品牌倾向	所在地区		编码	品牌倾向	人数	百分比
2	101	3	1		1	HB	228	23.0%
3	102	6	2		2	IPSON	204	20.6%
4	103	1	1		3	Kanon	196	19.8%
5	104	2	4		4	MARK	55	5.6%
6	105	1	3		5	NOVO	36	3.6%
7	106	6	1		6	其他	271	27.4%
8	107	3	1			合计	990	100%
9	108	1	1					
10	109	6	3			总调查人数		

图 4—29　用 COUNTIF 函数求“品牌倾向”单选题的一维频率分布表（百分比合计为 100%）

（11）在 G10 单元格中输入公式“＝COUNTA（A2：A1001）”，表示统计 A2：A1001 区域中非空单元格的个数，即根据“问卷编号”统计“总调查人数”，结果如图 4—30 中的 G10 单元格所示。

温馨提示：也可以直接在 G10 单元格中输入“1 000”（本次的总调查人数）。

G10　=COUNTA(A2:A1001)

	A	B	C	D	E	F	G	H
1	问卷编号	品牌倾向	所在地区		编码	品牌倾向	人数	百分比
2	101	3	1		1	HB	228	23.0%
3	102	6	2		2	IPSON	204	20.6%
4	103	1	1		3	Kanon	196	19.8%
5	104	2	4		4	MARK	55	5.6%
6	105	1	3		5	NOVO	36	3.6%
7	106	6	1		6	其他	271	27.4%
8	107	3	1			合计	990	100%
9	108	1	1					
10	109	6	3			总调查人数	1000	

图 4—30　用 COUNTIF 函数求“品牌倾向”单选题的一维频率分布表（输入 G10 公式）

（12）在 H10 单元格中输入公式“＝G8/G10”，计算所有受访者对“品牌倾向”单选题的回答情况（百分比），结果如图 4—31 中的 H10 单元格所示。

H10　=G8/G10

	A	B	C	D	E	F	G	H
1	问卷编号	品牌倾向	所在地区		编码	品牌倾向	人数	百分比
2	101	3	1		1	HB	228	23.0%
3	102	6	2		2	IPSON	204	20.6%
4	103	1	1		3	Kanon	196	19.8%
5	104	2	4		4	MARK	55	5.6%
6	105	1	3		5	NOVO	36	3.6%
7	106	6	1		6	其他	271	27.4%
8	107	3	1			合计	990	100%
9	108	1	1					
10	109	6	3			总调查人数	1000	0.99

图 4—31　用 COUNTIF 函数求“品牌倾向”单选题的一维频率分布表（输入 H10 公式）

（13）将 H10 单元格的格式设置为 1 位小数的百分比样式。单击 H10 单元格，然后在“开始”选项卡的“数字”组中，单击“百分比样式”按钮，再单击一次“增加小数位数”按钮，结果如图 4—20 中的 H10 单元格所示。

4.2.2 在 Excel 中，根据频率排名

例 4—5 在 Excel 中，根据例 4—4 利用 COUNTIF 函数求得的品牌支持率一维频率分布表，对其支持率高低进行排名。可参见“第 4 章 品牌支持率 .xlsx”中的“品牌支持率（排名）”工作表。

方法与 4.1.3 小节的例 4—3 类似，结果也如表 4—4 所示。

温馨提示：另外一种方法：①在 F 列左边，增加一空白列，在新增空白列的第 1 行（这里是 F1 单元格）输入文字“排名”。②参照 6.5.2 小节介绍的方法，根据百分比（或人数）降序排序。需要注意的是：此时的排序数据区域（E1:I7）包含“编码”列，但还是不包含“合计”行。

操作步骤如下：

1. 复制利用 COUNTIF 函数求得的一维频率分布表（F1:H8 区域），然后粘贴其“值和源格式”到 F13:H20 区域

（1）选中 F1:H8 区域（如图 4—32 所示），在“开始”选项卡的“剪贴板”组中，单击“复制”按钮。

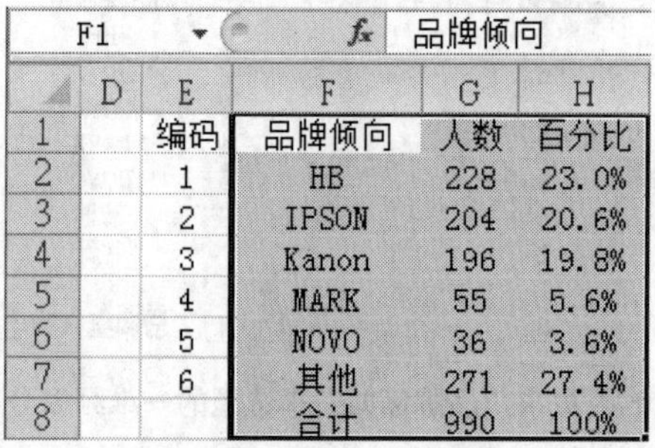

F1 fx 品牌倾向

	D	E	F	G	H
1		编码	品牌倾向	人数	百分比
2		1	HB	228	23.0%
3		2	IPSON	204	20.6%
4		3	Kanon	196	19.8%
5		4	MARK	55	5.6%
6		5	NOVO	36	3.6%
7		6	其他	271	27.4%
8			合计	990	100%

图 4—32 选中 F1:H8 区域

（2）单击 F13 单元格，然后在“开始”选项卡的“剪贴板”组中，单击“粘贴”下拉按钮，展开如图 4—33 所示的下拉菜单。

（3）单击“粘贴数值”中最右侧的“值和源格式”，结果如图 4—34 中的 F13:H20 区域所示。对照图 4—20 和图 4—34，在单元格中，G2 和 G14 显示结果都是“228”，但从编辑栏中可以看到，G2 单元格的内容是公式“=COUNTIF($B$2:$B$1001, E2)”，而 G14 单元格的内容是 G2 公式的统计结果（值）。同理，可以对比 G2:H8 区域和 G14:H20 区域对应单元格的内容（公式和结果值）。

2. 对 F13:H20 区域中的品牌支持率一维频率分布表，利用“降序”按钮对其支持率（百分比）高低进行排名

（1）由支持率（百分比）所在的 H14 单元格（或 H19 单元格）开始（这一点很重要，

表示要根据百分比排序），选取 F14:H19 区域（注意：避开“合计”行），如图 4—35 所示。

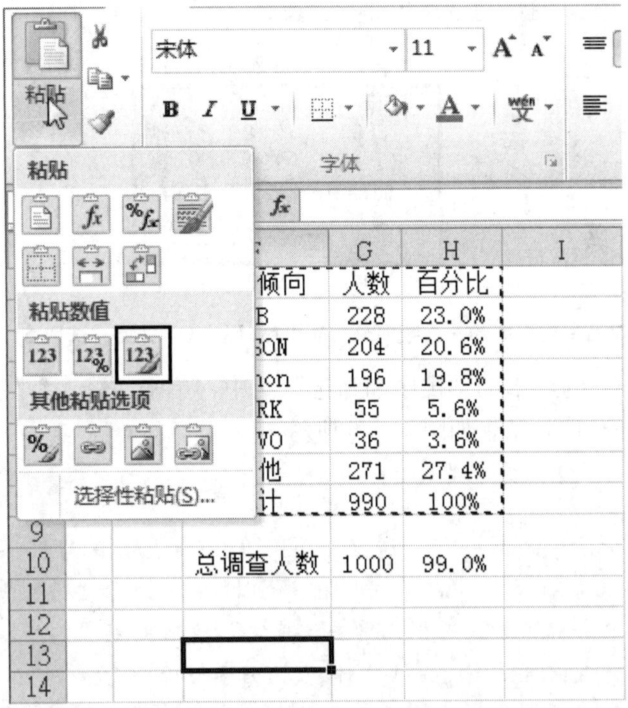

宋体　11　A A

B I U　字体

粘贴

粘贴数值

其他粘贴选项

选择性粘贴(S)...

fx

	F	G	H	I
	倾向	人数	百分比	
	B	228	23.0%	
	SON	204	20.6%	
	non	196	19.8%	
	RK	55	5.6%	
	VO	36	3.6%	
	他	271	27.4%	
	计	990	100%	
9				
10	总调查人数	1000	99.0%	
11				
12				
13				
14				

图 4—33　复制 F1:H8 区域，单击 F13 单元格，再单击“粘贴”下拉按钮后的下拉菜单

G14　　fx 228

	D	E	F	G	H
1		编码	品牌倾向	人数	百分比
2		1	HB	228	23.0%
3		2	IPSON	204	20.6%
4		3	Kanon	196	19.8%
5		4	MARK	55	5.6%
6		5	NOVO	36	3.6%
7		6	其他	271	27.4%
8			合计	990	100%
9					
10			总调查人数	1000	99.0%
11					
12					
13			品牌倾向	人数	百分比
14			HB	228	23.0%
15			IPSON	204	20.6%
16			Kanon	196	19.8%
17			MARK	55	5.6%
18			NOVO	36	3.6%
19			其他	271	27.4%
20			合计	990	100%

图 4—34　粘贴“值和源格式”后的结果（F1:H8 区域→F13:H20 区域）

H14 fx 23.030303030303%

	D	E	F	G	H	I
12						
13			品牌倾向	人数	百分比	
14			HB	228	23.0%	
15			IPSON	204	20.6%	
16			Kanon	196	19.8%	
17			MARK	55	5.6%	
18			NOVO	36	3.6%	
19			其他	271	27.4%	
20			合计	990	100%	

图 4—35　对品牌支持率的一维频率分布表排序（从 H14 开始，选取 F14:H19 区域）

（2）在“数据”选项卡的“排序和筛选”组中，单击“降序”按钮，可根据支持率（百分比）降序排序，结果如图 4—36 所示。

温馨提示一：

（1）如果选中区域的第一行（这里是 F14:H14）没有参与排序，则在“数据”选项卡的“排序和筛选”组中，单击“排序”按钮，打开“排序”对话框，取消（不勾选）“数据包含标题”复选框，单击“确定”按钮关闭“排序”对话框。此时，选中区域的第一行（这里是 F14:H14）作为数据参与排序。

（2）也可以利用“排序”对话框实现对支持率（百分比）的降序排序。排序数据区域可以是不包含标题的 F14:H19 区域，也可以是包含标题的 F13:H19 区域（主要关键字可以是“百分比”，也可以是“人数”）。

H14 fx 27.3737373737374%

	D	E	F	G	H	I
12						
13			品牌倾向	人数	百分比	
14			其他	271	27.4%	
15			HB	228	23.0%	
16			IPSON	204	20.6%	
17			Kanon	196	19.8%	
18			MARK	55	5.6%	
19			NOVO	36	3.6%	
20			合计	990	100%	

图 4—36　对品牌支持率的一维频率分布表排序（按“百分比”降序排序后的 F14:H19 区域）

温馨提示二：

这里介绍利用美式排名函数 RANK（或 RANK.EQ）输入排名，也可以采用 4.1.3 小节介绍的“自动填充”功能输入连续排名。但采用“自动填充”功能输入排名时，如果有两个支持率相同时，也不会将其安排为同一排名。若交给美式排名函数 RANK（或 RANK.EQ）来处理，则无这个缺点。

在 Excel 2010 中，新增了两个函数：RANK. EQ 和 RANK. AVG，它们的名称可以更好地反映出其用途。仍然提供 RANK 函数是为了保持与 Excel 早期版本的兼容性。但是，如果不需要向下兼容，则应考虑从现在开始使用新函数，因为它们可以更加准确地描述其功能。

RANK. EQ 函数与 RANK 函数相同，如果多个值具有相同的排位，则返回该组数值的最高排位。而 RANK. AVG 函数与 RANK 函数的区别是：如果多个值具有相同的排位，则将返回平均排位。

美式排名函数语法：

RANK（排名值，数值表，[排名方式]）

RANK. EQ（排名值，数值表，[排名方式]）

RANK. AVG（排名值，数值表，[排名方式]）

①第 1 个参数（排名值）：要找到排位的数值（如某个选项的百分比）。

②第 2 个参数（数值表）：要参与排名的数值表（如所有选项的百分比）。

③第 3 个参数（排名方式）：指明数值排名的方式，如果省略或为 0（零），则对数值的排位是基于降序排序的数值表，如果为 1（或不为零），则对数值的排位是基于升序排序的数值表。

美式排名函数功能：返回一个数值在数值表中的排位，其大小与数值表中的其他值相关。如果多个值具有相同的排位，则返回该组数值的最高排位（或平均排位）。

当有相同值时，会给出相同的排名。如第 2 名有 2 个，其排名均为 2（或平均排名为 2.5），而下一个则是第 4 名，无第 3 名。

（3）利用美式排名函数 RANK（或 RANK. EQ）输入排名。在 E13 单元格输入文字“排名”，在 E14 单元格中输入公式“=RANK. EQ(H14，$H$14:$H$19)”（或公式“=RANK(H14，$H$14:$H$19)”），然后向下拖拽 E14 单元格右下角的填充柄到 E19 单元格，即可得到其他品牌的排名，如图 4—37 中的 E14:E19 区域所示。

E14　　fx　=RANK.EQ(H14,$H$14:$H$19)

	D	E	F	G	H	I	J
12							
13		排名	品牌倾向	人数	百分比		
14		1	其他	271	27.4%		
15		2	HB	228	23.0%		
16		3	IPSON	204	20.6%		
17		4	Kanon	196	19.8%		
18		5	MARK	55	5.6%		
19		6	NOVO	36	3.6%		
20			合计	990	100%		

图 4—37　对品牌支持率的一维频率分布表排序（在 E13:E19 区域中输入排名）

（4）设置 E13:H20 区域（排序后的品牌支持率一维频率分布表）的格式：居中对齐显示，有边框线。选中 E13:H20 区域，在“开始”选项卡的“对齐方式”组中，单击“居中”按钮；再在“开始”选项卡的“字体”组中，单击“边框”下拉按钮，在展开的下拉菜单中选择“所有框线”，结果如图 4—38 所示。

	D	E	F	G	H
12					
13		排名	品牌倾向	人数	百分比
14		1	其他	271	27.4%
15		2	HB	228	23.0%
16		3	IPSON	204	20.6%
17		4	Kanon	196	19.8%
18		5	MARK	55	5.6%
19		6	NOVO	36	3.6%
20			合计	990	100%

（编辑栏：E13　fx　排名）

图 4—38　设置 E13:H20 区域格式的结果（居中对齐，所有框线）

（5）将 E20:F20 两个单元格合并。选中 E20:F20 两个单元格，在“开始”选项卡的“对齐方式”组中，单击“合并后居中”按钮，结果如图 4—39 所示。

	D	E	F	G	H
12					
13		排名	品牌倾向	人数	百分比
14		1	其他	271	27.4%
15		2	HB	228	23.0%
16		3	IPSON	204	20.6%
17		4	Kanon	196	19.8%
18		5	MARK	55	5.6%
19		6	NOVO	36	3.6%
20		合计		990	100%

（编辑栏：E20　fx　合计）

图 4—39　合并 E20:F20 两个单元格后的结果

4.2.3　在 Excel 中绘制单选题的一维频率分布统计图

1. 在 Excel 中，根据例 4—5 排名的品牌支持率一维频率分布表，绘制如图 4—42 所示的品牌支持率饼图。可参见“第 4 章　品牌支持率.xlsx”中的“品牌支持率（饼图）”工作表

绘制饼图的方法可参照 4.3.1 小节的例 4—6。区别在于：这里的饼图数据源是 F13:F19 区域和 H13:H19 区域（两个不连续的数据区域，包括标题“品牌倾向”和“百分比”，但不包括“合计”行），如图 4—40 所示。

2. 在 Excel 中，根据例 4—5 排名的品牌支持率一维频率分布表，绘制如图 4—51 所示的品牌支持率柱形图。可参见“第 4 章　品牌支持率.xlsx”中的“品牌支持率（柱形图）”工作表

绘制柱形图的方法可参照 4.3.2 小节的例 4—7。区别在于：这里的柱形图数据源是 F13:F19 区域和 H13:H19 区域（两个不连续的数据区域，包括标题“品牌倾向”和“百分比”，但不包括“合计”行），如图 4—41 所示。

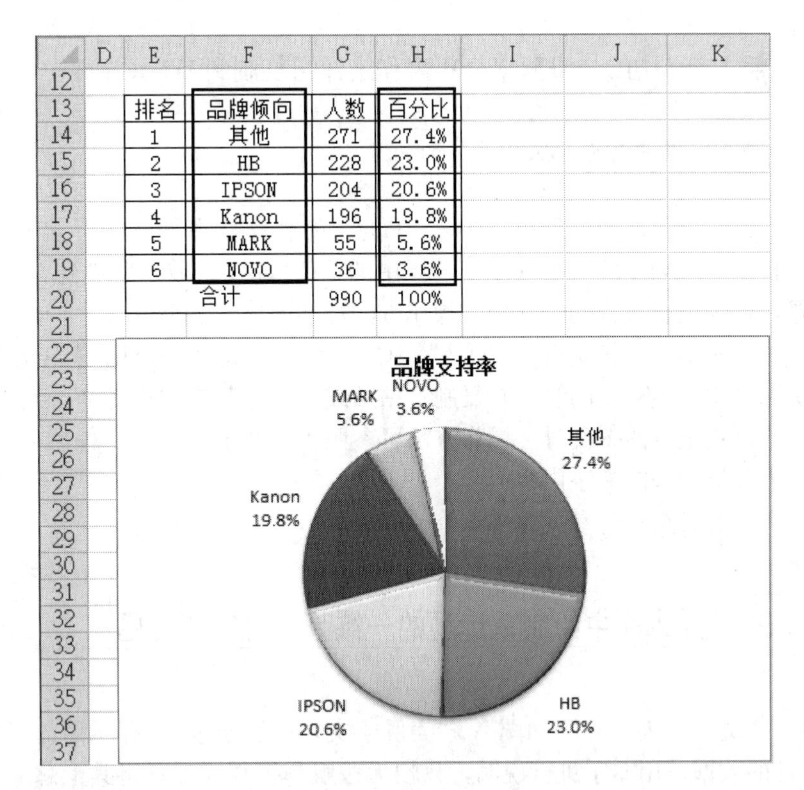

图4—40 利用F13:F19和H13:H19区域中的数据绘制的品牌支持率饼图

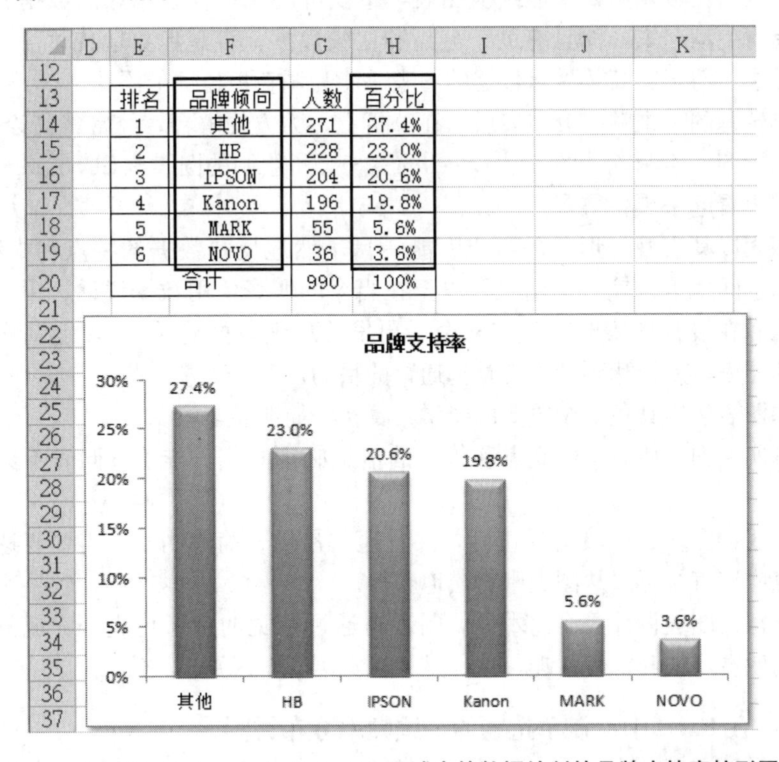

图4—41 利用F13:F19和H13:H19区域中的数据绘制的品牌支持率柱形图

4.2.4　将 Excel 中的一维频率分布表和统计图复制到 Word 文件中

温馨提示：操作方法可参照 4.4 节的例 4—8。

（1）将“第 4 章　品牌支持率 . xlsx”中的“品牌支持率（排名）”工作表中有排名的品牌支持率一维频率分布表（图 4—40 中的 E13：H20 区域）复制到 Word 文件中的相应位置，作为调查报告的一部分。操作方法可参照 4.4.1 小节。

（2）将“第 4 章　品牌支持率 . xlsx”中的“品牌支持率（饼图）”工作表中的品牌支持率饼图（图 4—40 中的饼图）复制（粘贴成“图片”格式）到 Word 文件中的相应位置，作为调查报告的一部分。操作方法可参照 4.4.2 小节。

（3）输入分析结果的文字内容。

品牌支持率的调查报告参见 4.1.5 小节。

4.3　在 Excel 中绘制单选题的一维频率分布统计图

有道是：“文不如表，表不如图”；“表胜于文，图胜于表”，即所谓的“一图胜千言”。一大堆的数据，用文字进行说明，只怕无法解释得很详尽；将其汇总成表格，固然有利于阅读与比较，但如果能绘成图表，不仅可使原本复杂枯燥的数据表格和总结文字立即变得生动起来，而且有助于分析和比较数据、直观形象地传达信息，更能一目了然。美观、清晰、高效展示数据的图表总能为调查报告锦上添花。

取得单选题的一维频率分布表后，在分析上，为方便解释，经常将其绘制成饼图、柱形图或条形图。绘制统计图表是 Excel 的专长，所绘制的图表比 SPSS 或 SAS 统计软件绘制的图表看起来漂亮得多。

数据图表以其直观、形象的特点，能一目了然地反映数据的特点和内在的规律，能在较小的空间里承载较多的信息，以至在当今的职场，用数据说话、用图表说话已经蔚然成风。在设计图表时必须“从全局出发，从细节处着手”，才能制作出一份专业、精美的图表，从而达到“可视觉沟通”的目的。

卓越的图表应当具备 3 个重要的要素：真实、简明、丰富。

（1）真实：图表所表达的观点和传递的信息必须真实、准确，同时不会使读者产生歧义。

（2）简明：图表必须具有易读性，并且通俗易懂、简单明了。需要表达的观点和传递的信息应该直接可以从图表中轻松地获得。

（3）丰富：图表设计具有艺术性。图表是通过视觉的沟通传递来完成的，必须考虑到读者的欣赏习惯和审美情趣，这也是“视觉语言”区别于文字表达的艺术特性。

4.3.1　在 Excel 中绘制单选题的一维频率分布饼图

数据是图表的基础，若要创建图表，首先需在工作表中为图表准备数据。

例 4—6　在 Excel 中，根据例 4—3 排名的品牌支持率一维频率分布表，绘制如图 4—42 所示的品牌支持率饼图。可参见“第 4 章　品牌支持率（SPSS 到 Excel）. xlsx”中的“一维频率分布表（饼图）”工作表。

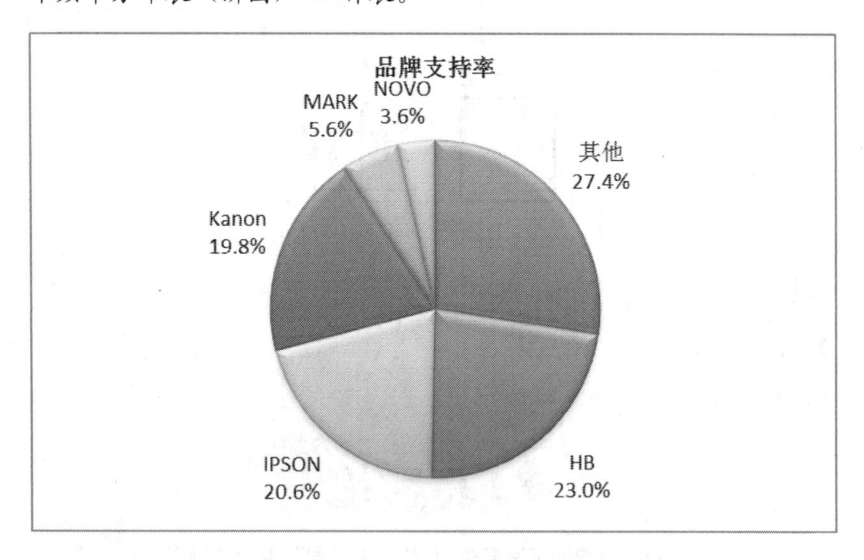

图 4—42　品牌支持率饼图

绘制饼图的操作步骤如下：

1. 选择饼图的数据源

先选取 B24:B30 区域（品牌倾向），然后在按住 Ctrl 键的同时，再选取 D24:D30 区域（百分比），选取两个不连续的数据区域（包括标题“品牌倾向”和“百分比”，但不包括“合计”行），如图 4—43 所示。

	A	B	C	D
23				
24	排名	品牌倾向	人数	百分比
25	1	其他	271	27.4%
26	2	HB	228	23.0%
27	3	IPSON	204	20.6%
28	4	Kanon	196	19.8%
29	5	MARK	55	5.6%
30	6	NOVO	36	3.6%
31	合计		990	100%

图 4—43　选择图表的数据源（两个不连续的区域，B24:B30 和 D24:D30）

2. 创建饼图

（1）在“插入”选项卡的“图表”组中，单击“饼图”，展开饼图的“子图表类型”，如图 4—44 所示。

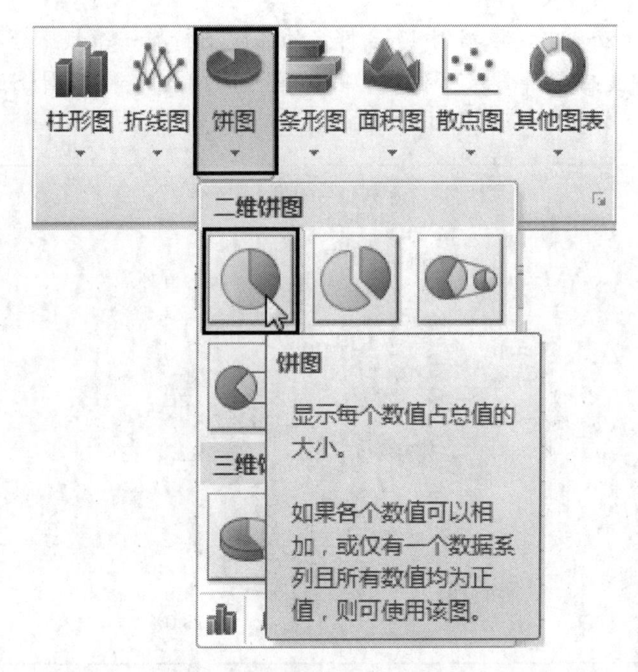

图 4—44　饼图的子图表类型（“二维饼图”中的“饼图”）

（2）在“二维饼图”中，单击选择“饼图”，在工作表中插入饼图，如图 4—45 所示。

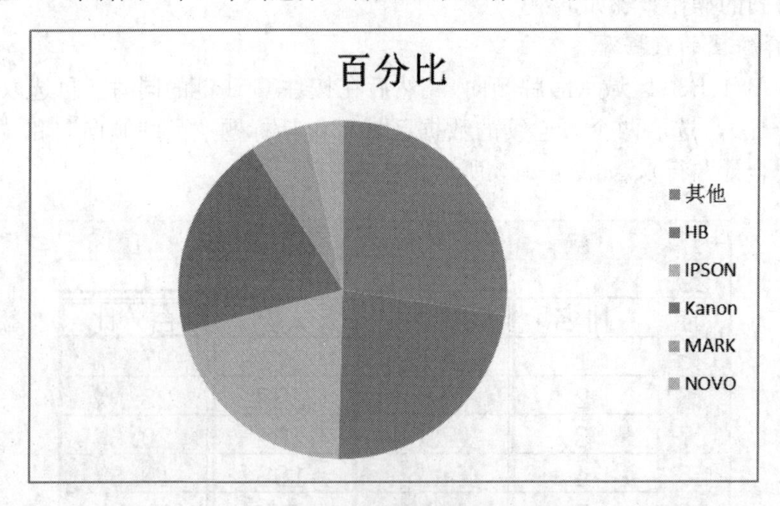

图 4—45　品牌支持率的饼图（未修饰）

温馨提示：（1）在 Excel 中插入的图表，一般使用内置的默认样式，只能满足制作简单图表的要求。如果需要用图表清晰地表达数据的含义，或制作与众不同（或更为美观）的图表，就需要进一步对图表进行修饰。（2）修饰图表实际上就是修饰图表中的各个元素，使它们在形状、颜色、文字等各方面都更加个性化。在进行修饰之前，需要先选中相应的图表元素。在图表中选中不同图表元素的常用方法是：单击鼠标选取。（3）图表的修饰美化必须以最大程度提高图表的阅读性为前提。图表完成后，需要站在阅读者的角度再次确认和检查：假设您是读者，您是否能轻松地理解图表所表达的观点和结论？图表的整体性是否协调？是否让人感到心情愉悦？是否有多余的元素对理解产生困扰？（4）Excel 2010 增加了复制图表格式的功能。方法是：①选中设置好格式的源图表，在“开始”选项卡的“剪贴板”组中，单击“复制”按钮。②选择目标图表，然后在“开始”选项卡的“剪贴板”组中，单击“粘贴”下拉按钮，在展开的下拉菜单中，单击“选择性粘贴”，打开“选择性粘贴”对话框，单击“格式”，最后单击“确定”按钮，将源图表的格式全部应用到目标图表。

3. 修饰饼图

（1）修饰图表标题。[1] 选中图表标题，将图表标题由“百分比”改为“品牌支持率”，结果如图 4—46 所示。

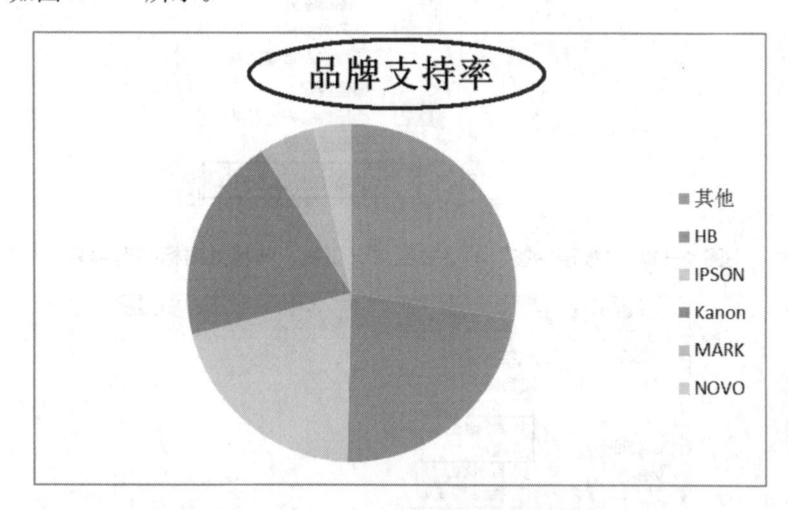

图 4—46　品牌支持率的饼图（修饰图表标题）

（2）不显示图例。选中“图例”，按 Del 键删除。

（3）设置数据标签格式（显示类别名称和值）。选中图表，在“图表工具”的“布局”选项卡的“标签”组中，单击“数据标签”，展开如图 4—47 所示的下拉菜单。

（4）单击“其他数据标签选项”，打开“设置数据标签格式”对话框。在“标签选项”的“标签包括”中，单击选中（勾选）“类别名称”和“值”（注意：标签只包括“类别名称”和“值”）；在“标签位置”中，单击选中“数据标签外”[2]；在“分隔符”下拉列表中，单击选中“（分行符）”，如图 4—48 所示。

---

① （1）图表标题是图表的主题说明文字，位于图表绘图区的正上方。一个完整的图表必须要有图表标题，有的图表会适当添加副标题，以完善图表的显示内容。（2）如果图表中没有显示图表标题，则按照以下方法添加图表标题。先选中图表，然后在“图表工具”的“布局”选项卡的“标签”组中，单击“图表标题”，在展开的下拉菜单中，单击选择“图表上方”，为图表添加一个内容为“图表标题”的图表标题。（3）可以直接在图表标题中输入、删除、编辑文字。

② 选中“数据标签外”的原因是：为了以后黑白打印（彩色打印另说）出来的纸质调查报告阅读方便，能看清楚数据标签。

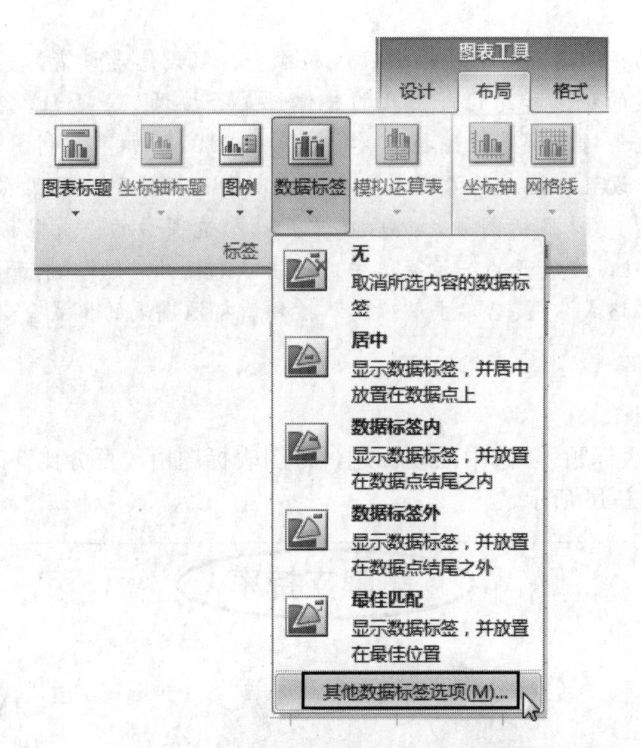

图 4—47 “数据标签”的下拉菜单（饼图，其他数据标签选项）

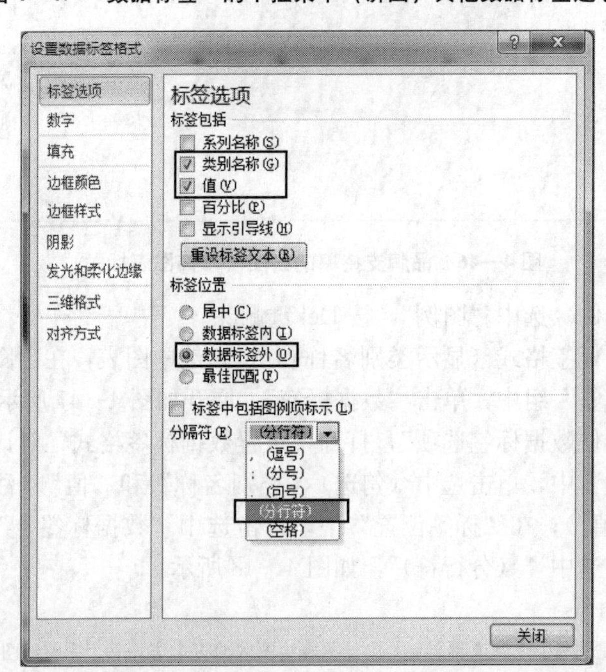

图 4—48 “设置数据标签格式”对话框（饼图，标签选项，选中“类别名称”、“值”、“数据标签外”和“（分行符）”）

（5）在“设置数据标签格式”对话框中，单击“关闭”按钮，结果如图 4—49 所示。

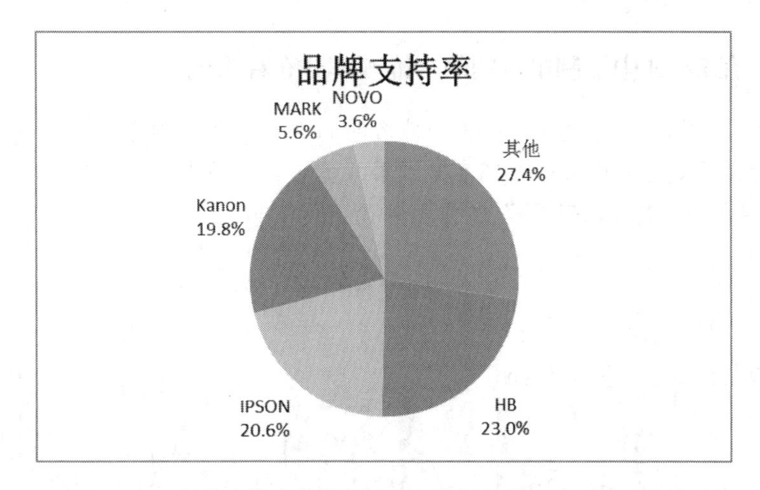

图 4—49　品牌支持率的饼图（显示数据标签：类别名称和值）

（6）设置图表样式。[1] 选中图表，在“图表工具”的“设计”选项卡的“图表样式”库中，单击右侧的“其他”扩展按钮，打开整个“图表样式”库，如图 4—50 所示。

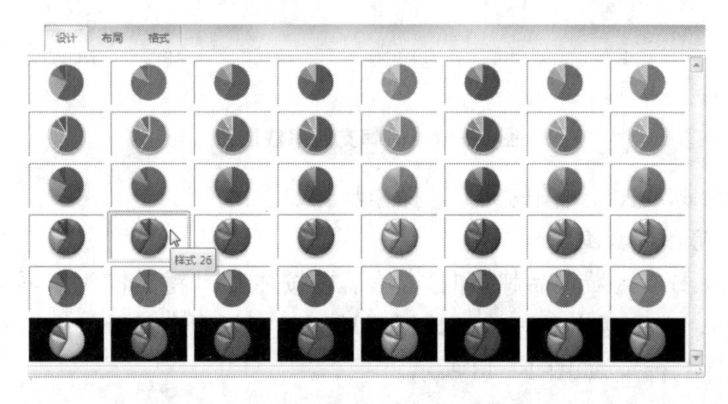

图 4—50　“图表样式”库（二维饼图，样式 26）

（7）单击选中“样式 26”。

（8）设置图表字号。选中图表，在“开始”选项卡的“字体”组中，设置字号为“10”。

（9）设置图表标题字号。选中图表标题“品牌支持率”，在“开始”选项卡的“字体”组中，设置字号为“10.5”。结果如图 4—42 所示。

温馨提示：（1）Word 中的“五号”字，在 Excel 中是“10.5”磅。（2）饼图将被复制到 Word 中，作为调查报告正文的一部分。而 Word 正文（包括文字、表格和图表等，但主要指文字）的字号一般采用“宋体”“五号”字。（3）表格和图表的字号可以与文字说明的字号相同（如 10.5 磅），也可以小些（如 10 磅）。（4）在图表中，图表标题的字号一般要大些。比如这里，先设置整个图表的字号为 10 磅，然后再设置图表标题的字号为 10.5 磅。

---

① 图表样式是指图表中绘图区和数据系列形状、填充颜色、框线颜色等格式设置的组合。Excel 2010 提供了 48 种内置图表样式供用户选择。

4.3.2 在 Excel 中绘制单选题的一维频率分布柱形图

例 4—7 在 Excel 中，根据例 4—3 排名的品牌支持率一维频率分布表，绘制如图 4—51 所示的品牌支持率柱形图。可参见“第 4 章 品牌支持率（SPSS 到 Excel）.xlsx”中的“一维频率分布表（柱形图）”工作表。

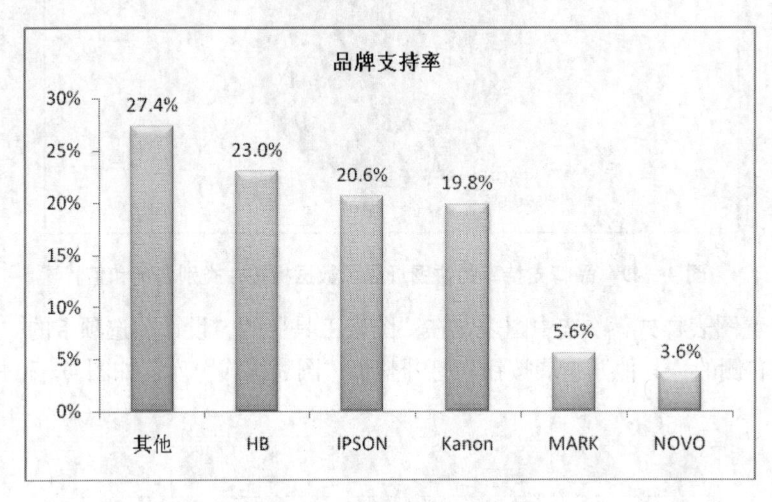

图 4—51 品牌支持率柱形图

柱形图的绘制方法与饼图的类似，操作步骤如下：

1. 选择柱形图的数据源

先选取 B24:B30 区域（品牌倾向），然后在按住 Ctrl 键的同时，再选取 D24:D30 区域（百分比），选取两个不连续的数据区域（包括标题“品牌倾向”和“百分比”，但不包括“合计”行），如图 4—43 所示。

2. 创建柱形图

（1）在“插入”选项卡的“图表”组中，单击“柱形图”，展开柱形图的“子图表类型”，如图 4—52 所示。

（2）在“二维柱形图”中，单击选择“簇状柱形图”，在工作表中插入柱形图，如图 4—53 所示。

3. 修饰柱形图

（1）不显示图例。选中“图例”，按 Del 键删除。

（2）修饰图表标题。选中图表标题，将图表标题由“百分比”改为“品牌支持率”。

（3）不显示网格线。① 选中“网格线”，按 Del 键删除。

（4）显示数据标签。选中图表，在“图表工具”的“布局”选项卡的“标签”组中，单击“数据标签”，在展开的下拉菜单（如图 4—54 所示）中，单击选中“数据标签外”。

（5）设置垂直（值）轴的数字格式（百分比的小数位数为 0）。选中“垂直（值）

① 图表如果没有（不显示）网格线，则需要添加（显示）数据标签。反之，如果没有数据标签，则需要添加（显示）网格线。

轴”，如图 4—55 所示。

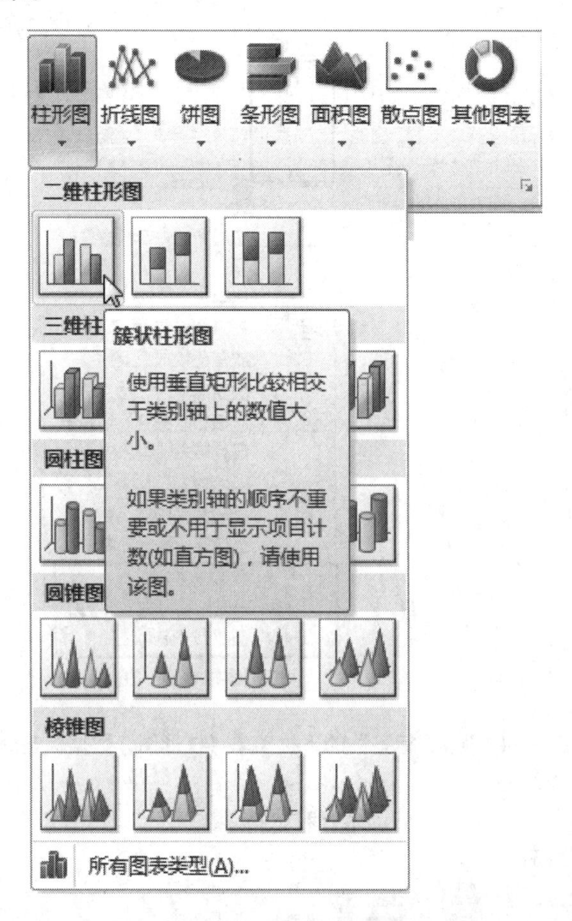

图 4—52　柱形图的子图表类型（“二维柱形图”中的“簇状柱形图”）

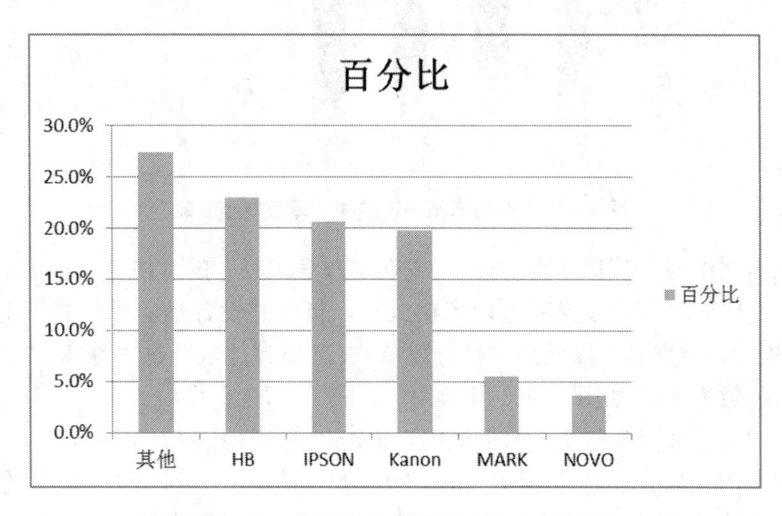

图 4—53　品牌支持率的柱形图（未修饰）

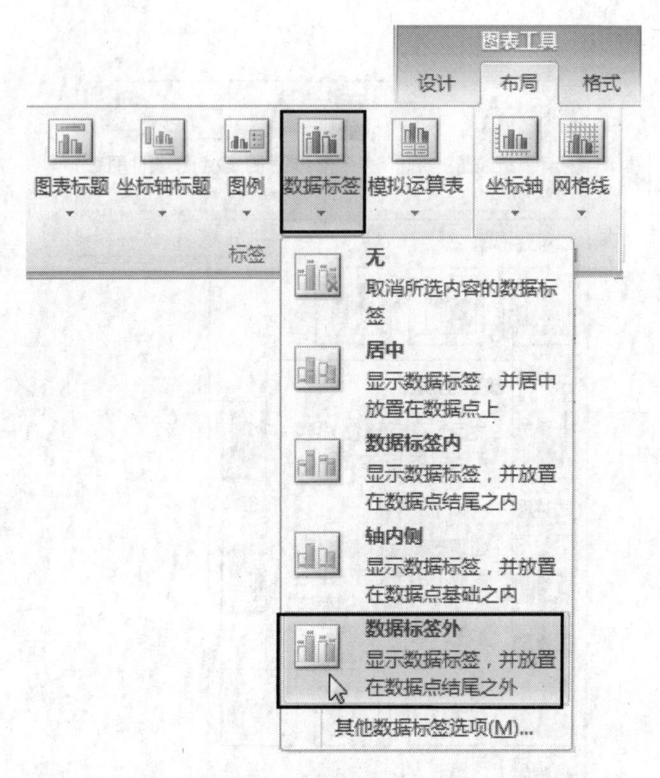

图 4—54 “数据标签”的下拉菜单（柱形图，数据标签外）

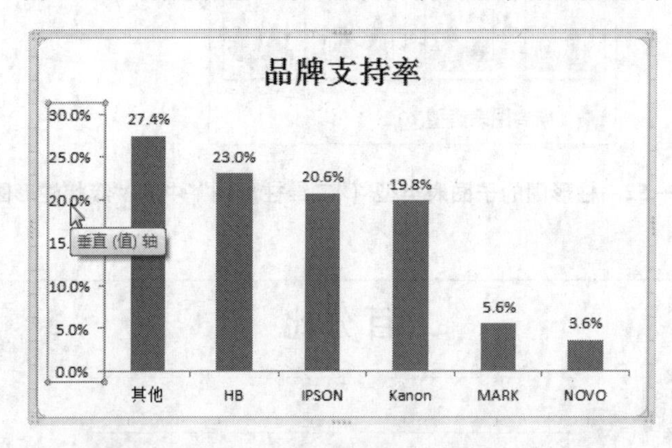

图 4—55 在柱形图中，选中“垂直（值）轴”

（6）双击选中的“垂直（值）轴”（或在“图表工具”的“格式”选项卡的“当前所选内容”组中，单击“设置所选内容格式”），打开“设置坐标轴格式”对话框。在“数字”选项卡，类别保留默认的“百分比”，在“小数位数”框中输入“0”（指定百分比的小数位数为 0），如图 4—56 所示。

（7）在“设置坐标轴格式”对话框中，单击“关闭”按钮。

（8）设置图表样式。选中图表，在“图表工具”的“设计”选项卡的“图表样式”库中，单击右侧的“其他”扩展按钮，打开整个“图表样式”库，如图 4—57 所示。

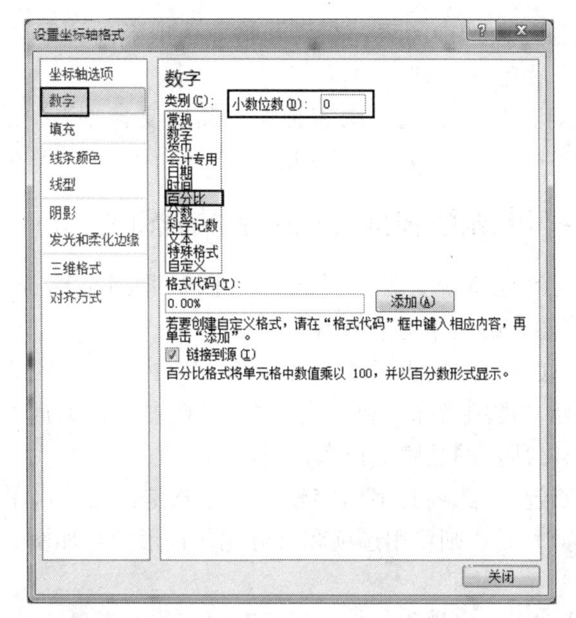

图 4—56　“设置坐标轴格式”对话框（数值轴，“数字”选项卡，百分比的小数位数为 0）

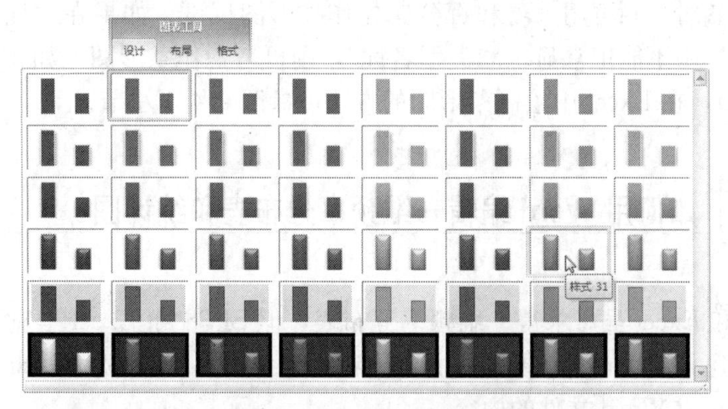

图 4—57　“图表样式”库（二维簇状柱形图，样式 31）

（9）单击选中“样式 31”，结果如图 4—58 所示。

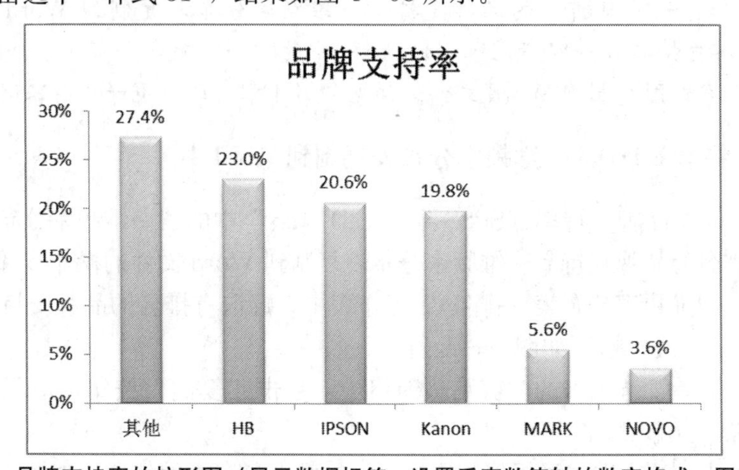

图 4—58　品牌支持率的柱形图（显示数据标签，设置垂直数值轴的数字格式，图表样式 31）

（10）设置图表字号。选中图表，在“开始”选项卡的“字体”组中，设置字号为“10”。

（11）设置图表标题字号。选中图表标题“品牌支持率”，在“开始”选项卡的“字体”组中，设置字号为“10.5”。结果如图4—51所示。

4.3.3 在Excel中绘制单选题的一维频率分布条形图

单选题的一维频率分布统计图，首选是饼图（原因是单选题的百分比之和为100%），其次是柱形图，第三才是条形图。

（1）当选项个数较少（一般少于6个）、选项文字内容较短、百分比分布比较均匀（标志是：能正常显示“类别名称”和“值”这两个数据标签）时，则可用选项和百分比作饼图，如图4—42所示的品牌支持率饼图。

（2）当选项个数较少、选项文字内容较短（标志是：在“水平（类别）轴”中能正常显示“类别名称”）时，则可用选项和百分比作柱形图，如图4—51所示的品牌支持率柱形图。

（3）当百分比分布不是很均匀，在“饼图”中不能正常显示“类别名称”和“值”这两个数据标签时，则可用选项和百分比先作柱形图试试。如果在“柱形图”的“水平（类别）轴”中不能正常显示“类别名称”，则再考虑作条形图（如4.5节的手机月费分布条形图）。在Excel中绘制条形图的方法可参照6.4.1小节。

4.4 如何用Word编辑一维频率分布表和统计图

用SPSS和Excel虽可求得一维频率分布表，但SPSS和Excel毕竟不适合用来撰写报告，通常还是用Word来撰写。所以读者要学会如何从SPSS和Excel取得分析结果，并将其转换成Word文件的内容。

例4—8 将“第4章　品牌支持率（SPSS到Excel）.xlsx”中的“一维频率分布表（排名）”工作表中有排名的品牌支持率一维频率分布表复制到Word文件。再将“第4章　品牌支持率（SPSS到Excel）.xlsx”中的“一维频率分布表（饼图）”工作表中的品牌支持率饼图复制到Word文件。详见“第4章　取得Excel内容例子.docx”。

4.4.1 将Excel中的一维频率分布表复制到Word中

将“第4章　品牌支持率（SPSS到Excel）.xlsx”中的“一维频率分布表（排名）”工作表中有排名的品牌支持率一维频率分布表复制到Word文件的操作步骤如下：

（1）在“一维频率分布表（排名）”工作表中，选取有排名的品牌支持率一维频率分布表（A24:D31区域），如图4—59所示。

（2）在“开始”选项卡的“剪贴板”组中，单击“复制”按钮，记下选取的品牌支持率一维频率分布表。

（3）转到Word文件，光标停在要插入一维频率分布表的位置，如图4—60所示。

排名	品牌倾向	人数	百分比
1	其他	271	27.4%
2	HB	228	23.0%
3	IPSON	204	20.6%
4	Kanon	196	19.8%
5	MARK	55	5.6%
6	NOVO	36	3.6%
合计		990	100%

图 4—59　选取有排名的品牌支持率一维频率分布表（A24:D31 区域）

图 4—60　Word 文件窗口（注意光标位置）

（4）在“开始”选项卡的“剪贴板”组中，单击“粘贴”按钮，将 Excel 中选取的一维频率分布表粘贴到 Word 文件中，结果如图 4—61 所示。

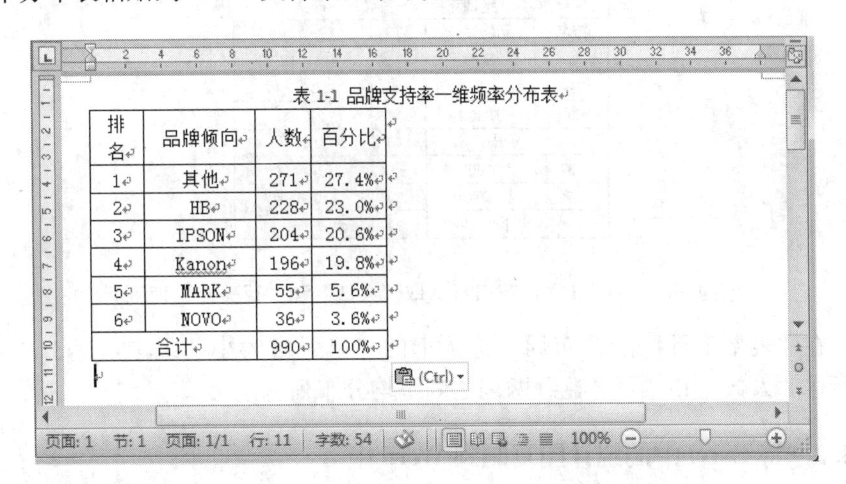
表 1-1 品牌支持率一维频率分布表

排名	品牌倾向	人数	百分比
1	其他	271	27.4%
2	HB	228	23.0%
3	IPSON	204	20.6%
4	Kanon	196	19.8%
5	MARK	55	5.6%
6	NOVO	36	3.6%
合计		990	100%

图 4—61　Word 文件窗口（粘贴一维频率分布表）

（5）将光标移往表格之上，表格左上角将出现一个四向箭头“✥”，单击该处，可选取整个表格。

（6）在“开始”选项卡的“字体”组中，设置字号为“五号”（可将整个表格设置为“五号”字）。然后在“开始”选项卡的“段落”组中，单击“居中”按钮，可将整个表格设置为居中格式，结果如图 4—62 所示。

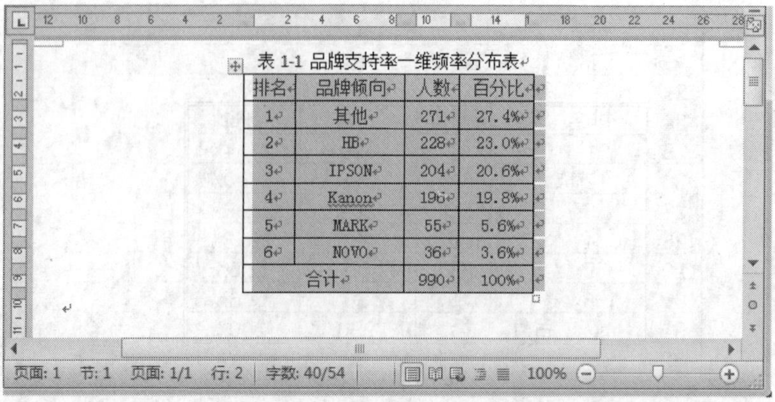

表 1-1 品牌支持率一维频率分布表

排名	品牌倾向	人数	百分比
1	其他	271	27.4%
2	HB	228	23.0%
3	IPSON	204	20.6%
4	Kanon	196	19.8%
5	MARK	55	5.6%
6	NOVO	36	3.6%
合计		990	100%

页面: 1 节: 1 页面: 1/1 行: 2 字数: 40/54 100%

图 4—62 Word 文件窗口（一维频率分布表，五号字，居中）

温馨提示：可以对表格进行进一步的格式设置。选中整个表格或表格中的行、列、单元格，然后在“表格工具”的“设计”选项卡或“布局”选项卡中设置。

（7）调整“排名”列的列宽，调整“百分比”列的列宽，然后选取“人数”和“百分比”两列（将鼠标指针移往“人数”列的上方表格外，当指针变成向下的实心箭头时，单击选取“人数”列，向右拖动再选取“百分比”列），如图 4—63 所示。

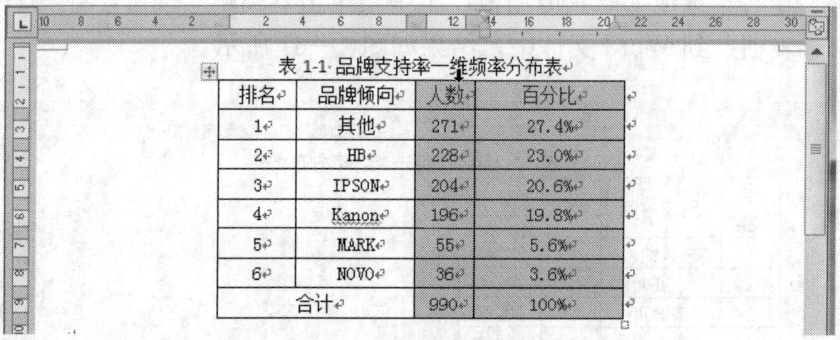

表 1-1 品牌支持率一维频率分布表

排名	品牌倾向	人数	百分比
1	其他	271	27.4%
2	HB	228	23.0%
3	IPSON	204	20.6%
4	Kanon	196	19.8%
5	MARK	55	5.6%
6	NOVO	36	3.6%
合计		990	100%

图 4—63 Word 文件窗口（选取“人数”和“百分比”两列）

（8）在“表格工具”的“布局”选项卡的“单元格大小”组中，单击“分布列”按钮，所选“人数”和“百分比”两列之间平均分布列宽。

4.4.2 将 Excel 中的统计图复制到 Word 中

将“第 4 章　品牌支持率（SPSS 到 Excel）.xlsx”中的“一维频率分布表（饼图）”工作表中的品牌支持率饼图复制到 Word 文件的操作步骤如下：

（1）在“一维频率分布表（饼图）”工作表中，单击选中图表（饼图）。

（2）在“开始”选项卡的“剪贴板”组中，单击“复制”按钮。

（3）转到 Word 文件，光标停在要插入图表的位置，然后在“开始”选项卡的“剪贴板”组中，单击“粘贴”下拉按钮，展开如图 4—64 所示的下拉菜单。

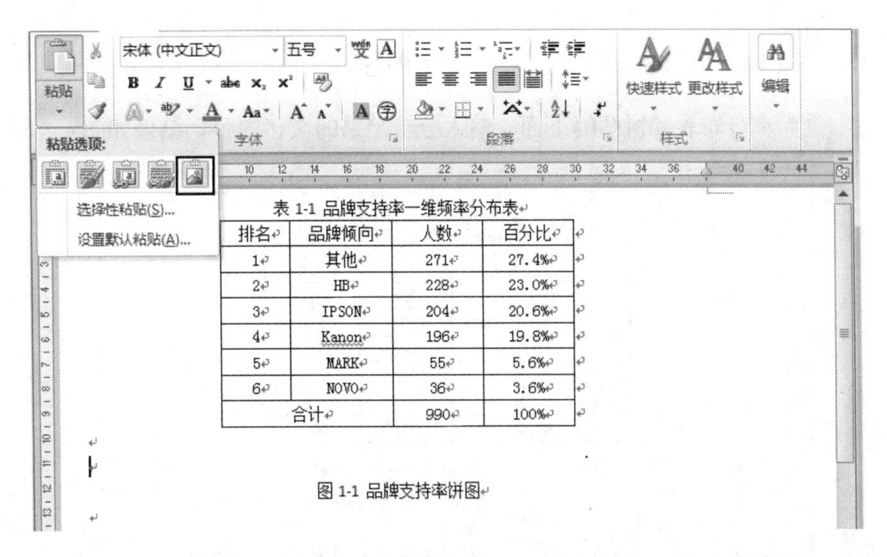

表 1-1 品牌支持率一维频率分布表

排名	品牌倾向	人数	百分比
1	其他	271	27.4%
2	HB	228	23.0%
3	IPSON	204	20.6%
4	Kanon	196	19.8%
5	MARK	55	5.6%
6	NOVO	36	3.6%
合计		990	100%

图 4—64　Word 文件窗口（复制图表，单击“粘贴”下拉按钮，选择性粘贴饼图，图片）

（4）单击“粘贴选项”中最右侧的“图片”（Excel 2010 支持将图表直接转换为图片），结果如图 4—65 所示。

温馨提示：（1）可以直接单击“粘贴”按钮粘贴饼图，但这样粘贴的图表会随着 Excel 图表的变化而自动更新。（2）将“饼图”粘贴转换为“图片”后，Word 中的饼图就不再随着 Excel 图表的变化而变化（固定不变了）。

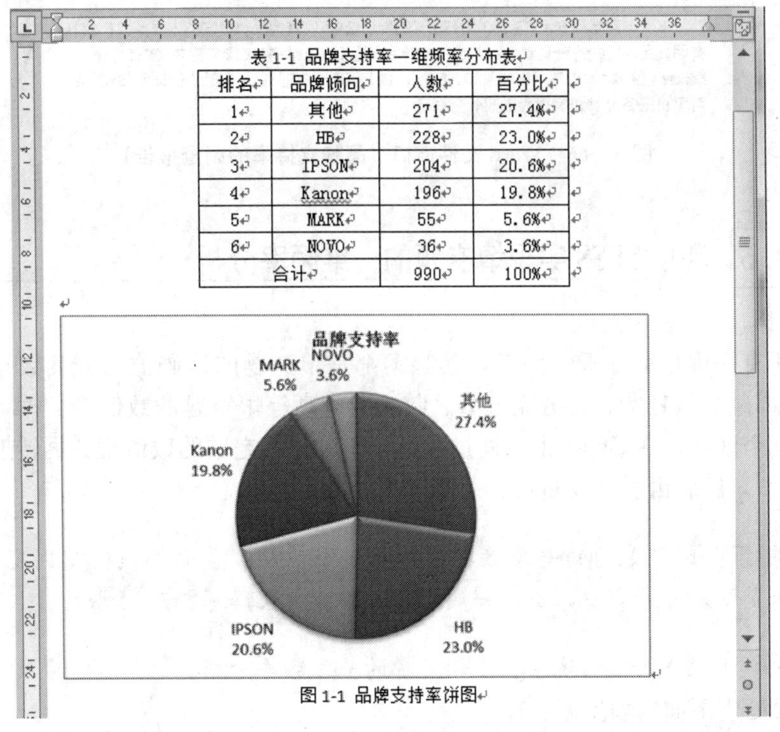

表 1-1 品牌支持率一维频率分布表

排名	品牌倾向	人数	百分比
1	其他	271	27.4%
2	HB	228	23.0%
3	IPSON	204	20.6%
4	Kanon	196	19.8%
5	MARK	55	5.6%
6	NOVO	36	3.6%
合计		990	100%

图 4—65　Word 文件窗口（将“饼图”粘贴成“图片”格式后的结果）

4.4.3 在 Word 中输入分析结果的文字内容

可在一维频率分布表和饼图的下面，输入分析结果的文字内容，结果如图 4—66 所示。

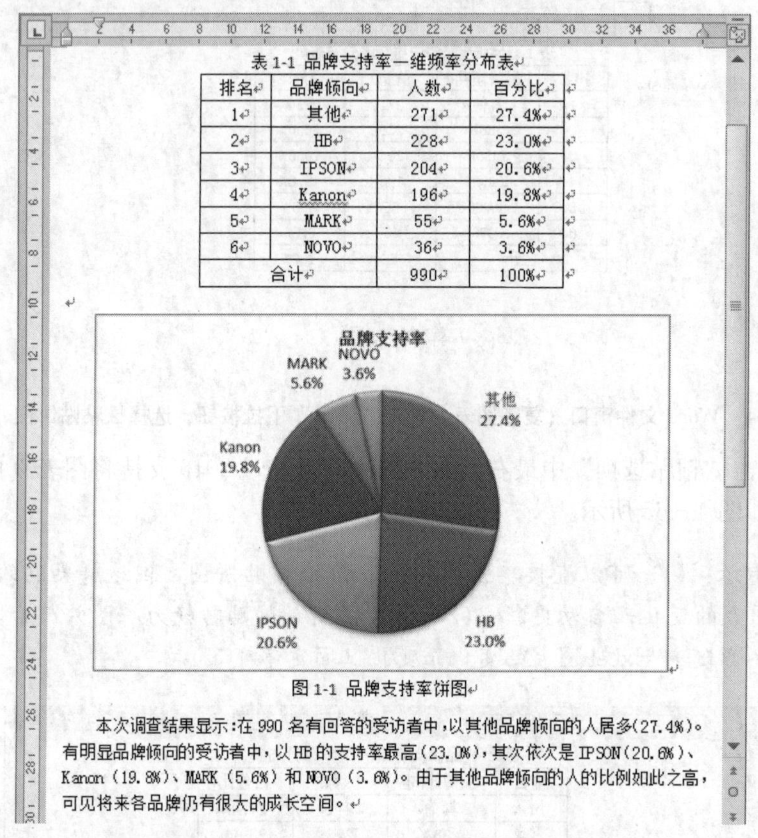

表 1-1 品牌支持率一维频率分布表

排名	品牌倾向	人数	百分比
1	其他	271	27.4%
2	HB	228	23.0%
3	IPSON	204	20.6%
4	Kanon	196	19.8%
5	MARK	55	5.6%
6	NOVO	36	3.6%
合计		990	100%

图 1-1 品牌支持率饼图

本次调查结果显示：在 990 名有回答的受访者中，以其他品牌倾向的人居多(27.4%)。有明显品牌倾向的受访者中，以 HB 的支持率最高(23.0%)，其次依次是 IPSON(20.6%)、Kanon (19.8%)、MARK (5.6%) 和 NOVO (3.6%)。由于其他品牌倾向的人的比例如此之高，可见将来各品牌仍有很大的成长空间。

图 4—66 Word 文件窗口（品牌支持率的调查报告）

4.5 利用 SPSS 实现填空题的一维频率分析

前面所有一维频率分析的例子，其答案都是单选题的编码值（分类数据或有序数据）。但如果碰上如月费、百分制分数、收入、身高等填空题的数值型数据，就得先将数据分成几个区间。在 SPSS 中，通过重新编码，将填空题的数值型数据转换为有序数据（新变量），然后再对新变量进行一维频率分析。

温馨提示： 比单选题的一维频率分析多一个步骤：重新编码为不同变量（新变量），但新变量是有序变量，所以一般无需再按百分比降序排序。

例 4—9 利用 SPSS 实现手机平均月费的一维频率分析。

假设要处理下面的填空题：

请问您平均每个月手机的话费约________元？

手机平均月费的调查数据见“第 4 章　手机平均月费 . xlsx”中的“平均月费（调查数据）”工作表。该数据是对 191 名大学生进行调查而得，是针对有手机的学生才问此问题，数据及其编码如图 4—67 所示。

	A	B	C	D	E	F
1	问卷编号	是否有手机	平均月费			
2	101	1	80		是否有手机	编码
3	102	2			有	1
4	103	1	40		没有	2
5	104	1	50			
6	105	1	30			

图 4—67　在 Excel 中的手机平均月费调查数据

对于没有手机的同学，如编号为 102 的问卷，相应的话费（C3 单元格）没有输入数值，这样，在 SPSS 中就为缺失值，如图 4—68 所示。

在 SPSS 中的数据文件为“第 4 章　手机平均月费 . sav”，数据在如图 4—68 所示的“数据编辑器”的“数据视图”窗口中，而变量定义在“变量视图”窗口中。

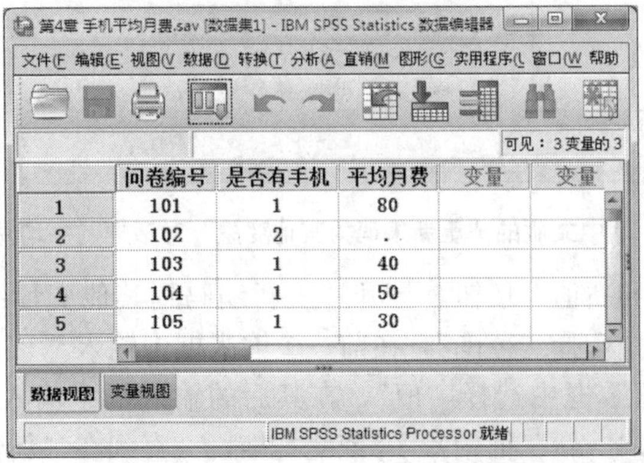

第4章 手机平均月费.sav [数据集1] - IBM SPSS Statistics 数据编辑器

文件(F 编辑(E 视图(V 数据(D 转换(T 分析(A 直销(M 图形(G 实用程序(L 窗口(W 帮助

可见：3 变量的 3

	问卷编号	是否有手机	平均月费	变量	变量
1	101	1	80		
2	102	2	.		
3	103	1	40		
4	104	1	50		
5	105	1	30		

数据视图　变量视图

IBM SPSS Statistics Processor 就绪

图 4—68　在 SPSS 20 中文版中的手机平均月费调查数据（数据视图）

4. 5. 1　重新编码为不同变量

假设要将填空题的数值型数据平均月费分成 1～20、21～40、41～60、61～80、81～100、101 及以上等 6 个区间（区间编码为数字 1～6，有序数据）。也就是将填空题转换为单选题，如：

请问您平均每个月手机的话费约多少钱？

□ 1. 1～20 元　　□ 2. 21～40 元　　□ 3. 41～60 元　　□ 4. 61～80 元

□ 5. 81～100 元　　□ 6. 101 元及以上

可以采用 SPSS 20 中文版的“重新编码为不同变量”命令来实现。“重新编码为不同变量”命令在变量值转换过程中很常用。

在 SPSS 20 中文版中，打开数据文件“第 4 章　手机平均月费 . sav”后，执行下述操作：

(1) 单击菜单“转换”→“重新编码为不同变量”，打开“重新编码为其他变量”对话框。①

① 由于 SPSS 中文翻译问题，菜单和对话框名称不完全相同。

（2）将“平均月费”加入到“输入变量→输出变量”框中。此时框的名称变为提示语“数字变量→输出变量”，提醒用户要重新编码的“平均月费”变量是数值型变量。

（3）在右侧的“输出变量”的“名称”框中输入新的变量名“月费分组”，并单击“更改”按钮，此时“数字变量→输出变量”框中将显示为“平均月费→月费分组”，如图 4—69 所示。

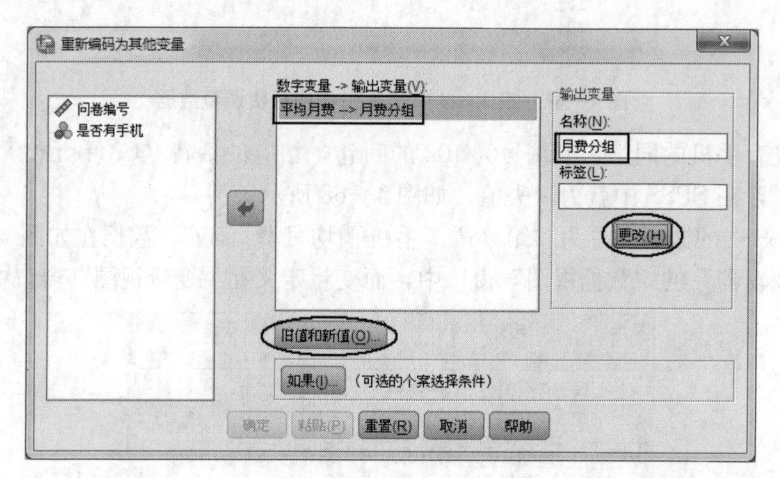

图 4—69　SPSS 20 中文版的“重新编码为其他变量”对话框（平均月费→月费分组）

（4）单击“旧值和新值”按钮，打开“重新编码到其他变量：旧值和新值”对话框。①在“旧值”框中选择“范围”，在前一个输入框中输入“1”，在后一个输入框中输入“20”；在“新值”框中选择“值”，在其后的输入框中输入“1”，单击“添加”按钮确认（添加到“旧→新”框中）。②依此类推，一直到在“新值”框中的“值”后的输入框中输入“5”并单击“添加”按钮确认为止。③最后在“旧值”框中选择“范围，从值到最高”，在输入框中输入“101”；在“新值”框中的“值”后的输入框中输入“6”，单击“添加”按钮确认。结果如图 4—70 所示。

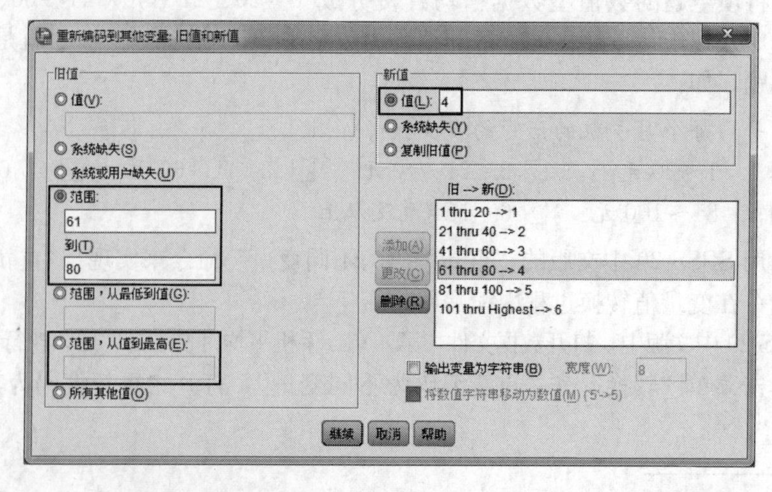

图 4—70　“重新编码到其他变量：旧值和新值”对话框（平均月费→月费分组）

（5）上述结果将把“平均月费”划分为 6 个区间。第一个区间是“1～20”元，以后是每隔 20 元为一个区间，最后是“101 元及以上”为一个区间。单击“继续”按钮，返回如图 4—69 所示的“重新编码为其他变量”对话框。

（6）单击“确定”按钮，提交运行。此时可以从“第 4 章　手机平均月费 .sav”的“数据视图”窗口中看到新变量“月费分组”，如图 4—71 所示。

第4章 手机平均月费.sav [数据集1] - IBM SPSS Statistics 数据编辑器

2：月费分组　　可见：4 变量的 4

	问卷编号	是否有手机	平均月费	月费分组
1	101	1	80	4.00
2	102	2	.	
3	103	1	40	2.00
4	104	1	50	3.00
5	105	1	30	2.00

数据视图　变量视图

IBM SPSS Statistics Processor 就绪

图 4—71　在 SPSS 20 中文版“数据视图”窗口中的新变量“月费分组”

（7）新变量“月费分组”是有序变量（SPSS 20 中文版的“度量标准”为“序号”），所以小数没有意义，可以去掉（小数改为“0”）。此外，每个变量取值所代表的含义应该用“值”标签予以说明。这些可在“变量视图”窗口中进行设置，如图 4—72 中的第 4 行变量（月费分组）所示。

图 4—72　在“变量视图”窗口中设置新变量“月费分组”的属性

4.5.2 利用SPSS的“频率”命令对新变量进行一维频率分析

将“平均月费”数据分成6个区间（即新变量“月费分组”）后，即可计算落在各区间的分布情况（一维频率分布表），可以利用SPSS的一维频率分析来实现。

打开重新编码为不同变量“月费分组”后的数据文件“第4章　手机平均月费.sav”，执行下述操作：

（1）单击菜单“分析”→“描述统计”→“频率”，打开如图4—73所示的对话框。

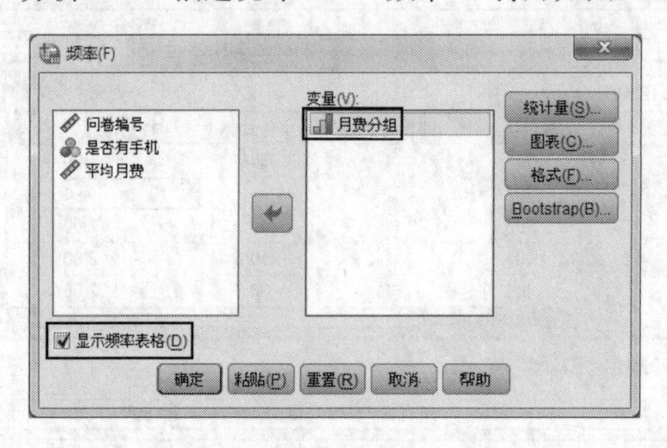

图4—73　SPSS 20中文版的“频率”对话框（月费分组，一维频率分析）

（2）从左侧的源变量框中选择新变量“月费分组”，进入“变量”框中。保留默认勾选“显示频率表格”。

（3）单击“确定”按钮，提交运行。SPSS在“输出”窗口中输出如表4—5和表4—6所示的统计分析结果。

表4—5　“月费分组”的统计概要

月费分组

N	有效	119
	缺失	72

表4—5的内容表示：有效数据个数为119个，缺失数据个数为72个。也就是说，在191名受访大学生中，有119名同学现在拥有手机，而有72名同学现在没有手机。

表4—6　“月费分组”的一维频率分布表（SPSS格式）

月费分组

		频率	百分比	有效百分比	累积百分比
有效	1～20元	28	14.7	23.5	23.5
	21～40元	39	20.4	32.8	56.3
	41～60元	31	16.2	26.1	82.4
	61～80元	9	4.7	7.6	89.9
	81～100元	5	2.6	4.2	94.1
	101元及以上	7	3.7	5.9	100.0
	合计	119	62.3	100.0	
缺失	系统	72	37.7		
合计		191	100.0		

将 SPSS 格式的“月费分组”一维频率分布表（表 4—6）复制到 Excel 中，按照调查报告格式转换表格并作条形图。①

手机月费的调查报告如下：

在 191 名受访大学生中，有 119 名同学现在拥有手机（占 62.3%），而有 72 名同学现在没有手机。

关于“手机月费”的一维频率分布表和条形图如表 1 和图 1 所示。

表 1　手机月费分布

手机月费	人数	百分比
1～20 元	28	23.5%
21～40 元	39	32.8%
41～60 元	31	26.1%
61～80 元	9	7.6%
81～100 元	5	4.2%
101 元及以上	7	5.9%
合计	119	100%

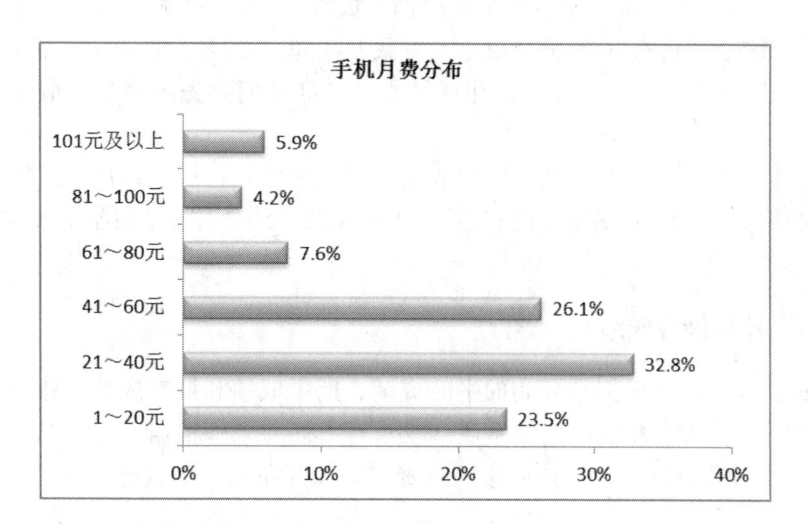

图 1　手机月费分布条形图

本次调查结果显示：在现在拥有手机的 119 名受访大学生中，平均每月手机话费在 21～40 元的同学最多，约占三分之一（32.8%）；有近五分之一（7.6%＋4.2%＋5.9%＝17.7%）同学的每月手机话费在 60 元以上。

① 按照调查报告所需格式转换表格的操作方法可参照 4.1.2 小节，在 Excel 中绘制条形图的操作方法可参照 6.4.1 小节。由于新变量“月费分组”是有序变量，故无需再按百分比降序排序。

4.6 利用Excel实现填空题的一维频率分析

例 4—10 利用Excel实现学生成绩的处理和统计。

数据如图4—74所示，请参见“第4章 最终成绩统计.xlsx”中的“平时、期中、期末成绩”工作表。

	A	B	C	D
1	学号	平时成绩（20%）	期中成绩（50%）	期末成绩（30%）
2	20120001	89	91	88
3	20120002	83	78	75
4	20120003	93	95	90
5	20120004	50	45	60
6	20120005	82	80	86

图4—74 最终成绩统计的数据

该数据是2012级某计算机应用基础班68名学生的成绩（包括平时成绩、期中成绩和期末成绩，假设每位学生各个阶段都有成绩）。因为某大学教务系统对学生的最终成绩有规定：“优秀（90分及以上）率最好不超过20%，且一定不能超过30%，否则成绩无法提交”。因此，录入学生成绩之前，老师们要先统计学生最终成绩分布情况。

首先，根据学生的平时成绩、期中成绩和期末成绩，计算最终成绩。然后根据最终成绩，利用COUNTIF函数（或COUNTIFS函数）统计各分数段学生人数，并计算最终成绩分布（百分比）。

4.6.1 计算最终成绩

学生的最终成绩是根据百分制的平时成绩、期中成绩和期末成绩，通过加权平均计算得到的。各门课程相应的比例系数（权重）由任课老师根据实际情况和学校的规定来给定（要求总和为100%），如这里的20%、50%和30%。因此，

最终成绩＝平时成绩×20%＋期中成绩×50%＋期末成绩×30%

计算结果如图4—75所示，请参见“第4章 最终成绩统计.xlsx”中的“计算最终成绩”工作表，由于最终成绩要求为整数，因此对计算结果进行四舍五入取整。也就是说，先在E列计算“百分总成绩”，然后对“百分总成绩”进行四舍五入取整，存放于F列的“最终成绩”。

操作步骤如下：

（1）首先，为了便于滚动浏览查看数据，将第1行（首行）标题固定在表格顶端。在“视图”选项卡的“窗口”组中，单击“冻结窗格”下拉按钮，在展开的下拉菜单（如图3—6所示）中选择“冻结首行”。

E2　f_x　=B2*20%+C2*50%+D2*30%

	A	B	C	D	E	F
1	学号	平时成绩（20%）	期中成绩（50%）	期末成绩（30%）	百分总成绩	最终成绩
2	20120001	89	91	88	89.7	90
3	20120002	83	78	75	78.1	78
4	20120003	93	95	90	93.1	93
5	20120004	50	45	60	50.5	51
6	20120005	82	80	86	82.2	82

图 4—75　计算百分总成绩和最终成绩

（2）在 E2 单元格中输入公式“＝B2＊20％＋C2＊50％＋D2＊30％”，计算第 1 位学生（学号为 20120001）的“百分总成绩”。

（3）在 F2 单元格中输入公式“＝ROUND(E2，0)”，对第 1 位学生（学号为 20120001）的“百分总成绩”进行四舍五入取整，得到第 1 位学生的“最终成绩”。

（4）选中 E2 和 F2 两个单元格，在“开始”选项卡的“对齐方式”组中，单击“居中”按钮，将计算结果居中对齐显示。

（5）在 E2 和 F2 两个单元格仍是选取状态（否则选择 E2 和 F2 两个单元格）时，双击 E2:F2 区域的填充柄，将 E2 和 F2 两个单元格的公式和格式复制到 E3:F69 区域（计算其他学生的“百分总成绩”和“最终成绩”）。

（6）将不及格（60 分以下）的成绩用“浅红填充色深红色文本”标识出来。选择成绩区域 B2:F69，在“开始”选项卡的“样式”组中，单击“条件格式”下拉按钮，在展开的下拉菜单中，单击选择“突出显示单元格规则”，展开下一级菜单，如图 4—76 所示。

图 4—76　Excel 2010“条件格式”中的“突出显示单元格规则”的下拉菜单

（7）单击“小于”，打开“小于”对话框。在“小于”对话框中，在左侧的框中输入“60”，右侧则保留默认的“浅红填充色深红色文本”，如图 4—77 所示。

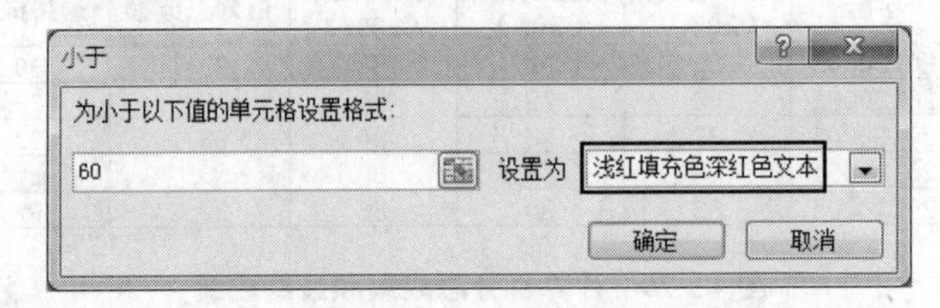

图 4—77　Excel 2010 设置条件格式的“小于”对话框（60 分以下）

（8）单击“确定”按钮，完成条件格式的设置。此时，在成绩区域 B2:F69 中，可以看到不及格（60 分以下）的成绩用“浅红填充色深红色文本”标识出来了。

4.6.2　利用 COUNTIF 函数统计各分数段学生人数

假设要将学生的最终成绩分为优（90 分及以上）、良（80～89 分）、中（70～79 分）、及格（60～69 分）和不及格（60 分以下）共 5 个分数段。

学生最终成绩分布情况（最终成绩分段统计）如图 4—78 中的 H1:J8 区域所示①，请参见“第 4 章　最终成绩统计 . xlsx”中的“利用 COUNTIF 函数统计”工作表。

I4　fx　=COUNTIF(F2:F69,">=80")-COUNTIF(F2:F69,">=90")

	E	F	G	H	I	J	K	L
1	百分总成绩	最终成绩		最终成绩分段统计				
2	89.7	90		分数段	人数	百分比		
3	78.1	78		90分及以上	18	26.5%		
4	93.1	93		80～89分	23	33.8%		
5	50.5	51		70～79分	19	27.9%		
6	82.2	82		60～69分	6	8.8%		
7	79.8	80		60分以下	2	2.9%		
8	89.5	90		合计	68	100%		

图 4—78　利用 COUNTIF 函数对最终成绩进行分段统计（结果，H1:J8 区域）

操作步骤如下：

（1）在最终成绩右侧（间隔 1 列）空白处，输入标题等内容，如图 4—79 中的 H1:J8 区域所示。

	E	F	G	H	I	J
1	百分总成绩	最终成绩		最终成绩分段统计		
2	89.7	90		分数段	人数	百分比
3	78.1	78		90分及以上		
4	93.1	93		80～89分		
5	50.5	51		70～79分		
6	82.2	82		60～69分		
7	79.8	80		60分以下		
8	89.5	90		合计		

图 4—79　利用 COUNTIF 函数对最终成绩进行分段统计（布局，H1:J8 区域）

① 由于百分比采用四舍五入显示，因此经常会看到百分比之和不为 100%的情况，如本例中的各项百分比之和（26.5%+33.8%+27.9%+8.8%+2.9%）为 99.9%，而不是 100%。

（2）利用单条件计数函数 COUNTIF 实现单条件计数。在 I3 单元格中输入如下公式：

＝COUNTIF(F2:F69,″＞＝90″)

（3）利用单条件计数函数 COUNTIF 实现两个条件计数。虽然 COUNTIF 函数只能针对单个条件的数据进行统计，但通过解法的变通，也可以统计同一区域中由两个边界值所指定的数据个数（最终成绩大于等于 80 分的人数减去最终成绩大于等于 90 分的人数，得出 80～89 分数段的人数）。在 I4 单元格中输入如下公式：

＝COUNTIF(F2:F69,″＞＝80″)－COUNTIF(F2:F69,″＞＝90″)

（4）同理，在 I5 单元格中输入如下公式：

＝COUNTIF(F2:F69,″＞＝70″)－COUNTIF(F2:F69,″＞＝80″)

（5）在 I6 单元格中输入如下公式：

＝COUNTIF(F2:F69,″＞＝60″)－COUNTIF(F2:F69,″＞＝70″)

（6）在 I7 单元格中输入如下公式：

＝COUNTIF(F2:F69,″＜60″)

温馨提示：可以使用 Excel 2010 新增的多条件计数函数 COUNTIFS 实现最终成绩分段人数统计，如表 4—7 所示。

表 4—7　　使用 COUNTIF 和 COUNTIFS 函数实现最终成绩分段人数统计的对比

单元格	使用单条件计数函数 COUNTIF	使用多条件计数函数 COUNTIFS
I3	＝COUNTIF(F2:F69,″＞＝90″)	＝COUNTIFS(F2:F69,″＞＝90″)
I4	＝COUNTIF(F2:F69,″＞＝80″) －COUNTIF(F2:F69,″＞＝90″)	＝COUNTIFS(F2:F69,″＞＝80″,F2:F69,″＜90″)
I5	＝COUNTIF(F2:F69,″＞＝70″) －COUNTIF(F2:F69,″＞＝80″)	＝COUNTIFS(F2:F69,″＞＝70″,F2:F69,″＜80″)
I6	＝COUNTIF(F2:F69,″＞＝60″) －COUNTIF(F2:F69,″＞＝70″)	＝COUNTIFS(F2:F69,″＞＝60″,F2:F69,″＜70″)
I7	＝COUNTIF(F2:F69,″＜60″)	＝COUNTIFS(F2:F69,″＜60″)

（7）单击选中 I8 单元格，然后在“开始”选项卡的“编辑”组中，单击“自动求和”按钮，将自动输入公式“＝SUM(I3:I7)”，单击编辑栏左侧的“输入”按钮（或按 Enter 回车键），完成求和。

（8）选中 I3:I8 区域，在“开始”选项卡的“对齐方式”组中，单击“居中”按钮，将统计人数居中对齐显示。

（9）计算各分数段人数占总人数的百分比。在 J3 单元格中输入公式“＝I3/＄I＄8”。

（10）选中 J3 单元格，双击 J3 单元格的填充柄，复制公式到 J4:J7 区域。

（11）单击选中 J8 单元格，然后在“开始”选项卡的“编辑”组中，单击“自动求和”按钮，将自动输入公式“＝SUM(J3:J7)”，单击编辑栏左侧的“输入”按钮（或按 Enter 回车键），完成求和。

（12）选中 J3:J8 区域，然后在“开始”选项卡的“数字”组中，单击“百分比样式”按钮，将 J3:J8 区域的格式设置为百分比样式。再在“开始”选项卡的“对齐方式”组中，单击“居中”按钮，将百分比居中对齐显示。

（13）选中 J3:J7 区域（不包括合计 100%），然后在“开始”选项卡的“数字”组中，单击一次“增加小数位数”按钮，使各分数段的百分比增加 1 位小数。

4.6.3 最终成绩分布

（1）在“利用 COUNTIF 函数统计”工作表中，选中 H2:J8 区域（参见图 4—78）并复制，然后粘贴到 Word 文件中，结果如表 4—8 所示。

表 4—8　　学生最终成绩分布

分数段	人数	百分比
90 分及以上	18	26.5%
80～89 分	23	33.8%
70～79 分	19	27.9%
60～69 分	6	8.8%
60 分以下	2	2.9%
合计	68	100%

（2）利用 H3:H7 区域（分数段）和 J3:J7 区域（百分比）这两个不连续的数据区域（不包括“合计”行），按照 4.3.2 小节介绍的“在 Excel 中绘制单选题的一维频率分布柱形图”的方法，绘制如图 4—80 所示的柱形图。可参见“第 4 章　最终成绩统计.xlsx”中的“柱形图”工作表。

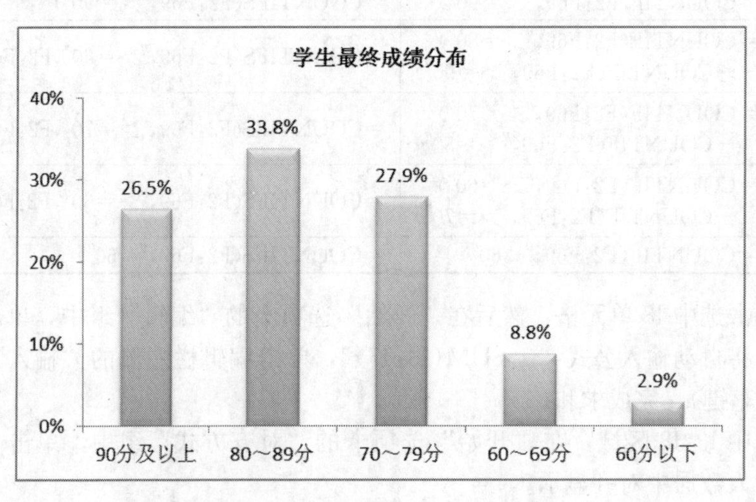

图 4—80　学生最终成绩分布柱形图

从表 4—8 和图 4—80 中可以看出，“90 分及以上”的占 26.5%，没有超过规定的上限 30%，因此这份学生成绩单可以录入到教务系统中。

4.7 撰写调查报告

调查数据收集、整理完毕，输入计算机，利用统计软件（或有统计功能的软件，如 Excel）进行分析，形成结论之后，就可着手撰写调查报告。撰写调查报告是整个社会调查活动过程的最后环节，它的作用就是把调查研究的结果以文字、表格、图表等形式传达给他人，同其他人进行交流。调查报告是一项社会调查研究成果的集中体现，其撰写的好坏将直接影响到整个社会调查研究工作的成果质量和社会作用。因此，必须高度重视社会调查研究报告的写作。

4.7.1 调查研究报告的类型与特点

调查研究报告是对整个社会调查研究过程的全面总结，它是反映社会调查研究成果的书面报告，它以文字、图、表等形式将调查研究的过程、方法、结果和结论表现出来。其目的是要告诉有关读者，对于所调查研究的社会现象或问题是如何开展调查的，采用了哪些方法，取得了哪些结果，发现了哪些规律，揭示了哪些矛盾，形成了哪些结论，等等。

由于社会调查研究课题的性质多样、内容广泛，调查的目的和作用又有较大的不同，因而形成的调查研究报告有多种类型。根据调查研究报告的性质、内容、用途、读者对象等方面的不同，可将调查研究报告分为以下几种类型。

1. 应用性调查报告与学术性调查报告

根据调查报告的主要目的和读者对象，可将其分为应用性调查报告和学术性调查报告。这两类报告在读者对象、目的、撰写要求等方面都有较大的差异。

从读者对象上来看，应用性调查报告往往以各级政府决策部门、各类实际工作部门的领导和有关工作人员为读者对象，而学术性调查报告则主要以专业研究人员尤其是与研究者相同或相近的专业研究人员为读者对象。

从目的与作用方面来看，应用性调查报告以了解和描述社会现实情况、提供社会决策参考、解决实际社会问题为主要目的，对于各级政府决策和实践部门了解社会情况、分析社会问题、制定社会政策、开展社会工作有着重要的参考价值，对社会舆论的形成和引导也具有较大影响。学术性调查报告则着重于对社会现象的理论探讨，即分析各种社会现象之间的相互关系和因果关系，以及通过对实地调查数据的分析或归纳，达到检验理论或建构理论的目的。

从调查报告的撰写要求上看，这两类报告也有较大的差异。应用性调查报告往往更强调对调查结果的描述、说明和应用，而对调查的方法、过程及工具等就不太关心。同时，应用性调查报告的语言往往也更加大众化，对社会现象的描述和分析也没有固定的格式，并且更多地采取直观的方式进行说明。学术性调查报告则往往需要运用各个学科的有关理论和概念，并且要对相关理论和概念作明确的说明和界定；要求详细地描述研究过程与方法，如选题的背景、样本的抽取、数据的收集等方面都要做详细介绍；在形式上也有比较固定、比较严格的格式，结构更加严谨；在论述的语言上也要求更加客观、更加严密。

2. 描述性调查报告与解释性调查报告

根据调查报告的主要功能，可将其分为描述性调查报告和解释性调查报告。

描述性调查报告着重于对所调查的社会现象或社会问题进行系统、全面、准确的描述，其主要目标是通过对调查数据和结果的详细描述，向读者展示某一社会现象或社会问题的基本状况、发展过程和主要特点。对于那些以弄清现状、找出特点为目的的社会调查来说，描述性调查报告是其表达结果的最适当的形式。

解释性调查报告的着眼点则有所不同，它的主要目标是要用调查所得数据来解释和说明某类社会现象或社会问题产生的原因，或说明不同社会现象相互之间的关系。这类报告中虽然也有一些对现象的描述，但一方面这种描述不像描述性报告那样全面、那样详细；另一方面这种描述也仅仅是作为合理解释和说明现象原因及关系的必要基础或前提而存在，即为了解释和说明而作必要的描述。

从写作要求来看，描述性调查报告强调内容的广泛和详细，要求面面俱到，同时十分看重描述的清晰性和全面性，力求对某种社会现象或社会问题进行一次全面的“清查”和系统的反映，形成有关某种社会现象或社会问题的“整体照片”。解释性调查报告则强调内容的集中与深入，看重解释的实证性和针对性，力求给人以合理且深刻的说明。

3. 综合性调查报告与专题性调查报告

根据调查报告的主题范围，可以将其划分为综合性调查报告与专题性调查报告。

综合性调查报告有时又称为概况性调查报告，是指对调查对象的基本情况、发展过程、主要特点作比较全面、系统、完整、具体的介绍的调查报告。当一项调查涉及某一现象各方面的内容、状况、特点、规律时，其报告往往采取综合性调查报告的形式。综合性调查报告一般有这样两个特点：一是对调查对象的基本情况进行较为完整的描述，它的内容所涉及的范围比较广泛，比如，一项社区概况调查就需要用综合性调查报告来全面反映该社区的政治、经济、文化、环境、社会结构、社会心理、生活质量等各方面的情况；二是杂而不乱，综合性调查报告往往需要以一条主线来串联庞杂的具体材料，使整篇报告形神合一，达到清楚地说明调查问题的目的。

专题性调查报告是指围绕某一特定问题或某一现象的某些侧面而撰写的调查报告。当一项调查主要涉及调查对象某一方面的情况时，则往往采取专题性调查报告的形式。这类调查报告的特点是内容比较专一，问题比较集中，分析比较深入。

从写作要求上看，这两类报告的主要差别表现在：综合性调查报告所依据的数据资料广泛但往往比较表面，专题性调查报告所依据的数据资料深入但往往比较狭窄；综合性调查报告力求全面，篇幅往往比较大，而专题性调查报告力求鲜明突出，针对性强，篇幅相对要小一些；从功能上看，综合性调查报告主要是描述性的，而专题性调查报告则更多地属于解释性的。

4.7.2 撰写调查报告的基本要求

撰写调查报告的基本要求主要有以下几点：

1. 观点与材料统一

观点和材料（数据）的统一，是撰写调查研究报告的基本要求之一。一篇好的调查研究报告，必须既有鲜明的观点，又有翔实的材料；用鲜明的观点去统帅翔实的材料，以翔实的材料去支撑鲜明的观点，两者有机联系，缺一不可。没有鲜明的观点，调查研究报告就没有灵魂、没有统帅；没有翔实的材料，调查研究报告就没有血肉、没有根基。鲜明的观点不是研究者调查研究之前的一种主观猜想，而是在深入实地调查，广泛收集第一手经验材料之后，对材料深入分析、反复提炼的结果，观点是材料的升华和结晶。一篇调查报告中，材料若无鲜明的观点来统帅，则材料就成了"无头苍蝇"。观点形成之后，就要选择有说服力的材料来支撑。观点若不以翔实的材料作支撑，则观点就成了无源之水，无本之木。

如何来选择材料呢？首先，要选择真实、准确的材料。真实、准确，是筛选材料过程中要严格把握的第一关，不能让虚假的、含糊的材料进入调查研究报告中。其次，要围绕主题、观点来选择材料。一篇调查研究报告可能只有一个主题，但可以有多个鲜明的观点。在调查报告撰写的过程中，一定要选择与主题关系密切的材料，并将这些材料"安放"到不同的观点之中。

2. 内容与形式统一

撰写调查报告就如同艺术家创作美术作品，总是力求美的内容与美的形式相统一。一篇好的调查研究报告既要有丰富的内容，又要有与之相一致的完美的表达形式。调查研究报告的内容要具备"四性"，即重要性、真实性、创新性、针对性。重要性是指一篇调查研究报告所具有的意义或价值；真实性是指一篇调查研究报告所反映的事实必须真实、准确、客观；创新性是指一篇调查报告要反映出一些新的东西，增加人们对社会现象或社会问题的新的认识；针对性是指调查研究报告是针对社会生活的某方面，不可能面面俱到，同时也指调查研究报告是针对某些特定的读者群体而写的。这些充实的内容要以丰富的形式表现出来，文字、图、表等都是表达内容的主要形式。在一篇调查研究报告中，文字、图、表等表达形式要综合运用，完美结合。

3. 整体结构完整性与内容陈述条理性相统一

不同类型的调查研究报告，如应用性调查研究报告与学术性调查研究报告，两者虽然在结构上有较大的差别，但从大的方面来看，都可以分为引言、主体、结尾三大部分，哪部分都不可少，少了任何一部分都会影响调查研究报告结构的完整性。

其中，第一部分即引言部分要说明调查的背景，包括调查研究的目的、意义、对象、范围、方法、过程等，缺少了这部分的说明，读者就难以理解第二部分的主体内容，难以判断结论的可靠性；主体部分着重陈述和分析调查发现，显然不可缺少；第三部分是结尾部分，要总结调查的结论，并对提炼的结论进行理论上的探讨或根据调查结论提出相应的对策、建议，它是整篇调查报告的"画龙点睛"之笔，同样也不可少。调查研究报告的内容中，无论是第一部分对调查背景的介绍，第二部分对调查主要发现的报告，还是第三部分提出对策与建议，都是采用一种陈述事实的方式，因此，陈述的条理性也同样是撰写调查研究报告的基本要求。

4.7.3 应用性调查报告的结构与写作

通常情况下，应用性调查报告中往往更强调对调查结果的描述、说明和应用。而对调查的方法、过程及调查结论的解释等就不太关心。同时，应用性调查报告的语言也更加大众化，对社会现象的描述和分析更多地采取直观的方式进行说明。

应用性调查报告没有固定不变的格式，但一般来说，各种调查报告在结构上都可分成标题、导言、主体和结尾几个部分。下面，结合具体例子对这几个不同部分的写作方法和要求作一些说明。

1. 标题

任何调查报告都应该有一个标题。标题是引起读者注意的关键因素之一。标题生动、明确、针对性强，就能打动读者，吸引读者；标题平平常常，往往难以引起读者的关注。一个好的标题要满足两个条件：其一是要能概括调查研究的内容；其二是要新颖、生动，能够吸引读者。目前从大量社会调查报告的标题来看，用得较多的标题形式主要有下列几类。

(1) 陈述式标题。

陈述式标题，即直接在标题中陈述调查的对象和调查的问题，如《关于大学生择业倾向的调查》、《广州地区大学生就业观念调查》、《城市居民社会心态调查》、《成都市青少年犯罪状况调查》等。这种标题形式的最大特点是明确、客观，从标题中就知道调查的内容和调查的对象，有利于读者根据需要来选择是否阅读。其缺点是千篇一律，太一般化，也显得比较呆板，难以引起读者的阅读兴趣。因此，发表在各种非专业报刊上的调查报告很少用这类标题，而学术性调查报告用此类标题的则比较多。

(2) 结论式标题。

结论式标题，即用某种结论式的语言、判断句等作标题，如《家庭不和是青少年犯罪的重要原因》、《近40%的大学生想创业》、《家庭养老面临挑战》等。这种标题形式的特点是，在标题中既揭示了主题，又表明了作者的观点，具有较强的针对性，且十分醒目，有一定的影响力。其缺点是显得有些呆板，且理论色彩较浓。这种标题同样在专业刊物上用得较多，而在一般刊物上用得较少。或者说用于学术性调查报告较多，用于应用性调查报告较少。

(3) 问题式标题。

问题式标题，即以一个问题作为标题，如《他们为什么选择离婚》、《21世纪的爱情是什么味道》、《当今青年农民在追求什么》等。这类标题的突出特点是十分吸引人们的注意力，有利于调动人们进一步阅读的欲望，应用性调查报告更经常地采用这类标题。非专业刊物上发表的调查报告，也较多地采用这类标题。

(4) 双标题式标题。

双标题式标题，即由主标题和副标题共同构成调查报告的标题。在这种形式中，主标题多以问题式和结论式表达，而副标题则以陈述式表达，如《他们也有爱的权利——对北京市老年人婚姻问题的调查》、《独生子女都是小皇帝吗？——对武汉市

1 000名小学生的调查》、《她们也曾经美丽过——对200名“失足”少女的调查》、《他们信息世界的另一半——中学生与大众传媒的描述性报告》等。

这种形式的标题具有上述各种优点，无论是应用性调查报告还是学术性调查报告，都可采用这种形式的标题，因而这也是各类报刊发表的调查报告中十分常见的一种标题形式。

标题的写法虽然灵活多样，但有一点要十分注意，这就是“文要对题”，即调查报告的标题要与调查报告的内容相符，不能为了引起读者的注意而使用超出调查报告内容的标题。在突出报告主题的原则上，可以适当注意标题的新颖、活泼。

2. 导言

导言又可称为前言，是调查报告的第一部分，它的主要任务是对已经完成的调查向读者作一个简单的介绍，使他们获得一个较全面的印象，以期引起他们的注意和兴趣。最主要的内容包括调查的目的、调查的内容、调查的对象、调查的时间和地点、调查的方法等。导言部分一般文字较少，简明扼要。只有在学术性调查研究报告中，导言才比较具体，内容也比较多。应用性调查报告导言的具体写法有下列几种常见的方式。

(1) 直达宗旨式。

直达宗旨式，即开门见山，平铺直叙，直接把调查的目的、内容、对象、范围等一一写出。它的主要特点是有利于读者把握调查报告的主要宗旨和基本精神。例如：

为了全面了解下岗职工的生活状况，加强对下岗职工的就业和再就业工作的管理，华中科技大学社会学系于2000年9—10月，在湖北省武汉市调查了900位下岗职工的生活与工作情况，下面是这次调查的方法及主要结果。

第5章附录的导言也是采用直达宗旨式。

(2) 提问设悬式。

提问设悬式，即先描述某种社会现象和社会问题，然后对这种社会现象和问题产生的原因、影响等提出一系列疑问，最后介绍调查的基本情况。这种写法往往能引人入胜，增强读者阅读报告的兴趣。例如：

随着社会的开放和人们物质生活水平的提高，中学生早恋已成为一种较为普遍的现象。无论是上学、放学的路上，还是街上，都可以看到学生情侣公然手牵手、肩并肩，有的甚至在公共场合旁若无人地亲热；而男生为女生打架，女生为男生殉情的事情也时有发生；因早恋而使成绩下降者更是比比皆是。甚至有报道说，目前中学生谈恋爱的比例已高达80%。真的有这么多中学生早恋吗？促使中学生早恋的原因是什么？早恋对学生的成长会带来哪些影响？学校如何进行中学生的青春期教育？为了弄清这些问题，南京大学社会学系于2007年10—11月，对南京市和成都市400多名班主任进行了调查。

本章附录的导言也是采用提问设悬式。

(3) 给出结论式。

给出结论式，即在描述现象、提出问题的同时，直接写出结论。比如：

中学生早恋已不是偶然现象。无论是上学、放学的路上，还是街上，都可以看到学生情侣公然手牵手、肩并肩，有的甚至在公共场合旁若无人地亲热。这么多的中学生为什么会早恋呢？通过我们对南京市和成都市 400 多名班主任老师的调查发现，生理心理早熟、家庭性教育不当、社会文化的负面影响是导致中学生早恋的主要原因。

3. 主体

调查报告的主体部分，是整篇调查报告最主要的部分，所占的篇幅最大、内容也最多。通过对调查过程中所收集到的大量数据的统计分析而得到的一些重要发现，都集中在这一部分。在主体结构上必须精心地安排。一般来说，应用性调查报告主体部分的结构有下列几种常见的形式。

（1）纵向结构式。

纵向结构式，即按照调查现象本身所具有的时间顺序，从纵向的角度来描述和分析，以突出某一现象或问题的发展过程，或者反映不同时间的变化与差别。比如，一项反映新中国成立 60 多年来中国人择偶标准变化的调查报告，就可按纵向结构来安排，如可以将主体分为三部分：①新中国成立到“文化大革命”前中国人的择偶标准；②“文化大革命”期间中国人的择偶标准；③改革开放以来中国人的择偶标准。

（2）横向结构式。

横向结构式，即根据调查现象或问题本身所包含的各种不同特征或不同侧面，从横向的角度来逐一描述、分析和比较，以突出某一社会现象或问题的各个方面的内容。比如，一项关于当前中国人择偶标准的调查报告，就可将其主体分为：①政治社会条件；②生理条件；③经济物质条件；④个人品性。

（3）纵横结合式。

纵横结合式，即将上述两种方式相结合，以一种方式为主，常用于较大规模调查的调查报告中，以便于反映出比较复杂的内容。比如，在总体结构上按时间顺序，但在每一时期，又分别从不同的方面进行讨论；或在总体上按横向的结构，而在每一个具体方面的描述中又采取纵向的结构。

4. 结尾

应用性调查报告结尾部分的中心内容是对调查的过程和主要结果进行小结，陈述调查研究的结论，并在阐明所调查现象产生或形成的原因、所具有的影响的基础上，提出若干解决的办法或政策建议。结尾部分在写作上的具体要求是：语言要精练，陈述要明确，可以简明扼要地列出几点，清晰地表明调查研究的主要结果，以及研究者的看法和观点。

总的来说，导言部分以介绍情况、说明目的为主；主体部分则以详细描述社会现象的实况、报告实地调查的结果为主；结尾部分则以对这一社会现象的讨论以及解决问题的建议为主，以引起社会的重视，或供有关部门参考。

4.8 思考题与上机实验题

思考题：

1. 在 SPSS 中，用什么菜单实现单选题的一维频率分析？
2. 在 SPSS 中，用什么菜单实现填空题的一维频率分析？
3. 在 Excel 中，用什么函数实现单选题的一维频率分析？
4. 在 Excel 中，用什么函数实现填空题的一维频率分析？

上机实验题：

1. 利用第 2 章附录Ⅱ的"大学入学新生信息技术与计算机基础情况调查问卷"进行调查，共收回有效问卷 1 531 份，数据文件为"第 4 章　新生入学调查 . xlsx"。

要求应用所学的单选题一维频率分析，对下列问题进行基本统计分析：

（1）学生对计算机的兴趣程度分析。

（2）学生对大学计算机课程最喜欢的教学方式分析。

（3）学生使用办公软件（Word、PowerPoint、Excel）的熟练程度分析。

2. 利用 3.5 节的"居民收入与生活状况调查问卷"进行调查，共收回有效问卷 600 份，数据文件为"第 4 章　居民收入与生活状况调查 . sav"。

要求应用所学的单选题一维频率分析，对下列问题进行基本统计分析：

（1）分析受访者的性别、年龄结构。

（2）居民收入分析。

（3）居民对储蓄实名制的态度分析。

（4）居民生活状况满意度分析。

3. 中国互联网络信息中心（CNNIC）每年都会发布 2 次《中国互联网络发展状况统计报告》，请上网（http://www.cnnic.com.cn）查看并下载最新发布的《中国互联网络发展状况统计报告》。

本章附录　社会调查报告实例（频率分析）

广州地区大学生就业观念调查

（2002 年）

2002 年，过万名的应届大学毕业生走进广州，踌躇满志地准备实现自己的梦想，但也有一部分学生仍在寻觅、等待机会的到来。今年广州的就业形势，对大学生们的心理冲击如何？面对竞争日益激烈的就业环境，他们有何应对措施，心中所思所想与现实差距何在？经历求职过程的辛酸苦辣后，就业观念和择业倾向有何特点，承受能力如何？师兄、师姐们的求职之路对于次年即将毕业的后来者，又有何影响和启发？带着相关话题，2002 年 6 月底、7 月初，广州社情民意研究中心对广州地区 7 所高校的500名大学生进行了一次问卷调查。调查对象包括应届和将于次年毕业的研究生、本科生和大专生在内，最后共完成有效问卷426份。其中，应届毕业生273人，次年毕业的大学生153人。

工作不怕压力和挑战，只要收入高，有利于个人发展，这是调查显示的目前广州地区高校学生择业的基本心态。现将调查结果分几个专题分析和比较。

一、被访大学生的工作价值观总体上以个人价值取向为主

工作对一个人来讲，最重要的意义是什么？被访大学生中，选择“体现自己的价值”、“实现自己的理想”和“挣钱”的人数比例，在待选的七项意义中依次居前三位，体现了现代大学生注重“自我价值的实现”和“现实经济利益的取得”的工作价值取向。其次为“取得社会地位”、“为社会作贡献”和“结交朋友”，但选择比例远远少于前三项，从七成左右降为三成左右。选择“消磨时间”的人很少，仅有1.8%。如何既鼓励个人奋斗和个人价值的满足，又强调这是以承担社会责任为基础的，是大学生就业指导中必须重视的。

二、三资企业、党政机关、事业单位和国有企业成为大多数大学生心目中的理想选择

调查中，表示最希望到以上四种性质单位工作的被访者依次有28.9%、22.8%、17.2%和13.1%，四者共占82.0%。其他被访者中，选择自由职业或自主创业的人分别有5.6%和5.4%，均要高于选择私营企业的人4.2%的比例。有其他选择的人不多，仅占2.8%。如表1所示。

表1　　广州地区大学生心目中的理想单位选择

单位性质	三资企业	党政机关	事业单位	国有企业	自由职业	自主创业	私营企业	其他
选择比例	28.9%	22.8%	17.2%	13.1%	5.6%	5.4%	4.2%	2.8%

从广州市今年接受毕业生单位性质的构成①看，党政机关仅占9.7%，事业单位占31.0%，国有企业占36.7%，三资、私营企业占44.3%。同时，在社会对毕业生人才的供求总量失衡、结构矛盾突出的形势下，今后几年高校毕业生就业的主渠道将是基层和中小企业。但从问卷调查数据看，目前大学生选择企业的比例虽总体上略为占优，然而择业的目光大多仍定在机关、三资企业等高薪体面的工作上，基层岗位被严重忽视，特别是私营企业被选为就业理想单位的比例仅不到半成。这就要求广大毕业生根据人才供需的总体形势，尽快降低就业期望，以适应社会形势的变化。

三、珠三角成为广州地区大学生毕业去向的大热门

当被问到最希望在哪个地区工作时，86.6%的被访大学生选择了珠三角。来自西部地区和广东省内非珠三角地区的学生对珠三角更为留恋，选择的人数比例均超过九成。被访的广州生源的学生中，有17.7%选择的是其他地区，主要是西部和东部的一些大城市，且男生更体现出“好男儿志在四方”的英雄气概，有小部分人（3.1%）还选择了边疆地区。

① 编著者注：构成总和为121.7%，不为100%，可能是多选题，也可能是输入有误。

四、广州地区大学生选择就业单位时一方面表现出较强的求利心理，一方面追求适合个人发展的机会

在选择具体就业单位时，被访大学生最看重的首先是收入。在待选的16个条件中，收入的被选率居首位，达82.2%；且学历越高的人越为看重，在研究生中该项的比例上升为93.3%。这说明广州地区的大学生并不畏言经济利益，“收入水平也是衡量一个人价值的重要标志”。被访大学生着重考虑的第二层因素依次为：合不合自己的兴趣和爱好，能否发挥专业特长和能否实现个人抱负，把以上三项列为择业条件的人在五成至六成之间。这说明适合个人发展也是多数大学生择业的目标。另外，劳保福利、是否有升迁机会和工作是否稳定，成为大学生择业重点会考虑的第三层因素，选择的人数比例在三成至四成之间。相对不受重视的是工作是否轻松和单位的所有制性质，选择的人数比例均不超过一成。其他因素的被选比例分别为：上级的领导方式和才能(28.6%)、单位的人际关系（26.5%)、工作地点（26.0%)、住房（25.1%)、单位的规模和名气（22.5%)、能否充分发表自己的意见（22.0%)、工作的社会声望(17.5%)。见表2。

表2　　广州地区大学生的择业条件

排名	考虑因素	百分比	排名	考虑因素	百分比
1	收入	82.2%	9	单位的人际关系	26.5%
2	合不合自己的兴趣和爱好	57.0%	10	工作地点	26.0%
3	能否发挥专业特长	52.2%	11	住房	25.1%
4	能否实现个人抱负	50.1%	12	单位的规模和名气	22.5%
5	劳保福利	44.2%	13	能否充分发表自己的意见	22.0%
6	是否有升迁机会	37.8%	14	工作的社会声望	17.5%
7	工作是否稳定	33.6%	15	单位的所有制性质	8.7%
8	上级的领导方式和才能	28.6%	16	工作是否轻松	8.3%

注：选择工作可考虑多个因素，故各个因素的百分比总和大于100%。

总体上，目前大学生找工作既注重市场经济体制下的实际利益，又有年轻人追求个性发展的强烈要求；同时，一定程度上仍摆脱不了计划经济下的福利待遇制度的影响。另一方面，大学生选择工作时，对单位性质和工作声望的实际重视程度并不突出，说明虽然他们向往的是高薪体面的工作，但面临实际选择时，还是能够适应形势发展，及时调整心态。只要各地区、各行业、各单位转变观念，加快建立现代规范化的管理，为专业人才的发展创造广阔的空间、提供充足的条件，大学生的就业道路就将越走越宽阔。

五、研究生工作求稳和求轻松的心态比本科生和大专生表现突出

调查还表明，在具体的工作分类上，广州地区大学生承受压力、接受挑战的心理准备，要比应付紧张、辛苦、不稳定工作的心理准备充分一些。调查中，选择有挑战性和有压力但有发展机会的工作的人明显占优；对于是选择紧张、辛苦、可能因工作表现或企业效益变化而被解雇但收入高，还是选择轻松、稳定但收入低的工作，大学生们则开始有些犹豫，比例差距缩小。

调查数据进一步显示，被访者中的研究生，承受压力、应付挑战的勇气不如本科生和大专生，工作求稳和求轻松的心态比其他学历学生较为明显。这与研究生就业期望较高，自我感觉选择机会较多可能有一定关系。经历了求职过程的辛酸苦辣后的应届毕业生，对所拥有的就业机会显得尤为珍惜，工作求稳的心态也比次年毕业的学生更为明显。在求职已不单只是比拼一张文凭的今天，如果研究生的这种心态表现越来越突出的话，有可能会因用人单位出于所需支付人力成本的考虑而遭受冷落，选择范围反而更小，不得不引起研究生们的反思。

（广州地区大学生就业观念调查课题组。执笔：黄燕玲　社会学学士）

附：调查样本背景资料（个人信息）

Q1. 性别：　□ 1. 男 55.1%　□ 2. 女 44.9%

Q2. 生源地性质：　□ 1. 大城市 24.8%　□ 2. 中小城市 51.2%　□ 3. 农村 24.0%

Q3. 生源地地区：　□ 1. 广州市 19.0%　□ 2. 珠三角地区 18.6%　□ 3. 广州其他地区 41.4%　□ 4. 沿海省份 7.5%　□ 5. 中部地区 8.9%　□ 6. 西部地区 4.6%

Q4. 是否应届毕业生：　□ 1. 应届毕业生 64.1%　□ 2. 次年才毕业 35.9%

Q5. 毕业后的学历：　□ 1. 博士 0.7%　□ 2. 研究生 6.6%　□ 3. 本科生 59.3%　□ 4. 大专生 33.4%

第 5 章

双变量的交叉表分析

社会调查、市场调查或民意调查，经常利用交叉表来分析两个分类（或有序）变量之间的关系，比如：性别与幸福感、年龄与幸福感、教育程度（学历）与幸福感、收入与幸福感、性别与品牌偏好，等等。

交叉表分析易于理解，便于解释，操作简单，却可以解释比较复杂的现象。因此在调查统计分析中应用非常广泛。

本章将介绍如何利用 SPSS 和 Excel 实现两个分类（或有序）变量间的交叉表分析。所涉及的是单选题或填空题，不涉及多选题。如果填空题是数值型数据，在进行交叉表分析之前，要先分组并转换为有序数据（单选题）。①

本章附录是一个应用交叉表分析及其相关性卡方检验的社会调查报告实例。

5.1 利用 SPSS 实现两个单选题的交叉表分析

1991 年美国综合社会调查（GSS）② 数据文件（请参见“第 5 章　1991 年美国综合社会调查 . sav”③）是 SPSS 软件早期版本自带的数据文件。该数据文件含有 1 517 个

① 转换方法请参见 4.5.1 小节介绍的利用 SPSS“重新编码为不同变量”命令将填空题“平均月费”转换为单选题“月费分组”。

② 在美国，有一项专门为了全体社会科学的学者和学生利用而设计的全国家庭抽样调查——综合社会调查（General Social Survey，GSS）。它由芝加哥大学的“全国民意研究中心（NORC）”负责具体实施。GSS 调查采用入户访问方式进行。GSS 还有专门的网站（http://www3. norc. org/GSS+Website）。

③ SPSS 软件早期版本自带的数据文件，由于其变量的名称、标签和“值”标签等都为英文，且有各种缺失值。为了方便读者阅读，(1) 将变量的标签和“值”标签翻译成中文；(2) 将缺失值全部用空值代替；(3) 对其中的变量进行筛选，只保留本套教材要用到的变量。

受访美国人的个人信息和调查信息。利用第 4 章介绍的单选题一维频率分析可知，关于受访美国人的个人信息有：性别、种族和居住地区。

例 5—1 分析不同性别（种族、居住地区）的美国人对生活方面（幸福感、生活是否充满激情）的认识。

这个问题可以分解为 6 个小问题：

（1）分析不同性别的美国人对幸福感的认识（幸福感的性别差异分析）。

（2）分析不同种族的美国人对幸福感的认识（幸福感的种族差异分析）。

（3）分析居住在不同地区的美国人对幸福感的认识（幸福感的地区差异分析）。

（4）分析不同性别的美国人对生活是否充满激情的认识。

（5）分析不同种族的美国人对生活是否充满激情的认识。

（6）分析居住在不同地区的美国人对生活是否充满激情的认识。

5.1.1 利用 SPSS 的“交叉表”命令求两个单选题的交叉表

对于例 5—1 中的每个小问题，都可以利用 SPSS 的“交叉表”命令来实现。下面以问题（1）为例，说明操作步骤。

在 SPSS 中，打开数据文件“第 5 章　1991 年美国综合社会调查 . sav”后，执行下述操作：

（1）单击菜单“分析”→“描述统计”→“交叉表”，打开“交叉表”对话框，如图 5—1 所示。

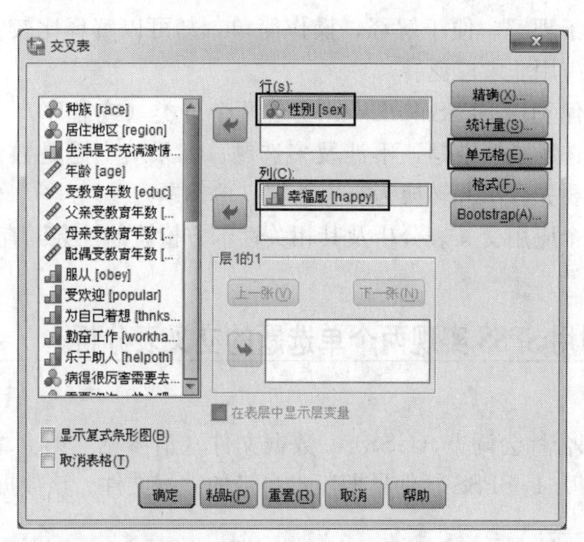

图 5—1　SPSS 20 中文版的“交叉表”对话框（性别 * 幸福感）

（2）从左侧的源变量框中选择“性别 [sex]”进入“行”框中，选择“幸福感 [happy]”进入“列”框中。

> **温馨提示：** 虽然“交叉表”对话框中的行、列变量可以互换，但一般将受访者的个人信息（如性别、种族、居住地区）放在“行”框中。

（3）单击“单元格”按钮，打开如图5—2所示的“交叉表：单元显示”对话框。在“计数”框中，保留默认的勾选“观察值”。在“百分比”框中，选中（勾选）“行”（显示“行”百分比，即按“性别”分组显示百分比，用来进行性别比较）。[①] 单击“继续”按钮，返回如图5—1所示的“交叉表”对话框。

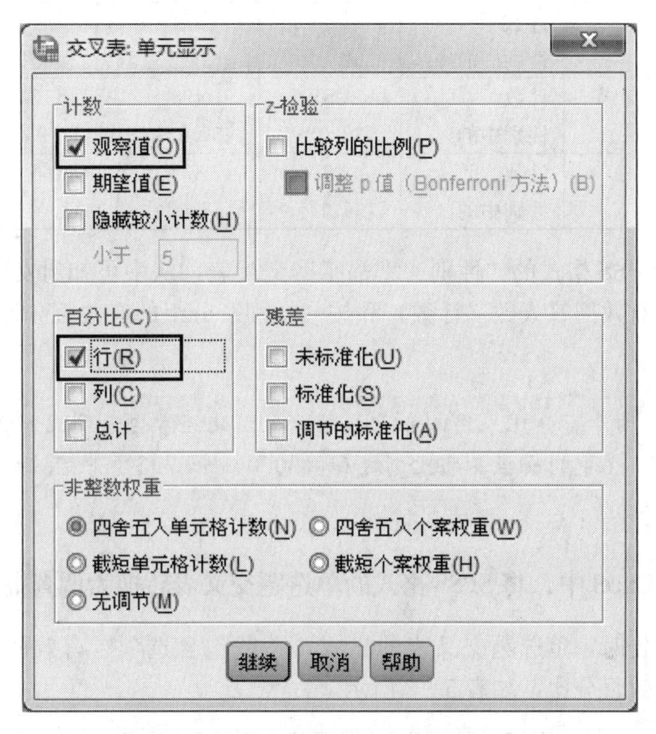

图5—2　SPSS 20中文版的“交叉表：单元显示”对话框（勾选“行”百分比）

（4）单击“确定”按钮，提交运行。SPSS在“输出”窗口中输出如表5—1和表5—2所示的交叉表分析结果。

表5—1　“性别＊幸福感”交叉表分析的统计概要

案例处理摘要

	案例					
	有效的		缺失		合计	
	N	百分比	N	百分比	N	百分比
性别＊幸福感	1 504	99.1%	13	0.9%	1 517	100.0%

表5—1是两个单选题“性别＊幸福感”交叉表分析的统计概要，表中的内容是：有效数据个数（受访者对两个单选题同时有作答）为1 504个，缺失数据个数为13个。由于“性别”没有缺失值，所以有13人对“幸福感”单选题没有作答。在交叉表中，只对有效数据进行统计分析，这点可从表5—2得到证实。

① 如果“性别”在“列”框中，则勾选“列”。也就是要按“性别”分组显示百分比。“性别”在“行”就勾选“行”，“性别”在“列”就勾选“列”。

表 5—2 “性别＊幸福感”的交叉表（SPSS 格式）

性别＊幸福感交叉制表

			幸福感			合计
			非常幸福	比较幸福	不太幸福	
性别	男	计数	206	374	53	633
		性别中的%	32.5%	59.1%	8.4%	100.0%
	女	计数	261	498	112	871
		性别中的%	30.0%	57.2%	12.9%	100.0%
合计		计数	467	872	165	1 504
		性别中的%	31.1%	58.0%	11.0%	100.0%

表 5—2 是 SPSS 格式的“性别＊幸福感”交叉表，从中可知男女受访者对幸福感单选题各选项的有效回答人数（计数）和按“性别”分组的有效百分比（性别中的%，“行”百分比）。

温馨提示：由于百分比采用四舍五入显示，因此经常会看到比例之和不为 100% 的情况，如表 5—2 中的女性各项比例之和（30.0%＋57.2%＋12.9%）为 100.1%，而不是 100%。

5.1.2 在 Excel 中，将 SPSS 格式的单选题交叉表转换为调查报告所需格式

撰写调查报告时，单选题交叉表的格式，一般包含选项、有效回答人数（计数）和行（或列）有效百分比，如表 5—3 所示。

表 5—3 “性别＊幸福感”的交叉表（调查报告格式）

		非常幸福	比较幸福	不太幸福	合计
男	人数	206	374	53	633
	百分比	32.5%	59.1%	8.4%	100%
女	人数	261	498	112	871
	百分比	30.0%	57.2%	12.9%	100%
合计	人数	467	872	165	1 504
	百分比	31.1%	58.0%	11.0%	100%

可参见“第 5 章　1991 年美国综合社会调查（SPSS 到 Excel）.xlsx”中的“性别 x 幸福感交叉表（SPSS 到 Excel）”工作表。①

1. 将 SPSS 格式的单选题交叉表拷贝到 Excel 2010 中

（1）在 SPSS 的“输出”窗口中，单击选中如表 5—2 所示的“性别＊幸福感”交叉表，然后单击鼠标右键，从快捷菜单中单击“复制”（以默认的“Excel 工作表(BIFF)”格式复制）②，如图 5—3 所示。

---

① Excel 工作表的名称中不能包含“＊”，本套教材用“x”代替“＊”，表示交叉表分析。

② 或从快捷菜单中单击“选择性复制”，打开“选择性复制”对话框，仅选择（勾选）“Excel 工作表(BIFF)”一种要复制的格式，如图 4—6 所示。

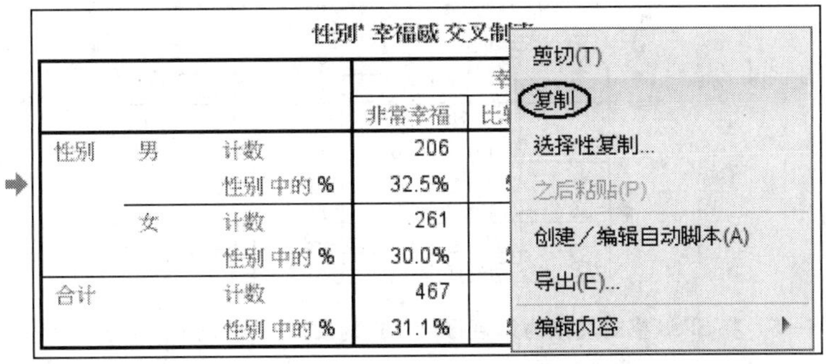

性别* 幸福感 交叉制表

			幸…	
			非常幸福	比…
性别	男	计数	206	
		性别 中的 %	32.5%	
	女	计数	261	
		性别 中的 %	30.0%	
合计		计数	467	
		性别 中的 %	31.1%	

剪切(T)
复制
选择性复制...
之后粘贴(P)
创建／编辑自动脚本(A)
导出(E)...
编辑内容

图 5—3　从 SPSS 20 中文版复制“性别 * 幸福感”交叉表的操作

(2) 打开一个新的 Excel 工作簿（或工作表），单击 A1 单元格，然后在“开始”选项卡的“剪贴板”组中，单击“粘贴”按钮。粘贴到 Excel 中的 SPSS 格式的“性别 * 幸福感”交叉表如图 5—4 中的 A1:G9 区域所示。

	A	B	C	D	E	F	G
1	性别* 幸福感 交叉制表						
2				幸福感			
3				非常幸福	比较幸福	不太幸福	合计
4	性别	男	计数	206	374	53	633
5			性别 中的 %	32.5%	59.1%	8.4%	100.0%
6		女	计数	261	498	112	871
7			性别 中的 %	30.0%	57.2%	12.9%	100.0%
8	合计		计数	467	872	165	1504
9			性别 中的 %	31.1%	58.0%	11.0%	100.0%
10							
11							
12				非常幸福	比较幸福	不太幸福	合计
13		男	人数	206	374	53	633
14			百分比	32.5%	59.1%	8.4%	100%
15		女	人数	261	498	112	871
16			百分比	30.0%	57.2%	12.9%	100%
17		合计	人数	467	872	165	1504
18			百分比	31.1%	58.0%	11.0%	100%

图 5—4　SPSS 格式和调查报告格式的“性别 * 幸福感”交叉表

2. 根据调查报告所需格式，在 Excel 2010 中转换单选题交叉表

在 Excel 中，根据表 5—3 的格式，通过选取（或输入）标题（选项内容）、选取所需数据（如：人数和百分比，直接复制—粘贴，或利用公式实现均可），然后设置格式（居中对齐显示、有边框线）修饰表格，将 SPSS 格式的“性别 * 幸福感”交叉表（如图 5—4 中的 A1:G9 区域所示）转换为调查报告所需格式（如图 5—4 中的 B12:G18 区域所示）。如果利用公式实现（利用公式实现数据的相对引用），则公式如图 5—5 所示。

操作步骤如下：

(1) 在 B13 单元格中输入公式“=B4”，引用 B4 单元格内容“男”。

(2) 将 B13:B14 两个单元格合并。选中 B13:B14 两个单元格，在“开始”选项卡的“对齐方式”组中，单击“合并后居中”按钮。

D12 | f_x =D3

	A	B	C	D	E	F	G
12				=D3	=E3	=F3	=G2
13			人数	=D4	=E4	=F4	=G4
14		=B4	百分比	=D5	=E5	=F5	=G5
15			人数	=D6	=E6	=F6	=G6
16		=B6	百分比	=D7	=E7	=F7	=G7
17			人数	=D8	=E8	=F8	=G8
18		=A8	百分比	=D9	=E9	=F9	=G9

图5—5　将SPSS格式转换为调查报告格式的公式（“性别＊幸福感”交叉表）

（3）在B15单元格中输入公式“＝B6”，引用B6单元格内容“女”。

（4）将B15:B16两个单元格合并。选中B15:B16两个单元格，在“开始”选项卡的“对齐方式”组中，单击“合并后居中”按钮。

（5）在B17单元格中输入公式“＝A8”，引用A8单元格内容“合计”。

（6）将B17:B18两个单元格合并。选中B17:B18两个单元格，在“开始”选项卡的“对齐方式”组中，单击“合并后居中”按钮。

（7）在C13单元格中输入文字“人数”，接着在C14单元格中输入文字“百分比”。

（8）向下复制文字“人数”和“百分比”。选中C13:C14（两个单元格）区域，双击C13:C14区域右下角的填充柄（或向下拖拽C13:C14区域右下角的填充柄到C18单元格），结果如图5—6中的C13:C18区域所示。

C13 | f_x 人数

	A	B	C	D
12				
13		男	人数	
14			百分比	
15		女	人数	
16			百分比	
17		合计	人数	
18			百分比	
19				

图5—6　双击C13:C14（两个单元格）区域填充柄的结果（C13:C18区域）

（9）在D12单元格中输入公式“＝D3”，引用D3单元格内容“非常幸福”。

（10）向右复制D12公式，引用“幸福感”其他选项内容。向右拖拽D12单元格右下角的填充柄到F12单元格。

（11）在G12单元格中输入公式“＝G2”，引用G2单元格内容“合计”。

（12）在D13单元格中输入公式“＝D4”，引用“男”性受访者选择“非常幸福”的人数。接着在D14单元格中输入公式“＝D5”，引用“男”性受访者选择“非常幸福”的百分比（“男”性受访者选择“非常幸福”的人数206除以“男”性受访者对“幸福感”的总回答人数633）。

（13）先向下再向右（或先向右再向下）复制“人数”和“百分比”公式。选中D13:D14（两个单元格）区域，双击D13:D14区域右下角的填充柄（或向下拖拽D13:

D14 区域右下角的填充柄到 D18 单元格），然后向右拖拽 D13:D18（六个单元格）区域右下角的填充柄到 G 列，结果如图 5—7 中的 D13:G18 区域所示。

D13 =D4

	B	C	D	E	F	G
11						
12			非常幸福	比较幸福	不太幸福	合计
13	男	人数	206	374	53	633
14		百分比	32.5%	59.1%	8.4%	100.0%
15	女	人数	261	498	112	871
16		百分比	30.0%	57.2%	12.9%	100.0%
17	合计	人数	467	872	165	1504
18		百分比	31.1%	58.0%	11.0%	100.0%
19						

图 5—7　先向下再向右拖拽 D13:D14 区域填充柄的结果（D13:G18 区域）

（14）将 G14、G16、G18 三个单元格的格式设置为没有小数的百分比样式（100%）。单击 G14 单元格，然后在“开始”选项卡的“数字”组中，单击一次“减少小数位数”按钮，使百分比合计为 100%。对于 G16 和 G18，采用同样的操作。

（15）将 B12:C12 两个单元格合并。选中 B12:C12 两个单元格，在“开始”选项卡的“对齐方式”组中，单击“合并后居中”按钮。

（16）设置 B12:G18 区域（“性别 * 幸福感”交叉表）的格式：居中对齐显示，有边框线。选中 B12:G18 区域，在“开始”选项卡的“对齐方式”组中，单击“居中”按钮；再在“开始”选项卡的“字体”组中，单击“边框”下拉按钮，在展开的下拉菜单中选择“所有框线”，结果如图 5—8 所示。

	B	C	D	E	F	G
11						
12			非常幸福	比较幸福	不太幸福	合计
13	男	人数	206	374	53	633
14		百分比	32.5%	59.1%	8.4%	100%
15	女	人数	261	498	112	871
16		百分比	30.0%	57.2%	12.9%	100%
17	合计	人数	467	872	165	1504
18		百分比	31.1%	58.0%	11.0%	100%

图 5—8　设置 B12:G18 区域格式的结果（居中对齐，所有框线）

同理，对于例 5—1 中的问题（2）～（6），可参照问题（1）“分析不同性别的美国人对幸福感的认识（性别 * 幸福感）”的实现方法，结果分别参见“第 5 章　1991 年美国综合社会调查（SPSS 到 Excel）. xlsx”中的“种族 x 幸福感交叉表”工作表、“居住地区 x 幸福感交叉表”工作表、“性别 x 生活是否充满激情交叉表”工作表、“种族 x 生活是否充满激情交叉表”工作表和“居住地区 x 生活是否充满激情交叉表”工作表。

5.1.3　在 Excel 中绘制两个单选题的交叉表统计图

两个单选题的交叉表统计图，首选是百分比堆积柱形图，其次是簇状柱形图，第三才是簇状条形图。

温馨提示： 在 Excel 中绘制两个单选题交叉表的百分比堆积柱形图和簇状柱形图的操作方法请参见 5.2.1 和 5.2.2 小节，绘制两个单选题交叉表的簇状条形图的操作方法可参照 6.4.2 小节。

（1）当百分比分布比较均匀（标志是：能正常显示数据标签）且“水平（类别）轴”能正常显示“类别名称”时，则可用选项和百分比作百分比堆积柱形图，如图 5—9 所示的男女受访者对幸福感认识的百分比堆积柱形图。在 Excel 中绘制两个单选题交叉表的百分比堆积柱形图的操作方法请参见 5.2.1 小节的例 5—2。

（2）当百分比分布不是很均匀，在百分比堆积柱形图中不能正常显示数据标签时，则可用选项和百分比先作簇状柱形图①试试。如果在簇状柱形图的“水平（类别）轴”中不能正常显示“类别名称”，则再考虑作簇状条形图。②

5.1.4 在 Word 中撰写两个单选题的交叉表分析调查报告

两个单选题的交叉表分析调查报告，一般包含表格、统计图和结论（建议）等。结果请参见“第 5 章 1991 年美国人对生活认识调查报告 . docx”。

温馨提示： 操作方法可参照 4.4 节的例 4—8。

将 Excel 中的两个单选题交叉表和统计图复制到 Word 文件中的操作步骤如下：

（1）将 Excel 中转换成调查报告格式的“性别 * 幸福感”交叉表（图 5—4 中的 B12:G18 区域）复制到 Word 文件中的相应位置，作为调查报告的一部分。操作方法可参照 4.4.1 小节。

（2）将 Excel 中绘制的“性别 * 幸福感”百分比堆积柱形图（如图 5—9 所示）复制（粘贴成“图片”格式）到 Word 文件中的相应位置，作为调查报告的一部分。操作方法可参照 4.4.2 小节。

（3）输入分析结果的文字内容。

“性别 * 幸福感”的调查报告内容如下：

不同性别的美国人对幸福感认识调查报告

此次调查了 1 517 名美国人，其中有 1 504 人对“性别”和“幸福感”两个单选题都作了回答（占总调查人数的 99.1%）。关于不同性别的美国人对幸福感认识的交叉表和柱形图如表 1 和图 1 所示。

---

① 如图 5—19 所示的不同种族的美国人对生活是否充满激情认识的簇状柱形图，在 Excel 中绘制两个单选题交叉表的簇状柱形图的操作方法请参见 5.2.2 小节的例 5—3。

② 在 Excel 中绘制两个单选题交叉表的簇状条形图的操作方法可参照 6.4.2 小节。

表 1　　不同性别的美国人对幸福感的认识

		非常幸福	比较幸福	不太幸福	合计
男	人数	206	374	53	633
	百分比	32.5%	59.1%	8.4%	100%
女	人数	261	498	112	871
	百分比	30.0%	57.2%	12.9%	100%
合计	人数	467	872	165	1 504
	百分比	31.1%	58.0%	11.0%	100%

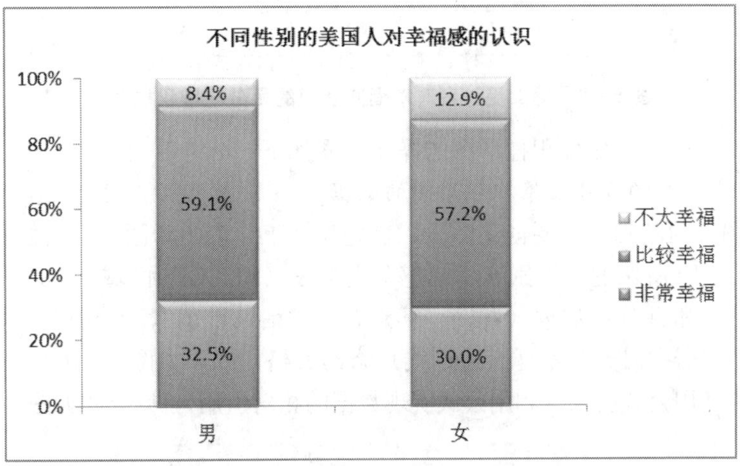

图 1　不同性别的美国人对幸福感认识的百分比堆积柱形图

此次调查结果显示：受访者中，无论男女，以认为"比较幸福"的比例最高（男 59.1%，女 57.2%），认为"非常幸福"的比例居中（男 32.5%，女 30.0%）。此外，就相对程度来看，认为生活幸福（"比较幸福"和"非常幸福"的比例之和）的受访美国人中，男性比例明显超过女性（91.6% 对 87.2%），可以看出男性的幸福感高于女性。说明男性更容易感到生活幸福。

5.2　在 Excel 中绘制两个单选题的交叉表统计图

如 4.3 节所述，图表直观形象。取得交叉表后，在分析上，为方便解释，经常将其绘制成柱形图或条形图。

5.2.1　在 Excel 中绘制两个单选题交叉表的百分比堆积柱形图

例 5—2　在 Excel 2010 中，根据例 5—1 求得的"性别 * 幸福感"交叉表，绘制如图 5—9 所示的男女受访者对幸福感认识的百分比堆积柱形图。可参见"第 5 章　1991 年美国综合社会调查（SPSS 到 Excel）.xlsx"中的"性别 x 幸福感交叉表（百分比堆积柱形图）"工作表。

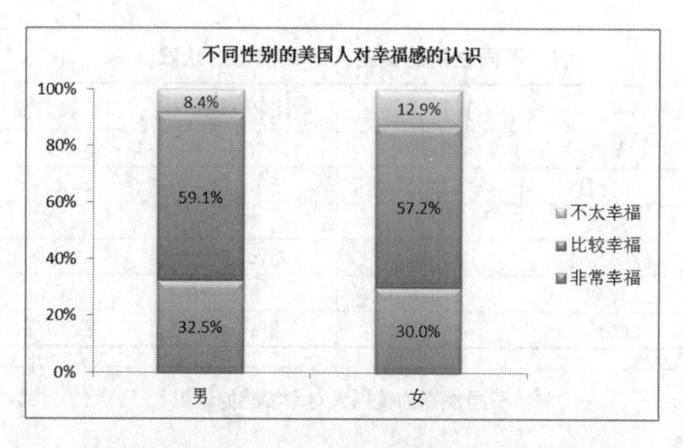

图 5—9　男女受访者对幸福感认识的百分比堆积柱形图

绘制交叉表的百分比堆积柱形图的操作步骤如下：

1. *准备交叉表的百分比堆积柱形图的数据*

数据是图表的基础，若要创建图表，首先需在工作表中为图表准备数据。

在如图 5—10 所示的“性别 * 幸福感”交叉表（B12:G18 区域）中，选取所需的标题（选项内容）和百分比数据（直接“复制”—“粘贴数值”，或利用公式实现均可），然后设置格式（居中对齐显示、有边框线）修饰表格，结果如图 5—10 中的 C21:F23 区域所示。如果利用公式实现（利用公式实现数据的相对引用），则公式如图5—11 所示。

	B	C	D	E	F	G
11						
12			非常幸福	比较幸福	不太幸福	合计
13	男	人数	206	374	53	633
14		百分比	32.5%	59.1%	8.4%	100%
15	女	人数	261	498	112	871
16		百分比	30.0%	57.2%	12.9%	100%
17	合计	人数	467	872	165	1504
18		百分比	31.1%	58.0%	11.0%	100%
19						
20						
21			非常幸福	比较幸福	不太幸福	
22		男	32.5%	59.1%	8.4%	
23		女	30.0%	57.2%	12.9%	

图 5—10　准备交叉表的百分比堆积柱形图的数据（C21:F23 区域）

	B	C	D	E	F
20					
21			=D12	=E12	=F12
22		=B13	=D14	=E14	=F14
23		=B15	=D16	=E16	=F16

图 5—11　准备交叉表的百分比堆积柱形图数据的公式

操作步骤如下：

（1）在 C22 单元格中输入公式“＝B13”，引用 B13 单元格内容“男”。

（2）在 C23 单元格中输入公式“＝B15”，引用 B15 单元格内容“女”。

（3）在 D21 单元格中输入公式“＝D12”，引用 D12 单元格内容“非常幸福”。

（4）向右复制 D21 公式，引用“幸福感”其他选项内容。向右拖拽 D21 单元格右下角的填充柄到 F21 单元格。

（5）在 D22 单元格中输入公式“＝D14”，引用“男”性受访者选择“非常幸福”的百分比。

（6）在 D23 单元格中输入公式“＝D16”，引用“女”性受访者选择“非常幸福”的百分比。

（7）向右复制“百分比”公式。选中 D22:D23（两个单元格）区域，向右拖拽 D22:D23（两个单元格）区域右下角的填充柄到 F 列，结果如图 5—12 中的 D22:F23 区域所示。

D22　fx　=D14

	B	C	D	E	F
20					
21			非常幸福	比较幸福	不太幸福
22		男	32.5%	59.1%	8.4%
23		女	30.0%	57.2%	12.9%
24					

图 5—12　向右拖拽 D22:D23（两个单元格）区域填充柄到 F 列的结果（D22:F23 区域）

（8）设置 C21:F23 区域的格式：居中对齐显示，有边框线。选中 C21:F23 区域，在“开始”选项卡的“对齐方式”组中，单击“居中”按钮；再在“开始”选项卡的“字体”组中，单击“边框”下拉按钮，在展开的下拉菜单中选择“所有框线”，结果如图 5—10 中的 C21:F23 区域所示。

2. 选择交叉表的百分比堆积柱形图的数据源

选取图 5—10 中的 C21:F23 区域。

3. 创建交叉表的百分比堆积柱形图

（1）在“插入”选项卡的“图表”组中，单击“柱形图”，展开柱形图的“子图表类型”，如图 5—13 所示。

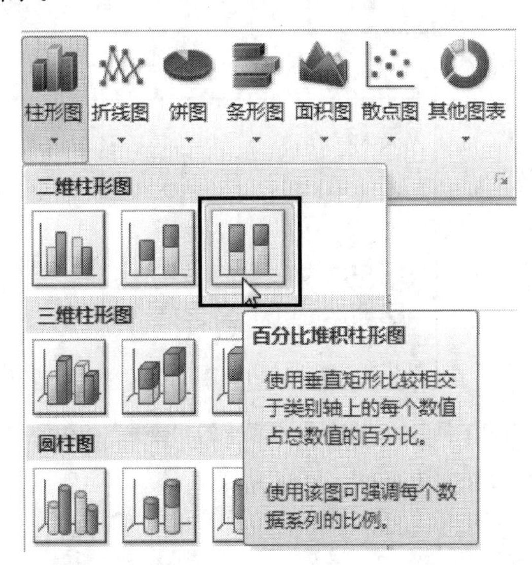

图 5—13　柱形图的子图表类型（“二维柱形图”中的“百分比堆积柱形图”）

（2）在“二维柱形图”中，单击选择“百分比堆积柱形图”，在工作表中插入柱形图，如图 5—14 所示。

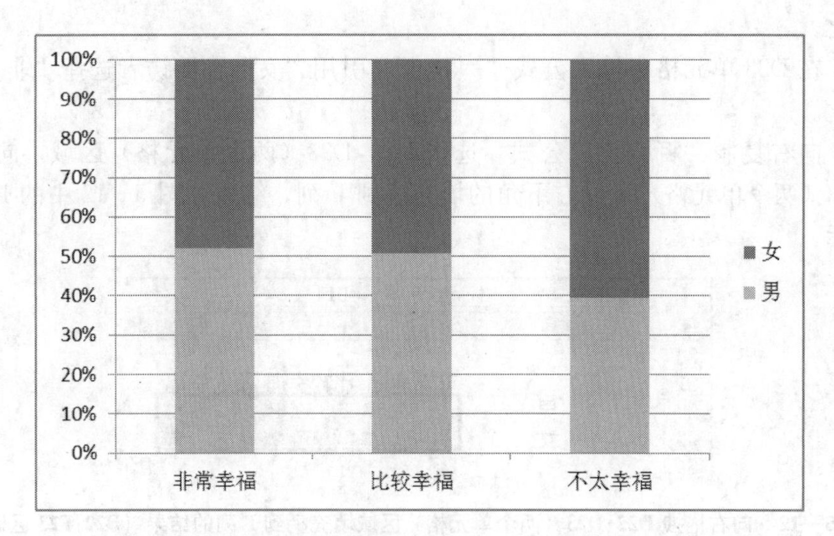

图 5—14　男女受访者对幸福感认识的百分比堆积柱形图（未修饰）

4. 修饰交叉表的百分比堆积柱形图

（1）由于要比较的是男女（不同性别）受访者对幸福感的认识，所以要“切换行/列”。选中图表，在“图表工具”的“设计”选项卡的“数据”组中，单击“切换行/列”，如图 5—15 所示。

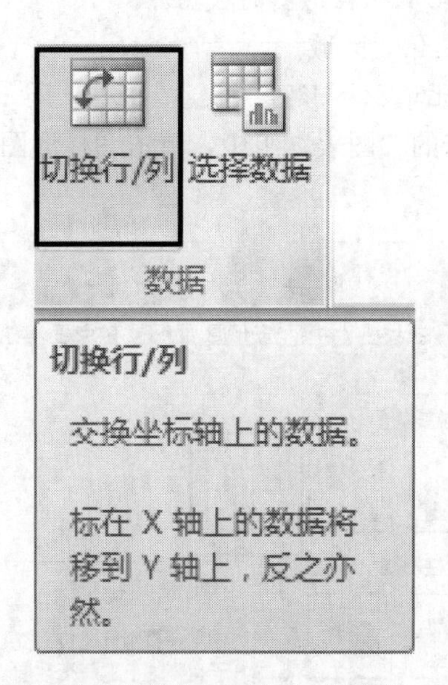

图 5—15　“图表工具”的“设计”选项卡的“数据”组中的“切换行/列”

（2）“切换行/列”后的图表如图 5—16 所示。

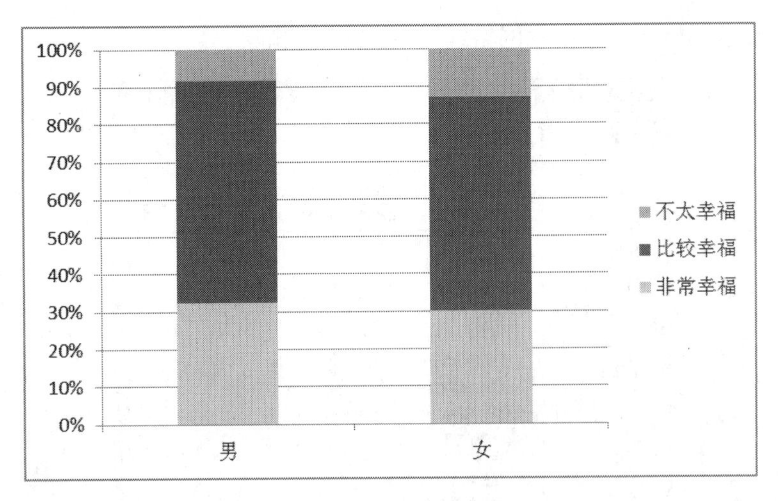

图5—16　男女受访者对幸福感认识的百分比堆积柱形图（切换行/列后）

（3）设置数值轴刻度。[①] 选中“垂直（值）轴”，如图5—17所示。

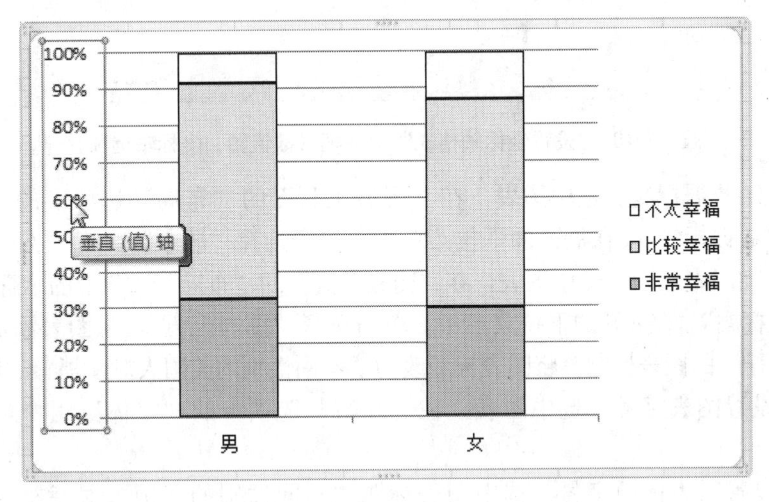

图5—17　在百分比堆积柱形图中，选中“垂直（值）轴”

（4）双击选中的“垂直（值）轴”（或在“图表工具”的“格式”选项卡的“当前所选内容”组中，单击“设置所选内容格式”），打开“设置坐标轴格式”对话框，在“坐标轴选项”中设置数值轴刻度。在“主要刻度单位”的“固定”框中输入“0.2”（设置刻度间距为固定值“0.2”），如图5—18所示。

（5）在“设置坐标轴格式”对话框中，单击“关闭”按钮。

（6）设置图表样式。选中图表，在“图表工具”的“设计”选项卡的“图表样式”库中，单击右侧的“其他”扩展按钮，打开整个“图表样式”库，单击选中“样式26”。

---

① 根据图表数据的大小，Excel会自动计算和调整数值坐标轴的最小值、最大值以及刻度间距。也可以自定义坐标轴刻度以满足不同图表的需求。

（7）不显示网格线。选中“网格线”，按 Del 键删除。

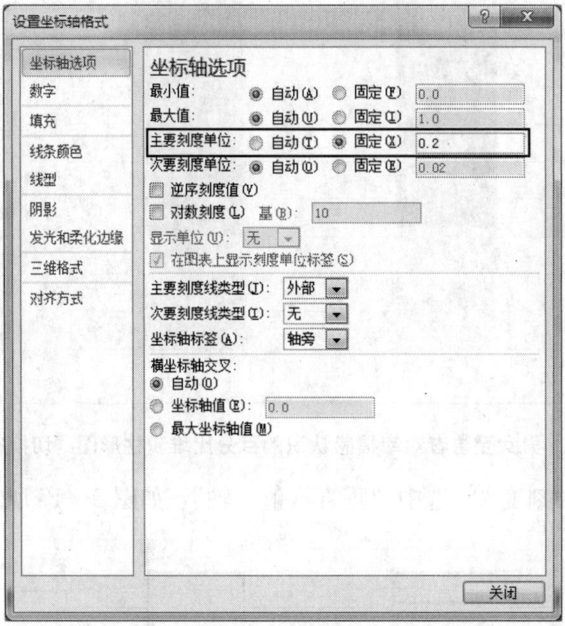

图 5—18 “设置坐标轴格式”对话框（数值轴，坐标轴选项）

（8）显示数据标签。选中图表，在“图表工具”的“布局”选项卡的“标签”组中，单击“数据标签”，在展开的下拉菜单中，单击选择“居中”。

（9）添加图表标题。选中图表，在“图表工具”的“布局”选项卡的“标签”组中，单击“图表标题”，在展开的下拉菜单中，单击选择“图表上方”，为图表添加一个内容为“图表标题”的图表标题。将图表标题改为“不同性别的美国人对幸福感的认识”。

（10）设置图表字号。选中图表，在“开始”选项卡的“字体”组中，设置字号为“10”。

（11）设置图表标题字号。选中图表标题“不同性别的美国人对幸福感的认识”，在“开始”选项卡的“字体”组中，设置字号为“10.5”。结果如图 5—9 所示。

5.2.2 在 Excel 中绘制两个单选题交叉表的簇状柱形图

例 5—3 在 Excel 2010 中，根据例 5—1 求得的“种族 * 生活是否充满激情”交叉表，绘制如图 5—19 所示的不同种族的美国人对生活是否充满激情认识的簇状柱形图。可参见“第 5 章 1991 年美国综合社会调查（SPSS 到 Excel）.xlsx”中的“种族 x 生活是否充满激情交叉表”工作表。

在 Excel 中绘制两个单选题交叉表的簇状柱形图的方法，与 4.3.2 小节介绍的“在 Excel 中绘制单选题的一维频率分布柱形图”的方法类似。操作步骤如下：

1. 准备交叉表的簇状柱形图的数据

在如图 5—20 所示的“种族 * 生活是否充满激情”交叉表（B14:G22 区域）中，选取所需的标题（选项内容）和百分比数据（直接“复制”—“粘贴数值”，或利用公

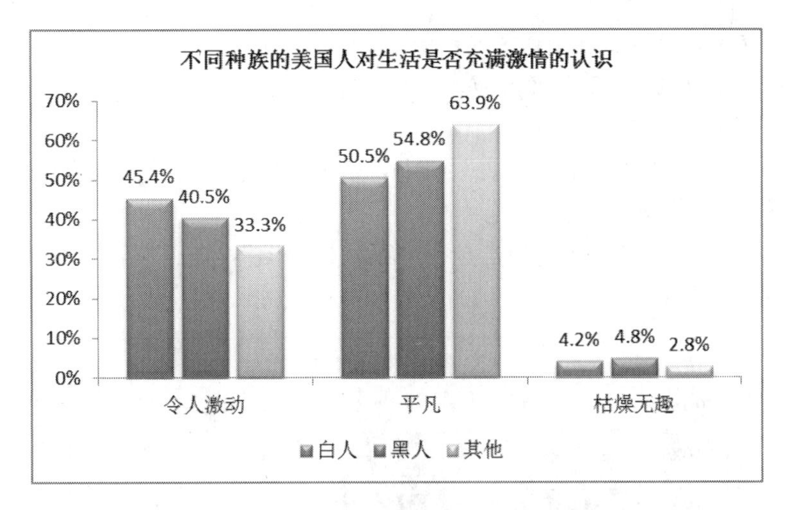

图 5—19　不同种族的美国人对生活是否充满激情的认识的簇状柱形图

	B	C	D	E	F	G
13						
14			令人激动	平凡	枯燥无趣	合计
15	白人	人数	371	413	34	818
16		百分比	45.4%	50.5%	4.2%	100%
17	黑人	人数	51	69	6	126
18		百分比	40.5%	54.8%	4.8%	100%
19	其他	人数	12	23	1	36
20		百分比	33.3%	63.9%	2.8%	100%
21	合计	人数	434	505	41	980
22		百分比	44.3%	51.5%	4.2%	100%
23						
24						
25			令人激动	平凡	枯燥无趣	
26		白人	45.4%	50.5%	4.2%	
27		黑人	40.5%	54.8%	4.8%	
28		其他	33.3%	63.9%	2.8%	

图 5—20　准备交叉表的簇状柱形图的数据（C25:F28 区域）

式实现均可），然后设置格式（居中对齐显示、有边框线）修饰表格，结果如图 5—20 中的 C25:F28 区域所示。如果利用公式实现（利用公式实现数据的相对引用），则公式如图 5—21 所示。①

	B	C	D	E	F
24					
25			=D14	=E14	=F14
26		=B15	=D16	=E16	=F16
27		=B17	=D18	=E18	=F18
28		=B19	=D20	=E20	=F20

图 5—21　准备交叉表的簇状柱形图数据的公式

① 具体实现的操作步骤请参照 5.2.1 小节中的“准备交叉表的百分比堆积柱形图的数据”。

2. 选择交叉表的簇状柱形图的数据源

选取图 5—20 中的 C25:F28 区域。

3. 创建交叉表的簇状柱形图

（1）在“插入”选项卡的“图表”组中，单击“柱形图”，展开柱形图的“子图表类型”，如图 4—52 所示。

（2）在“二维柱形图”中，单击选择“簇状柱形图”，在工作表中插入柱形图，如图 5—22 所示。

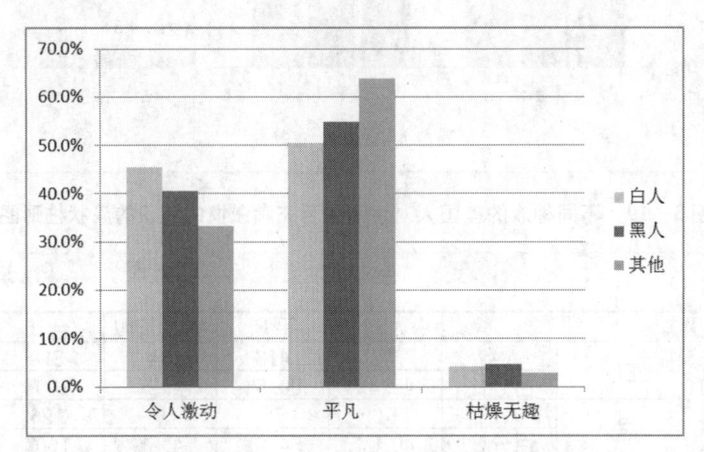

图 5—22 不同种族的美国人对生活是否充满激情的认识的簇状柱形图（未修饰）

4. 修饰交叉表的簇状柱形图

（1）不显示网格线。选中“网格线”，按 Del 键删除。

（2）设置垂直轴的数字格式（百分比的小数位数为 0）。选中“垂直（值）轴”后双击，打开“设置坐标轴格式”对话框。在“数字”选项卡中，类别保留默认的“百分比”，在“小数位数”框中输入“0”（指定百分比的小数位数为 0），如图 4—56 所示。单击“关闭”按钮关闭对话框。

（3）显示数据标签。选中图表，在“图表工具”的“布局”选项卡的“标签”组中，单击“数据标签”，在展开的下拉菜单（如图 4—54 所示）中，单击选中“数据标签外”。

（4）调整图例位置。由于要比较的是不同种族的美国人对生活是否充满激情的认识，所以可在底部显示图例。选中图表，在“图表工具”的“布局”选项卡的“标签”组中，单击“图例”，在展开的下拉菜单中，单击选中“在底部显示图例”。

（5）设置图表样式。选中图表，在“图表工具”的“设计”选项卡的“图表样式”库中，单击右侧的“其他”扩展按钮，打开整个“图表样式”库，单击选中“样式 26”，结果如图 5—23 所示。

（6）调整柱形图数据系列的间距。① 选择柱形图中的数据系列，在“图表工具”的

① （1）在柱形图中，系列重叠是指不同数据系列之间柱形的重叠比例，分类间距是指同一数据系列内柱形之间空白宽度和柱形宽度的比例。（2）柱形图中默认的系列重叠比例为 0%，分类间距比例为 150%，如图 5—23 所示。（3）如果数据标签之间有重叠（看起来不太美观、不太清楚），则可调整柱形图数据系列的间距，以便能看清楚数据标签。

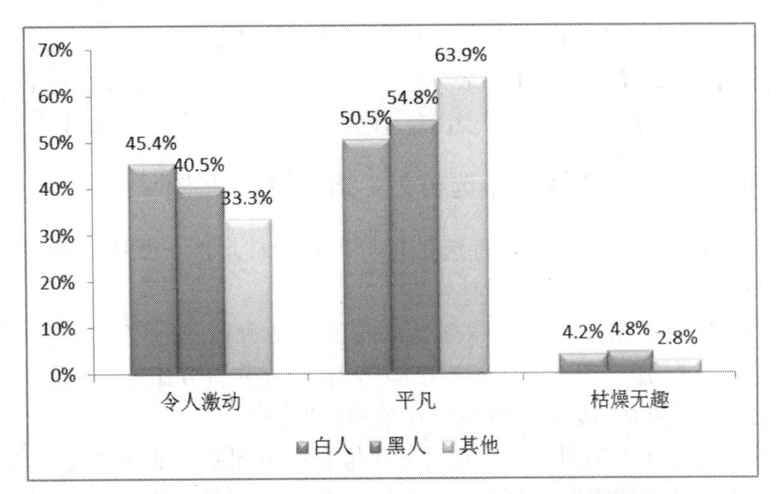

图 5—23 不同种族的美国人对生活是否充满激情的认识的簇状柱形图（设置垂直轴的数字格式，显示数据标签，在底部显示图例，图表样式 26）

“格式”选项卡的“当前所选内容”组中，单击“设置所选内容格式”，打开“设置数据系列格式”对话框。在“系列选项”中，设置“系列重叠”比例为“－20％”，再设置“分类间距”比例为“125％”，如图 5—24 所示。单击“关闭”按钮关闭对话框。

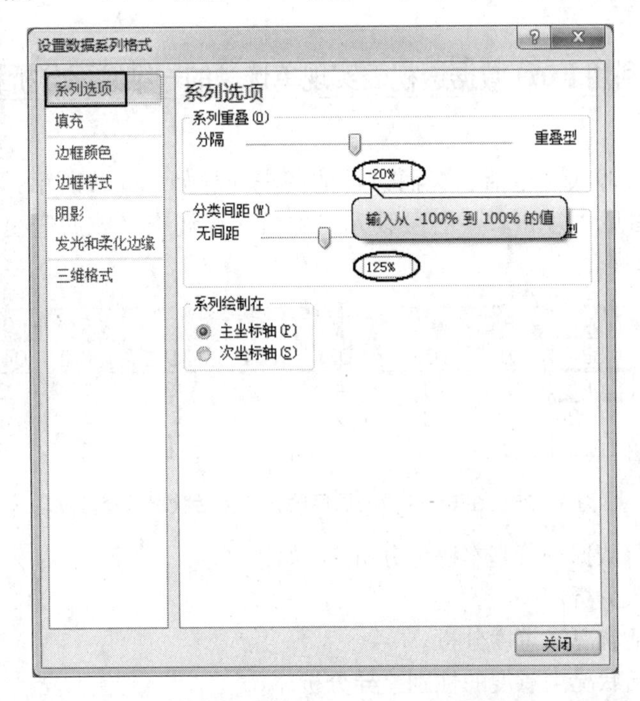

图 5—24 “设置数据系列格式”对话框（系列重叠和分类间距）

（7）添加图表标题。选中图表，在“图表工具”的“布局”选项卡的“标签”组中，单击“图表标题”，在展开的下拉菜单中，单击选择“图表上方”，为图表添加一个内容为“图表标题”的图表标题。将图表标题改为“不同种族的美国人对生活是否充满激情的认识”。

（8）设置图表字号。选中图表，在“开始”选项卡的“字体”组中，设置字号为“10”。

（9）设置图表标题字号。选中图表标题“不同种族的美国人对生活是否充满激情的认识”，在“开始”选项卡的“字体”组中，设置字号为“10.5”。结果如图 5—19 所示。

5.2.3 在 Excel 中绘制两个单选题交叉表的簇状条形图

两个单选题的交叉表统计图，首选是百分比堆积柱形图，其次是簇状柱形图，第三才是簇状条形图。

（1）当百分比分布比较均匀（标志是：能正常显示数据标签）且“水平（类别）轴”能正常显示“类别名称”时，则可用选项和百分比作百分比堆积柱形图，如图 5—9 所示的男女受访者对幸福感认识的百分比堆积柱形图。

（2）当百分比分布不是很均匀，在百分比堆积柱形图中不能正常显示数据标签时，则可用选项和百分比先作簇状柱形图（如图 5—19 所示的不同种族的美国人对生活是否充满激情的认识的簇状柱形图）试试。

（3）如果在簇状柱形图的“水平（类别）轴”中不能正常显示“类别名称”，则再考虑作簇状条形图。在 Excel 中绘制两个单选题交叉表的簇状条形图的操作方法可参照 6.4.2 小节。

5.3 利用 Excel 数据透视表实现单选题的一维频率分析和交叉表分析

为了研究居民收入与生活状况而设计的调查问卷如 3.5 节所示，调查数据[①]如图 5—25 所示，请参见“第 5 章　居民收入与生活状况调查（数据透视表）.xlsx”中的“调查数据”工作表。

	A	B	C	D	E	F	G	H
1	BH	Q1	Q2	Q3	Q4	Q4_1	Q4_2	Q4_3
2	1001	1	1	4	2	9	1	2
3	1002	2	1	2	2		4	1
4	1003	2	2		2	1	3	4

图 5—25　在 Excel 中的居民收入与生活状况调查数据

根据调查所得数据进行基本统计分析[②]，如：

（1）居民收入分析。

（2）居民生活状况满意度分析。

（3）居民生活状况满意度的性别差异分析。

---

① 这些调查数据是虚构的，采用 Excel 2010“数据分析”工具中的“随机数发生器”生成，并经过核对。在 Excel 2010 中产生随机数的方法请见第 3 章附录，核对调查数据的方法请见 3.4 节。具体可参见本教材的配套辅导书《统计数据分析基础教程（第二版）习题与实验指导》中的第 3 章实验。

② 用 SPSS 实现“居民收入分析”和“居民生活状况满意度分析”，具体可参见本教材的配套辅导书《统计数据分析基础教程（第二版）习题与实验指导》中的实验 4.2。

利用 Excel 数据透视表①，可以很方便地实现单选题的一维频率分析和两个单选题的交叉表分析。

5.3.1　利用 Excel 数据透视表实现单选题的一维频率分析

例 5—4　居民收入分析。

需要对 Q3（月均收入）进行一维频率分析，并绘制统计图（饼图、柱形图或条形图）。可参见“第 5 章　居民收入与生活状况调查（数据透视表）.xlsx”中的“单选题的一维频率分析”工作表。

1. 利用 Excel 数据透视表实现单选题的人数统计

在 Excel 中，打开“第 5 章　居民收入与生活状况调查（数据透视表）.xlsx”后，执行下述操作：

（1）在“调查数据”工作表中，单击问卷数据中的任意一个单元格（如 A1 单元格）。在“插入”选项卡的“表格”组中，单击“数据透视表”图标按钮，打开“创建数据透视表”对话框，如图 5—26 示。

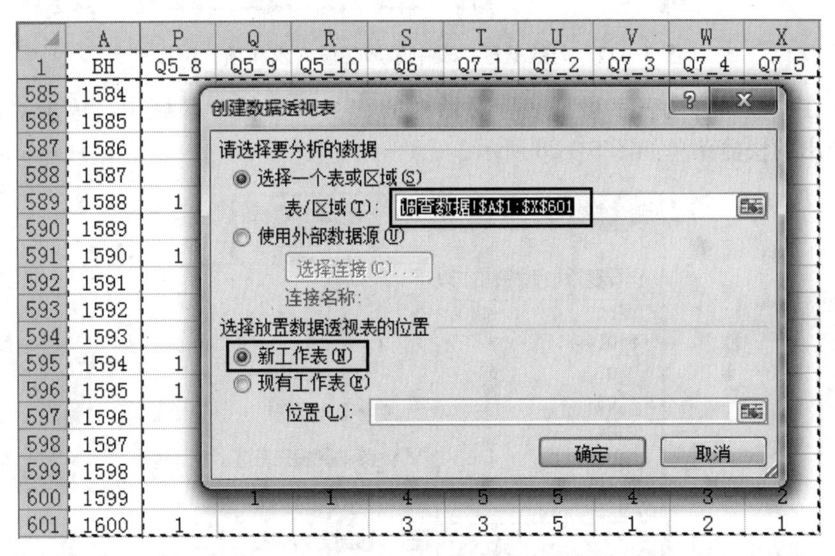

图 5—26　“创建数据透视表”对话框（数据源为 A1:X601 区域，数据透视表的位置为“新工作表”）

（2）由于创建数据透视表之前，选中了问卷数据中的一个单元格（如 A1 单元格），Excel 默认选择整个问卷数据（A1:X601 区域）作为数据源。保留“创建数据透视表”对话框内默认的选项不变，单击“确定”按钮，即可在新工作表②中创建一张空的数据透视表。

---

① 数据透视表是 Excel 中最具特色的数据分析功能，只需几步操作，它就能灵活地以多种不同汇总方式展示数据的特征，变换出各种类型的报表，实现对数据背后的信息透视。数据透视表最大的特点是交互性。合理运用数据透视表进行统计与分析，能使许多复杂的问题简单化并且极大地提高工作效率。

② 可以将新工作表的名称重新命名，如重命名为“单选题的一维频率分析”。

（3）在“数据透视表字段列表”对话框①中，勾选“BH”（问卷编号，数值型数据），它将出现在对话框的“Σ 数值”区域中，同时也被添加到数据透视表中，如图5—27所示。

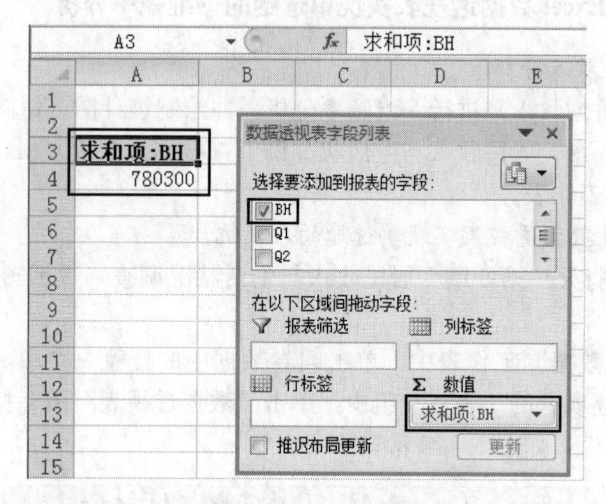

图5—27 向数据透视表中添加字段（求和项：BH）

（4）在“数据透视表字段列表”对话框的“Σ 数值”区域中，单击“求和项：BH”，弹出的快捷菜单如图5—28所示。

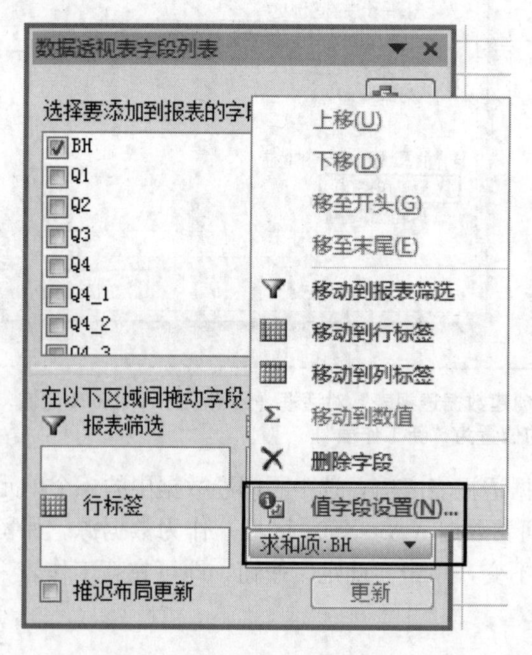

图5—28 在“Σ 数值”区域中，单击“求和项：BH”弹出的快捷菜单

① “数据透视表字段列表”对话框中清晰地反映了数据透视表的结构。利用它，用户可以轻而易举地向数据透视表内添加、删除、移动字段以及设置字段格式，甚至不动用“数据透视表工具”和数据透视表本身，便能对数据透视表中的字段进行排序和筛选。可以调整“数据透视表字段列表”对话框的大小和位置。

（5）在弹出的快捷菜单中，单击“值字段设置”，打开“值字段设置”对话框。在“值汇总方式”选项卡中，将计算类型“求和”改为“计数”，如图 5—29 所示。表示对“BH”进行计数（一个问卷编号计为一名受访者），而不是对“BH”进行求和。

（6）单击“确定”按钮，返回“数据透视表字段列表”对话框。

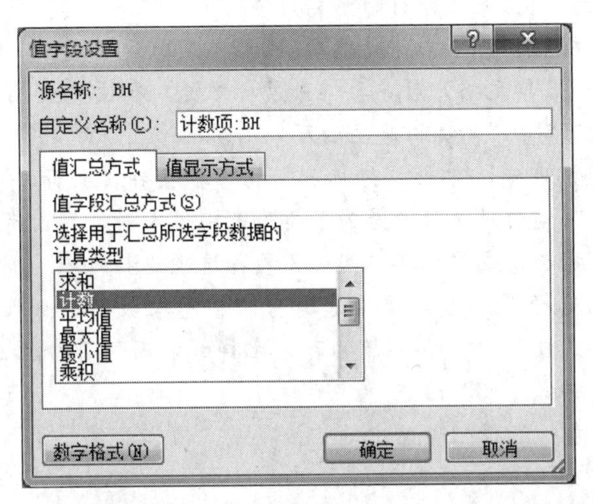

图 5—29 数据透视表的“值字段设置”对话框（计数项：BH）

温馨提示：另外一种将“求和项：BH”改为“计数项：BH”的方法：在数据透视表中，单击选中 A3 单元格（或 A4 单元格）后，再单击鼠标右键，在快捷菜单中选择“值汇总依据”的“计数”。

（7）在“数据透视表字段列表”对话框中，单击“Q3”（要进行一维频率分析的单选题），并按住鼠标左键将其拖拽至“行标签”区域中，同时“Q3”也作为“行标签”出现在数据透视表中，拖拽完成后的数据透视表如图 5—30 中的 A3：B10 区域所示。

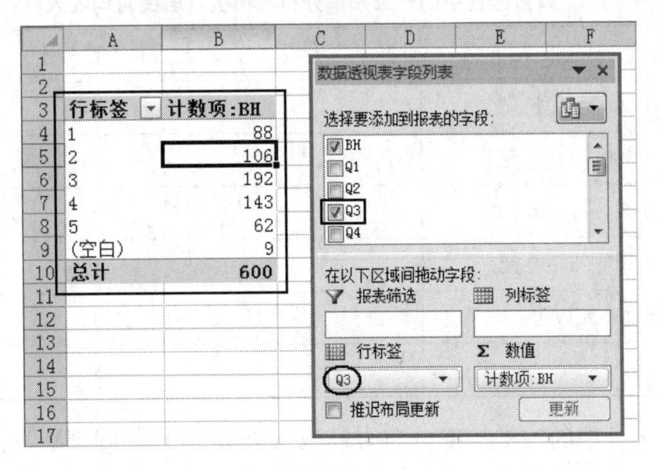

图 5—30 按“Q3”汇总人数的数据透视表（A3：B10 区域）

温馨提示： 还可以在数据透视表中同时显示百分比。操作方法如下：

（1）再一次将“BH”拖拽到“∑ 数值”区域中，将其汇总方式改为“计数”（显示为“计数项:BH2”，并在“列标签”区域中自动显示“∑数值”）。也就是说，在“∑ 数值”区域中，有“计数项:BH”和“计数项:BH2”，且“计数项:BH”在上，“计数项:BH2”在下（否则调整其顺序）。

（2）在数据透视表中，单击“计数项:BH2”列（这里是 C3:C10 区域）中的任意一个单元格（如 C3 单元格）后，再单击鼠标右键，在快捷菜单中选择“值显示方式”的“列汇总的百分比”，目的是显示百分比。

（3）在数据透视表中，单击“行标签”的下拉按钮，打开“筛选”对话框，单击取消（不勾选）“(空白)”，目的是为了排除未回答人数，显示有效百分比。

（4）此时，数据透视表显示单选题 Q3 的各选项选择人数（计数项：BH）和有效百分比（各选项选择人数占对该单选题有回答总人数的百分比，计数项:BH2）。可将有效百分比格式设置为 1 位小数的百分比样式，而“百分比总计”格式设置为没有小数的百分比样式（100%）。

（5）可利用复制—选择性粘贴中的“值”或“值和数字格式”，将数据透视表的汇总结果（人数、百分比）拷贝到所需单元格中。也可以利用公式实现汇总结果（人数、百分比）的相对引用。

（6）灵活编辑数据透视表，用其他单选题中的一个代替“Q3”。注意：每次都要对“行标签”进行筛选，取消（不勾选）“(空白)”，目的是为了排除未回答人数，显示有效百分比。

2. 利用 Excel 公式，将数据透视表转换为调查报告所需的一维频率分布表

数据透视表的可读性较差，因此可利用 Excel 公式，将数据透视表转换为调查报告所需的、在 Word 中的一维频率分布表（称为模板，如表 5—4 所示）。

表 5—4　　调查报告中的一维频率分布表模板（居民月均收入）

月均收入	人数	百分比
1 500 元以下		
1 500～3 000 元		
3 000～4 500 元		
4 500～6 000 元		
6 000 元以上		
总计		

首先，将 Word 中的一维频率分布表模板（表 5—4）复制到数据透视表（间隔 1 列）右侧空白处，然后利用 Excel 公式，将数据透视表转换为调查报告所需的一维频率分布表，结果如图 5—31 中的 D3:F9 区域所示，公式如图 5—32 所示。

	A	B	C	D	E	F
2						
3	行标签	计数项:BH		月均收入	人数	百分比
4	1	88		1500元以下	88	14.9%
5	2	106		1500～3000元	106	17.9%
6	3	192		3000～4500元	192	32.5%
7	4	143		4500～6000元	143	24.2%
8	5	62		6000元以上	62	10.5%
9	(空白)	9		总计	591	100%
10	总计	600				
11				总调查人数	600	98.5%

图5—31 按"Q3"汇总人数的数据透视表(A3:B10区域)和调查报告所需的一维频率分布表(D3:F9区域)

	C	D	E	F
2				
3		月均收入	人数	百分比
4		1500元以下	=B4	=E4/$E$9
5		1500～3000元	=B5	=E5/$E$9
6		3000～4500元	=B6	=E6/$E$9
7		4500～6000元	=B7	=E7/$E$9
8		6000元以上	=B8	=E8/$E$9
9		总计	=SUM(E4:E8)	=SUM(F4:F8)
10				
11		总调查人数	600	=E9/E11

图5—32 将数据透视表转换为调查报告所需一维频率分布表的公式

操作步骤如下:

(1) 将Word中的一维频率分布表模板(表5—4)复制到数据透视表(间隔1列)右侧空白处,结果如图5—33中的D3:F9区域所示。

	A	B	C	D	E	F
2						
3	行标签	计数项:BH		月均收入	人数	百分比
4	1	88		1500元以下		
5	2	106		1500～3000元		
6	3	192		3000～4500元		
7	4	143		4500～6000元		
8	5	62		6000元以上		
9	(空白)	9		总计		
10	总计	600				

图5—33 复制到Excel中的一维频率分布表模板(D3:F9区域)

(2) 在E4单元格中输入公式"=B4",引用数据透视表中"行标签"为"1"的汇总人数。

温馨提示: (1) 不能用鼠标单击B4单元格实现相对引用,需要手工输入引用单元格B4。(2) 注意编码(A4:A8区域,1～5)与月均收入选项(D4:D8区域,1 500元以下～6 000元以上)之间的一一对应关系(不能错位)。

（3）向下复制 E4 公式，引用数据透视表中“行标签”为“2～5”的汇总人数。向下拖拽 E4 单元格右下角的填充柄到 E8 单元格。

（4）统计总回答人数（总计）。选中 E9 单元格，然后在“开始”选项卡的“编辑”组中，单击“自动求和”按钮，将自动输入公式“＝SUM(E4:E8)”。单击编辑栏左侧的“输入”按钮（或按 Enter 回车键），完成求和。

（5）计算居民月均收入“1 500 元以下”的占比（百分比）。在 F4 单元格中输入公式“＝E4/＄E＄9”。

（6）将 F4 单元格的格式设置为 1 位小数的百分比样式。单击 F4 单元格，然后在“开始”选项卡的“数字”组中，单击“百分比样式”按钮，再单击一次“增加小数位数”按钮。

（7）向下复制 F4 公式和格式，计算居民其他月均收入的占比（百分比）。向下拖拽 F4 单元格右下角的填充柄到 F8 单元格。

（8）总计百分比。单击选中 F9 单元格，然后在“开始”选项卡的“编辑”组中，单击“自动求和”按钮，将自动输入公式“＝SUM(F4:F8)”。单击编辑栏左侧的“输入”按钮（或按 Enter 回车键），完成求和。

（9）将 F9 单元格的格式设置为没有小数的百分比样式（100％）。单击 F9 单元格，然后在“开始”选项卡的“数字”组中，单击一次“减少小数位数”按钮，使百分比总计为 100％。

（10）在 D11 单元格中输入文字“总调查人数”，在 E11 单元格中输入常数“600”（因为总调查人数是已知的，这里是 600，参见 B10 单元格）。[①]

（11）在 F11 单元格中输入公式“＝E9/E11”，计算所有受访居民对“月均收入”单选题的回答情况（百分比）。

（12）将 F11 单元格的格式设置为 1 位小数的百分比样式。单击 F11 单元格，然后在“开始”选项卡的“数字”组中，单击“百分比样式”按钮，再单击一次“增加小数位数”按钮。

3. 在 Excel 中绘制单选题的一维频率分布统计图

如 4.1.4 小节介绍，利用一维频率分布表（图 5—31 中的 D3:F9 区域）中的选项（D3:D8 区域）和百分比（F3:F8 区域）绘制统计图（饼图或柱形图）。[②]

4. 将 Excel 中的一维频率分布表和统计图复制到 Word 文件中

温馨提示：操作方法可参照 4.4 节的例 4—8。

---

① 没有利用公式引用数据透视表中的总计（这里是 B10 单元格），而是直接输入常数“600”，是因为如果单选题有缺填（空白），数据透视表中就会多一行，如图 5—33 中的 A9:B9 区域所示。如果单选题没有缺填（空白），数据透视表中就不会有“（空白）”行。也就是说，“总计”不在固定单元格中。

② （1）在 Excel 中绘制单选题的一维频率分布表统计图，操作方法可参照 4.3 节的相应内容。（2）由于 Q3（月均收入）和 Q7 中的 5 个调查项目（生活状况满意度），它们都有 5 个选项（选项个数较少、选项文字内容较短）且选项都是有序的，可预先绘制饼图和柱形图（可不绘制条形图）。如果饼图可用（百分比分布比较均匀，标志是：能正常显示“类别名称”和“值”这两个数据标签）就选用饼图，否则再选用柱形图。

(1) 将 Excel 中的一维频率分布表（图 5—31 中的 D3:F9 区域）复制到 Word 文件中的相应位置，作为调查报告的一部分。结果如表 5—5 所示。

表 5—5　　居民月均收入分布

月均收入	人数	百分比
1 500 元以下	88	14.9%
1 500～3 000 元	106	17.9%
3 000～4 500 元	192	32.5%
4 500～6 000 元	143	24.2%
6 000 元以上	62	10.5%
总计	591	100%

(2) 将 Excel 中绘制的“居民月均收入分布”统计图复制（粘贴成“图片”格式）到 Word 文件中的相应位置，作为调查报告的一部分。这里选用柱形图，结果如图 5—34 所示。

从表 5—5 和图 5—34 中可以看出：受访居民中，中等收入（月均收入 3 000～4 500 元）的居民人数最多，约占三分之一（32.5%）；高收入（月均收入 6 000 元以上）的居民人数最少，约占十分之一（10.5%）；低收入（月均收入 3 000 元以下）的居民约占三分之一（32.8%）。

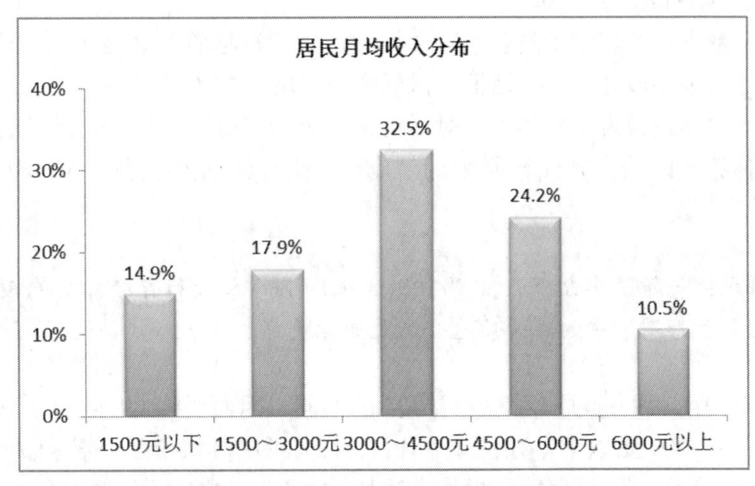

图 5—34　居民月均收入分布的柱形图

5.3.2　灵活编辑数据透视表——通过鼠标拖拽修改汇总字段

例 5—5　*居民生活状况满意度分析。*

需要对 Q7 中的 5 个调查项目（生活状况满意度）分别进行一维频率分析，并绘制相应的统计图（饼图或柱形图）。可参见“第 5 章　居民收入与生活状况调查（数据透视表）.xlsx”中的“单选题的一维频率分析”工作表。

假设 Q7 中的 5 个调查项目（生活状况满意度），其调查报告所需的、在 Word 中的一维频率分布表模板如表 5—6 所示。

表 5—6　　调查报告中的一维频率分布表模板（生活状况满意度）

看法	人数	百分比
非常不同意		
不同意		
说不清楚		
同意		
非常同意		
总计		

Q7 中的 5 个调查项目（Q7 _ 1、Q7 _ 2、Q7 _ 3、Q7 _ 4、Q7 _ 5），它们的选项个数与月均收入 Q3 的相同（均为 5 个），只是选项内容不同，因此简单易行的方法是在例 5—4 的数据透视表、一维频率分布表和统计图的基础上进行修改。①

这是因为 Excel 公式有“自动重算”的特点以及图表有“实时更新”的特点。图表实时更新是指图表随着数据的变化而自动更新。

1. 对 Q7 _ 1（生活条件非常优越）进行一维频率分析

可在按“Q3”汇总人数的数据透视表、一维频率分布表和统计图的基础上进行修改。操作步骤如下：

（1）在图 5—31 中，单击数据透视表中的任意一个单元格（如 A3 单元格），打开“数据透视表字段列表”对话框。②

（2）在“数据透视表字段列表”对话框中，将“行标签”区域中的“Q3”向外拖拽出“数据透视表字段列表”对话框（鼠标旁边出现一个叉“X”）③。

（3）在“数据透视表字段列表”对话框中，单击“Q7 _ 1”，并按住鼠标左键将其拖拽至“行标签”区域中，代替原来的“Q3”。此时数据透视表（A3:B10 区域）按“Q7 _ 1”汇总人数。

温馨提示：一维频率分布表（D3:F9 区域）中的人数和百分比会自动更新，统计图（饼图和柱形图）中的百分比也会随之自动更新。

（4）由于 Q7 _ 1 的选项（看法）与 Q3 的不同，因此要将 Q3 的选项（月均收入，1 500 元以下～6 000 元以上，如图 5—31 中的 D3:D9 区域所示）替换为 Q7 的选项（看法，非常不同意～非常同意）。操作方法是：将 Word 中的一维频率分布表模板（表 5—6）的最左列复制到 Excel 中的一维频率分布表的最左列，结果如图 5—35 中的

① 这种方法最适合于每个问题的各个选项都有人选择的情况（当调查人数较多时，每个问题的各个选项都有人选择的情况就很容易出现）。

② 关于打开和关闭“数据透视表字段列表”对话框。（1）在数据透视表中的任意一个单元格（如 A3 单元格），单击鼠标右键，在弹出的快捷菜单中选择“显示字段列表”命令，即可调出“数据透视表字段列表”对话框。“数据透视表字段列表”对话框一旦被调出之后，只要单击数据透视表就会显示。（2）如果要关闭“数据透视表字段列表”对话框，直接单击“数据透视表字段列表”对话框右上角的“关闭”按钮即可。

③ 也可以在“数据透视表字段列表”对话框中，（1）方法 1：单击“行标签”区域中的“Q3”，在弹出的快捷菜单中选择“删除字段”命令；（2）方法 2：在“选择要添加到报表的字段”中，单击取消（不勾选）“Q3”。

D3:D9 区域所示。

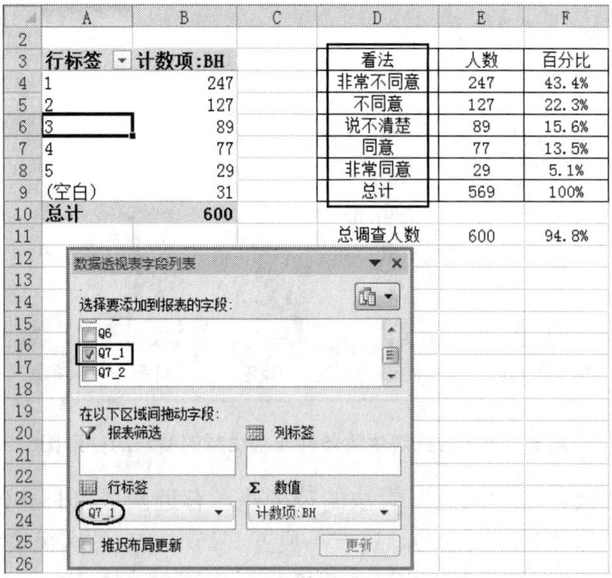

图 5—35　按“Q7 _ 1”汇总人数的数据透视表（A3:B10 区域）和调查报告所需的一维频率分布表（D3:F9 区域）

温馨提示：饼图中的数据标签（类别名称）、柱形图中的水平（类别）轴标签也会随之自动更新。

（5）可将 Excel 中的一维频率分布表（图 5—35 中的 D3:F9 区域）复制到 Word 调查报告中。居民对生活条件非常优越看法的一维频率分布表如表 5—7 所示。

表 5—7　　　　　居民对生活条件非常优越的看法

看法	人数	百分比
非常不同意	247	43.4%
不同意	127	22.3%
说不清楚	89	15.6%
同意	77	13.5%
非常同意	29	5.1%
总计	569	100%

（6）由于 Q7 _ 1 的题目与 Q3 的不同，所以要将 Q3 统计图的图表标题“居民月均收入分布”（如图 5—34 所示）替换为 Q7 _ 1 统计图的图表标题“居民对生活条件非常优越的看法”。可将 Excel 中的柱形图复制（粘贴成“图片”格式）到 Word 调查报告中，结果如图 5—36 所示。

居民对生活条件非常优越的看法的一维频率分布表和柱形图如表 5—7 和图 5—36 所示。从占比（百分比）中可以看出，受访居民中，持“不同意”看法的占多数，有六成多（65.7%）的居民表示不同意（选择“非常不同意”和“不同意”）“生活条件

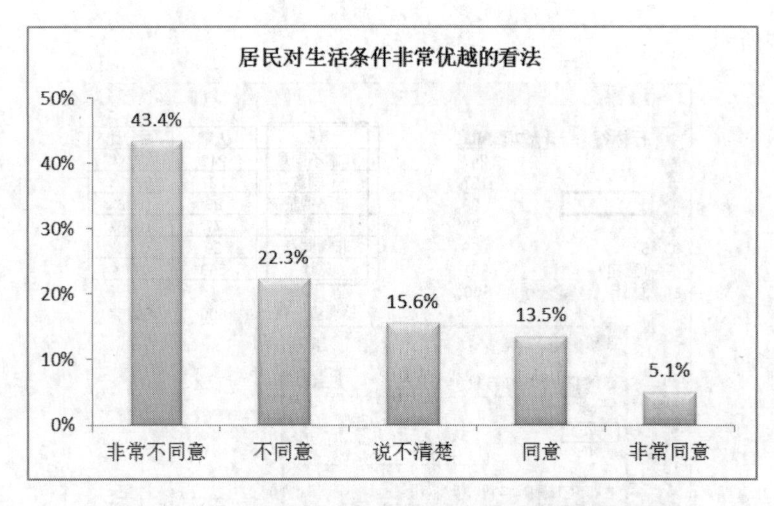

图 5—36 居民对生活条件非常优越的看法的柱形图

非常优越”这一说法，持“同意”看法的较少些，有近两成（18.6%）的居民表示同意（选择“同意”和“非常同意”），还有一成五（15.6%）的居民表示“说不清楚”。

2. 对 Q7 _ 2（对生活状态感到满意）进行一维频率分析

可在按“Q7 _ 1”汇总人数的数据透视表、一维频率分布表和统计图的基础上进行修改。操作步骤如下：

（1）在图 5—35 中，单击数据透视表中的任意一个单元格（如 A3 单元格），打开“数据透视表字段列表”对话框。

（2）在“数据透视表字段列表”对话框中，将“行标签”区域中的“Q7 _ 1”向外拖拽出“数据透视表字段列表”对话框（鼠标旁边出现一个叉“X”）。

（3）在“数据透视表字段列表”对话框中，单击“Q7 _ 2”，并按住鼠标左键将其拖拽至“行标签”区域中，代替原来的“Q7 _ 1”。此时数据透视表（A3:B10 区域）按“Q7 _ 2”汇总人数，同时一维频率分布表（D3:F9 区域）中的人数和百分比会自动更新，统计图（饼图和柱形图）中的百分比也会随之自动更新。

（4）由于 Q7 _ 2 的选项与 Q7 _ 1 的相同，因此无需修改一维频率分布表中的选项（看法，D3:D9 区域）。可直接将 Excel 中的一维频率分布表（D3:F9 区域）复制到 Word 调查报告中。居民对生活状态感到满意看法的一维频率分布表如表 5—8 所示。

表 5—8 居民对生活状态感到满意的看法

看法	人数	百分比
非常不同意	53	8.9%
不同意	117	19.6%
说不清楚	91	15.2%
同意	239	40.0%
非常同意	97	16.2%
总计	597	100%

（5）由于 Q7 _ 2 的题目与 Q7 _ 1 的不同，所以要将 Q7 _ 1 统计图的图表标题“居民对生活条件非常优越的看法”（如图 5—36 所示）替换为 Q7 _ 2 统计图的图表标题“居民对生活状态感到满意的看法”。可将 Excel 中的柱形图复制（粘贴成“图片”格式）到 Word 调查报告中，结果如图 5—37 所示。

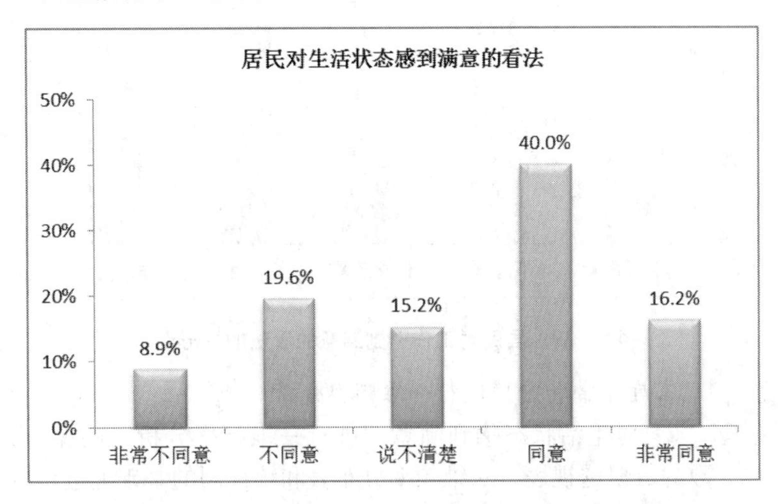

图 5—37　居民对生活状态感到满意的看法的柱形图

居民对生活状态感到满意的看法的一维频率分布表和柱形图如表 5—8 和图 5—37 所示。从占比（百分比）中可以看出，受访居民中，持“同意”看法的多一些，有五成多（56.2%）的居民表示同意（选择“同意”和“非常同意”）“对生活状态感到满意”这一说法，持“不同意”看法的较少些，有近三成（28.5%）的居民表示不同意（选择“非常不同意”和“不同意”），还有一成五（15.2%）的居民表示“说不清楚”。

3. 对 Q7 _ 3（对工作感到满意）进行一维频率分析

按照“对 Q7 _ 2（对生活状态感到满意）进行一维频率分析”的操作方法，在按“Q7 _ 2”汇总人数的数据透视表、一维频率分布表和统计图的基础上进行修改。

居民对工作感到满意的看法的一维频率分布表和柱形图如表 5—9 和图 5—38 所示。从占比（百分比）中可以看出，受访居民中，持“同意”看法的多一些，有五成多（50.7%）的居民表示同意（选择“同意”和“非常同意”）“对工作感到满意”这一说法，持“不同意”看法的较少些，有三分之一（33.9%）的居民表示不同意（选择“非常不同意”和“不同意”），还有一成五（15.3%）的居民表示“说不清楚”。

表 5—9　　居民对工作感到满意的看法

看法	人数	百分比
非常不同意	60	10.3%
不同意	137	23.6%
说不清楚	89	15.3%
同意	174	30.0%
非常同意	120	20.7%
总计	580	100%

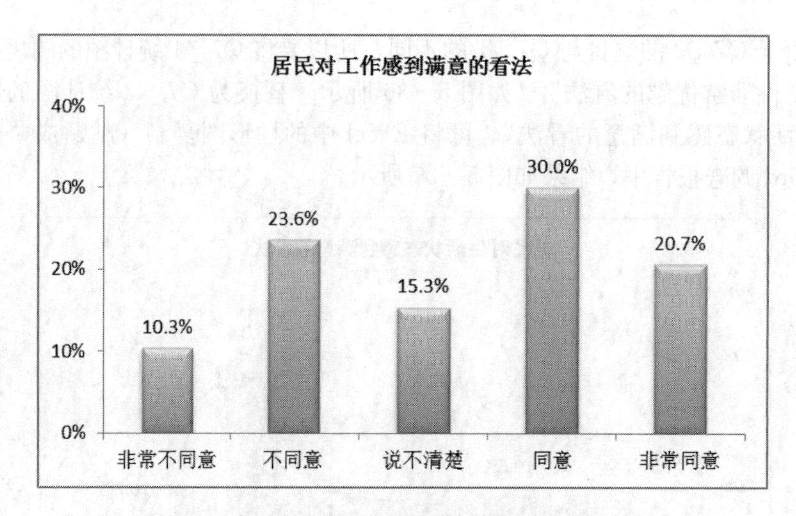

图 5—38　居民对工作感到满意的看法的柱形图

4. 对 Q7＿4（家庭非常和睦）进行一维频率分析

按照“对 Q7＿2（对生活状态感到满意）进行一维频率分析”的操作方法，在按“Q7＿3”汇总人数的数据透视表、一维频率分布表和统计图的基础上进行修改。

居民对家庭非常和睦的看法的一维频率分布表和柱形图如表 5—10 和图 5—39 所示。从占比（百分比）中可以看出，受访居民中，持“同意”看法的多一些，有五成多

表 5—10　　居民对家庭非常和睦的看法

看法	人数	百分比
非常不同意	36	6.2%
不同意	83	14.3%
说不清楚	145	25.0%
同意	249	42.9%
非常同意	68	11.7%
总计	581	100%

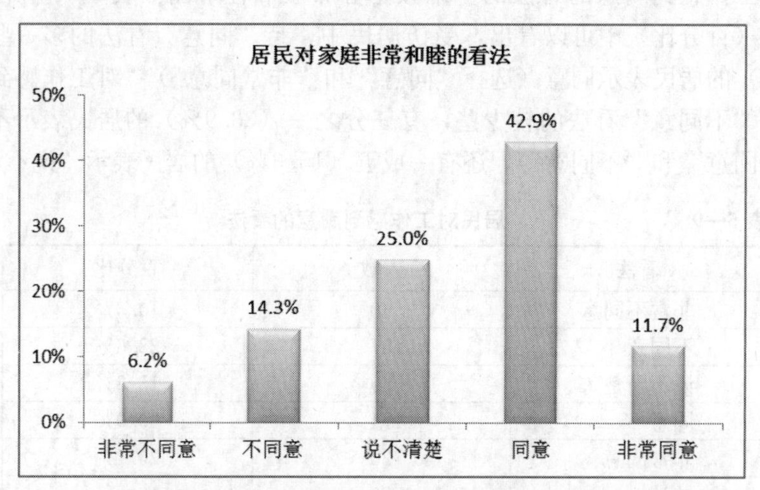

图 5—39　居民对家庭非常和睦的看法的柱形图

(54.6%) 的居民表示同意（选择“同意”和“非常同意”）“家庭非常和睦”这一说法，持“不同意”看法的较少些，有两成（20.5%）的居民表示不同意（选择“非常不同意”和“不同意”），还有四分之一（25.0%）的居民表示“说不清楚”。

5. 对 Q7 _ 5（同事关系很和谐）进行一维频率分析

按照“对 Q7 _ 2（对生活状态感到满意）进行一维频率分析”的操作方法，在按“Q7 _ 4”汇总人数的数据透视表、一维频率分布表和统计图的基础上进行修改。

居民对同事关系很和谐的看法的一维频率分布表和柱形图如表 5—11 和图 5—40 所示。从占比（百分比）中可以看出，受访居民中，持“同意”看法的多一些，有五成多（53.7%）的居民表示同意（选择“同意”和“非常同意”）“同事关系很和谐”这一说法，持“不同意”看法的较少些，有四分之一多（26.8%）的居民表示不同意（选择“非常不同意”和“不同意”），还有近两成（19.5%）的居民表示“说不清楚”。

表 5—11　　　　居民对同事关系很和谐的看法

看法	人数	百分比
非常不同意	57	10.4%
不同意	90	16.4%
说不清楚	107	19.5%
同意	178	32.4%
非常同意	117	21.3%
总计	549	100%

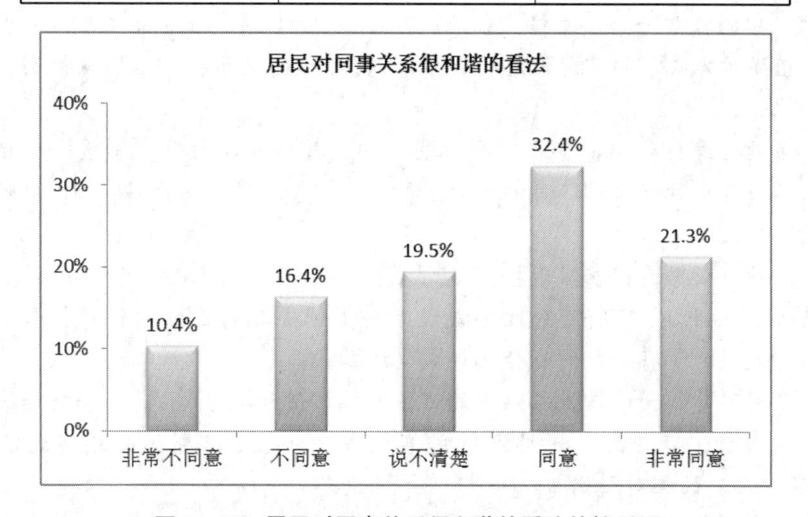

图 5—40　居民对同事关系很和谐的看法的柱形图

5.3.3　利用 Excel 数据透视表实现两个单选题的交叉表分析

例 5—6　居民生活状况满意度的性别差异分析。

需要对“Q1（性别）”与“Q7 中的 5 个调查项目”分别进行交叉表分析，并绘制相应的统计图（百分比堆积柱形图、簇状柱形图）。可参见“第5章　居民收入与生活状况调查（数据透视表）. xlsx”中的“两个单选题的交叉表分析”工作表。

1. 利用Excel数据透视表实现两个单选题交叉表的人数统计

在Excel中，打开“第5章　居民收入与生活状况调查（数据透视表）. xlsx”后，执行下述操作：

步骤（1）～（6）同例5—4。①

（7）在“数据透视表字段列表”对话框中，单击“Q1”（性别）（要进行交叉表分析的分组变量），并按住鼠标左键将其拖拽至“行标签”区域中；接着单击“Q7_1”（要进行交叉表分析的另外一个变量），并按住鼠标左键将其拖拽至“列标签”区域中，拖拽完成后的数据透视表如图5—41中的A3:H7区域所示。

温馨提示： 还可以在数据透视表中同时显示百分比。操作方法如下：

（1）再一次将“BH”拖拽到“∑　数值”区域中，将其汇总方式改为“计数”（显示为“计数项:BH2”，并在“列标签”区域中自动显示“∑　数值”）。也就是说，在“∑　数值”区域中，有“计数项：BH”和“计数项：BH2”，且“计数项：BH”在上，“计数项：BH2”在下（否则调整其顺序）。

（2）将在“列标签”区域中自动显示的“∑　数值”，拖拽到“行标签”区域中，并放置在“Q1”的下方。也就是说，在“行标签”区域中，有“Q1”和“∑　数值”，且“Q1”在上，“∑　数值”在下（否则调整其顺序）。

（3）在数据透视表中，单击“计数项:BH2”行（这里是A7:H7区域和A10:H10区域）中的任意一个单元格（如A7单元格）后，再单击鼠标右键，在快捷菜单中选择“值显示方式”的“行汇总的百分比”，目的是显示按“Q1”（性别）分组的有效百分比。

（4）在数据透视表中，单击“列标签”的下拉按钮，打开“筛选”对话框，单击取消（不勾选）“（空白）”，目的是为了排除未回答人数，显示按“Q1”（性别）分组的有效百分比。

（5）此时，数据透视表显示按“Q1＊Q7_1”汇总的人数（计数项:BH）和百分比（计数项:BH2）。可将百分比格式设置为1位小数的百分比样式，而“百分比总计”格式设置为没有小数的百分比样式（100%）。

（6）可利用复制—选择性粘贴中的“值”或“值和数字格式”，将数据透视表的汇总结果（人数、百分比）拷贝到所需单元格中。也可以利用公式实现汇总结果（人数、百分比）的相对引用。

（7）灵活编辑数据透视表，用其他调查项目（Q7_2～Q7_5）中的一个代替“Q7_1”。注意：每次都要对“列标签”进行筛选，取消（不勾选）“（空白）”，目的是为了排除未回答人数，显示按“Q1”（性别）分组的有效百分比。

---

① 可将新工作表的名称重新命名为“两个单选题的交叉表分析”。

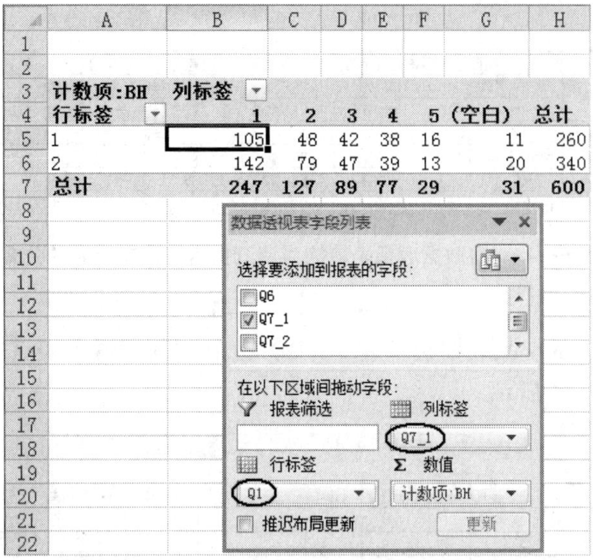

计数项:BH	列标签						
行标签	1	2	3	4	5	(空白)	总计
1	105	48	42	38	16	11	260
2	142	79	47	39	13	20	340
总计	247	127	89	77	29	31	600

图 5—41　按“Q1＊Q7 _ 1”汇总人数的数据透视表（A3:H7 区域）

2. 利用 Excel 公式，将数据透视表转换为调查报告所需的交叉表

同例 5—4 一样，可利用 Excel 公式，将数据透视表转换为调查报告中所需的、在 Word 中的交叉表（称为模板，如表 5—12 所示）。

表 5—12　　调查报告中的交叉表模板

		非常不同意	不同意	说不清楚	同意	非常同意	总计
男	人数						
	百分比						
女	人数						
	百分比						
总计	人数						
	百分比						

首先，将 Word 中的交叉表模板（表 5—12）复制到数据透视表（间隔 1 列）右侧空白处，然后利用 Excel 公式，将数据透视表转换为调查报告所需的交叉表，结果如图 5—42 所示，公式如图 5—43 所示。

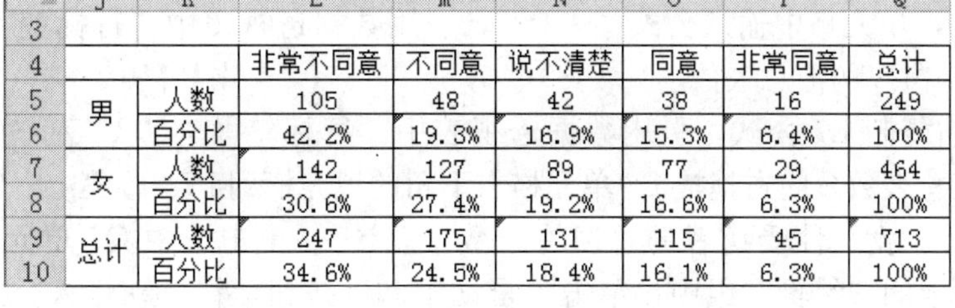

		非常不同意	不同意	说不清楚	同意	非常同意	总计
男	人数	105	48	42	38	16	249
	百分比	42.2%	19.3%	16.9%	15.3%	6.4%	100%
女	人数	142	127	89	77	29	464
	百分比	30.6%	27.4%	19.2%	16.6%	6.3%	100%
总计	人数	247	175	131	115	45	713
	百分比	34.6%	24.5%	18.4%	16.1%	6.3%	100%

图 5—42　调查报告所需的交叉表（J4:Q10 区域，在 Excel 中）

	J	K	L	M	N	O	P	Q
3								
4			非常不同意	不同意	说不清楚	同意	非常同意	总计
5	男	人数	=B5	=C5	=D5	=E5	=F5	=SUM(L5:P5)
6		百分比	=L5/$Q5	=M5/$Q5	=N5/$Q5	=O5/$Q5	=P5/$Q5	=SUM(L6:P6)
7	女	人数	=B6	=C7	=D7	=E7	=F7	=SUM(L7:P7)
8		百分比	=L7/$Q7	=M7/$Q7	=N7/$Q7	=O7/$Q7	=P7/$Q7	=SUM(L8:P8)
9	总计	人数	=L5+L7	=M5+M7	=N5+N7	=O5+O7	=P5+P7	=Q5+Q7
10		百分比	=L9/$Q9	=M9/$Q9	=N9/$Q9	=O9/$Q9	=P9/$Q9	=SUM(L10:P10)

图5—43　将数据透视表转换为调查报告所需交叉表的公式

操作步骤如下：

(1) 将Word中的交叉表模板（表5—12）复制到数据透视表（间隔1列）右侧空白处，结果如图5—44所示。

	J	K	L	M	N	O	P	Q
3								
4			非常不同意	不同意	说不清楚	同意	非常同意	总计
5	男	人数						
6		百分比						
7	女	人数						
8		百分比						
9	总计	人数						
10		百分比						

图5—44　复制到Excel中的交叉表模板（J4:Q10区域）

(2) 在L5单元格中输入公式"＝B5"，引用数据透视表中"行标签"为"1"和"列标签"为"1"的汇总人数。

温馨提示：(1) 不能用鼠标单击B5单元格实现相对引用，需要手工输入引用单元格B5。同理，在输入L7单元格公式时，也是需要手工输入引用单元格B6。(2) 注意编码（图5—41中的A5:A6区域"1～2"、B4:F4区域"1～5"）与选项（图5—44中的J5单元格"男"、J7单元格"女"、L4:P4区域"非常不同意～非常同意"）之间的一一对应关系（不能错位）。

(3) 向右复制L5公式，引用数据透视表中"行标签"为"1"和"列标签"为"2～5"的汇总人数。向右拖拽L5单元格右下角的填充柄到P5单元格。

(4) 统计"男"性受访者的总回答人数（总计）。单击选中Q5单元格，然后在"开始"选项卡的"编辑"组中，单击"自动求和"按钮，将自动输入公式"＝SUM(L5:P5)"，单击编辑栏左侧的"输入"按钮（或按Enter回车键），完成求和。

(5) 在L7单元格中输入公式"＝B6"，引用数据透视表中"行标签"为"2"和"列标签"为"1"的汇总人数。

(6) 向右复制L7公式，引用数据透视表中"行标签"为"2"和"列标签"为"2～5"的汇总人数。向右拖拽L7单元格右下角的填充柄到P7单元格。

(7) 统计"女"性受访者的总回答人数（总计）。单击选中Q7单元格，然后在"开始"选项卡的"编辑"组中，单击"自动求和"按钮，将自动输入公式"＝SUM(L7:P7)"，单击编辑栏左侧的"输入"按钮（或按Enter回车键），完成求和。

(8) 统计男女受访者选择"非常不同意"的总人数。在L9单元格中输入公式

“=L5+L7”。

(9) 向右复制L9公式，统计男女受访者选择其他选项的总人数。向右拖拽L9单元格右下角的填充柄到Q9单元格。

(10) 计算“男”性受访者选择“非常不同意”的百分比。在L6单元格中输入公式“=L5/$Q5”。

温馨提示：分母（$Q5）采用混合引用（列绝对行相对，固定列不固定行），是为了方便复制公式。

(11) 将L6单元格的格式设置为1位小数的百分比样式。单击L6单元格，然后在“开始”选项卡的“数字”组中，单击“百分比样式”按钮，再单击一次“增加小数位数”按钮。

(12) 向右复制L6公式和格式，计算“男”性受访者选择其他选项的百分比。向右拖拽L6单元格右下角的填充柄到P6单元格。

(13) 计算“男”性受访者的百分比总计。单击选中Q6单元格，然后在“开始”选项卡的“编辑”组中，单击“自动求和”按钮，将自动输入公式“=SUM(L6:P6)”，单击编辑栏左侧的“输入”按钮（或按Enter回车键），完成求和。

(14) 将Q6单元格的格式设置为没有小数的百分比样式（100%）。单击Q6单元格，然后在“开始”选项卡的“数字”组中，单击一次“减少小数位数”按钮，使百分比总计为100%。

(15) 复制计算“男”性受访者百分比（L6:Q6区域）的公式和格式，计算“女”性受访者的百分比和男女受访者（总计）的百分比。首先选中L6:Q6区域，在“开始”选项卡的“剪贴板”组中，单击“复制”按钮。然后单击L8单元格，在“开始”选项卡的“剪贴板”组中，单击“粘贴”按钮。再单击L10单元格，在“开始”选项卡的“剪贴板”组中，单击“粘贴”按钮。

3. 在Excel中绘制两个单选题交叉表统计图

如5.1.3小节介绍，在Excel中绘制两个单选题交叉表统计图（百分比堆积柱形图、簇状柱形图）①。

温馨提示：为了实现交叉表统计图的自动更新，最好利用公式选取图表数据源。

4. 将Excel中的交叉表和统计图复制到Word文件中

温馨提示：操作方法可参照4.4节的例4—8。

---

① (1) 在Excel中绘制两个单选题交叉表统计图，操作方法可参照5.2节的相应内容。(2) 由于Q7中的5个调查项目，它们都有5个选项（选项个数较少、选项文字内容较短），可预先绘制百分比堆积柱形图和簇状柱形图（可不绘制簇状条形图）。如果百分比堆积柱形图可用（标志是：能正常显示数据标签）就选用百分比堆积柱形图，否则再选用簇状柱形图。

（1）将 Excel 中转换成调查报告格式的交叉表（图 5—42 中的 J4:Q10 区域）复制到 Word 文件中的相应位置，作为调查报告的一部分。结果如表 5—13 所示。

表 5—13　　男女受访居民对生活条件非常优越的看法

		非常不同意	不同意	说不清楚	同意	非常同意	总计
男	人数	105	48	42	38	16	249
	百分比	42.2%	19.3%	16.9%	15.3%	6.4%	100%
女	人数	142	79	47	39	13	320
	百分比	44.4%	24.7%	14.7%	12.2%	4.1%	100%
总计	人数	247	127	89	77	29	569
	百分比	43.4%	22.3%	15.6%	13.5%	5.1%	100%

（2）将 Excel 中绘制的“男女受访居民对生活条件非常优越的看法”统计图复制（粘贴成“图片”格式）到 Word 文件中的相应位置，作为调查报告的一部分。这里选用百分比堆积柱形图，结果如图 5—45 所示。

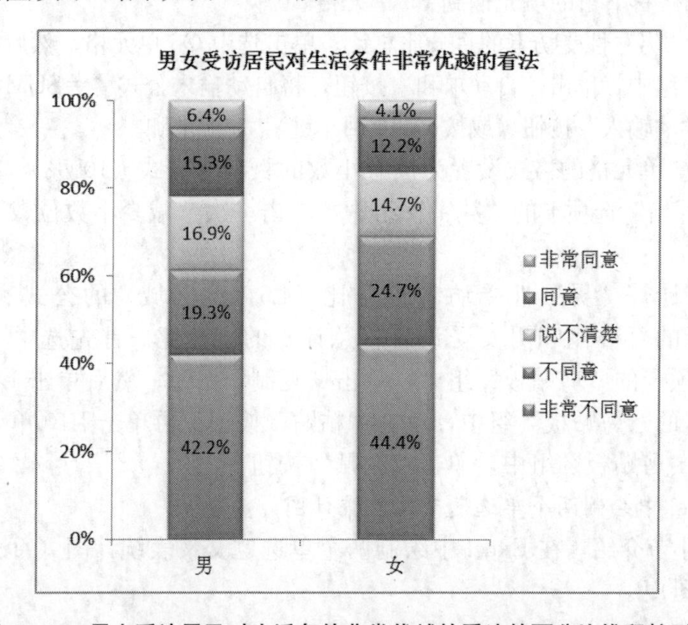

图 5—45　男女受访居民对生活条件非常优越的看法的百分比堆积柱形图

男女受访居民对生活条件非常优越的看法的交叉表和柱形图如表 5—13 和图 5—45 所示。

从占比（百分比）中可以看出，男女受访居民对生活条件非常优越的看法有所不同，男性居民更同意“生活条件非常优越”这一说法。男性居民表示同意（选择“同意”和“非常同意”）的比例为 21.7%，而女性居民表示同意的比例为 16.3%。

5. *灵活编辑数据透视表——通过鼠标拖拽修改汇总字段*

由于 Q7 中的 5 个调查项目（Q7_1、Q7_2、Q7_3、Q7_4、Q7_5），它们的选项个数相同且选项内容一样，因此可按照 5.3.2 小节介绍的方法，可在按“Q1 * Q7_1”汇总人数的数据透视表、交叉表和统计图的基础上进行修改。

这里以修改为按“Q1＊Q7_2”为例，介绍如何通过鼠标拖拽修改汇总字段，得到相应交叉表和统计图的操作步骤：

（1）单击数据透视表中的任意一个单元格（如A3单元格），打开“数据透视表字段列表”对话框。

（2）在“数据透视表字段列表”对话框中，将“列标签”区域中的“Q7_1”向外拖拽出“数据透视表字段列表”对话框（鼠标旁边出现一个叉“X”）。

（3）在“数据透视表字段列表”对话框中，单击“Q7_2”，并按住鼠标左键将其拖拽至“列标签”区域中，代替原来的“Q7_1”。

（4）由于Q7_2的选项与Q7_1的相同，因此无需修改交叉表（图5—42中的J4:Q10区域）中的选项（L4:P4区域）。可直接将Excel中的交叉表（J4:Q10区域）复制到Word调查报告中，结果如表5—14所示。

表5—14　　男女受访居民对生活状态感到满意的看法

		非常不同意	不同意	说不清楚	同意	非常同意	总计
男	人数	17	55	34	106	47	259
	百分比	6.6%	21.2%	13.1%	40.9%	18.1%	100%
女	人数	36	62	57	133	50	338
	百分比	10.7%	18.3%	16.9%	39.3%	14.8%	100%
总计	人数	53	117	91	239	97	597
	百分比	8.9%	19.6%	15.2%	40.0%	16.2%	100%

（5）由于Q7_2的题目与Q7_1的不同，所以要将“Q1＊Q7_1”统计图的图表标题“男女受访居民对生活条件非常优越的看法”（如图5—45所示）替换为“Q1＊Q7_2”统计图的图表标题“男女受访居民对生活状态感到满意的看法”。这里选用百分比堆积柱形图，复制（粘贴成“图片”格式）到Word调查报告中，结果如图5—46所示。

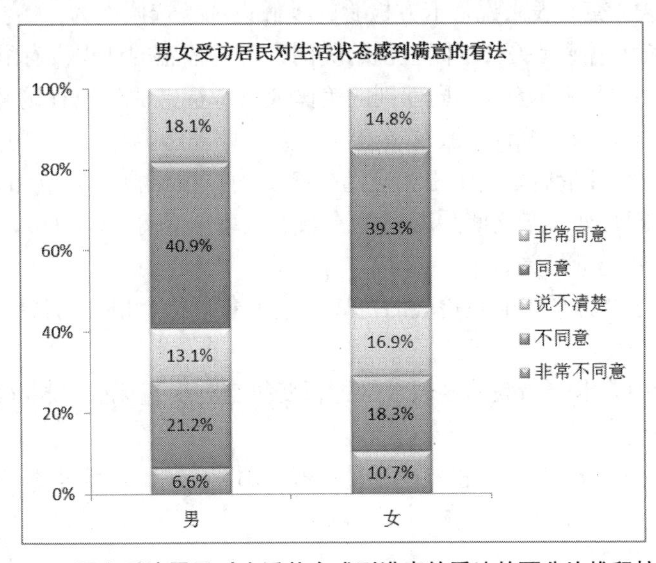

图5—46　男女受访居民对生活状态感到满意的看法的百分比堆积柱形图

（6）男女受访居民对生活状态感到满意的看法的交叉表和柱形图如表 5—14 和图 5—46 所示。从占比（百分比）中可以看出，男女受访居民对生活状态感到满意的看法有所不同，男性居民更同意“对生活状态感到满意”这一说法。男性居民表示同意（选择“同意”和“非常同意”）的比例为 59.0%，而女性居民表示同意的比例为 54.1%。

同理，按照修改为按“Q1 * Q7_2”的操作方法，分别对 Q1 * Q7_3（对工作感到满意）、Q1 * Q7_4（家庭非常和睦）、Q1 * Q7_5（同事关系很和谐）进行交叉表分析，请读者自行完成，这里不再赘述。

5.4 交叉表行列变量间关系的分析

对交叉表中的行变量和列变量之间的关系进行分析是交叉表分析的第二个任务。在交叉表的基础上作进一步的分析，可以得到行变量和列变量之间是否有联系、联系的紧密程度如何等更深层次的信息。

在交叉表分析中，SPSS 提供了用于检验行列变量之间是否相关的卡方检验。

5.4.1 交叉表的卡方检验

例 5—7 在例 5—1 的问题（1）中，性别与幸福感是否有关（分析不同性别的美国人对幸福感的认识是否有显著差异）。

对于例 5—1 的问题（1），交叉表分析的调查报告如 5.1.4 小节。其中有一句话“说明男性更容易感到生活幸福”，大致说明了性别与幸福感可能的关系，但如何准确地阐述呢？这就要进行假设检验（有关假设检验的概念，请参见第 8 章）。

就表 5—3 这个交叉表来说，卡方检验的零假设和备选假设为：

H_0：性别和幸福感无关（不同性别的美国人对幸福感的认识没有显著差异）。

H_1：性别和幸福感有关（不同性别的美国人对幸福感的认识有显著差异）。

在卡方检验中，卡方统计量服从一个（行数－1）×（列数－1）自由度的卡方分布。SPSS 在计算卡方统计量后，会给出相应的概率 p 值。根据概率 p 值和显著性水平 α 比较的结果，来判断行列变量之间是否相关。如果概率 p 值小于等于 α，则拒绝零假设，判断交叉表的行列变量相关。

卡方检验属于统计学中假设检验的范畴，这里介绍几个相关概念：

1. 零假设（H_0）。

交叉表分析中，卡方检验的零假设是：行变量与列变量无关（相互独立）。

2. 检验统计量

交叉表分析中，卡方检验的检验统计量一般采用 Pearson χ^2 统计量，其数学定义为：

$$\chi^2 = \sum_{i=1}^{r}\sum_{j=1}^{c}\frac{(f_{ij}^{o} - f_{ij}^{e})^2}{f_{ij}^{e}}$$

式中，r 为交叉表的行数；c 为交叉表的列数；f^o 为观测频数；f^e 为期望频数。

3. 自由度

在交叉表分析中，卡方检验的自由度（Degree of Freedom，df），是指可以自由取值的数据的个数。在 $r\times c$ 的交叉表中，对每一行，行的和是确定的，因此只有 $c-1$ 个自由取值的数据；同理，对每一列，只有 $r-1$ 个数据可以自由取值，剩下的一个可用列和减去前 $r-1$ 个数据得到。所以 $r\times c$ 交叉表的自由度计算公式为：

$$df=(行数-1)\times(列数-1)=(r-1)\times(c-1)$$

5.4.2　利用 SPSS 实现交叉表的卡方检验

在如图 5—1 所示的 SPSS“交叉表”对话框中，有一个“统计量”选项（按钮），在该选项中（如图 5—47 所示），有一个“卡方”选项，该选项就是卡方检验，用于检验行变量与列变量之间是否相关。

在 SPSS 中，打开数据文件“第 5 章　1991 年美国综合社会调查 .sav”后，执行下述操作：

步骤（1）～（3）同 5.1.1 小节介绍的利用 SPSS 的“交叉表”命令实现两个单选题的交叉表分析。

（4）在图 5—1 中，单击“统计量”按钮，打开如图 5—47 所示的对话框。单击选中（勾选）“卡方（H）”选项，然后单击“继续”按钮，返回“交叉表”对话框。

图 5—47　“交叉表：统计量”对话框（勾选“卡方（H）”，行列变量相关检验）

（5）单击“确定”按钮，提交运行，即可在“输出”窗口中看到交叉表分析结果。除了能看到如表 5—1 和表 5—2 所示的交叉表分析结果外，还可看到如表 5—15 所示的卡方检验结果。

表 5—15 是两个单选题“性别＊幸福感”交叉表分析的卡方检验结果。第一列为检验统计量名称，第二列是检验统计量，第三列是自由度，第四列是在零假设成立条件下小于等于检验统计量的概率 p 值。其中，第一行即为 Pearson 卡方检验结果。

表 5—15　　“性别＊幸福感”交叉表分析的卡方检验结果

卡方检验

	值	df	渐进 Sig.（双侧）
Pearson 卡方	7.739[a]	2	.021
似然比	7.936	2	.019
线性和线性组合	4.812	1	.028
有效案例中的 N	1 504		

a. 0 单元格（0.0%）的期望计数少于 5。最小期望计数为 69.44。

由于 Pearson 卡方检验的概率 p 值为 0.021，小于显著性水平 0.05，因此应拒绝零假设，认为性别和幸福感之间相关（男女两性对幸福感的认识有显著差异）。结合表 5—3 中的行百分比，可以看出男性的幸福感高于女性，说明男性更容易感到生活幸福。

表下注释 a 表明：该分析中期望频数小于 5 的单元格个数为 0，最小期望频数为 69.44，适合作卡方检验（卡方检验结果有效）。

进行卡方检验后，调查报告中的交叉表分析就需要增加相应的信息，可将表 5—3 改为表 5—16。更多的有关交叉表相关性分析的例子请参见本章附录的表 4、表 5、表 7 和表 8。

表 5—16　　不同性别的美国人对幸福感的认识

	男	女
非常幸福	32.5%	30.0%
比较幸福	59.1%	57.2%
不太幸福	8.4%	12.9%
(n)	(633)	(871)
$\chi^2=7.739$　df=2　p=0.021<0.05		

调查报告中的内容改为：

不同性别的美国人对幸福感的认识调查报告

此次调查了 1 517 名美国人，其中有 1 504 人对“性别”和“幸福感”两个单选题都作了回答（占总调查人数的 99.1%）。关于不同性别的美国人对幸福感认识的交叉表和柱形图如表 1 和图 1 所示。

表 1　　不同性别的美国人对幸福感的认识

	男	女
非常幸福	32.5%	30.0%
比较幸福	59.1%	57.2%
不太幸福	8.4%	12.9%
(n)	(633)	(871)
$\chi^2=7.739$　df=2　p=0.021<0.05		

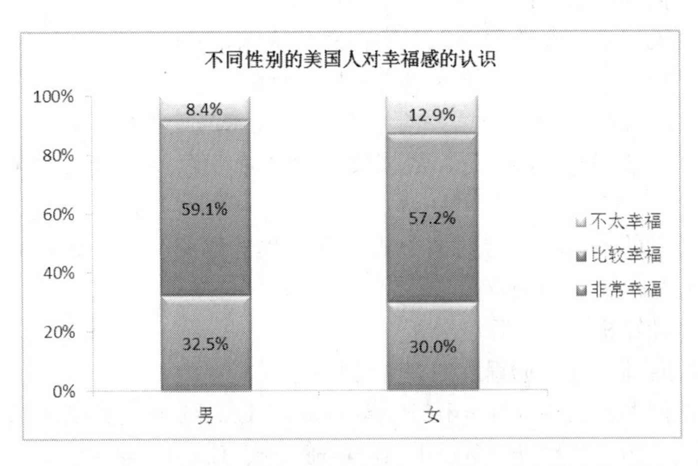

图1　不同性别的美国人对幸福感的认识的百分比堆积柱形图

此次调查结果显示：受访者中，无论男女，以认为“比较幸福”的比例最高（男59.1%，女57.2%），认为“非常幸福”的比例居中（男32.5%，女30.0%）。此外，就相对程度来看，认为生活幸福（“比较幸福”和“非常幸福”的比例之和）的受访美国人中，男性比例明显超过女性（91.6% 对87.2% ）。

进行卡方检验（$p=0.021<0.05$）后得知，男女两性对幸福感的认识有显著差异。从比例中可以看出男性的幸福感高于女性，说明男性更容易感到生活幸福。

5.5 思考题与上机实验题

思考题：

1. 在SPSS中，用什么菜单实现单选题的交叉表分析？
2. 在Excel中，数据透视表的主要功能是什么？

上机实验题：

1. “第5章　2012年美国综合社会调查.sav”是从GSS网站（http://www3.norc.org/GSS+Website）下载的数据文件（节选）。该数据文件含有1 974个受访美国人的个人信息和调查信息，与“第5章　1991年美国综合社会调查.sav”类似，为了方便读者阅读，将变量的标签和“值”标签翻译成中文、将缺失值全部用空值代替、对其中的变量进行筛选，只保留本套教材要用到的变量。

要求应用所学的两个单选题交叉表分析，对下列问题进行基本统计分析并写出相应的调查报告。

（1）分析不同性别的美国人对幸福感的认识。

（2）分析不同种族的美国人对幸福感的认识。

（3）分析不同年龄的美国人对幸福感的认识。

（4）分析不同学历的美国人对幸福感的认识。

（5）分析不同婚姻状况的美国人对幸福感的认识。

（6）分析不同健康状况的美国人对幸福感的认识。

2. 利用第2章附录Ⅱ的“大学入学新生信息技术与计算机基础情况调查问卷”进行调查，共收回有效问卷1 531份，数据文件为“第5章　新生入学调查（数据透视表）.xlsx”。

要求应用所学的单选题一维频率分析和两个单选题交叉表分析，对下列问题进行基本统计分析并写出相应的调查报告。

（1）学生对计算机的兴趣程度分析。

（2）男女生对计算机兴趣程度的差异分析。

（3）学生使用办公软件（Word、PowerPoint、Excel）的熟练程度分析。

（4）男女生使用办公软件（Word、PowerPoint、Excel）熟练程度的差异分析。

本章附录　社会调查报告实例（交叉表分析）

他们信息世界的另一半

——中学生与大众传媒的描述性报告①

风笑天

一、导言

“今天，由于大众媒介到处都有，人们除了工作和睡觉外，用于大众媒介的时间超过其他任何活动。”美国著名传播学者施拉姆的论述，言简意赅地揭示出大众传媒在现代社会中的重要地位。各种大众传播媒介对青少年社会化的影响，也越来越为人们所重视。在正规的学校教育中，各种教科书，加上课堂上老师的讲解，课下同学间的交流，构成了广大青少年获取前人文化科学知识、接受现存社会文化传统和价值观念、学习各种社会规范的主要途径。然而，学校的环境只是青少年所面对的信息世界的一部分，他们在课余、在校外，仍处于各种大众传播媒介的重重包围之中，自觉地或不自觉地接受它们的指导和灌输，主动地或被动地从它们那里获取各种信息。从现有资料看，国内有关这一方面的研究尚不多，社会对这方面的了解也还不够系统和具体。为了弥补这方面的欠缺，笔者于1993年12月在湖北省武汉市进行了一项有关中学生课余生活的抽样调查。调查的主要目的就是希望了解当前广大中学生接触和利用各种大众传媒的状况，分析其特点，以便为进一步深入探讨大众传媒在青少年社会化过程中的作用和影响打下基础。

二、方法

1. 调查对象

本次调查以武汉市6个城区所有在校中学生为总体，采用多阶段随机抽样方法选取调查对象。具体做法是：先以武汉市电话号码簿中的全部中学名单为抽样框，随机

① 参见风笑天：《现代社会调查方法（第三版）》，256～264页，武汉，华中科技大学出版社，2005。

抽取学校共25所；在每所抽中的中学中，随机抽取高中或初中的3个年级（有1所学校只抽了2个年级）；每个年级抽取1个班；最后在每个抽中的班级里，按系统抽样方法随机抽取10名学生。这样，共抽取了74个班级，高、初中各年级学生740人构成本次调查的样本。

2. 数据收集方法

本次调查采取问卷法收集数据。问卷由34个问题构成，主要询问了学生接触课外书籍、报纸杂志、电视、广播等大众传媒的一般情况（包括有关流行歌曲、歌星等内容）及学生社会特征方面的问题。被调查学生的抽取及问卷的发放与回收，均由华中师范大学政治系92级74名本科生分成25个调查小组深入各中学实施和完成（其中一部分为被调查对象当场填写，当场回收；另一部分为回家填写，隔天回收）。实际发放问卷740份，回收有效问卷735份，有效回收率约99.3%。实际调查样本的构成情况见表1。

表1 调查样本构成情况

	男生	女生	合计
初中生	243 (33.1%)	229 (31.2%)	472 (64.2%)
高中生	136 (18.5%)	127 (17.3%)	263 (35.8%)
合计	379 (51.6%)	356 (48.4%)	735 (100%)

3. 数据整理与分析

全部问卷数据由调查员检查核实后进行编码，然后输入计算机，由笔者利用SPSS/PC分析软件进行统计分析。分析类型主要为单变量的描述统计和双变量的交互分类统计。

三、结果与分析

1. 中学生接触四种大众传播媒介的总体状况

在传播学中，通常将大众传播媒介或大众媒介分为印刷媒介（报纸、杂志和书籍等）和电子媒介（电影、录像、广播和电视等）两大类别。本次调查结合我国中学生的实际情况，主要对中学生接触课外书籍、报纸杂志、电视与广播四种传播媒介的情况进行了了解。调查结果显示，接受调查的735名中学生中，每人每学期平均购买课外书籍13本；平均每家订有报刊2.5份，其中专门为学生订的报刊平均每家1.8份；每百名学生家中有电视机98台，有收录机93台。这就是目前中学生所具有的接受四种媒介的客观条件。

下面让我们看看中学生与四种传播媒介（简称传媒）接触频率的统计结果（见表2）。

表2 中学生与四种传媒的接触频率

	经常	有时	很少	(n)
课外书籍	27.5%	57.3%	15.2%	(731)
报纸杂志	29.7%	55.0%	15.3%	(717)
电视	40.5%	46.5%	13.0%	(696)
广播	26.1%	42.5%	31.4%	(717)

应该说明的是，频率统计的最理想方法是直接询问次数。但是在问卷中，除电视一项是以“每周看几次”提问，且答案中按实际次数来分类以外，其他三项均以“平时你常看（听）XX吗”来提问，以“经常、有时、很少”来分类。之所以如此，主要是考虑到直接询问看书、看报、听广播“次数”的不现实性。尽管“经常”、“有时”、“很少”等概念相对于确切的次数来说显得模糊了一些，但大的趋势和轮廓却是不难从这种模糊中看清的；虽然不同人心目中，“经常”、“有时”等概念的衡量标准可能相差很大，但同一群人评价同类事物时的“标准”应该是基本相同的。因此，在假定被调查学生对“经常”、“有时”、“很少”等频率概念的衡量标准大体相同的前提下，表2的结果表明，总体上，中学生在校外生活中接触最频繁的大众传媒是电视，其次是课外书籍和报纸杂志，最后是广播。这一结果从量的分布上勾勒出四种大众传媒对中学生影响的程度。它表明，目前我国中学生在接受大众传媒方面，比较亲近视觉符号载体而比较疏远听觉符号载体；在视觉符号载体中，他们又更亲近以形象视觉符号为主的载体，而较疏远以文字视觉符号为主的载体。

为了进一步从质的方面分析各种大众传媒的影响状况，笔者对最受中学生欢迎的信息内容进行了统计，结果见表3。

表3　　四种大众传媒中最受中学生欢迎的内容

阅读得最多的课外书籍	思想教育类	人物传记	小说	科技知识	中学辅导	其他
	13.1%	37.2%	17.5%	12.4%	15.5%	4.3%
最喜欢看的报纸杂志	青少年读物	中学辅导	政治时事	文摘科普	娱乐欣赏	
	18.9%	9.9%	11.0%	19.4%	40.8%	
最喜欢看的电视节目	教学节目	少儿节目	体育节目	文艺节目/电视剧	其他	
	24.0%	7.6%	22.2%	43.8%	2.6%	
听得最多的广播节目	新闻节目	外语教学	音乐节目	广播剧	其他	
	23.8%	17.1%	49.8%	5.8%	3.5%	

表3的结果表明，中学生对各种大众传媒的利用主要集中在娱乐消遣、知识学习、思想政治教育几个方面。但对于不同的传播媒介，他们优先选择的信息内容不同，或者说，中学生对不同传播媒介的利用侧重点有所不同。调查结果所显示的比较突出的特点是：①广播媒介主要用来收听音乐，其次用来了解时事政治；②电视媒介的利用以电视剧等文艺节目欣赏为主，其次也用于知识学习；③课外书籍的选择中，人物传记占了突出的位置，其他方面比重不大且分布均匀；④报纸杂志与电视情况类似，同样以娱乐欣赏的内容为主，知识内容占据第二。

中学生对不同传媒内容的选择趋势，既与各种媒介本身所具有的特性有关，如电视的声形并茂，书籍、报刊的方便灵活、私下性强等，同时也与中学生的年龄、经历、心理、智力等因素有关。比如，尽管目前书店中中学课程辅导类的读物比重最大，但他们对课外书籍的选择倾向却更多地投向人物传记。这在一定程度上揭示出：对处在社会化过程中一个特殊阶段上的中学生来说，选择人生目标、思考人生意义、寻找人生偶像开始成为他们社会化的重要主题内容。

再比如对广播内容的选择中，音乐成为最普遍的选择。这一方面是由于音乐传播的特定方式与广播媒体所具有的特点所致，但同时也与中学生特定的年龄及心理特征紧密相关，正如文学家们所说的“歌是青春的翅膀，青春是歌的风帆”。这一结果也从一个侧面印证了当前中学生中的流行歌曲热现象，或者说是这种现象的一个表现方面。

2. 接触大众传媒中的性别差异

性别不仅是人的基本生理特征，同时也是人的基本社会特征之一。不同性别的个体，其社会化过程所具有的特点不会一样。对于目前的这些少男少女们来说，他们在与各种不同的大众传媒的接触中是否具有一些不同的特点呢？这是我们希望了解的问题之一。下面是有关的调查结果，先看看他们获得课外书籍及报纸杂志的方式（见表 4、表 5）。

表 4　　男女中学生获得课外书籍的方式

	男生	女生
家长买的	22.8%	28.9%
自己买的	43.8%	35.1%
找别人借的	28.1%	26.6%
其他	5.3%	9.4%
(n)	(369)	(353)
$\chi^2=9.96$　df=3　$p<0.05$		

表 5　　男女中学生获得报纸杂志的方式

	男生	女生
订的	38.8%	44.3%
在报摊上临时买的	41.7%	31.7%
找别人借的	15.2%	22.4%
其他	4.3%	1.6%
(n)	(362)	(354)
$\chi^2=13.39$　df=3　$p<0.01$		

表 4、表 5 的结果表明，在接触课外书籍及报纸杂志这两类印刷媒介方面，男女中学生们的确表现出不同的特点。这就是：男中学生的自主性、独立性明显高于女中学生。这一点可以从他们自己买书和自己在报摊上临时买报刊的比例明显大于女中学生上看出来。而相比之下，女中学生在获取这两类印刷传媒的形式上，则较多地表现出对家长的依赖性、对正规途径的服从性和与同辈群体的交流性。统计检验表明，这一差异在样本和总体中同时存在。

调查结果还表明，男女中学生在接触两类印刷传媒的数量上也存在一定的差异。据统计，男中学生平均每人每学期购买课外书籍（包括家长和自己买的）13.6 本（标准差 15.9 本），略多于女中学生的 12.2 本（标准差 14.7 本），高出比例达 10.3%；而女中学生平均每人订报刊 1.9 份（标准差 1.5 份），又略多于男中学生的 1.7 份（标准差 1.4 份），高出比例达 10.5%。这一结果也从另一个侧面印证和补充了上述特点。

再来看看男女中学生对四种大众传媒内容的选择情况，见表 6。

表 6　　男女中学生选择不同信息内容的情况

阅读得最多的课外书籍	**	思想教育类	人物传记	小说	科技知识	中学辅导	其他
	男生	15.2%	31.2%	18.1%	18.9%	13.9%	2.7%
	女生	14.9%	40.2%	19.0%	4.5%	15.7%	5.7%
最喜欢看的报纸杂志	#	青少年读物	中学辅导	政治时事	文摘科普	娱乐欣赏	
	男生	17.2%	9.5%	13.0%	20.4%	39.9%	
	女生	20.6%	10.4%	8.9%	18.4%	41.7%	
最喜欢看的电视节目	**	教学节目	少儿节目	体育节目	文艺节目/电视剧	其他	
	男生	19.9%	6.0%	29.9%	40.9%	3.3%	
	女生	24.9%	8.1%	16.0%	48.8%	2.2%	
听得最多的广播节目	#	新闻节目	外语教学	音乐节目	广播剧	其他	
	男生	25.5%	15.5%	48.4%	6.8%	3.8%	
	女生	21.8%	19.0%	51.4%	4.6%	3.2%	
注：**表示 $p<0.001$　#表示 $p>0.05$。							

表 6 的结果表明，在报纸杂志读物的类别选择以及广播节目的类别选择方面，男女中学生之间的百分比相差不大（统计检验表明，样本百分比中所存在的某些差别在总体中并不存在），或者说，他们在这两方面的行为趋于一致。但从对报纸杂志读物分类中所了解到的情况看，两者所选择的具体读物类型还是有一定差别的。比如，在文摘科普类报纸杂志中，男生主要喜欢科普类的，如《舰船知识》、《飞碟探索》、《兵器大观》、《奥秘》等，而女生则多喜欢文摘类的，如《读者》、《报刊文摘》等；又如在娱乐欣赏类报纸杂志中，女生多喜欢影视方面的，如《新舞台》、《舞台与银屏》、《大众电影》及各种电视报等，而男生则多选择《足球》、《新体育》、《故事会》等。

在课外读物的选择和电视节目的选择上，两者则表现出明显的差别。这种差别主要表现在：①男中学生比女中学生更多地选择科技知识类书籍，而女中学生选择人物传记读物的比例则比男中学生高一些；②男中学生收看体育节目的比例大大高出女中学生，而女中学生则在收看电视剧、文艺节目方面较男中学生高。统计检验表明，调查样本中所表现出的各种差别在总体中依然存在。男女中学生在上述几方面的差别，比较突出地反映了他们在基本社会化道路上各自所具有的性别角色特点，也为青少年工作者、教师、家长及大众传媒制作机构针对上述特点加强对他们的指导和教育，提供了一定的参考依据。

3. 接触大众传媒中的年龄差异

社会学中有关社会化的理论告诉我们，年龄因素在社会化过程中占有某种特殊的地位，处于不同年龄阶段的人，其社会化的主要内容和形式互不相同。中学时期作为青少年社会化过程中一个十分重要的阶段，对青少年的人格培养、规范学习、社会角色选择、价值观内化等，起着相当关键的作用。大众传播媒介的影响力也随着学生知识的增加、理解力的增强、生活范围的扩大、生活内容的丰富而一天天地增长。因此，在描述中学生与大众传媒之间的关系时，也有必要对年龄因素的影响进行了解和分析。

由于学校这一特定社会组织所具有的结构特点，使得初中与高中成为两个较大差别的阶段。初中生和高中生之间的差异，不仅反映出年龄的差异，更能很好地反映出青少年社会化过程中的两个阶段性特点。因此，笔者在分析中便采用这种更具现实意义的阶段区别，来概括地反映年龄间的差异。

先看看初中生与高中生在获得课外书籍和报纸杂志方式上的差异（见表7、表8）。

表7　初、高中学生获得课外书籍的方式

	初中生	高中生
家长买的	29.1%	13.3%
自己买的	39.9%	43.9%
找别人借的	24.5%	36.1%
其他	6.5%	6.7%
（n）	(461)	(261)
$\chi^2=18.85$　df=3　p<0.001		

表8　初、高中学生获得报纸杂志的方式

	初中生	高中生
订的	42.9%	26.9%
在报摊上临时买的	35.7%	47.4%
找别人借的	19.1%	22.2%
其他	2.3%	3.5%
（n）	(449)	(254)
$\chi^2=15.48$　df=3　p<0.01		

表7、表8的结果十分明显地揭示出初中生与高中生在获取这两类印刷媒介方式上的特点与差别。①高中生所看到的课外书籍80%来自自己购买和同学间借阅。相比之下，初中生这两者的比重只有64.4%；而来自家长购买的比例则是初中生大大高于高中生。统计检验表明，这一差别在样本和总体中同时存在。它说明，尽管从总体上看，初、高中学生在获取课外书籍的主要方式上都以自己购买为主，但初中生在这方面对家长还有一定的依赖性。换个角度说，这也许是初中生家长在这方面较为主动，干预得比较多的缘故。②在获取报纸杂志媒介方面，初中生以订阅为主，而高中生则以临时购买为主。统计检验表明，这种差别同样是十分显著的。它进一步揭示出高中学生在接触印刷传媒上具有比初中生更多、更强的主动性和独立性的特点。

再来看看初、高中学生在选择不同传媒内容方面的统计结果（见表9）。

表9　初、高中学生选择不同信息内容的情况

	**	思想教育类	人物传记	小说	科技知识	中学辅导	其他
阅读最多的课外书籍	初中生	10.8%	40.0%	14.3%	14.1%	17.2%	3.6%
	高中生	16.9%	32.3%	23.3%	9.4%	12.6%	5.5%

续前表

最喜欢看的报纸杂志	**	青少年读物	中学辅导	政治时事	文摘科普	娱乐欣赏	
	初中生	24.3%	12.3%	10.2%	13.9%	39.3%	
	高中生	7.9%	7.5%	11.1%	44.9%	28.6%	
最喜欢看的电视节目	**	教学节目	少儿节目	体育节目	文艺节目/电视剧	其他	
	初中生	21.6%	10.7%	21.4%	43.7%	2.5%	
	高中生	28.1%	2.0%	23.7%	43.0%	3.2%	
听得最多的广播节目	#	新闻节目	外语教学	音乐节目	广播剧	其他	
	初中生	23.7%	18.0%	47.4%	6.9%	4.0%	
	高中生	24.2%	15.5%	53.8%	3.8%	2.7%	
注：**表示 $p<0.001$，#表示 $p>0.05$。							

表 9 的结果表明，初中生与高中生在选择四种大众传播媒介的信息内容方面存在着较大的差别，这些差别主要表现在以下几个方面。①在阅读课外书籍方面，初中生中经常阅读人物传记、科普读物及中学课程辅导读物的比例比高中生高，而经常阅读思想教育类读物及小说的比例明显低于高中生。②最受初中生欢迎的报纸杂志主要为娱乐欣赏类和青少年读物，二者比例高达 63.6%，远远高于高中生的 36.5%；而最受高中生欢迎的读物则为文摘科普类，其比例高出初中生 30%以上。③在对电视节目类型的选择上，二者的差别主要体现在初中生中仍有一部分（约十分之一）热衷于少儿节目（反映出他们身上还保留着某些儿童的特点），高中生中则几乎完全没有；另外，高中生中选择教学节目的比例稍高于初中生。上述三个方面的差别从一个侧面揭示出处于不同年龄阶段的青少年在接受传媒信息影响方面的趋势和特点。统计检验表明，这些差别不仅反映出样本的情况，同时也反映出总体的情况。至于样本中两者在收听广播节目方面所存在的细小差别，由于 χ^2 检验表明其不具备统计显著性，因而它是由本样本的抽样误差所导致，而并不意味着总体中也存在同样的差别。

四、小结

本研究通过对抽样调查数据的统计分析，从频率、方式、内容等方面描述了目前中学生接触大众传播媒介、吸收媒介信息的现状和特点，并分析了男生与女生、初中生与高中生之间的差别。研究所得到的主要结果有以下几点。

（1）在课外书籍、报纸杂志、电视及广播这四种大众传播媒介中，中学生在校外生活中接触最频繁的首先是电视，其次是课外书籍和报纸杂志，最后是广播。

（2）对于不同的传播媒介，他们优先选择的信息内容不同。比较普遍的倾向是：广播以听音乐为主，报纸杂志和电视以娱乐欣赏为主，课外书籍以选择人生目标为主。

（3）在接触两种印刷媒介的方式上，男生比女生、高中生比初中生具有更强的独立性和自主性，而女生以及初中生则具有较明显的依赖性和规律性。

（4）在吸收四种大众传播媒介的各类信息方面，男生比女生更偏重于科技知识类书籍和体育类电视节目，而女生则比男生更偏重于人物传记书籍、电视剧及文艺类电视节目；在报纸杂志和广播的类别选择中，两者差别不大。

（5）最受高中生欢迎的报纸杂志是文摘科普类，最受初中生欢迎的为娱乐欣赏类及青少年读物类；电视剧及文艺节目在初、高中生中都最受欢迎，少儿节目还吸引着一部分初中生。

第 6 章

多选变量的一维频率分析和交叉表分析

调查问卷中经常会存在一定数量的多项选择题（多选题）。多项选择题可以在SPSS和Excel中做成多个内容相同的变量，这些变量称为多选变量。对多选变量进行分析时，不仅希望知道某些选项在第一选、第二选或第三选中分别有多少人选（可分别利用第4章的“频率”命令求得），还希望知道某些选项在多次选择中总共被选择了多少次，这个问题要通过多选变量分析来解决。

本章将介绍如何利用SPSS和Excel实现多选题的一维频率分析和交叉表分析。

6.1 利用SPSS实现“二分法”编码多选题的一维频率分析

在SPSS中有多选变量分析的菜单（“分析”→“多重响应”），使用方法是：先将多选题中的若干答案（多选变量）定义为一个多选变量集，然后对新定义的多选变量集进行一维频率分析和交叉表分析。

SPSS菜单“分析”→“多重响应”的子菜单为：

（1）定义多选变量集：定义“二分法”编码的多选变量集和“分类法”编码的多选变量集。也就是将多个多选变量定义为一个多选变量集（多重响应集）。

（2）频率：对多选变量集进行一维频率分析。

（3）交叉表：对多选变量集与单选变量（或其他多选变量集）进行交叉表分析。

6.1.1 在SPSS中定义“二分法”编码的多选变量集（多重响应集）

例6—1 对“健康问题”多选题进行一维频率分析。

在1991年美国综合社会调查中，有关“健康问题”的调查数据在多选变量hlth1～hlth9中，从数据中可以看出，这是一个多选题，采用“二分法”编码（“1”表示“是”)。还原为调查问卷形式类似于：

请问您最近 6 个月内是否碰到以下健康问题（可多选，请在相应的□内打√）：

□ 1. 病得很厉害需要去看医生　　□ 2. 需要咨询一些心理问题
□ 3. 无生育能力　　□ 4. 酗酒
□ 5. 吸毒（大麻，可卡因）　　□ 6. 配偶生病住院
□ 7. 小孩生病住院　　□ 8. 孩子有吸毒、酗酒的毛病
□ 9. 有亲密的朋友过世了

希望了解，在 1 517 名受访者中，有多少人最近 6 个月内碰到健康问题？哪一种健康问题碰到的人最多？

对“健康问题”多选题进行一维频率分析，可在 SPSS 的“分析”→“多重响应”菜单中实现。

在 SPSS 20 中文版中，打开数据文件“第 5 章　1991 年美国综合社会调查.sav”后，执行下述操作：

(1) 单击菜单“分析”→“多重响应”→“定义变量集”①，打开如图 6—1 所示的“定义多重响应集”对话框②。

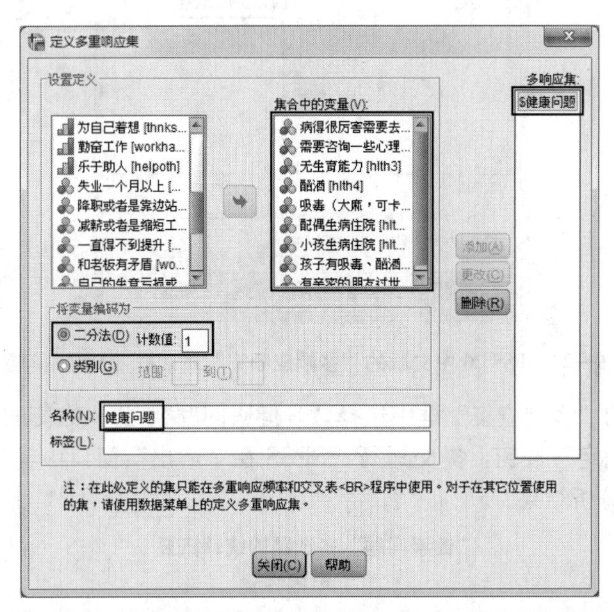

图 6—1　SPSS 20 中文版的“定义多重响应集”对话框（“二分法”编码，$ 健康问题）

---

① (1) 在 SPSS 中，还可以在菜单“分析”→“表格”→“多重响应集”（或菜单“数据”→“定义多重响应集”）定义多选变量集（多重响应集）。在这两个菜单定义的多选变量集（多重响应集），可以在 SPSS 的“图形”菜单中使用，但多选题的一维频率分析和交叉表分析，只能在菜单“分析”→“表格”→设定表”中进行分析。不能在后续介绍的菜单“分析”→“多重响应”→“频率”和菜单“分析”→“多重响应”→“交叉表”中进行分析。(2) 在菜单“分析”→“多重响应”→“定义变量集”定义的多选变量集（多重响应集），在 SPSS 的“图形”菜单中，无法被看到，也就无法使用。

② 由于 SPSS 中文翻译问题，菜单和对话框名称不完全相同。

（2）从左侧的源变量框中选择“hlth1”～“hlth9”（共 9 个变量），进入“集合中的变量”框中。

（3）由于要分析的多选变量采用“二分法”编码（“1”表示“是”），因此在“将变量编码为”框中选择“二分法”，并在“计数值”框中输入“1”。

（4）在“名称”框中输入“健康问题”，作为新定义的多选变量集的名称（系统会自动在该名称前添加字符 $）。单击“添加”按钮，将新定义的多选变量集“$健康问题”添加到“多响应集”框中。

（5）单击“关闭”按钮，定义了一个名为“$健康问题”的多选变量集。但该多选变量集并不出现在数据窗口中。

6.1.2 利用 SPSS 的“多响应频率”命令求多选题的一维频率分布表

（1）单击菜单“分析”→“多重响应”→“频率”，打开如图 6—2 所示的“多响应频率”对话框。

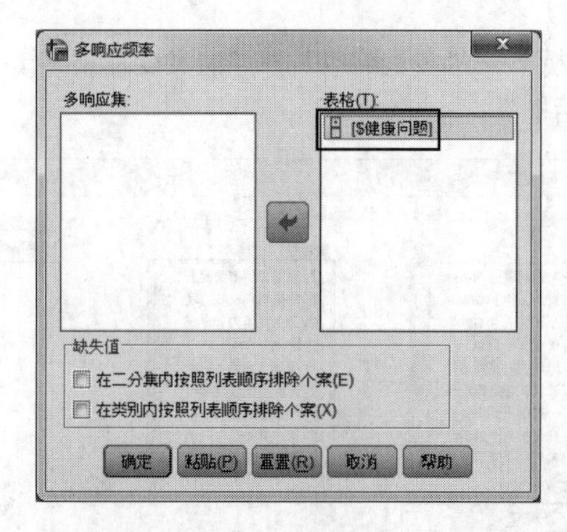

图 6—2 SPSS 20 中文版的“多响应频率”对话框（$健康问题）

（2）从左侧的“多响应集”框中选择“$健康问题”，进入右侧的“表格”框中。

（3）单击“确定”按钮，提交运行。SPSS 在“输出”窗口中输出如表 6—1 和表 6—2 所示的统计分析结果。

表 6—1 “健康问题”多选题的统计概要

个案摘要

	个案					
	有效的		缺失		总计	
	N	百分比	N	百分比	N	百分比
$健康问题[a]	714	47.1%	803	52.9%	1 517	100.0%

a. 值为 1 时制表的二分组。

从表 6—1 中可以看出，此次调查了 1 517 名美国人，其中有 714 名受访者对“健康问题”多选题进行了回答（也就是说，有 714 人在最近 6 个月内碰到健康问题），约占总调查人数的 47.1%。

表6—2　“健康问题”多选题的一维频率分布表（SPSS格式）

		响应		
		N	百分比	个案百分比
$健康问题[a]	病得很厉害需要去看医生	559	50.5%	78.3%
	需要咨询一些心理问题	58	5.2%	8.1%
	无生育能力	35	3.2%	4.9%
	酗酒	17	1.5%	2.4%
	吸毒（大麻，可卡因）	30	2.7%	4.2%
	配偶生病住院	73	6.6%	10.2%
	小孩生病住院	78	7.0%	10.9%
	孩子有吸毒、酗酒的毛病	28	20.8%	32.2%
	有亲密的朋友过世了	230	20.8%	32.2%
总计		1 108	100.0%	155.2%

表6—2是SPSS格式的多选题一维频率分布表，其中：“N”是每个选项被选择的次数（各选项回答人数），与“总计”对应的1 108是总回答次数；响应“百分比”是以总回答次数（这里是1 108）为分母的百分比（各选项回答人数占总回答次数的百分比）。“个案百分比”是以对该多选题有回答人数（总回答人数，这里是714，见表6—1）为分母的百分比（各选项回答人数占总回答人数的百分比）。由于每个人都可以做多项选择（“个案百分比”之和超过100%，这里是155.2%，意思是对该多选题有回答的受访者平均选择了1.552项），所以“个案百分比”要大于响应“百分比”。从表6—2中可以看出，714名受访者共作了1 108次选择（平均选择了1.552项）。在报告调查结果时，研究人员通常会使用“个案百分比”而不是响应“百分比”（本套教材使用“个案百分比”），如“病得很厉害需要去看医生”的百分比是“78.3%”，而不是“50.5%”。

撰写调查报告时，一般需要的是多选题一维频率分布表中的选项、每个选项被选择的次数（各选项回答人数，响应N）和个案百分比（各选项回答人数占总回答人数的百分比）。

6.1.3　在Excel中，将SPSS格式的多选题一维频率分布表转换为调查报告所需格式

撰写调查报告时，多选题一维频率分布表的格式，一般包含排名、选项、各选项回答人数（响应N）和个案百分比（各选项回答人数占总回答人数的百分比），如表6—3所示。

表6—3　“健康问题”多选题的一维频率分布表（调查报告格式）

排名	健康问题	人数	百分比
1	病得很厉害需要去看医生	559	78.3%
2	有亲密的朋友过世了	230	32.2%
3	小孩生病住院	78	10.9%

续前表

排名	健康问题	人数	百分比
4	配偶生病住院	73	10.2%
5	需要咨询一些心理问题	58	8.1%
6	无生育能力	35	4.9%
7	吸毒（大麻，可卡因）	30	4.2%
8	孩子有吸毒、酗酒的毛病	28	3.9%
9	酗酒	17	2.4%

温馨提示：由于多选题的选项一般是无序的，其一维频率分布表要按百分比降序排序，并输入排名。但SPSS不能实现多选题排序（SPSS可实现单选题排序，见图4—4），可在Excel中实现。

可参见“第6章　健康问题多选题（SPSS到Excel).xlsx”中的“多选题一维频率分布表（SPSS到Excel)”工作表。

1. 将SPSS格式的多选题一维频率分布表拷贝到Excel 2010中

(1) 在SPSS的“输出”窗口中，单击选中如表6—2所示的“健康问题”多选题一维频率分布表，然后单击鼠标右键，从快捷菜单中单击“复制”（以默认的“Excel工作表（BIFF)”格式复制)。①

(2) 打开一个新的Excel工作簿（或工作表)，单击A1单元格，然后在“开始”选项卡的“剪贴板”组中，单击“粘贴”按钮。

(3) 调整B列的列宽后，粘贴到Excel中的SPSS格式的“健康问题”多选题一维频率分布表如图6—3中的A1:E14区域所示。

2. 根据调查报告所需格式，在Excel 2010中转换多选题一维频率分布表

在Excel中，根据表6—3的格式（暂时不考虑排名)，通过输入标题、选取所需数据（如：健康问题选项、人数和个案百分比，直接复制—粘贴，或利用公式实现均可)，然后设置格式修饰表格，将SPSS格式的“健康问题”多选题一维频率分布表（如图6—3中的A1:E14区域所示）转换为调查报告所需格式（如图6—3中的B17:D26区域所示)。如果利用公式实现（利用公式实现数据的相对引用)，则公式如图6—4所示。

操作步骤如下：

(1) 在B17单元格中输入文字“健康问题”。

(2) 在B18单元格中输入公式“=B4”，引用“健康问题”第一个选项内容“病得很厉害需要去看医生”。

(3) 向下复制B18公式，引用“健康问题”其他选项内容。向下拖拽B18单元格右下角的填充柄到B26单元格，结果如图6—5中的B18:B26区域所示。

(4) 在C17单元格中输入文字“人数”。

① 或从快捷菜单中单击“选择性复制”，打开“选择性复制”对话框，仅选择（勾选）“Excel工作表（BIFF)”一种要复制的格式，如图4—6所示。

	A	B	C	D	E
1	$健康问题 频率				
2			响应		
3			N	百分比	个案百分比
4	$健康问题[a]	病得很厉害需要去看医生	559	50.5%	78.3%
5		需要咨询一些心理问题	58	5.2%	8.1%
6		无生育能力	35	3.2%	4.9%
7		酗酒	17	1.5%	2.4%
8		吸毒（大麻，可卡因）	30	2.7%	4.2%
9		配偶生病住院	73	6.6%	10.2%
10		小孩生病住院	78	7.0%	10.9%
11		孩子有吸毒、酗酒的毛病	28	2.5%	3.9%
12		有亲密的朋友过世了	230	20.8%	32.2%
13	总计		1108	100.0%	155.2%
14	a. 值为 1 时制表的二分组。				
15					
16					
17		健康问题	人数	百分比	
18		病得很厉害需要去看医生	559	78.3%	
19		需要咨询一些心理问题	58	8.1%	
20		无生育能力	35	4.9%	
21		酗酒	17	2.4%	
22		吸毒（大麻，可卡因）	30	4.2%	
23		配偶生病住院	73	10.2%	
24		小孩生病住院	78	10.9%	
25		孩子有吸毒、酗酒的毛病	28	3.9%	
26		有亲密的朋友过世了	230	32.2%	

图 6—3　SPSS 格式和调查报告格式的"健康问题"多选题一维频率分布表（排序前）

B17　fx　健康问题

	A	B	C	D
17		健康问题	人数	百分比
18		=B4	=C4	=E4
19		=B5	=C5	=E5
20		=B6	=C6	=E6
21		=B7	=C7	=E7
22		=B8	=C8	=E8
23		=B9	=C9	=E9
24		=B10	=C10	=E10
25		=B11	=C11	=E11
26		=B12	=C12	=E12

图 6—4　将 SPSS 格式转换为调查报告格式的公式（"健康问题"多选题一维频率分布表）

B18　fx　=B4

	A	B	C	D
16				
17		健康问题		
18		病得很厉害需要去看医生		
19		需要咨询一些心理问题		
20		无生育能力		
21		酗酒		
22		吸毒（大麻，可卡因）		
23		配偶生病住院		
24		小孩生病住院		
25		孩子有吸毒、酗酒的毛病		
26		有亲密的朋友过世了		
27				

图 6—5　向下拖拽 B18 单元格填充柄到 B26 单元格的结果（B18:B26 区域）

（5）在 C18 单元格中输入公式“＝C4”，引用选择第一选项“病得很厉害需要去看医生”的人数（响应 N）。

（6）向下复制 C18 公式，引用选择“健康问题”其他选项的人数。双击 C18 单元格右下角的填充柄（或向下拖拽 C18 单元格右下角的填充柄到 C26 单元格）。

（7）在 D17 单元格中输入文字“百分比”。

（8）在 D18 单元格中输入公式“＝E4”，引用选择第一选项“病得很厉害需要去看医生”的“个案百分比”。

（9）向下复制 D18 公式，引用选择“健康问题”其他选项的个案百分比。双击 D18 单元格右下角的填充柄（或向下拖拽 D18 单元格右下角的填充柄到 D26 单元格），结果如图 6—6 中的 D18:D26 区域所示。

D18 | fx =E4

	A	B	C	D
16				
17		健康问题	人数	百分比
18		病得很厉害需要去看医生	559	78.3%
19		需要咨询一些心理问题	58	8.1%
20		无生育能力	35	4.9%
21		酗酒	17	2.4%
22		吸毒（大麻，可卡因）	30	4.2%
23		配偶生病住院	73	10.2%
24		小孩生病住院	78	10.9%
25		孩子有吸毒、酗酒的毛病	28	3.9%
26		有亲密的朋友过世了	230	32.2%
27				

图 6—6　双击 D18 单元格填充柄的结果（D18:D26 区域）

（10）设置 B17:D26 区域（“健康问题”多选题一维频率分布表）的格式：居中对齐显示部分标题和数据，有边框线。①选中 B17:D17（3 个单元格）区域，在“开始”选项卡的“对齐方式”组中，单击“居中”按钮；②选中 C18:D26 区域，在“开始”选项卡的“对齐方式”组中，单击“居中”按钮；③选中 B17:D26 区域，在“开始”选项卡的“字体”组中，单击“边框”下拉按钮，在展开的下拉菜单中选择“所有框线”。结果如图 6—3 中的 B17:D26 区域所示。

3. 在 Excel 中，根据百分比排名

由于图 6—3 中的调查报告格式多选题一维频率分布表（B17:D26 区域）是利用公式引用 SPSS 格式的数据（A1:E14 区域）得到的，因此利用“降序”按钮排序时，要对 SPSS 格式的“个案百分比”进行排序，而不能直接对调查报告格式多选题一维频率分布表的“百分比”进行排序。①

利用“降序”按钮进行排序的操作步骤如下：

---

① 如果不是利用公式实现，而是直接复制—粘贴 SPSS 格式的数据，就可以利用“降序”按钮直接对调查报告格式多选题一维频率分布表（B17:D26 区域）的百分比降序排序。方法是：单击选中百分比（D18:D26 区域）中的任意一个单元格（如 D18 单元格），然后在“数据”选项卡的“排序和筛选”组中，单击“降序”按钮。

（1）由“个案百分比”所在的 E4 单元格（或 E12 单元格）开始（这一点很重要，表示要根据“个案百分比”排序），选取 B4:E12 区域（注意：避开“总计”行），如图 6—7 所示。

E4　　f_x　78.2913165266106%

	A	B	C	D	E
1	$健康问题 频率				
2			响应		
3			N	百分比	个案百分比
4	$健康问题[a]	病得很厉害需要去看医生	559	50.5%	78.3%
5		需要咨询一些心理问题	58	5.2%	8.1%
6		无生育能力	35	3.2%	4.9%
7		酗酒	17	1.5%	2.4%
8		吸毒（大麻，可卡因）	30	2.7%	4.2%
9		配偶生病住院	73	6.6%	10.2%
10		小孩生病住院	78	7.0%	10.9%
11		孩子有吸毒、酗酒的毛病	28	2.5%	3.9%
12		有亲密的朋友过世了	230	20.8%	32.2%
13	总计		1108	100.0%	155.2%
14	a. 值为 1 时制表的二分组。				

图 6—7　对“健康问题”多选题的一维频率分布表排序（从 E4 开始，选取 B4:E12 区域）

（2）在“数据”选项卡的“排序和筛选”组中，单击“降序”按钮，可根据“个案百分比”降序排序。此时调查报告格式多选题一维频率分布表（B17:D26 区域）随之自动按百分比高低进行排名，结果如图 6—8 所示。

E4　　f_x　78.2913165266106%

	A	B	C	D	E
1	$健康问题 频率				
2			响应		
3			N	百分比	个案百分比
4	$健康问题[a]	病得很厉害需要去看医生	559	50.5%	78.3%
5		有亲密的朋友过世了	230	20.8%	32.2%
6		小孩生病住院	78	7.0%	10.9%
7		配偶生病住院	73	6.6%	10.2%
8		需要咨询一些心理问题	58	5.2%	8.1%
9		无生育能力	35	3.2%	4.9%
10		吸毒（大麻，可卡因）	30	2.7%	4.2%
11		孩子有吸毒、酗酒的毛病	28	2.5%	3.9%
12		酗酒	17	1.5%	2.4%
13	总计		1108	100.0%	155.2%
14	a. 值为 1 时制表的二分组。				
15					
16					
17		健康问题	人数	百分比	
18		病得很厉害需要去看医生	559	78.3%	
19		有亲密的朋友过世了	230	32.2%	
20		小孩生病住院	78	10.9%	
21		配偶生病住院	73	10.2%	
22		需要咨询一些心理问题	58	8.1%	
23		无生育能力	35	4.9%	
24		吸毒（大麻，可卡因）	30	4.2%	
25		孩子有吸毒、酗酒的毛病	28	3.9%	
26		酗酒	17	2.4%	

图 6—8　对“健康问题”多选题的一维频率分布表排序（按“个案百分比”降序排序后的 B4:E12 区域和 B17:D26 区域）

温馨提示：（1）如果选中区域的第一行（这里是B4:E4）没有参与排序，则在“数据”选项卡的“排序和筛选”组中，单击“排序”按钮，打开“排序”对话框，取消（不勾选）“数据包含标题”复选框，单击“确定”按钮关闭“排序”对话框。此时，选中区域的第一行（这里是B4:E4）作为数据参与排序。（2）也可以利用“排序”对话框实现根据“个案百分比”降序排序。排序数据区域是不包含标题的B4:E12区域，主要关键字是E列（个案百分比），也可以是C列（人数N）。

（3）利用“自动填充”功能输入连续排名。在A17单元格输入文字“排名”，在A18单元格输入排名“1”，在A19单元格输入排名“2”。选中A18:A19（两个单元格）区域，然后向下拖拽A18:A19区域右下角的填充柄到A26单元格，即可得到其他健康问题的排名，结果如图6—9中的A17:A26区域所示。

A18 | f_x | 1

	A	B	C	D
16				
17	排名	健康问题	人数	百分比
18	1	病得很厉害需要去看医生	559	78.3%
19	2	有亲密的朋友过世了	230	32.2%
20	3	小孩生病住院	78	10.9%
21	4	配偶生病住院	73	10.2%
22	5	需要咨询一些心理问题	58	8.1%
23	6	无生育能力	35	4.9%
24	7	吸毒（大麻，可卡因）	30	4.2%
25	8	孩子有吸毒、酗酒的毛病	28	3.9%
26	9	酗酒	17	2.4%
27				

图6—9　对“健康问题”多选题的一维频率分布表排序（在A17:A26区域中输入连续排名）

温馨提示：利用“自动填充”功能输入连续排名，如果有两个百分比相同，就需要手动更改为同一排名。也就是要检查“百分比”（D18:D26区域）是否有相同的，如果有相同的，则修改相应的“排名”（采用美式排名）。这里没有相同的。

（4）设置A17:A26区域（排名）的格式：居中对齐显示，有边框线。选中A17:A26区域，在“开始”选项卡的“对齐方式”组中，单击“居中”按钮；再在“开始”选项卡的“字体”组中，单击“边框”下拉按钮，在展开的下拉菜单中选择“所有框线”，结果如图6—10中的A17:A26区域所示。

A17 | f_x | 排名

	A	B	C	D
16				
17	排名	健康问题	人数	百分比
18	1	病得很厉害需要去看医生	559	78.3%
19	2	有亲密的朋友过世了	230	32.2%
20	3	小孩生病住院	78	10.9%
21	4	配偶生病住院	73	10.2%
22	5	需要咨询一些心理问题	58	8.1%
23	6	无生育能力	35	4.9%
24	7	吸毒（大麻，可卡因）	30	4.2%
25	8	孩子有吸毒、酗酒的毛病	28	3.9%
26	9	酗酒	17	2.4%

图6—10　设置A17:A26区域格式的结果（居中对齐，所有框线）

6.1.4　在 Excel 中绘制多选题的一维频率分布统计图

多选题的一维频率分布统计图，可以是条形图或柱形图，但不能是饼图（原因是多选题的百分比之和超过 100%）。

多选题的一维频率分布统计图，大多采用条形图（如图 6—11 所示）。在实际应用中，如果选项个数较少、选项文字内容较短（标志是：在“水平（类别）轴”中能正常显示“类别名称”）时，最好用柱形图代替条形图，以获得更为修长、优美的图表外观。

温馨提示：（1）如果选项文字内容比较短，则选用柱形图；如果选项文字内容比较长，则选用条形图。（2）绘制柱形图的操作步骤可参照 4.3.2 小节；绘制条形图的操作步骤可参照 6.4.1 小节。

按照 6.4.1 小节介绍的“在 Excel 中绘制多选题的一维频率分布条形图”方法，利用“健康问题”选项（图 6—10 中的 B17:B26 区域）和百分比（D17:D26 区域），绘制“健康问题”多选题的一维频率分布条形图，结果如图 6—11 所示。具体参见“第 6 章　健康问题多选题（SPSS 到 Excel）.xlsx”中的“多选题一维频率分布条形图”工作表。

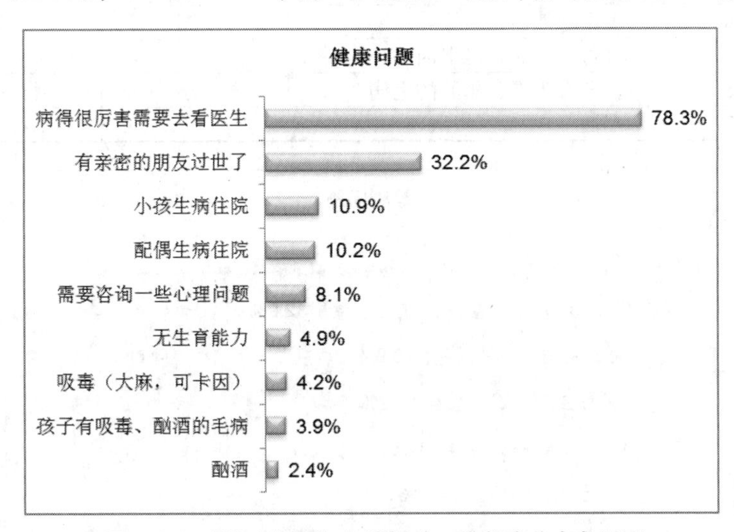

图 6—11　“健康问题”多选题的一维频率分布条形图

6.1.5　在 Word 中撰写多选题的一维频率分析调查报告

多选题的一维频率分析调查报告，一般包含表格、统计图和结论（建议）等。

温馨提示：操作方法可参照 4.4 节的例 4—8。

将 Excel 中的多选题一维频率分布表和统计图复制到 Word 文件中的操作步骤如下：

（1）将 Excel 中转换成调查报告格式的“健康问题”多选题一维频率分布表（图 6—10 中的 A17:D26 区域）复制到 Word 文件中的相应位置，作为调查报告的一部分。操作方法可参照 4.4.1 小节。

（2）将 Excel 中绘制的“健康问题”多选题的一维频率分布条形图（如图 6—11 所

示）复制（粘贴成“图片”格式）到Word文件中的相应位置，作为调查报告的一部分。操作方法可参照4.4.2小节。

(3) 输入分析结果的文字内容。

“健康问题”多选题的调查报告内容如下：

“健康问题”多选题的一维频率分析调查报告

此次调查了1 517名美国人，其中有714名受访者在最近6个月内受到健康问题的困扰，约占总调查人数的47.1%。具体情况如表1和图1所示。

表1　“健康问题”多选题的一维频率分布表

排名	健康问题	人数	百分比
1	病得很厉害需要去看医生	559	78.3%
2	有亲密的朋友过世了	230	32.2%
3	小孩生病住院	78	10.9%
4	配偶生病住院	73	10.2%
5	需要咨询一些心理问题	58	8.1%
6	无生育能力	35	4.9%
7	吸毒（大麻，可卡因）	30	4.2%
8	孩子有吸毒、酗酒的毛病	28	3.9%
9	酗酒	17	2.4%

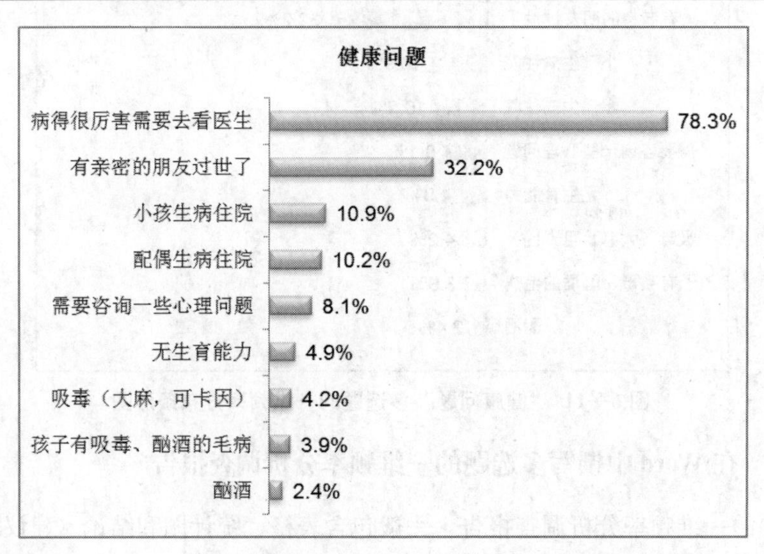

图1　“健康问题”多选题的一维频率分布条形图

从此次调查的结果（见表1和图1）可以看出：针对健康问题设置的9个选项中，碰到最多的是“病得很厉害需要去看医生”，占有健康问题总人数（714人）的近八成（78.3%），其次是“有亲密的朋友过世了”，约占三成（32.2%）。可以看出，疾病仍是影响美国人健康的首要问题，其次是亲友的健康问题。

6.2 利用 SPSS 实现“分类法”编码多选题的一维频率分析

例 6—2 对“遇到问题”多选题进行一维频率分析。

在 1991 年美国综合社会调查中，有关“遇到问题”的调查数据在多选变量 prob1～prob4 中，从数据中可以看出，这是一个多选题，采用“分类法”编码。还原为调查问卷形式类似于：

请问您最近 12 个月内遇到的重要问题是（可多选，最多选 4 项）：

☐ 1. 健康问题　☐ 2. 经济问题　☐ 3. 基本服务匮乏问题
☐ 4. 家庭问题　☐ 5. 个人问题　☐ 6. 法律问题
☐ 7. 其他一些综合性问题

希望了解，在 1 517 名受访者中，有多少人最近 12 个月内遇到重要问题？哪一种问题遇到的人最多？

对“遇到问题”多选题进行一维频率分析，可在 SPSS 的“分析”→“多重响应”菜单中实现。实现方法与例 6—1 类似，只是在定义多选变量集时不同，这里采用“分类法”编码。

6.2.1 在 SPSS 中定义“分类法”编码的多选变量集（多重响应集）

在 SPSS 20 中文版中，打开数据文件“第 5 章　1991 年美国综合社会调查 .sav”后，执行下述操作：

(1) 单击菜单“分析”→“多重响应”→“定义变量集”，打开如图 6—12 所示的“定义多重响应集”对话框。

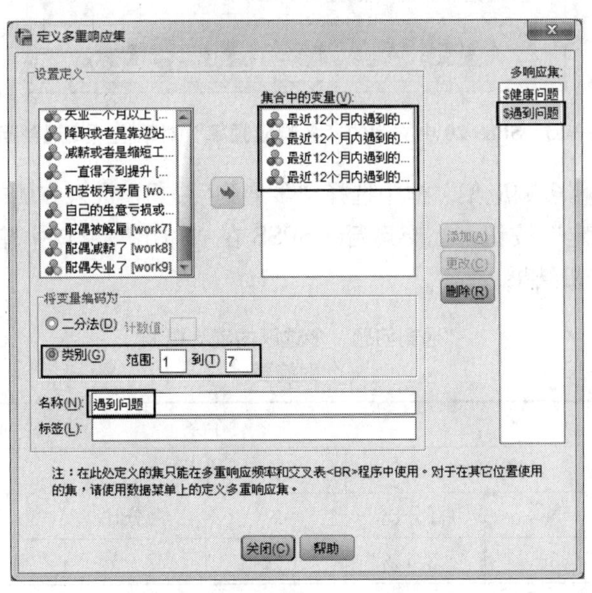

图 6—12　SPSS 20 中文版的“定义多重响应集”对话框（“分类法”编码，$ 遇到问题）

（2）从左侧的源变量框中选择“prob1”～“prob4”（共 4 个变量），进入“集合中的变量”框中。

（3）由于要分析的多选变量采用“分类法”编码，因此在“将变量编码为”框中选择“类别”，并在“范围”中输入该多选题选项的开始编码“1”和最后编码“7”。

（4）在“名称”框中输入“遇到问题”，作为新定义的多选变量集的名称（系统会自动在该名称前添加字符＄）。单击“添加”按钮，将新定义的多选变量集“＄遇到问题”添加到“多响应集”框中。

（5）单击“关闭”按钮，定义了一个名为“＄遇到问题”的多选变量集。但该多选变量集并不出现在数据窗口中。

6.2.2 利用 SPSS 的“多响应频率”命令实现多选题的一维频率分析

（1）单击菜单“分析”→“多重响应”→“频率”，打开如图 6—13 所示的“多响应频率”对话框。

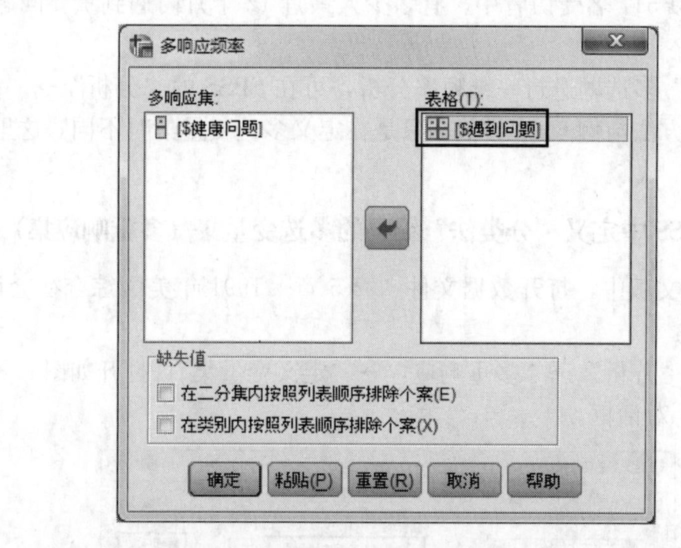

图 6—13 SPSS 20 中文版的“多响应频率”对话框（＄遇到问题）

（2）从左侧的“多响应集”框中选择“＄遇到问题”，进入右侧的“表格”框中。

（3）单击“确定”按钮，提交运行。SPSS 在“输出”窗口中输出如表 6—4 和表 6—5 所示的统计分析结果。

表 6—4 “遇到问题”多选题的统计概要

个案摘要

	个案					
	有效的		缺失		总计	
	N	百分比	N	百分比	N	百分比
＄遇到问题[a]	336	22.1%	1 181	77.9%	1 517	100.0%

a. 组。

从表 6—4 中可以看出，此次调查了 1 517 名美国人，其中有 336 名受访者对“遇到问题”多选题进行了回答（也就是说，有 336 人在最近 12 个月内遇到一些重要问题），约占总调查人数的 22.1%。

表 6—5　　“遇到问题”多选题的一维频率分布表（SPSS 格式）

		响应		个案百分比
		N	百分比	
$遇到问题[a]	健康问题	123	26.0%	36.6%
	经济问题	168	35.5%	50.0%
	基本服务匮乏问题	7	1.5%	2.1%
	家庭问题	66	14.0%	19.6%
	个人问题	40	8.5%	11.9%
	法律问题	2	0.4%	0.6%
	其他一些综合性问题	67	14.2%	19.9%
总计		473	100.0%	140.8%

a. 组。

由表 6—5 可以看出，遇到“经济问题”的受访者最多，占遇到问题总人数（336 人）的一半（50.0%）；遇到“法律问题”的受访者最少，仅占 0.6%。

按照 6.1.3 小节介绍的方法，在 Excel 中将 SPSS 格式的“遇到问题”多选题一维频率分布表转换为调查报告所需格式，结果如表 6—6 所示。具体参见“第 6 章　健康问题多选题（SPSS 到 Excel）.xlsx”中的“遇到问题”工作表。

表 6—6　　“遇到问题”多选题的一维频率分布表（调查报告格式）

排名	遇到问题	人数	百分比
1	经济问题	168	50.0%
2	健康问题	123	36.6%
3	其他一些综合性问题	67	19.9%
4	家庭问题	66	19.6%
5	个人问题	40	11.9%
6	基本服务匮乏问题	7	2.1%
7	法律问题	2	0.6%

按照 6.1.4 小节介绍的方法，利用“遇到问题”选项和百分比，在 Excel 中绘制“遇到问题”多选题的一维频率分布条形图，结果如图 6—14 所示。

按照 6.1.5 小节介绍的方法，在 Word 中撰写“遇到问题”多选题一维频率分析调查报告。调查报告内容如下：

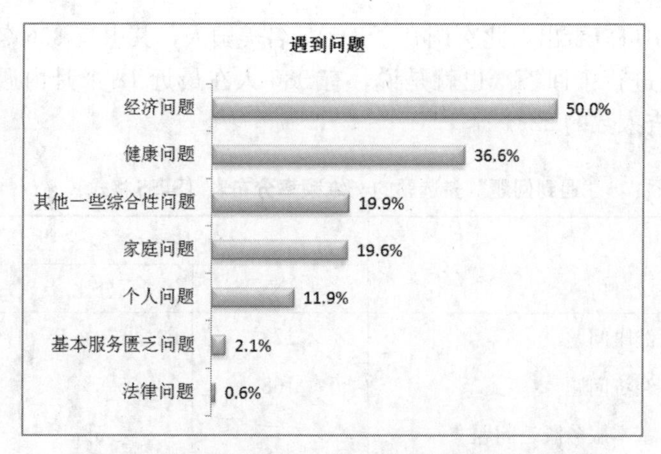

图 6—14 “遇到问题”多选题的一维频率分布条形图

“遇到问题”多选题的一维频率分析调查报告

此次调查了 1 517 名美国人，其中有 336 名受访者在最近 12 个月内遇到一些重要问题，约占总调查人数的 22.1%。具体情况如表 1 和图 1 所示。

表 1　　“遇到问题”多选题的一维频率分布表

排名	遇到问题	人数	百分比
1	经济问题	168	50.0%
2	健康问题	123	36.6%
3	其他一些综合性问题	67	19.9%
4	家庭问题	66	19.6%
5	个人问题	40	11.9%
6	基本服务匮乏问题	7	2.1%
7	法律问题	2	0.6%

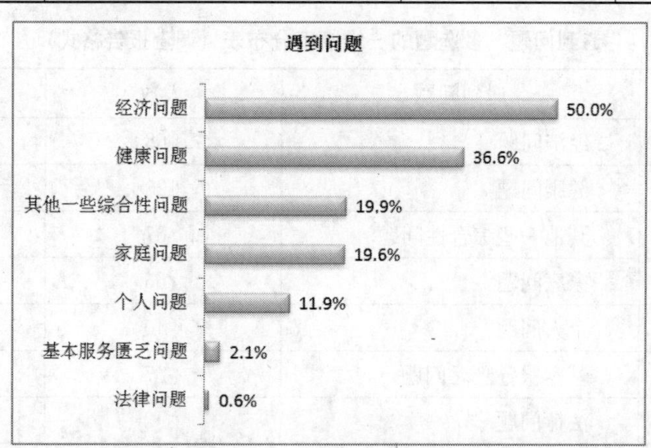

图 1 “遇到问题”多选题的一维频率分布条形图

从此次调查的结果（见表 1 和图 1）可以看出：针对遇到问题设置的 7 个选项中，遇到“经济问题”的受访者最多，占遇到问题总人数（336 人）的一半（50.0%），其次是遇到“健康问题”，有近四成（36.6%）。

6.3 利用SPSS实现多选题的交叉表分析

例6—3 在例6—1定义了多选变量集“$健康问题”的基础上，分析“健康问题”的性别差异。

对“健康问题”多选题进行交叉表分析，可以在SPSS的“分析”→“多重响应”→“交叉表”菜单中实现。

6.3.1 利用SPSS的“多响应交叉表”命令求多选题的交叉表

在例6—1定义了多选变量集“$健康问题”① 的基础上，执行下述操作：

(1) 单击菜单“分析”→“多重响应”→“交叉表”，打开“多响应交叉表”对话框，如图6—15所示。

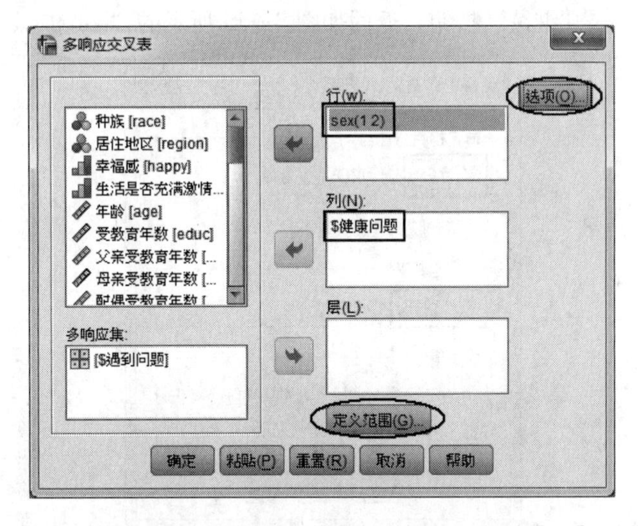

图6—15 SPSS 20中文版的“多响应交叉表”对话框（性别［sex］* $健康问题）

(2) 从左侧的源变量框中选择“性别［sex］”进入“行”框中，从“多响应集”框中选择“$健康问题”进入“列”框中。

温馨提示： 虽然“多响应交叉表”对话框中的行、列变量可以互换，但一般将受访者的个人信息（如性别、种族、居住地区）放在“行”框中。

(3) 在“行”框中选中“sex(? ?)”后，单击“定义范围”按钮，打开如图6—16所示的“多响应交叉表：定义变量范围”对话框。在“最小值”框中输入要显示的性别［sex］最小编码值“1”（表示男性），在“最大”框中输入要显示的性别［sex］最

---

① (1) 如果没有定义多选变量集“$健康问题”，请按照6.1.1小节的方法定义。(2) 对于采用“分类法”编码的多选题，定义多选变量集的方法请参见6.2.1小节。

大编码值“2”（表示女性）。单击“继续”按钮，返回如图 6—15 所示的“多响应交叉表”对话框。

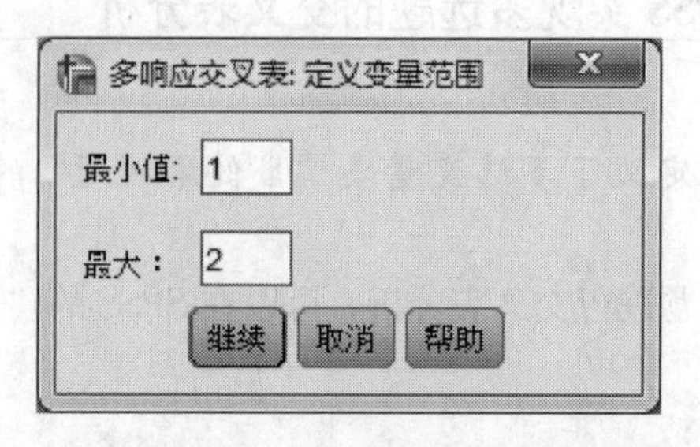

图 6—16　SPSS 20 中文版的“多响应交叉表：定义变量范围”对话框（性别［sex］）

（4）单击右上角的“选项”按钮，打开如图 6—17 所示的“多响应交叉表：选项”对话框。在“单元格百分比”框中，选中（勾选）“行”（显示“行”百分比，即按“性别［sex］”分组显示百分比，用来进行性别比较）①。在“百分比基于”框中，保留默认的“个案”。单击“继续”按钮，返回如图 6—15 所示的“多响应交叉表”对话框。

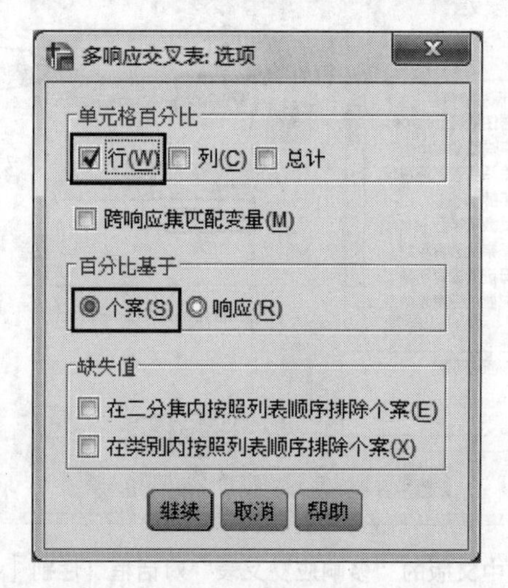

图 6—17　SPSS 20 中文版的“多响应交叉表：选项”对话框（勾选“行”百分比）

（5）单击“确定”按钮，提交运行。SPSS 在“输出”窗口中输出如表 6—7 和表 6—8 所示的交叉表分析结果。

表 6—7　“性别［sex］＊＄健康问题”交叉表分析的统计概要

个案摘要

	个案					
	有效的		缺失		总计	
	N	百分比	N	百分比	N	百分比
sex＊＄健康问题	714	47.1％	803	52.9％	1 517	100.0％

① 如果“性别［sex］”在“列”框中，则勾选“列”。也就是要按“性别［sex］”分组显示百分比。“性别［sex］”在“行”就勾选“行”，“性别［sex］”在“列”就勾选“列”。

表 6—7 是“性别 [sex] * $健康问题”交叉表分析的统计概要，表中的内容是：有效数据个数（受访者对性别和健康问题同时有作答）为 714 个，缺失数据个数为 803 个。由于“性别 [sex]”没有缺失值，所以有 803 人对“健康问题”多选题没有作答。在交叉表中，只对有效数据进行统计分析，这点可从表 6—8 得到证实。

表 6—8 “性别 [sex] * $健康问题”的交叉表（SPSS 格式，部分）

sex * $健康问题交叉制表

			$健康问题[a]				总计
			病得很厉害需要去看医生	需要咨询一些心理问题	…	有亲密的朋友过世了	
性别	男	计数	185	18	…	99	256
		sex 内的%	72.3%	7.0%	…	38.7%	
	女	计数	374	40	…	131	458
		sex 内的%	81.7%	8.7%	…	28.6%	
总计		计数	559	58	…	230	714

百分比和总计以响应者为基础。
a. 值为 1 时制表的二分组。

表 6—8 是 SPSS 格式的“性别 [sex] * $健康问题”交叉表（因为表格较大，只截取一部分），从中可知男女受访者对健康问题多选题各选项的有效回答人数（计数）和按“性别 [sex]”分组的有效百分比（sex 内的%，“行”百分比）。

6.3.2 在 Excel 中，将 SPSS 格式的多选题交叉表转换为调查报告所需格式

撰写调查报告时，多选题交叉表的格式，一般包含多选题选项、分组排名和有效百分比，如表 6—9 所示。

温馨提示：由于多选题的选项一般是无序的，其交叉表要按第一组人群（如“男”性受访者）百分比降序排序，并输入排名。

表 6—9 “性别 [sex] * $健康问题”的交叉表（调查报告格式）

健康问题	男（n=256）		女（n=458）	
	排名	百分比	排名	百分比
病得很厉害需要去看医生	1	72.3%	1	81.7%
有亲密的朋友过世了	2	38.7%	2	28.6%
配偶生病住院	3	14.5%	5	7.9%
小孩生病住院	4	9.8%	3	11.6%
吸毒（大麻，可卡因）	5	9.0%	9	1.5%
需要咨询一些心理问题	6	7.0%	4	8.7%
无生育能力	7	3.5%	6	5.7%
酗酒	7	3.5%	8	1.7%
孩子有吸毒、酗酒的毛病	9	2.3%	7	4.8%

可参见“第6章　健康问题多选题（SPSS到Excel）. xlsx”中的“性别x健康问题”工作表。①

1. 将SPSS格式的多选题交叉表拷贝到Excel 2010中

（1）在SPSS的“输出”窗口中，单击选中如表6—8所示的“性别［sex］＊$健康问题”交叉表，然后单击鼠标右键，从快捷菜单中单击“选择性复制”，如图6—18所示。

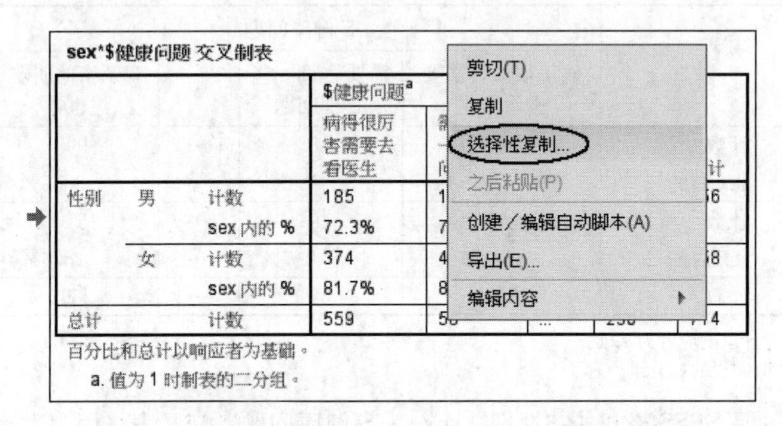

图6—18　从SPSS 20中文版选择性复制“性别［sex］＊$健康问题”交叉表的操作

（2）在打开的“选择性复制”对话框中，仅选择（勾选）“纯文本”一种要复制的格式，如图6—19所示。单击“确定”按钮。

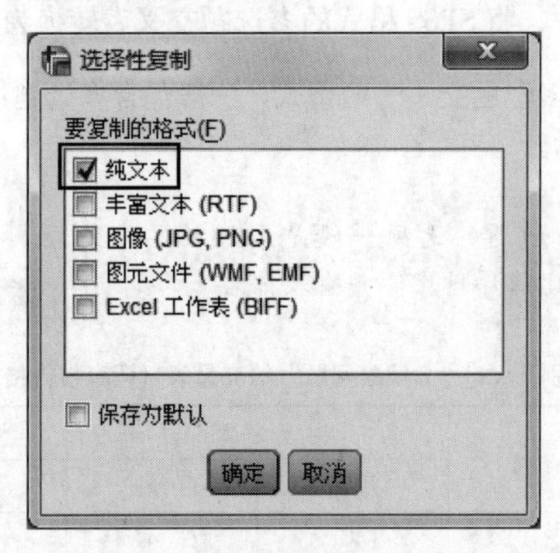

图6—19　SPSS 20中文版“选择性复制”对话框（以“纯文本”格式复制）

（3）打开一个新的Excel工作簿（或工作表），单击A1单元格，然后在“开始”选项卡的“剪贴板”组中，单击“粘贴”按钮。粘贴到Excel中的SPSS格式的“性别［sex］＊$健康问题”交叉表如图6—20中的A1:M10区域所示（因为表格较大，隐藏了F～L列的数据）。

① Excel工作表的名称中不能包含“＊”，本套教材用“x”代替“＊”，表示交叉表分析。

	A	B	C	D	E	M
1	sex*$健康问题 交叉制表					
2				$健康问题a		总计
3				病得很厉害	需要咨询一些心理问题	
4	性别	男	计数	185	18	256
5			sex 内的	72.30%	7.00%	
6		女	计数	374	40	458
7			sex 内的	81.70%	8.70%	
8	总计		计数	559	58	714
9	百分比和总计以响应者为基础。					
10	a 值为 1 时制表的二分组。					

图 6—20　粘贴到 Excel 中的 SPSS 格式的“性别 [sex] ∗ $ 健康问题”交叉表（部分）

2. 根据调查报告所需格式，在 Excel 2010 中转换多选题交叉表

在 Excel 中，根据表 6—9 的格式，通过选中所需的多选题交叉表数据，复制—转置粘贴，然后修饰和排序转置粘贴后的表格，将 SPSS 格式的“性别 [sex] ∗ $ 健康问题”多选题交叉表（如图 6—20 所示）转换为调查报告所需格式（如图 6—21 所示）。

	N	O	P	Q	R	S
1		健康问题	男（n=256）		女（n=458）	
2			排名	百分比	排名	百分比
3		病得很厉害需要去看医生	1	72.3%	1	81.7%
4		有亲密的朋友过世了	2	38.7%	2	28.6%
5		配偶生病住院	3	14.5%	5	7.9%
6		小孩生病住院	4	9.8%	3	11.6%
7		吸毒（大麻，可卡因）	5	9.0%	9	1.5%
8		需要咨询一些心理问题	6	7.0%	4	8.7%
9		无生育能力	7	3.5%	6	5.7%
10		酗酒	7	3.5%	8	1.7%
11		孩子有吸毒、酗酒的毛病	9	2.3%	7	4.8%

图 6—21　在 Excel 中的调查报告格式的“性别 [sex] ∗ $ 健康问题”交叉表

操作步骤如下：

(1) 在图 6—20 中，选中所需的多选题交叉表数据（B3:L7 区域），然后在“开始”选项卡的“剪贴板”组中，单击“复制”按钮。

(2) 转置粘贴。单击要开始粘贴数据的单元格（如：O1 单元格），然后在“开始”选项卡的“剪贴板”组中，单击“粘贴”下拉按钮，在展开的下拉菜单中，单击“粘贴”中的“转置”。调整 O 列的列宽后，转置粘贴到 Excel 中的 SPSS 格式的“性别 [sex] ∗ $ 健康问题”多选题交叉表如图 6—22 中的 O1:S11 区域所示。

	N	O	P	Q	R	S
1			男		女	
2			计数	sex 内的	计数	sex 内的 %
3		病得很厉害需要去看医生	185	72.30%	374	81.70%
4		需要咨询一些心理问题	18	7.00%	40	8.70%
5		无生育能力	9	3.50%	26	5.70%
6		酗酒	9	3.50%	8	1.70%
7		吸毒（大麻，可卡因）	23	9.00%	7	1.50%
8		配偶生病住院	37	14.50%	36	7.90%
9		小孩生病住院	25	9.80%	53	11.60%
10		孩子有吸毒、酗酒的毛病	6	2.30%	22	4.80%
11		有亲密的朋友过世了	99	38.70%	131	28.60%

图 6—22　复制 B3:L7 区域，转置粘贴到 O1 单元格后的结果（O1:S11 区域）

（3）修饰和排序转置粘贴后的表格。首先将 P2:S2 区域的标题改为：排名、百分比。

（4）将百分比的格式设置为 1 位小数的百分比样式。选中男性“百分比”（Q3:Q11 区域），然后在“开始”选项卡的“数字”组中，单击一次“减少小数位数”按钮。同理，选中女性“百分比”（S3:S11 区域），然后在“开始”选项卡的“数字”组中，单击一次“减少小数位数”按钮。结果如图 6—23 所示。

	N	O	P	Q	R	S
1			男		女	
2			排名	百分比	排名	百分比
3		病得很厉害需要去看医生	185	72.3%	374	81.7%
4		需要咨询一些心理问题	18	7.0%	40	8.7%
5		无生育能力	9	3.5%	26	5.7%
6		酗酒	9	3.5%	8	1.7%
7		吸毒（大麻，可卡因）	23	9.0%	7	1.5%
8		配偶生病住院	37	14.5%	36	7.9%
9		小孩生病住院	25	9.8%	53	11.6%
10		孩子有吸毒、酗酒的毛病	6	2.3%	22	4.8%
11		有亲密的朋友过世了	99	38.7%	131	28.6%

图 6—23　修饰和排序转置粘贴后的多选题交叉表（P2:S2 区域的标题，百分比的格式）

（5）根据男性“百分比”降序排序。单击选中男性“百分比”（Q3:Q11 区域）中的任意一个单元格（如：Q3 单元格），然后在“数据”选项卡的“排序和筛选”组中，单击“降序”按钮。

温馨提示：也可以利用“排序”对话框实现根据男性“百分比”降序排序。排序数据区域是不包含标题的 O3:S11 区域，主要关键字是 Q 列。

（6）利用“自动填充”功能，在男性“排名”列中，输入连续排名。[①] 在 P3 单元格输入排名“1”，在 P4 单元格输入排名“2”。选中 P3:P4（两个单元格）区域，然后双击 P3:P4 区域右下角的填充柄，结果如图 6—24 中的 P3:P11 区域所示。

（7）检查男性“百分比”（Q3:Q11 区域）是否有相同的，如果有相同的，则修改相应的“排名”（采用美式排名）。这里的 Q10 与 Q9 相同，则将 P10 的排名“8”改为与 P9 相同的排名“7”。

（8）同理，根据女性“百分比”降序排序，输入女性排名。单击选中女性“百分比”（S3:S11 区域）中的任意一个单元格（如：S3 单元格），然后在“数据”选项卡的“排序和筛选”组中，单击“降序”按钮。

（9）利用“自动填充”功能，在女性“排名”列中，输入连续排名。在 R3 单元格

---

① 更快捷的方法：利用 4.2.2 小节介绍的美式排名函数 RANK（或 RANK.EQ）输入排名。操作方法是：(1) 利用美式排名函数 RANK.EQ（或 RANK）输入男性“排名”。在 P3 单元格中输入公式“=RANK.EQ(Q3,Q$3:Q$11)”，然后向下复制 P3 单元格的公式到 P4:P11 区域。(2) 复制 P3:P11 区域的公式，利用美式排名函数 RANK.EQ（或 RANK）输入女性“排名”。在 P3:P11 区域仍被选取状态（否则选中 P3:P11 区域），在“开始”选项卡的“剪贴板”组中，单击“复制”按钮。然后单击 R3 单元格，在“开始”选项卡的“剪贴板”组中，单击“粘贴”按钮，将 P3:P11 区域的公式复制到 R3:R11 区域。(3) 此时，可以直接跳到步骤（12），修饰表格。

输入排名“1”，在 R4 单元格输入排名“2”。选中 R3:R4（两个单元格）区域，然后双击 R3:R4 区域右下角的填充柄，结果如图 6—25 中的 R3:R11 区域所示。

P3 　fx 1

	N	O	P	Q	R	S
1			男		女	
2			排名	百分比	排名	百分比
3		病得很厉害需要去看医生	1	72.3%	374	81.7%
4		有亲密的朋友过世了	2	38.7%	131	28.6%
5		配偶生病住院	3	14.5%	36	7.9%
6		小孩生病住院	4	9.8%	53	11.6%
7		吸毒（大麻，可卡因）	5	9.0%	7	1.5%
8		需要咨询一些心理问题	6	7.0%	40	8.7%
9		无生育能力	7	3.5%	26	5.7%
10		酗酒	8	3.5%	8	1.7%
11		孩子有吸毒、酗酒的毛病	9	2.3%	22	4.8%
12						

图 6—24　修饰和排序转置粘贴后的多选题交叉表（男性“百分比”降序排序，输入男性连续排名）

R3 　fx 1

	N	O	P	Q	R	S
1			男		女	
2			排名	百分比	排名	百分比
3		病得很厉害需要去看医生	1	72.3%	1	81.7%
4		有亲密的朋友过世了	2	38.7%	2	28.6%
5		小孩生病住院	4	9.8%	3	11.6%
6		需要咨询一些心理问题	6	7.0%	4	8.7%
7		配偶生病住院	3	14.5%	5	7.9%
8		无生育能力	7	3.5%	6	5.7%
9		孩子有吸毒、酗酒的毛病	9	2.3%	7	4.8%
10		酗酒	7	3.5%	8	1.7%
11		吸毒（大麻，可卡因）	5	9.0%	9	1.5%
12						

图 6—25　修饰和排序转置粘贴后的多选题交叉表（女性“百分比”降序排序，输入女性连续排名）

(10) 检查女性“百分比”(S3:S11 区域）是否有相同的，如果有相同的，则修改相应的“排名”(采用美式排名)。这里没有相同的。

(11) 按照第一人群（这里是“男”性受访者）排名顺序显示多选题交叉表。单击选中男性“排名”(P3:P11 区域）中的任意一个单元格（如：P3 单元格)，然后在“数据”选项卡的“排序和筛选”组中，单击“升序”按钮。

(12) 修饰表格标题。在 O1 单元格中输入文字“健康问题”，将 O1:O2 两个单元格合并。选中 O1:O2 两个单元格，在“开始”选项卡的“对齐方式”组中，单击“合并后居中”按钮。

(13) 将 P1:Q1 两个单元格合并，并输入男性受访者对该多选题的总回答人数 (n)。选中 P1:Q1 两个单元格，在“开始”选项卡的“对齐方式”组中，单击“合并后居中”按钮。然后将 P1 单元格的内容改为“男 (n=256)”，其中的“256”(男性受访者对该多选题的总回答人数）取自图 6—20 中的 M4 单元格。

（14）同理，将 R1:S1 两个单元格合并，并输入女性受访者对该多选题的总回答人数（n）。选中 R1:S1 两个单元格，在“开始”选项卡的“对齐方式”组中，单击“合并后居中”按钮。然后将 R1 单元格的内容改为“女（n=458）”，其中的“458”（女性受访者对该多选题的总回答人数）取自图 6—20 中的 M6 单元格。

（15）设置 P2:S11 区域的格式：居中对齐显示。选中 P2:S11 区域，在“开始”选项卡的“对齐方式”组中，单击“居中”按钮。

（16）设置 O1:S11 区域（“性别［sex］* $健康问题”交叉表）的格式：有边框线。选中 O1:S11 区域，在“开始”选项卡的“字体”组中，单击“边框”下拉按钮，在展开的下拉菜单中选择“所有框线”。结果如图 6—21 所示。

6.3.3 在 Excel 中绘制多选题的交叉表统计图

多选题的交叉表统计图，可以是簇状条形图或簇状柱形图，但不能是百分比堆积柱形图（原因是多选题的百分比之和超过 100%）。

多选题的交叉表统计图，大多采用簇状条形图（如图 6—37 所示）。

温馨提示：在 Excel 中绘制多选题交叉表簇状条形图的操作步骤可参照 6.4.2 小节；在 Excel 中绘制多选题交叉表簇状柱形图的操作步骤可参照 5.2.2 小节。

健康问题性别差异的簇状条形图如图 6—37 所示，绘制方法请参见 6.4.2 小节的例 6—5。

6.3.4 在 Word 中撰写多选题交叉表分析调查报告

多选题交叉表分析调查报告，一般包含表格、统计图和结论（建议）等。

温馨提示：操作方法可参照 4.4 节的例 4—8。

将 Excel 中的多选题交叉表和统计图复制到 Word 文件中的操作步骤如下：

（1）将 Excel 中转换成调查报告格式的健康问题性别差异交叉表（图 6—21 中的 O1:S11 区域）复制到 Word 文件中的相应位置，作为调查报告的一部分。操作方法可参照 4.4.1 小节。

（2）将 Excel 中绘制的健康问题性别差异的簇状条形图（如图 6—37 所示）复制（粘贴成“图片”格式）到 Word 文件中的相应位置，作为调查报告的一部分。操作方法可参照 4.4.2 小节。

（3）输入分析结果的文字内容。

健康问题性别差异的调查报告内容如下：

健康问题性别差异的调查报告

此次调查了 1 517 名美国人，其中有 714 名（男 256 名、女 458 名）受访者在最近 6 个月内受到健康问题的困扰，约占总调查人数的 47.1%。关于健康问题性别差异的交叉表和条形图如表 1 和图 1 所示。

表1　健康问题的性别差异

健康问题	男（n=256）		女（n=458）	
	排名	百分比	排名	百分比
病得很厉害需要去看医生	1	72. 3%	1	81.7%
有亲密的朋友过世了	2	38.7%	2	28.6%
配偶生病住院	3	14.5%	5	7.9%
小孩生病住院	4	9.8%	3	11.6%
吸毒（大麻，可卡因）	5	9.0%	9	1.5%
需要咨询一些心理问题	6	7.0%	4	8.7%
无生育能力	7	3.5%	6	5.7%
酗酒	7	3.5%	8	1.7%
孩子有吸毒、酗酒的毛病	9	2.3%	7	4.8%

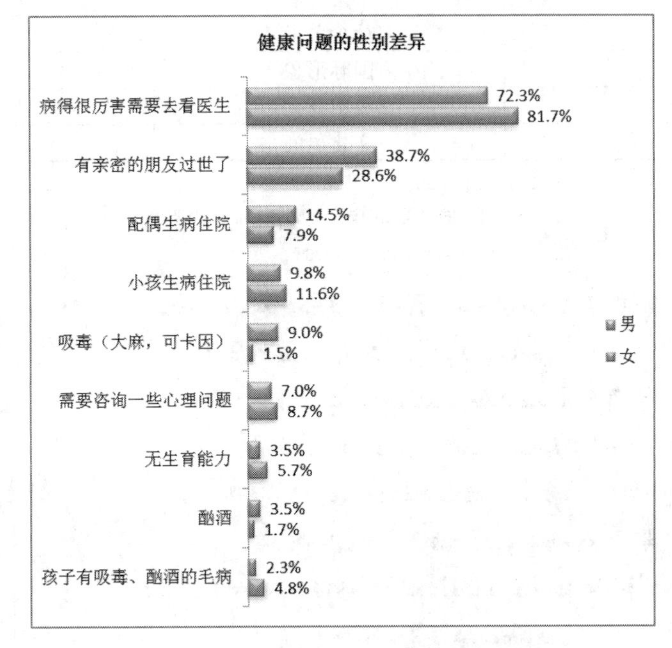

图1　健康问题性别差异的簇状条形图

比较性别差异发现：受访者中，无论男女，排在前两位的健康问题是一样的，都是“病得很厉害需要去看医生”和“有亲密的朋友过世了”。但排在第三位的健康问题却产生了差异。男性受访者选择了“配偶生病住院”，而女性受访者则选择了“小孩生病住院”。

6.4　在Excel中绘制多选题的一维频率分布条形图和交叉表簇状条形图

6.4.1　在Excel中绘制多选题的一维频率分布条形图

例6—4　在“CCTV经济生活大调查（2012—2013）问卷”中，多选题【您心目中的“美丽中国”，最重要的三个要素是什么?】的调查结果如表6—10所示（按百分比高低排序）。利用 Excel 2010 制作如图 6—26 所示的条形图。本次调查结果显示：百姓心目中“美丽中国”最重要的要素前三位分别是生活安定、公平正义和经济发展。可参见“第 6 章　在 Excel 中绘制多选题一维频率分布条形图 . xlsx”。

表 6—10　　　　您心目中的“美丽中国”，最重要的三个要素调查结果

排名	选项	百分比
1	生活安定	52.4%
2	公平正义	38.8%
3	经济发展	36.3%
4	社会保障	36.1%
5	道德风气	33.4%
6	生态环境	25.4%
7	社会关爱	23.1%
8	国际形象	20.8%
9	历史积淀	15.6%
10	文化风尚	7.9%

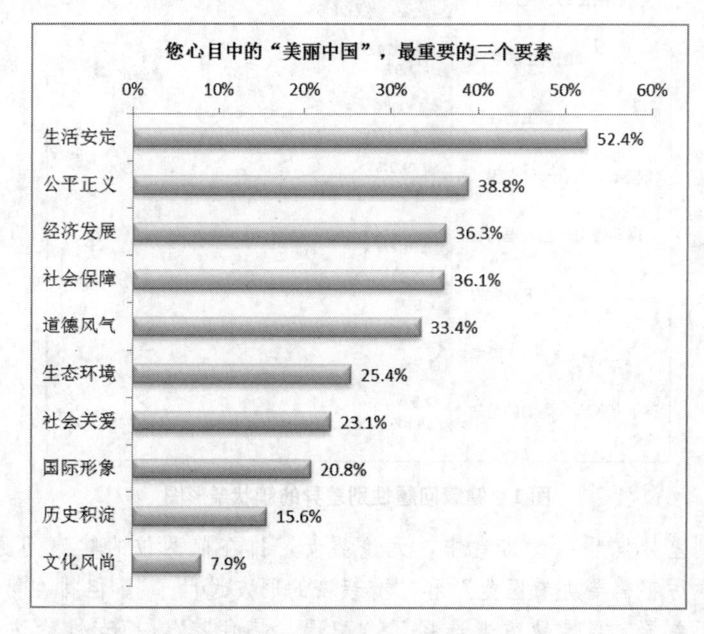

图 6—26　您心目中的“美丽中国”，最重要的三个要素条形图

在 Excel 中绘制多选题的一维频率分布条形图的方法，与 4.3.2 小节介绍的“在 Excel 中绘制单选题的一维频率分布柱形图”的方法类似。操作步骤如下：

1. 选择条形图的数据源

选择图表所需的数据源 C5:D15 区域（包括“选项”和“百分比”，但不包括“排名”），如图 6—27 所示。

2. 创建条形图

(1) 在“插入”选项卡的“图表”组中，单击“条形图”，展开条形图的“子图表类型”，如图 6—28 所示。

	A	B	C	D	E	F
1	《CCTV2012-2013经济生活大调查》					
2	【您心目中的“美丽中国”，最重要的三个要素是什么？】					
3	调查结果（按百分比排序）：					
4						
5		排名	选项	百分比		
6		1	生活安定	52.4%		
7		2	公平正义	38.8%		
8		3	经济发展	36.3%		
9		4	社会保障	36.1%		
10		5	道德风气	33.4%		
11		6	生态环境	25.4%		
12		7	社会关爱	23.1%		
13		8	国际形象	20.8%		
14		9	历史积淀	15.6%		
15		10	文化风尚	7.9%		

图 6—27　选择条形图的数据源（C5:D15 区域）

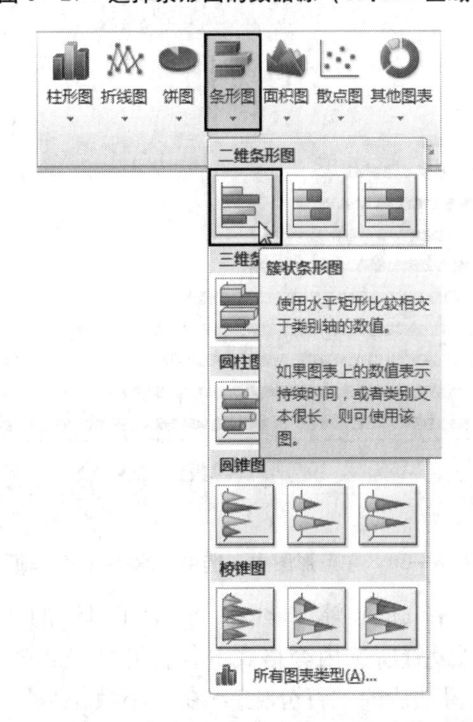

图 6—28　条形图的子图表类型（“二维条形图”中的“簇状条形图”）

（2）在“二维条形图”中，单击选择“簇状条形图”，在工作表中插入条形图，如图 6—29 所示。

3. 修饰条形图

（1）不显示图例。选中“图例”，按 Del 键删除。

（2）不显示网格线。选中“网格线”，按 Del 键删除。

（3）设置水平（值）轴的数字格式（百分比的小数位数为 0）。选中“水平（值）轴”，如图 6—30 所示。

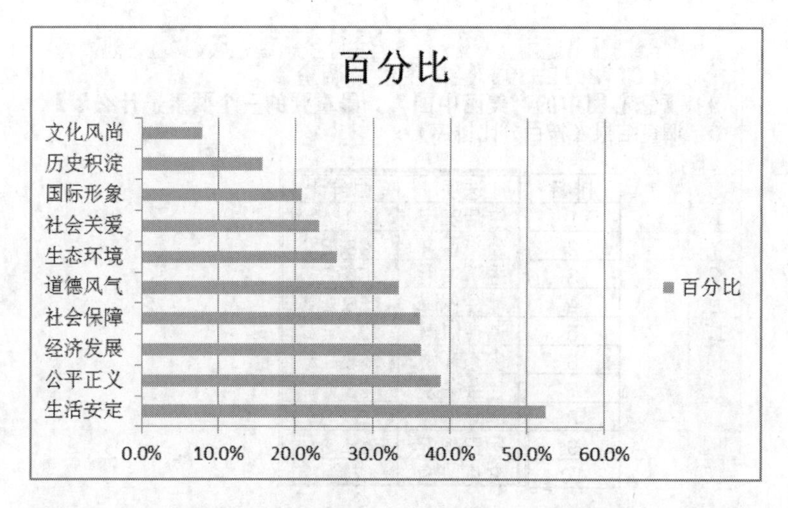

图 6—29　您心目中的“美丽中国”，最重要的三个要素条形图（未修饰）

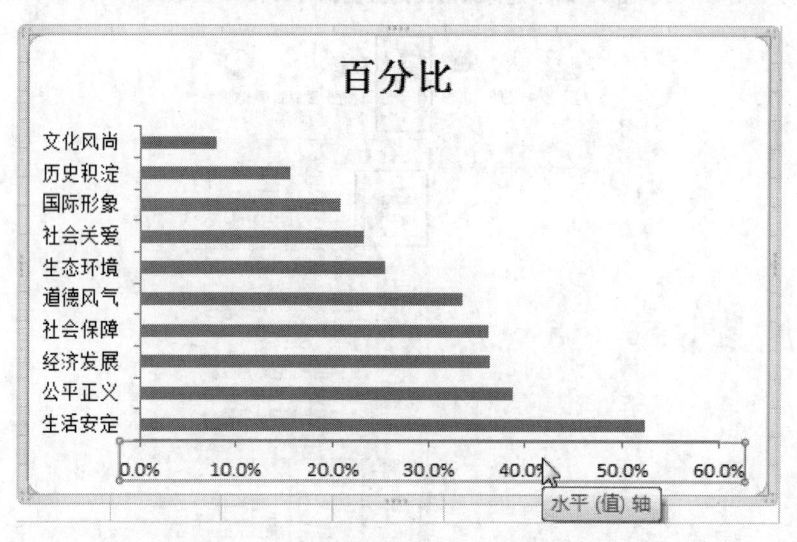

图 6—30　在条形图中，选中“水平（值）轴”

（4）双击选中的“水平（值）轴”（或在“图表工具”的“格式”选项卡的“当前所选内容”组中，单击“设置所选内容格式”），打开“设置坐标轴格式”对话框。在“数字”选项卡，类别保留默认的“百分比”，在“小数位数”框中输入“0”（指定百分比的小数位数为 0），如图 4—56 所示。单击“关闭”按钮关闭对话框。

（5）显示数据标签。选中图表，在“图表工具”的“布局”选项卡的“标签”组中，单击“数据标签”，在展开的下拉菜单中，单击选中“数据标签外”。

（6）设置图表样式。选中图表，在“图表工具”的“设计”选项卡的“图表样式”库中，单击右侧的“其他”扩展按钮，打开整个“图表样式”库，如图 6—31 所示。

（7）单击选中“样式 31”，结果如图 6—32 所示。

（8）修饰图表标题。选中图表标题，将图表标题由“百分比”改为“您心目中的‘美丽中国’，最重要的三个要素”，并在“开始”选项卡的“字体”组中，将图表标题的字体设置为“宋体”、字号设置为“10.5”。

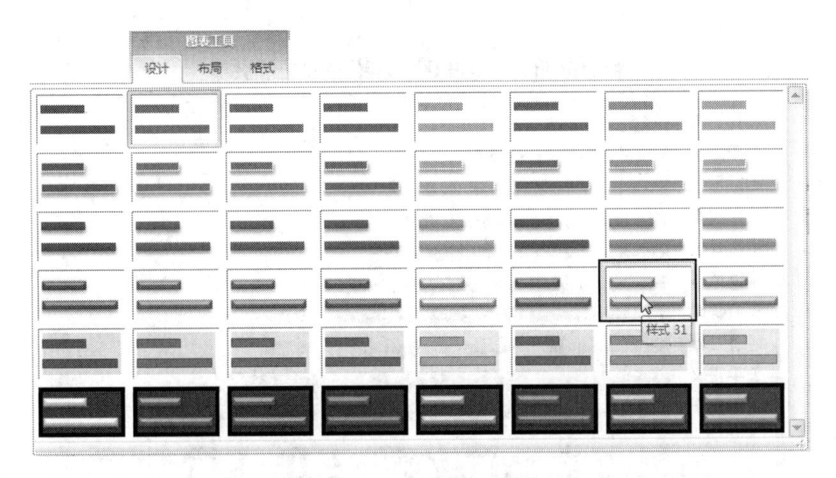

图 6—31　“图表样式”库（二维簇状条形图，样式 31）

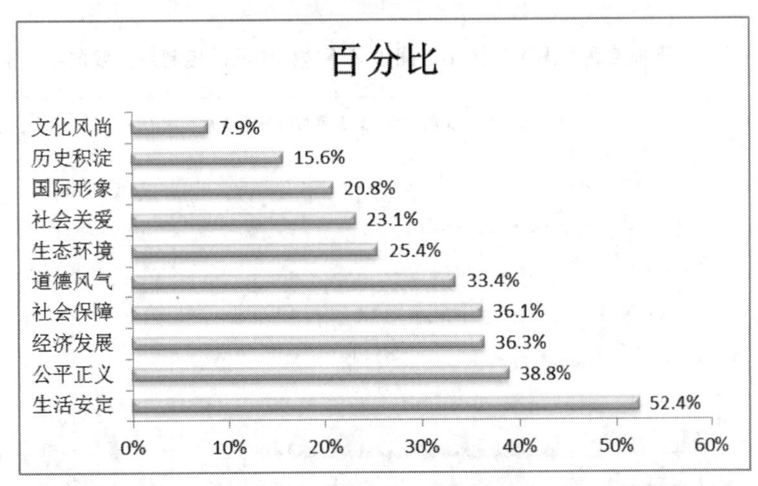

图 6—32　您心目中的“美丽中国”，最重要的三个要素条形图（设置水平数值轴的数字格式，显示数据标签，图表样式 31）

（9）调整图表大小。选中图表，在图表区外框显示 8 个控制点，将光标定位到下边框中间的控制点上时，光标将变成双向箭头形状（如图 6—33 所示），此时利用鼠标向下拖拽即可调整图表的尺寸大小（适当向下拉长，增加图表“高度”，而图表“宽度”不变，如“高度”增加到 11 厘米，而“宽度”保留 12.7 厘米）。①

（10）设置图表字号。选中图表，在“开始”选项卡的“字体”组中，设置字号为“10”。

（11）设置图表标题字号。选中图表标题“您心目中的‘美丽中国’，最重要的三个要素”，在“开始”选项卡的“字体”组中，设置字号为“10.5”。结果如图 6—34 所示。

---

① 也可选中图表后双击，打开“设置图表区格式”对话框。在“大小”选项卡中，将图表“高度”设置为“11”厘米，而图表“宽度”不变（保留默认的“12.7”厘米）。

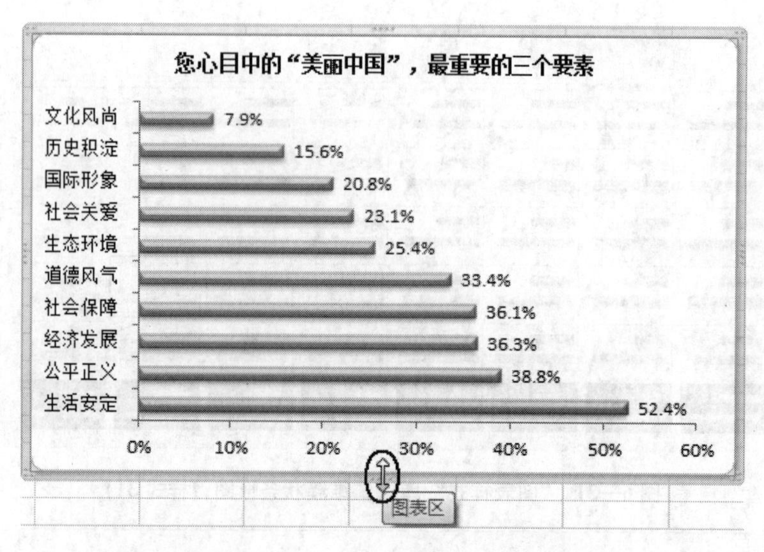

图 6—33　向下拖拽调整图表的大小（图表区下边框中间的控制点，双向箭头形状）

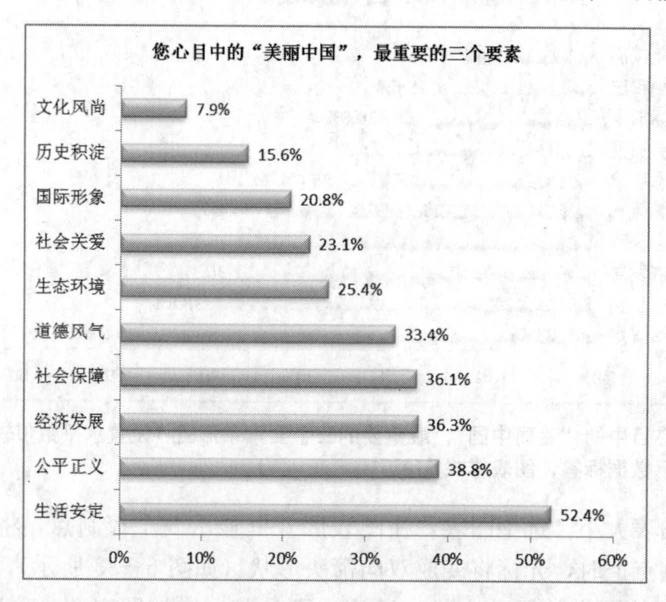

图 6—34　您心目中的“美丽中国”，最重要的三个要素条形图（逆序类别前）

温馨提示：根据阅读习惯，最大的数据项一般放置于条形图的顶部。不过在 Excel 图表制作中，它会自动将数据源的第一行放置于条形图底部。因此，在准备数据时，最好先作一次升序排序（数据源的最后一行是最大的数据项）或者在垂直（类别）轴中启动“逆序类别”设置。

（12）逆序排列条形图的垂直（类别）轴。选中“垂直（类别）轴”，如图 6—35 所示。

（13）双击选中的“垂直（类别）轴”（或在“图表工具”的“格式”选项卡的“当前所选内容”组中，单击“设置所选内容格式”），打开“设置坐标轴格式”对话框。在“坐标轴选项”中，单击选中（勾选）“逆序类别”，如图 6—36 所示。

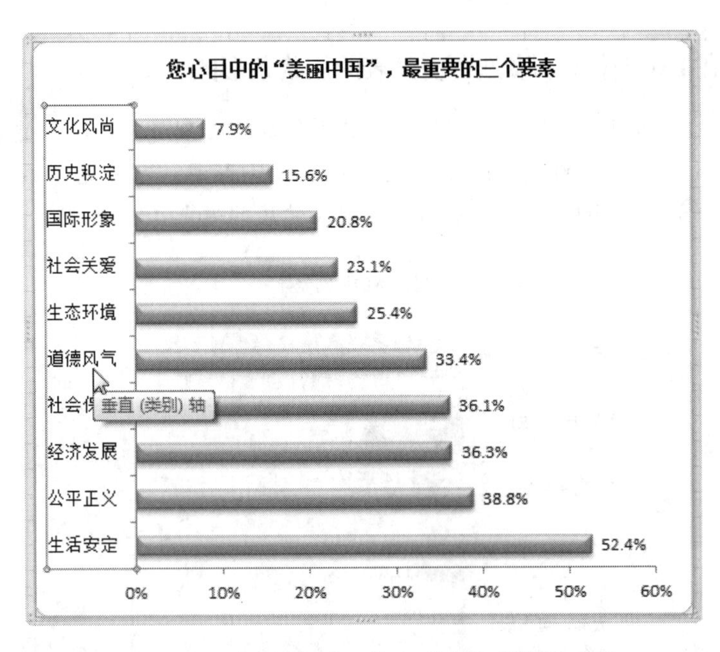

图 6—35　在条形图中，选中“垂直（类别）轴”

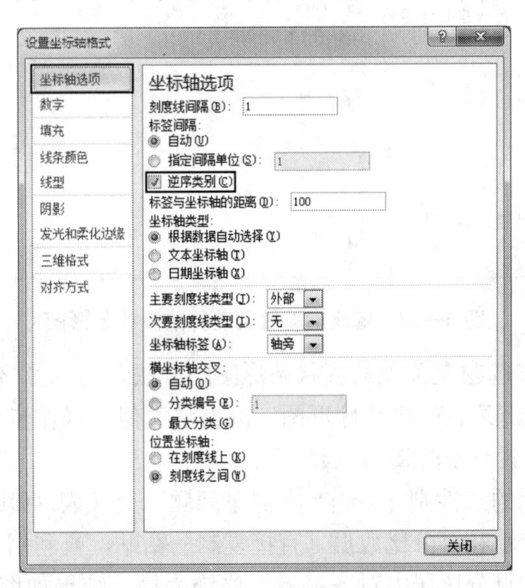

图 6—36　“设置坐标轴格式”对话框（分类轴，坐标轴选项，选中“逆序类别”）

(14) 在“设置坐标轴格式”对话框中，单击“关闭”按钮。结果如图 6—26 所示。可以看到，逆序排列条形图的垂直（类别）轴，水平（值）轴也从条形图的底部翻转到顶部。

温馨提示：在一些显示数据标签的图表中，可以选择不显示（隐藏、删除）数值轴，使图表显得更简洁。方法是：选中图表的数值轴（如条形图的“水平（值）轴”，或柱形图的“垂直（值）轴”），按 Del 键删除所选的数值轴。

6.4.2 在 Excel 中绘制多选题交叉表的簇状条形图

例 6—5 在 Excel 2010 中，根据例 6—3 求得的“性别［sex］∗＄健康问题”交叉表，绘制如图 6—37 所示的健康问题性别差异簇状条形图。可参见“第 6 章 健康问题多选题（SPSS 到 Excel）.xlsx”中的“性别 x 健康问题”工作表。

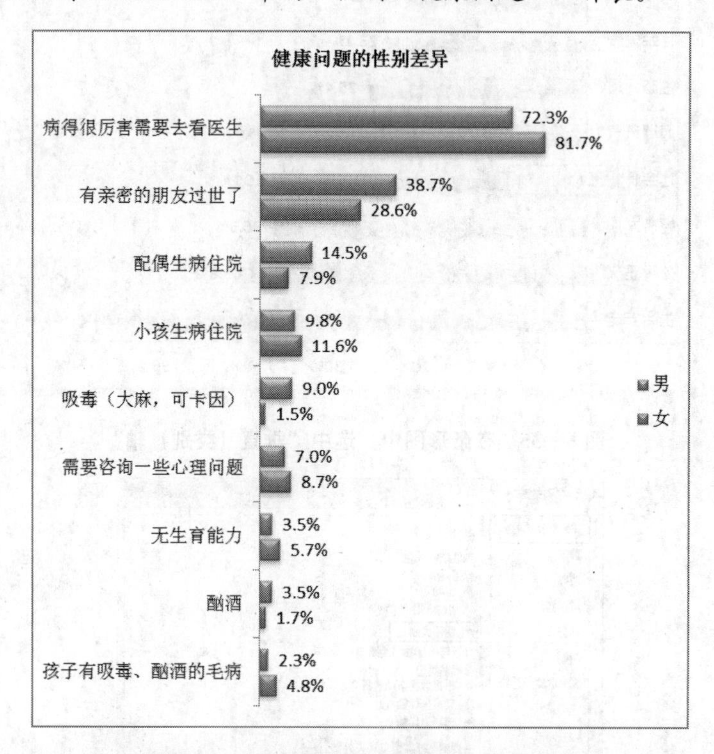

图 6—37 健康问题性别差异的簇状条形图

在 Excel 中绘制多选题交叉表的簇状条形图的方法，与 5.2.2 小节介绍的“在 Excel 中绘制两个单选题交叉表的簇状柱形图”的方法类似。操作步骤如下：

1. 准备交叉表的簇状条形图的数据

在如图 6—38 所示的“性别［sex］∗＄健康问题”交叉表（O1:S11 区域）中，选取所需的标题（选项内容）和百分比数据（直接复制—粘贴，或利用公式实现均可），然后设置格式（有边框线、百分比居中对齐显示）修饰表格，结果如图 6—38 中的 O14:Q23 区域所示。如果利用公式实现（利用公式实现数据的相对引用），则公式如图 6—39 所示。

2. 选择交叉表的簇状条形图的数据源

选取图 6—38 中的 O14:Q23 区域。

3. 创建交叉表的簇状条形图

（1）在“插入”选项卡的“图表”组中，单击“条形图”，展开条形图的“子图表类型”，如图 6—28 所示。

（2）在“二维条形图”中，单击选择“簇状条形图”，在工作表中插入条形图，如图 6—40 所示。

	N	O	P	Q	R	S
1		健康问题	男（n=256）		女（n=458）	
2			排名	百分比	排名	百分比
3		病得很厉害需要去看医生	1	72.3%	1	81.7%
4		有亲密的朋友过世了	2	38.7%	2	28.6%
5		配偶生病住院	3	14.5%	5	7.9%
6		小孩生病住院	4	9.8%	3	11.6%
7		吸毒（大麻，可卡因）	5	9.0%	9	1.5%
8		需要咨询一些心理问题	6	7.0%	4	8.7%
9		无生育能力	7	3.5%	6	5.7%
10		酗酒	7	3.5%	8	1.7%
11		孩子有吸毒、酗酒的毛病	9	2.3%	7	4.8%
12						
13						
14			男	女		
15		病得很厉害需要去看医生	72.3%	81.7%		
16		有亲密的朋友过世了	38.7%	28.6%		
17		配偶生病住院	14.5%	7.9%		
18		小孩生病住院	9.8%	11.6%		
19		吸毒（大麻，可卡因）	9.0%	1.5%		
20		需要咨询一些心理问题	7.0%	8.7%		
21		无生育能力	3.5%	5.7%		
22		酗酒	3.5%	1.7%		
23		孩子有吸毒、酗酒的毛病	2.3%	4.8%		

图 6—38　准备交叉表的簇状条形图的数据（O14:Q23 区域）

	N	O	P	Q
13				
14			男	女
15		=O3	=Q3	=S3
16		=O4	=Q4	=S4
17		=O5	=Q5	=S5
18		=O6	=Q6	=S6
19		=O7	=Q7	=S7
20		=O8	=Q8	=S8
21		=O9	=Q9	=S9
22		=O10	=Q10	=S10
23		=O11	=Q11	=S11

图 6—39　准备交叉表的簇状条形图数据的公式

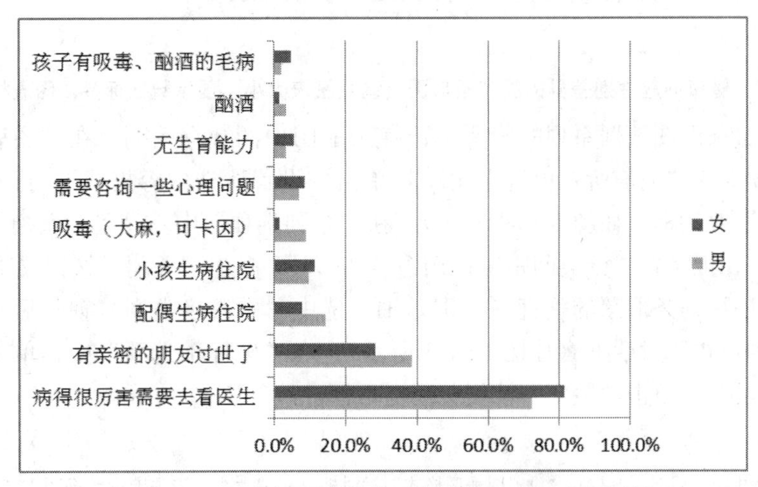

图 6—40　健康问题性别差异的簇状条形图（未修饰）

4. 修饰交叉表的簇状条形图

（1）不显示网格线。选中“网格线”，按 Del 键删除。

（2）不显示水平（值）轴。选中“水平（值）轴”，按 Del 键删除。

（3）调整图表大小。选中图表，在图表区外框显示 8 个控制点，将光标定位到下边框中间的控制点上时，光标将变成双向箭头形状，此时利用鼠标向下拖拽即可调整图表的尺寸大小（适当向下拉长，增加图表“高度”，而图表“宽度”不变。如“高度”增加到 13 厘米，而“宽度”保留 12.7 厘米）。①

（4）显示数据标签。选中图表，在“图表工具”的“布局”选项卡的“标签”组中，单击“数据标签”，在展开的下拉菜单中，单击选中“数据标签外”。

（5）设置图表样式。选中图表，在“图表工具”的“设计”选项卡的“图表样式”库中，单击右侧的“其他”扩展按钮，打开整个“图表样式”库，单击选中“样式 26”，结果如图 6—41 所示。

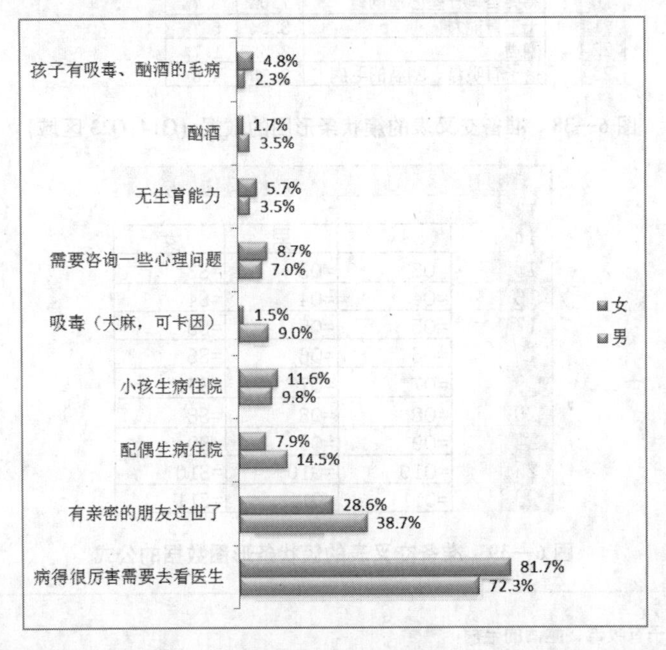

图 6—41　健康问题性别差异的簇状条形图（调整图表大小，显示数据标签，图表样式 26）

（6）调整条形图数据系列的间距。选择条形图中的数据系列，在“图表工具”的“格式”选项卡的“当前所选内容”组中，单击“设置所选内容格式”，打开“设置数据系列格式”对话框（如图 5—24 所示）。在“系列选项”中，设置“系列重叠”比例为“－20％”，再设置“分类间距”比例为“100％”。单击“关闭”按钮关闭对话框。

（7）逆序排列条形图的垂直（类别）轴。选中“垂直（类别）轴”后双击，打开“设置坐标轴格式”对话框（如图 6—36 所示）。在“坐标轴选项”中，单击选中（勾选）“逆序类别”。单击“关闭”按钮关闭对话框。

---

① 也可选中图表后双击，打开“设置图表区格式”对话框。在“大小”选项卡中，将图表“高度”设置为“13”厘米，而图表“宽度”不变（保留默认的“12.7”厘米）。

(8) 添加图表标题。选中图表，在“图表工具”的“布局”选项卡的“标签”组中，单击“图表标题”，在展开的下拉菜单中，单击选择“图表上方”，为图表添加一个内容为“图表标题”的图表标题。将图表标题改为“健康问题的性别差异”。

(9) 设置图表字号。选中图表，在“开始”选项卡的“字体”组中，设置字号为“10”。

(10) 设置图表标题字号。选中图表标题“健康问题的性别差异”，在“开始”选项卡的“字体”组中，设置字号为“10.5”。结果如图 6—37 所示。

6.5 利用 Excel 实现“分类法”编码多选题的一维频率分析

例 6—6　利用 Excel 实现“存款目的”多选题的一维频率分析。

为了研究居民收入与生活状况而设计的调查问卷如 3.5 节所示。“存款目的”是一个多项限选题，采用“分类法”编码，调查数据[①]在多选变量 Q4 _ 1～Q4 _ 3 中。请参见“第 6 章 居民收入与生活状况调查（多选题）.xlsx”中的“分类法编码多选题一维频率分析”工作表。

利用 Excel 实现“分类法”编码多选题一维频率分析的方法，与 4.2 节介绍的“利用 Excel 实现单选题的一维频率分析”的方法类似，可以利用 COUNTIF 函数实现。区别最大的两点是：

(1) 由于多选题的多选变量占多列，用 COUNTIF 函数统计“存款目的”多选题每个选项被选择的次数（各选项回答人数）时，统计范围是多列，如图 6—42 中的 J3 单元格公式（见编辑栏）所示。

(2) 需要辅助列来统计“存款目的”多选题的总回答人数。这是因为在输入该多选题的答案时，如果受访者只填答一个，则可输入在 Q4 _ 1～Q4 _ 3 中的任何一个；如果填答两个，则可输入在 Q4 _ 1～Q4 _ 3 中的任何两个。

用 COUNTIF 函数统计“存款目的”多选题每个选项被选择的次数（各选项回答人数）后，将其除以对该多选题的总回答人数，得到“存款目的”多选题每个选项被选择的百分比，如图 6—42 所示。

J3　　=COUNTIF($B$2:$D$601,G3)

	F	G	H	I	J	K	L
1		Q4_1、Q4_2、Q4_3（存款目的）					
2		编码	排名	存款目的	人数	百分比	
3		9	1	不知买什么好	280	59.2%	
4		4	2	为子女上学	276	58.4%	
5		1	3	办婚事	240	50.7%	
6		3	4	以备急需	207	43.8%	
7		2	5	防老	114	24.1%	
8		8	6	保值生息	90	19.0%	
9		5	7	购房	52	11.0%	
10		6	8	旅游	28	5.9%	
11		7	9	添置高档商品	25	5.3%	
12		10	10	其他	23	4.9%	
13							
14				总回答人数	473	78.8%	
15				总调查人数	600		

图 6—42　用 COUNTIF 函数求“存款目的”多选题的一维频率分布表

① 这些调查数据是虚构的，采用 Excel 2010“数据分析”工具中的“随机数发生器”生成，并经过核对。

温馨提示：利用 Excel 的 COUNTIF 函数实现多选题的一维频率分析。多选题一维频率分布表的格式（布局）采用 6.1.3 小节介绍的调查报告所需格式（如表 6—3 所示，排名、多选题选项、人数、百分比），结果如图 6—42 中的 H2:K12 区域所示。

6.5.1 利用 COUNTIF 函数求“分类法”编码多选题的一维频率分布表

（1）在问卷数据的右边（注意：计算表格与问卷数据之间，至少间隔一列，以免被误认为是问卷数据的一部分），如图 6—43 中的 F1:J15 区域所示，在第 1～2 行输入标题（F1:J2 区域）、在 F 列（F3:F12 区域）输入“存款目的”多选题对应的编码 1～10、在 H 列（H3:H12 区域）输入“存款目的”多选题的选项，等等。

	A	B	C	D	E	F	G	H	I	J
1	BH	Q4_1	Q4_2	Q4_3		**Q4_1、Q4_2、Q4_3（存款目的）**				
2	1001	9	1	2		编码	排名	存款目的	人数	百分比
3	1002		4	1		1		办婚事		
4	1003	1	3	4		2		防老		
5	1004					3		以备急需		
6	1005	6	8	9		4		为子女上学		
7	1006					5		购房		
8	1007	1	9	3		6		旅游		
9	1008	3	1			7		添置高档商品		
10	1009					8		保值生息		
11	1010	4	1	2		9		不知买什么好		
12	1011	4	2	9		10		其他		
13	1012									
14	1013	5	4	3				总回答人数		
15	1014							总调查人数		

图 6—43 用 COUNTIF 函数求“存款目的”多选题的一维频率分布表（布局，F1:J15 区域，按编码 1→10 升序输入）

（2）在 I3 单元格中，输入公式“=COUNTIF($B$2:$D$601，F3)”，统计“存款目的”多选题第 1 选项（编码为 1，办婚事）被选择的次数（回答人数）。注意：统计范围是多选变量 Q4_1～Q4_3（B～D 列）。

（3）向下复制 I3 公式，统计“存款目的”多选题其他各选项（编码为 2～10）被选择的次数（选择其他各存款目的人数）。双击 I3 单元格右下角的填充柄，将公式复制到 I4:I12 区域，结果如图 6—44 中的 I3:I12 区域所示。

（4）在“存款目的”多选题调查数据（Q4_1～Q4_3，B～D 列）右侧插入一空白列（称为“辅助列”）。单击选中 E 列，然后在“开始”选项卡的“单元格”组中，单击“插入”按钮，插入一空白列，如图 6—45 中的 E 列所示。

（5）在 E1 单元格（辅助列的第 1 行）输入文字“Q4 选数”。在 E2 单元格（辅助列的第 2 行）输入公式“=COUNT(B2:D2)”或“=COUNTA(B2:D2)”，统计第 1 位受访者，在有关“存款目的”的多选题（Q4_1～Q4_3）中，选择了几项。

（6）向下复制 E2 公式，统计第 2～600 位受访者各自在有关“存款目的”的多选题中选择了几项。双击 E2 单元格右下角的填充柄，将公式复制到 E3:E601 区域，结果如图 6—46 中的 E 列所示。

I3 =COUNTIF($B$2:$D$601,F3)

	A	B	C	D	E	F	G	H	I	J
1	BH	Q4_1	Q4_2	Q4_3		Q4_1、Q4_2、Q4_3（存款目的）				
2	1001	9	1	2		编码	排名	存款目的	人数	百分比
3	1002		4	1		1		办婚事	240	
4	1003	1	3	4		2		防老	114	
5	1004					3		以备急需	207	
6	1005	6	8	9		4		为子女上学	276	
7	1006					5		购房	52	
8	1007	1	9	3		6		旅游	28	
9	1008	3	1			7		添置高档商品	25	
10	1009					8		保值生息	90	
11	1010	4	1	2		9		不知买什么好	280	
12	1011	4	2	9		10		其他	23	
13	1012									
14	1013	5	4	3				总回答人数		
15	1014							总调查人数		

图 6—44 用 COUNTIF 函数求“存款目的”多选题的一维频率分布表（向下复制 I3 公式）

E1

	A	B	C	D	E	F	G	H	I	J	K
1	BH	Q4_1	Q4_2	Q4_3			Q4_1、Q4_2、Q4_3（存款目的）				
2	1001	9	1	2			编码	排名	存款目的	人数	百分比
3	1002		4	1			1		办婚事	240	
4	1003	1	3	4			2		防老	114	
5	1004						3		以备急需	207	
6	1005	6	8	9			4		为子女上学	276	
7	1006						5		购房	52	
8	1007	1	9	3			6		旅游	28	
9	1008	3	1				7		添置高档商品	25	
10	1009						8		保值生息	90	
11	1010	4	1	2			9		不知买什么好	280	
12	1011	4	2	9			10		其他	23	
13	1012										
14	1013	5	4	3					总回答人数		
15	1014								总调查人数		

图 6—45 用 COUNTIF 函数求“存款目的”多选题的一维频率分布表（插入空白列，E 列）

E2 =COUNT(B2:D2)

	A	B	C	D	E	F	G	H	I	J	K
1	BH	Q4_1	Q4_2	Q4_3	Q4选数		Q4_1、Q4_2、Q4_3（存款目的）				
2	1001	9	1	2	3		编码	排名	存款目的	人数	百分比
3	1002		4	1	2		1		办婚事	240	
4	1003	1	3	4	3		2		防老	114	
5	1004				0		3		以备急需	207	
6	1005	6	8	9	3		4		为子女上学	276	
7	1006				0		5		购房	52	
8	1007	1	9	3	3		6		旅游	28	
9	1008	3	1		2		7		添置高档商品	25	
10	1009				0		8		保值生息	90	
11	1010	4	1	2	3		9		不知买什么好	280	
12	1011	4	2	9	3		10		其他	23	
13	1012				0						
14	1013	5	4	3	3				总回答人数		
15	1014				0				总调查人数		

图 6—46 用 COUNTIF 函数求“存款目的”多选题的一维频率分布表（向下复制 E2 公式）

（7）在 J14 单元格中输入以下公式：

＝COUNTIF(E2:E601,">0")

统计受访者对“存款目的”多选题的总回答人数。

（8）在 K3 单元格中输入公式“＝J3/$J$14”，计算“存款目的”多选题第 1 选项（办婚事）被选择的百分比。

（9）将 K3 单元格的格式设置为 1 位小数的百分比样式。单击 K3 单元格，然后在“开始”选项卡的“数字”组中，单击“百分比样式”按钮，再单击一次“增加小数位数”按钮。

（10）向下复制 K3 公式和格式，计算“存款目的”多选题其他各选项被选择的百分比。双击 K3 单元格右下角的填充柄，将 K3 公式和格式复制到 K4:K12 区域。结果如图 6—47 中的 K3:K12 区域所示。

K3 　 fx =J3/$J$14

	A	B	C	D	E	F	G	H	I	J	K
1	BH	Q4_1	Q4_2	Q4_3	Q4选数		Q4_1、Q4_2、Q4_3（存款目的）				
2	1001	9	1	2	3		编码	排名	存款目的	人数	百分比
3	1002		4	1	2		1		办婚事	240	50.7%
4	1003	1	3	4	3		2		防老	114	24.1%
5	1004				0		3		以备急需	207	43.8%
6	1005	6	8	9	3		4		为子女上学	276	58.4%
7	1006				0		5		购房	52	11.0%
8	1007	1	9	3	3		6		旅游	28	5.9%
9	1008	3	1		2		7		添置高档商品	25	5.3%
10	1009				0		8		保值生息	90	19.0%
11	1010	4	1	2	3		9		不知买什么好	280	59.2%
12	1011	4	2	9	3		10		其他	23	4.9%
13	1012				0						
14	1013	5	4	3	3				总回答人数	473	
15	1014				0				总调查人数		

图 6—47　用 COUNTIF 函数求“存款目的”多选题的一维频率分布表
（向下复制 K3 公式和格式）

（11）在 J15 单元格中输入本次的总调查人数“600”。

（12）在 K14 单元格中输入公式“＝J14/J15”，计算所有受访者对“存款目的”多选题的回答情况（百分比）。

（13）将 K14 单元格的格式设置为 1 位小数的百分比样式。单击 K14 单元格，然后在“开始”选项卡的“数字”组中，单击“百分比样式”按钮，再单击一次“增加小数位数”按钮，结果如图 6—48 中的 K14 单元格所示。

6.5.2　在 Excel 中，根据“分类法”编码多选题的频率排名

对“存款目的”多选题一维频率分布表，利用“降序”按钮对其百分比进行排序。

（1）单击选中“百分比”（K3:K12 区域）中的任意一个单元格（如：K3 单元格），然后在“数据”选项卡的“排序和筛选”组中，单击“降序”按钮。结果如图 6—49 所示。

K14　=J14/J15

	A	B	C	D	E	F	G	H	I	J	K
1	BH	Q4_1	Q4_2	Q4_3	Q4选数		Q4_1、Q4_2、Q4_3（存款目的）				
2	1001	9	1	2	3		编码	排名	存款目的	人数	百分比
3	1002		4	1	2		1		办婚事	240	50.7%
4	1003	1	3	4	3		2		防老	114	24.1%
5	1004				0		3		以备急需	207	43.8%
6	1005	6	8	9	3		4		为子女上学	276	58.4%
7	1006				0		5		购房	52	11.0%
8	1007	1	9	3	3		6		旅游	28	5.9%
9	1008	3	1		2		7		添置高档商品	25	5.3%
10	1009				0		8		保值生息	90	19.0%
11	1010	4	1	2	3		9		不知买什么好	280	59.2%
12	1011	4	2	9	3		10		其他	23	4.9%
13	1012				0						
14	1013	5	4	3	3				总回答人数	473	78.8%
15	1014				0				总调查人数	600	

图 6—48　用 COUNTIF 函数求“存款目的”多选题的一维频率分布表（多选题回答百分比）

K3　=J3/$J$14

	F	G	H	I	J	K
1		Q4_1、Q4_2、Q4_3（存款目的）				
2		编码	排名	存款目的	人数	百分比
3		9		不知买什么好	280	59.2%
4		4		为子女上学	276	58.4%
5		1		办婚事	240	50.7%
6		3		以备急需	207	43.8%
7		2		防老	114	24.1%
8		8		保值生息	90	19.0%
9		5		购房	52	11.0%
10		6		旅游	28	5.9%
11		7		添置高档商品	25	5.3%
12		10		其他	23	4.9%

图 6—49　对“存款目的”多选题的一维频率分布表排序（按“百分比”降序排序后的 G3:K12 区域）

温馨提示：也可以利用“排序”对话框实现对百分比的降序排序。排序数据区域可以是包含标题的 G2:K12 区域（主要关键字可以是“百分比”，也可以是“人数”），也可以是不包含标题的 G3:K12 区域。

（2）利用“自动填充”功能，在“排名”列中，输入连续排名。在 H3 单元格输入排名“1”，在 H4 单元格输入排名“2”。选中 H3:H4（两个单元格）区域，然后双击 H3:H4 区域右下角的填充柄，结果如图 6—50 中的 H3:H12 区域所示。

（3）检查“百分比”（K3:K12 区域）是否有相同的，如果有相同的，则修改相应的“排名”（采用美式排名）。这里没有相同的。

（4）设置 G2:K12 区域格式：有边框线。选中 G2:K12 区域，在“开始”选项卡的“字体”组中，单击“边框”下拉按钮，在展开的下拉菜单中选择“所有框线”，结果如图 6—42 所示。

（5）选中 H2:K12 区域（“存款目的”多选题的一维频率分布表），复制到 Word 文件中的相应位置，作为调查报告的一部分，结果如表 6—11 所示。

H3 fx 1

	F	G	H	I	J	K
1		Q4_1、Q4_2、Q4_3（存款目的）				
2		编码	排名	存款目的	人数	百分比
3		9	1	不知买什么好	280	59.2%
4		4	2	为子女上学	276	58.4%
5		1	3	办婚事	240	50.7%
6		3	4	以备急需	207	43.8%
7		2	5	防老	114	24.1%
8		8	6	保值生息	90	19.0%
9		5	7	购房	52	11.0%
10		6	8	旅游	28	5.9%
11		7	9	添置高档商品	25	5.3%
12		10	10	其他	23	4.9%
13						
14				总回答人数	473	78.8%
15				总调查人数	600	

图 6—50　对“存款目的”多选题的一维频率分布表排序（在 H3:H12 区域中输入连续排名）

表 6—11　　“存款目的”多选题的一维频率分布表

排名	存款目的	人数	百分比
1	不知买什么好，先存起来	280	59.2%
2	为子女上学	276	58.4%
3	办婚事	240	50.7%
4	以备急需	207	43.8%
5	防老	114	24.1%
6	保值生息	90	19.0%
7	购房	52	11.0%
8	旅游	28	5.9%
9	添置高档商品	25	5.3%
10	其他	23	4.9%

6.5.3　在 Excel 中绘制“分类法”编码多选题的一维频率分布统计图

按照 6.4.1 小节介绍的“在 Excel 中绘制多选题的一维频率分布条形图”的方法，利用“存款目的”多选题的选项（图 6—42 中的 I2:I12 区域）和百分比（K2:K12 区域），绘制“存款目的”多选题的一维频率分布条形图。

将 Excel 中绘制的“存款目的”多选题的一维频率分布条形图复制（粘贴成“图片”格式）到 Word 文件中的相应位置，作为调查报告的一部分。结果如图 6—51 所示。

从表 6—11 和图 6—51 中可以看出，存款主要目的排在前三位的是：不知买什么好，先存起来（59.2%）、为子女上学（58.4%）和办婚事（50.7%）。

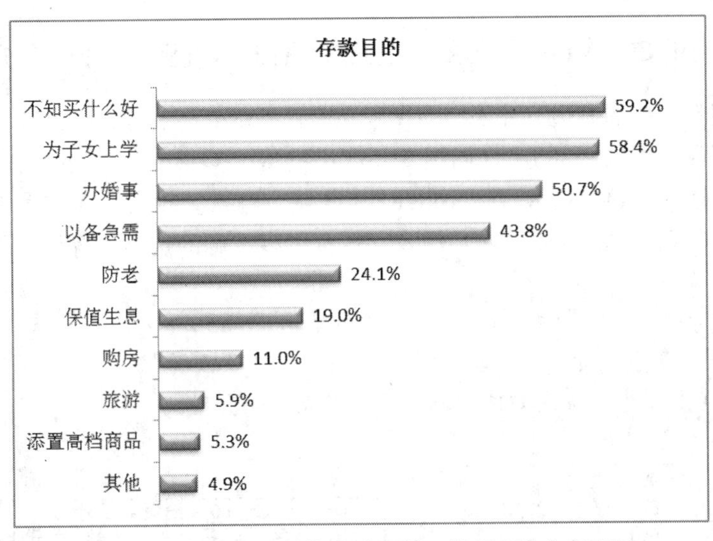

图 6—51 “存款目的”多选题的一维频率分布条形图

6.6 利用 Excel 实现“二分法”编码多选题的一维频率分析

例 6—7 利用 Excel 实现“投资”多选题的一维频率分析。

为了研究居民收入与生活状况而设计的调查问卷如 3.5 节所示。“投资”是一个多项任选题，采用“二分法”编码（“1”表示“投资”），调查数据在多选变量 Q5 _ 1～Q5 _ 10 中。请参见“第 6 章　居民收入与生活状况调查（多选题）.xlsx”中的“二分法编码多选题一维频率分析”工作表。

利用 Excel 实现“二分法”编码多选题一维频率分析的方法，与 6.5 节介绍的利用 Excel 实现“分类法”编码多选题一维频率分析的方法类似，结果如图 6—52 所示。不同的是：用 COUNTIF 函数统计“投资”多选题每个选项被选择的次数（各选项回答人数）时，统计范围是单列，如图 6—52 中的 Q10 单元格公式（见编辑栏）所示。

Q10　=COUNTIF(B$2:B$601,1)

	M	N	O	P	Q	R	S
1		Q5_1～Q5_10（投资，二分法）					
2		编码	排名	投资	人数	百分比	
3		4	1	黄金	183	33.5%	
4		2	2	基金	182	33.3%	
5		3	3	股票	161	29.4%	
6		8	4	做生意	152	27.8%	
7		9	5	理财产品	136	24.9%	
8		6	6	楼市	133	24.3%	
9		7	7	保险	117	21.4%	
10		1	8	国债	113	20.7%	
11		5	9	期货	65	11.9%	
12		10	10	其他	46	8.4%	
13							
14				总回答人数	547	91.2%	
15				总调查人数	600		

图 6—52 用 COUNTIF 函数求“投资”多选题的一维频率分布表

6.6.1 利用 COUNTIF 函数求“二分法”编码多选题的一维频率分布表

（1）在问卷数据的右边（注意：计算表格与问卷数据之间，至少间隔一列，以免被误认为是问卷数据的一部分），如图 6—53 中的 M1:Q15 区域所示，在第 1～2 行输入标题（M1:Q2 区域）、在 M 列（M3:M12 区域）输入“投资”多选题选项对应的编码 1～10、在 O 列（O3:O12 区域）输入“投资”多选题的选项，等等。

温馨提示：（1）这里如 M2:M12 区域所示的“编码（1～10）”主要是起提示作用，也可以用“变量（Q5_1～Q5_10）”代替。（2）“投资”多选变量 Q5_1～Q5_10 在 B～K 列中，为了截图方便，隐藏了其中的 D～J 列。

	A	B	C	K	L	M	N	O	P	Q
1	BH	Q5_1	Q5_2	Q5_10		Q5_1～Q5_10（投资，二分法）				
2	1001					编码	排名	投资	人数	百分比
3	1002	1		1		1		国债		
4	1003					2		基金		
5	1004		1			3		股票		
6	1005		1			4		黄金		
7	1006					5		期货		
8	1007					6		楼市		
9	1008		1			7		保险		
10	1009					8		做生意		
11	1010					9		理财产品		
12	1011					10		其他		
13	1012		1							
14	1013	1						总回答人数		
15	1014							总调查人数		

图 6—53 用 COUNTIF 函数求“投资”多选题的一维频率分布表（布局，M1:Q15 区域，按编码 1→10 升序输入）

（2）在 P3 单元格中，输入公式“=COUNTIF(B$2:B$601，1)”，统计“投资”多选题第 1 选项（国债）被选择的次数（回答人数）。注意：统计范围是单列（多选变量 Q5_1，B 列）。

（3）同理，在 P4～P12 各单元格中，分别输入与 P3 类似的公式（统计范围不同，分别各自为多选变量 Q5_2～Q5_10），统计“投资”多选题其他各选项被选择的次数（选择其他各投资的人数）。如在 P4 中输入公式“=COUNTIF(C$2:C$601，1)”；在 P12 中输入公式“=COUNTIF(K$2:K$601，1)”，结果如图 6—54 中的 P3:P12 区域所示。

（4）在“投资”多选题调查数据（B～K 列）右侧插入一空白列（称为“辅助列”）。单击选中 L 列，然后在“开始”选项卡的“单元格”组中，单击“插入”按钮，插入一空白列。

（5）在 L1 单元格（辅助列的第 1 行）输入文字“Q5 选数”。在 L2 单元格（辅助列的第 2 行）输入公式“=COUNTIF(B2:K2，1)”（或“=COUNT(B2:K2)”或“=COUNTA(B2:K2)”或“=SUM(B2:K2)”），统计第 1 位受访者，在有关“投资”多选题（Q5_1～Q5_10）中，选择了几项。

P12　　=COUNTIF(K$2:K$601,1)

	A	B	C	K	L	M	N	O	P	Q
1	BH	Q5_1	Q5_2	Q5_10		Q5_1~Q5_10（投资，二分法）				
2	1001					编码	排名	投资	人数	百分比
3	1002	1		1		1		国债	113	
4	1003					2		基金	182	
5	1004		1			3		股票	161	
6	1005		1			4		黄金	183	
7	1006					5		期货	65	
8	1007					6		楼市	133	
9	1008		1			7		保险	117	
10	1009					8		做生意	152	
11	1010					9		理财产品	136	
12	1011					10		其他	46	
13	1012		1							
14	1013	1						总回答人数		
15	1014							总调查人数		

图 6—54　用 COUNTIF 函数求“投资”多选题的一维频率分布表（输入 P3～P12 公式）

（6）向下复制 L2 公式，统计第 2～600 位受访者各自在有关“投资”多选题中选择了几项。双击 L2 单元格右下角的填充柄，将公式复制到 L3:L601 区域。结果如图 6—55 中的 L 列所示。

L2　　=COUNTIF(B2:K2,1)

	A	B	C	K	L	M	N	O	P	Q	R
1	BH	Q5_1	Q5_2	Q5_10	Q5选数		Q5_1~Q5_10（投资，二分法）				
2	1001				3		编码	排名	投资	人数	百分比
3	1002	1		1	3		1		国债	113	
4	1003				1		2		基金	182	
5	1004		1		2		3		股票	161	
6	1005		1		2		4		黄金	183	
7	1006				2		5		期货	65	
8	1007				2		6		楼市	133	
9	1008		1		3		7		保险	117	
10	1009				0		8		做生意	152	
11	1010				2		9		理财产品	136	
12	1011				2		10		其他	46	
13	1012		1		4						
14	1013	1			5				总回答人数		
15	1014				0				总调查人数		

图 6—55　用 COUNTIF 函数求“投资”多选题的一维频率分布表（向下复制 L2 公式）

（7）在 Q14 单元格中输入以下公式

=COUNTIF(L2:L601,">0")

统计“投资”多选题的总回答人数。

（8）在 R3 单元格中输入公式“=Q3/$Q$14”，计算“投资”多选题第 1 选项（国债）被选择的百分比。

（9）将 R3 单元格的格式设置为 1 位小数的百分比样式。单击 R3 单元格，然后在“开始”选项卡的“数字”组中，单击“百分比样式”按钮，再单击一次“增加小数位数”按钮。

（10）向下复制 R3 公式和格式，计算“投资”多选题其他各选项被选择的百分比。

双击 R3 单元格右下角的填充柄，将 R3 公式和格式复制到 R4:R12 区域。结果如图 6—56 中的 R3:R12 区域所示。

R3 =Q3/$Q$14

	A	B	C	K	L	M	N	O	P	Q	R
1	BH	Q5_1	Q5_2	Q5_10	Q5选数		Q5_1～Q5_10（投资，二分法）				
2	1001				3		编码	排名	投资	人数	百分比
3	1002	1		1	3		1		国债	113	20.7%
4	1003				1		2		基金	182	33.3%
5	1004		1		2		3		股票	161	29.4%
6	1005		1		2		4		黄金	183	33.5%
7	1006				2		5		期货	65	11.9%
8	1007				2		6		楼市	133	24.3%
9	1008		1		3		7		保险	117	21.4%
10	1009				0		8		做生意	152	27.8%
11	1010				2		9		理财产品	136	24.9%
12	1011				2		10		其他	46	8.4%
13	1012		1		4						
14	1013	1			5				总回答人数	547	
15	1014				0				总调查人数		

图 6—56　用 COUNTIF 函数求“投资”多选题的一维频率分布表（向下复制 R3 公式和格式）

（11）在 Q15 单元格中输入本次的总调查人数“600”。

（12）在 R14 单元格中输入公式“＝Q14/Q15”，计算所有受访者对“投资”多选题的回答情况（百分比）。

（13）将 R14 单元格的格式设置为 1 位小数的百分比样式。单击 R14 单元格，然后在“开始”选项卡的“数字”组中，单击“百分比样式”按钮，再单击一次“增加小数位数”按钮，结果如图 6—57 中的 R14 单元格所示。

R14 =Q14/Q15

	A	B	C	K	L	M	N	O	P	Q	R
1	BH	Q5_1	Q5_2	Q5_10	Q5选数		Q5_1～Q5_10（投资，二分法）				
2	1001				3		编码	排名	投资	人数	百分比
3	1002	1		1	3		1		国债	113	20.7%
4	1003				1		2		基金	182	33.3%
5	1004		1		2		3		股票	161	29.4%
6	1005		1		2		4		黄金	183	33.5%
7	1006				2		5		期货	65	11.9%
8	1007				2		6		楼市	133	24.3%
9	1008		1		3		7		保险	117	21.4%
10	1009				0		8		做生意	152	27.8%
11	1010				2		9		理财产品	136	24.9%
12	1011				2		10		其他	46	8.4%
13	1012		1		4						
14	1013	1			5				总回答人数	547	91.2%
15	1014				0				总调查人数	600	

图 6—57　用 COUNTIF 函数求“投资”多选题的一维频率分布表（多选题回答百分比）

6.6.2　在 Excel 中，根据“二分法”编码多选题的频率排名

对“投资”多选题一维频率分布表，利用“降序”按钮对其百分比进行排序。

（1）单击选中“百分比”（R3:R12 区域）中的任意一个单元格（如：R3 单元格），然后在“数据”选项卡的“排序和筛选”组中，单击“降序”按钮，结果如图 6—58 所示。

R3　　f_x　=Q3/$Q$14

	M	N	O	P	Q	R
1		Q5_1～Q5_10（投资，二分法）				
2		编码	排名	投资	人数	百分比
3		4		黄金	183	33.5%
4		2		基金	182	33.3%
5		3		股票	161	29.4%
6		8		做生意	152	27.8%
7		9		理财产品	136	24.9%
8		6		楼市	133	24.3%
9		7		保险	117	21.4%
10		1		国债	113	20.7%
11		5		期货	65	11.9%
12		10		其他	46	8.4%
13						
14				总回答人数	547	91.2%
15				总调查人数	600	

图6—58　对“投资”多选题的一维频率分布表排序（按“百分比”降序排序后的N3:R12区域）

温馨提示：也可以利用“排序”对话框实现对百分比的降序排序。排序数据区域可以是包含标题的N2:R12区域（主要关键字可以是“百分比”，也可以是“人数”），也可以是不包含标题的N3:R12区域。

(2) 利用“自动填充”功能，在“排名”列中，输入连续排名。在O3单元格输入排名“1”，在O4单元格输入排名“2”。选中O3:O4（两个单元格）区域，然后双击O3:O4区域右下角的填充柄。

(3) 检查“百分比”(R3:R12区域)是否有相同的，如果有相同的，则修改相应的“排名”(采用美式排名)。这里没有相同的。

(4) 设置N2:R12区域格式：有边框线。选中N2:R12区域，在“开始”选项卡的“字体”组中，单击“边框”下拉按钮，在展开的下拉菜单中选择“所有框线”，结果如图6—52所示。

(5) 选中O2:R12区域（“投资”多选题的一维频率分布表），复制到Word文件中的相应位置，作为调查报告的一部分，结果如表6—12所示。

表6—12　　“投资”多选题的一维频率分布表

排名	投资	人数	百分比
1	黄金	183	33.5%
2	基金	182	33.3%
3	股票	161	29.4%
4	做生意	152	27.8%
5	理财产品	136	24.9%
6	楼市	133	24.3%
7	保险	117	21.4%
8	国债	113	20.7%
9	期货	65	11.9%
10	其他	46	8.4%

6.6.3 在 Excel 中绘制“二分法”编码多选题的一维频率分布统计图

按照 6.4.1 小节介绍的“在 Excel 中绘制多选题的一维频率分布条形图”的方法，利用“投资”多选题的选项（图 6—52 中的 P2:P12 区域）和百分比（R2:R12 区域）绘制“投资”多选题的一维频率分布条形图。

将 Excel 中绘制的“投资”多选题的一维频率分布条形图复制（粘贴成“图片”格式）到 Word 文件中的相应位置，作为调查报告的一部分。结果如图 6—59 所示。

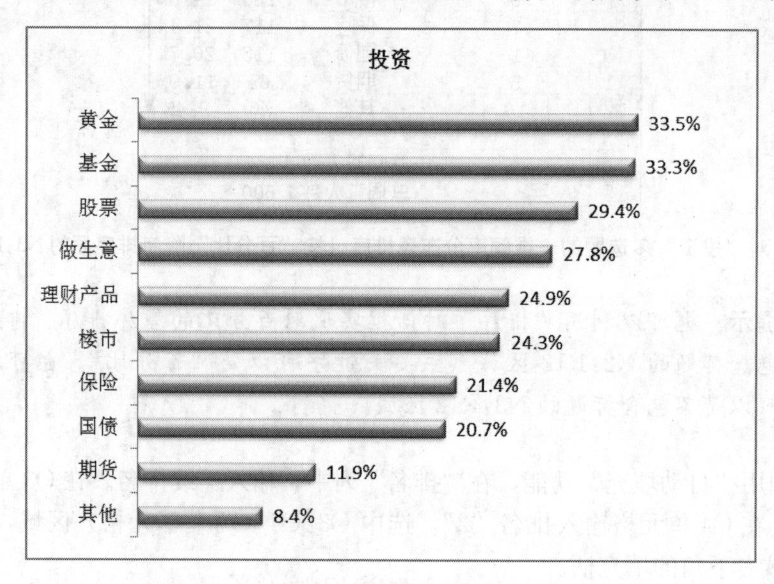

图 6—59 “投资”多选题的一维频率分布条形图

从表 6—12 和图 6—59 中可以看出，排在前三位的投资是：黄金（33.5%）、基金（33.3%）和股票（29.4%）。

6.7 利用 Excel 实现“分类法”编码多选题的交叉表分析

例 6—8 利用 Excel 实现“存款目的”的性别差异分析。

为了研究居民收入与生活状况而设计的调查问卷如 3.5 节所示。“性别”是单选题（Q1），“存款目的”是多项限选题（多选变量 Q4 _ 1～Q4 _ 3），采用“分类法”编码。请参见“第 6 章 居民收入与生活状况调查（多选题）.xlsx”中的“分类法编码多选题交叉表分析”工作表。

利用 Excel 实现多选题的交叉表分析，可用 Excel 2010 新增的 COUNTIFS 函数实现。

（1）利用 Excel 2010 新增的 COUNTIFS 函数实现多选题交叉表的人数统计，结果如图 6—60 中的 H1:K14 区域所示。

（2）多选题交叉表的格式（布局）采用 6.3.2 小节介绍的调查报告格式（多选题选项、分组排名和百分比，如表 6—9 所示）。结果如图 6—60 中的 M1:Q12 区域所示。

J3 　 f_x =COUNTIFS($B$2:$B$601,J$2,$C$2:$C$601,$H3)+COUNTIFS($B$2:$B$601,J$2,$D$2:$D$601,$H3)+COUNTIFS($B$2:$B$601,J$2,$E$2:$E$601,$H3)

	G	H	I	J	K	L	M	N	O	P	Q
1		性别*存款目的					存款目的	男（n=200）		女（n=273）	
2		编码	存款目的	1	2			排名	百分比	排名	百分比
3		9	不知买什么好	121	159		不知买什么好	1	60.5%	2	58.2%
4		4	为子女上学	115	161		为子女上学	2	57.5%	1	59.0%
5		1	办婚事	97	143		办婚事	3	48.5%	3	52.4%
6		3	以备急需	95	112		以备急需	4	47.5%	4	41.0%
7		2	防老	47	67		防老	5	23.5%	5	24.5%
8		8	保值生息	35	55		保值生息	6	17.5%	6	20.1%
9		5	购房	17	35		购房	7	8.5%	7	12.8%
10		6	旅游	14	14		旅游	8	7.0%	9	5.1%
11		10	其他	13	10		其他	9	6.5%	10	3.7%
12		7	添置高档商品	10	15		添置高档商品	10	5.0%	8	5.5%
13											
14			总回答人数	200	273						

图 6—60　用 COUNTIFS 函数求“性别［Q1］* 存款目的［$Q4］”交叉表

6.7.1　利用 COUNTIFS 函数实现“分类法”编码多选题交叉表的人数统计

（1）在问卷数据的右边（注意：计算表格与问卷数据之间，至少间隔一列，以免被误认为是问卷数据的一部分），如图 6—61 中的 G1:J14 区域所示，在第 1～2 行（G1:J2 区域）输入标题和性别编码（1 和 2）、在 G 列（G3:G12 区域）输入“存款目的”多选题选项对应的编码 1～10、在 H 列（H3:H12 区域）输入“存款目的”多选题的选项，等等。

	A	B	C	D	E	F	G	H	I	J
1	BH	Q1	Q4_1	Q4_2	Q4_3			性别*存款目的		
2	1001	1	9	1	2		编码	存款目的	1	2
3	1002	2		4	1		1	办婚事		
4	1003	2	1	3	4		2	防老		
5	1004	1					3	以备急需		
6	1005	1	6	8	9		4	为子女上学		
7	1006	2					5	购房		
8	1007	2	1	9	3		6	旅游		
9	1008	2	3	1			7	添置高档商品		
10	1009	1					8	保值生息		
11	1010	2	4	1	2		9	不知买什么好		
12	1011	2	4	2	9		10	其他		
13	1012	2								
14	1013	1	5	4	3			总回答人数		

图 6—61　用 COUNTIFS 函数实现“性别［Q1］* 存款目的［$Q4］”交叉表的人数统计
（布局，G1:J14 区域，按“存款目的”编码 1→10 升序输入）

（2）在 I3 单元格中，输入以下公式：

```
=COUNTIFS($B$2:$B$601,I$2,$C$2:$C$601,$G3)
+COUNTIFS($B$2:$B$601,I$2,$D$2:$D$601,$G3)
+COUNTIFS($B$2:$B$601,I$2,$E$2:$E$601,$G3)
```

统计男性受访者选择“存款目的”多选题第 1 选项（编码为 1，办婚事）的人数。注意：多选变量 Q4_1～Q4_3 要分别统计人数后再求和，这是 COUNTIFS 函数语法要求的。

（3）向下向右复制 I3 公式，统计男性受访者选择“存款目的”多选题其他各选项

（编码为 2～10）的人数以及女性受访者选择“存款目的”多选题各选项的人数。双击 I3 单元格右下角的填充柄后再向右拖拽填充柄，将公式复制到 I3:J12 区域，结果如图 6—62 中的 I3:J12 区域所示。

I3 =COUNTIFS($B$2:$B$601,I$2,$C$2:$C$601,$G3)+COUNTIFS($B$2:$B$601,I$2,$D$2:$D$601,$G3)+COUNTIFS($B$2:$B$601,I$2,$E$2:$E$601,$G3)

	A	B	C	D	E	F	G	H	I	J	K	L
1	BH	Q1	Q4_1	Q4_2	Q4_3			性别*存款目的				
2	1001	1	9	1	2		编码	存款目的	1	2		
3	1002	2		4	1		1	办婚事	97	143		
4	1003	2	1	3	4		2	防老	47	67		
5	1004	1					3	以备急需	95	112		
6	1005	1	6	8	9		4	为子女上学	115	161		
7	1006	2					5	购房	17	35		
8	1007	2	1	9	3		6	旅游	14	14		
9	1008	2	3	1			7	添置高档商品	10	15		
10	1009	1					8	保值生息	35	55		
11	1010	2	4	1	2		9	不知买什么好	121	159		
12	1011	2	4	2	9		10	其他	13	10		
13	1012	2										
14	1013	1	5	4	3			总回答人数				

图 6—62　用 COUNTIFS 函数实现“性别［Q1］* 存款目的［$Q4］”交叉表的人数统计（向下向右复制 I3 公式）

（4）在“存款目的”多选题调查数据（Q4_1～Q4_3，B～D 列）右侧插入一空白列（称为“辅助列”）。单击选中 F 列，然后在“开始”选项卡的“单元格”组中，单击“插入”按钮，插入一空白列。

（5）在 F1 单元格（辅助列的第 1 行）输入文字“Q4 选数”。在 F2 单元格（辅助列的第 2 行）输入公式“=COUNT(C2:E2)”或“=COUNTA(C2:E2)”，统计第 1 位受访者，在有关“存款目的”的多选题（Q4_1～Q4_3）中，选择了几项。

（6）向下复制 F2 公式，统计第 2～600 位受访者各自在有关“存款目的”的多选题中选择了几项。双击 F2 单元格右下角的填充柄，将公式复制到 F3:F601 区域。

（7）在 J14 单元格中，输入以下公式：

=COUNTIFS($B$2:$B$601,J2,$F$2:$F$601,">0")

统计男性受访者对“存款目的”多选题的总回答人数。

（8）向右复制 J14 公式，统计女性受访者对“存款目的”多选题的总回答人数。向右拖拽 J14 单元格右下角的填充柄到 K14 单元格，将公式复制到 K14 单元格，结果如图 6—63 中的 J14:K14 区域所示。

6.7.2　利用 Excel 公式，将多选题交叉表的统计人数转换为调查报告所需的多选题交叉表

1. 在“性别［Q1］* 存款目的［$Q4］”交叉表人数统计的右边（注意：至少间隔一列），按照调查报告所需的多选题交叉表格式，输入标题和公式，并修饰表格

调查报告所需的“性别［Q1］* 存款目的［$Q4］”交叉表布局如图 6—64 中的 M1:Q12 区域所示。其中：

J14　=COUNTIFS($B$2:$B$601,J2,$F$2:$F$601,">0")

	A	B	C	D	E	F	G	H	I	J	K
1	BH	Q1	Q4_1	Q4_2	Q4_3	Q4选数		性别*存款目的			
2	1001	1	9	1	2	3		编码	存款目的	1	2
3	1002	2		4	1	2		1	办婚事	97	143
4	1003	2	1	3	4	3		2	防老	47	67
5	1004	1				0		3	以备急需	95	112
6	1005	1	6	8	9	3		4	为子女上学	115	161
7	1006	2				0		5	购房	17	35
8	1007	2	1	9	3	3		6	旅游	14	14
9	1008	2	3	1		2		7	添置高档商品	10	15
10	1009	1				0		8	保值生息	35	55
11	1010	2	4	1	2	3		9	不知买什么好	121	159
12	1011	2	4	2	9	3		10	其他	13	10
13	1012	2				0					
14	1013	1	5	4	3	3			总回答人数	200	273

图 6—63　用 COUNTIFS 函数实现“性别［Q1］* 存款目的［$Q4］”交叉表的人数统计（向右复制 J14 公式）

M3　=I3

	H	I	J	K	L	M	N	O	P	Q
1	性别*存款目的					存款目的	男（n=200）		女（n=273）	
2	编码	存款目的	1	2			排名	百分比	排名	百分比
3	1	办婚事	97	143		办婚事				
4	2	防老	47	67		防老				
5	3	以备急需	95	112		以备急需				
6	4	为子女上学	115	161		为子女上学				
7	5	购房	17	35		购房				
8	6	旅游	14	14		旅游				
9	7	添置高档商品	10	15		添置高档商品				
10	8	保值生息	35	55		保值生息				
11	9	不知买什么好	121	159		不知买什么好				
12	10	其他	13	10		其他				
13										
14		总回答人数	200	273						

图 6—64　调查报告所需的“性别［Q1］* 存款目的［$Q4］”交叉表（布局，M1:Q12 区域）

（1）M1:M2、N1:O1、P1:Q1 均为合并单元格。

（2）N1 单元格的内容为“男（n=200）”，其中的“200”（男性受访者对“存款目的”多选题的总回答人数）取自 J14 单元格。

（3）P1 单元格的内容为“女（n=273）”，其中的“273”（女性受访者对“存款目的”多选题的总回答人数）取自 K14 单元格。

（4）在 M1 单元格中输入公式“=I2”。

（5）在 M3 单元格中输入公式“=I3”，然后向下复制 M3 公式到 M4:M12 区域。

（6）设置 M1:Q12 区域格式：居中对齐显示、有边框线。

2. 计算男性“百分比”和女性“百分比”

（1）在 O3 单元格中输入公式“=J3/$J$14”，并将 O3 单元格的格式设置为 1 位小数的百分比样式。

（2）向下复制 O3 公式和格式到 O4:O12 区域。

（3）在 Q3 单元格中输入公式“=K3/$K$14”，并将 Q3 单元格的格式设置为 1 位小数的百分比样式。

（4）向下复制 Q3 公式和格式到 Q4:Q12 区域，结果如图 6—65 所示。

Q3 ▼ fx =K3/$K$14

	H	I	J	K	L	M	N	O	P	Q
1		性别*存款目的				存款目的	男（n=200）		女（n=273）	
2	编码	存款目的	1	2			排名	百分比	排名	百分比
3	1	办婚事	97	143		办婚事		48.5%		52.4%
4	2	防老	47	67		防老		23.5%		24.5%
5	3	以备急需	95	112		以备急需		47.5%		41.0%
6	4	为子女上学	115	161		为子女上学		57.5%		59.0%
7	5	购房	17	35		购房		8.5%		12.8%
8	6	旅游	14	14		旅游		7.0%		5.1%
9	7	添置高档商品	10	15		添置高档商品		5.0%		5.5%
10	8	保值生息	35	55		保值生息		17.5%		20.1%
11	9	不知买什么好	121	159		不知买什么好		60.5%		58.2%
12	10	其他	13	10		其他		6.5%		3.7%
13										
14		总回答人数	200	273						

图 6—65 调查报告所需的“性别［Q1］*存款目的［$Q4］”交叉表（计算“百分比”）

3. 输入男性“排名”

（1）根据男性“人数”降序排序。单击选中男性“人数”（J3:J12 区域）中的任意一个单元格（如：J3 单元格），然后在“数据”选项卡的“排序和筛选”组中，单击“降序”按钮。此时利用公式实现的调查报告格式的“性别［Q1］*存款目的［$Q4］”交叉表（M1:Q12 区域），随之自动按男性“百分比”由高到低进行排序，结果如图 6—66 所示。

温馨提示：也可以利用“排序”对话框实现根据男性“人数”的降序排序。排序数据区域可以是包含标题的 H2:K12 区域（主要关键字是“1”），也可以是不包含标题的 H3:K12 区域（主要关键字是“列 J”）。

	H	I	J	K	L	M	N	O	P	Q
1		性别*存款目的				存款目的	男（n=200）		女（n=273）	
2	编码	存款目的	1	2			排名	百分比	排名	百分比
3	9	不知买什么好	121	159		不知买什么好		60.5%		58.2%
4	4	为子女上学	115	161		为子女上学		57.5%		59.0%
5	1	办婚事	97	143		办婚事		48.5%		52.4%
6	3	以备急需	95	112		以备急需		47.5%		41.0%
7	2	防老	47	67		防老		23.5%		24.5%
8	8	保值生息	35	55		保值生息		17.5%		20.1%
9	5	购房	17	35		购房		8.5%		12.8%
10	6	旅游	14	14		旅游		7.0%		5.1%
11	10	其他	13	10		其他		6.5%		3.7%
12	7	添置高档商品	10	15		添置高档商品		5.0%		5.5%
13										
14		总回答人数	200	273						

图 6—66 调查报告所需的“性别［Q1］*存款目的［$Q4］”交叉表（按男性“人数”降序排序后）

（2）利用“自动填充”功能，在男性“排名”列中，输入连续排名。在 N3 单元格输入排名“1”，在 N4 单元格输入排名“2”。选中 N3:N4（两个单元格）区域，然后双击 N3:N4 区域右下角的填充柄。

（3）检查男性“百分比”（O3:O11 区域）是否有相同的，如果有相同的，则修改相应的“排名”（采用美式排名）。这里没有相同的。

4. 利用美式排名函数 RANK. EQ（或 RANK）输入女性“排名”

（1）在 P3 单元格中输入公式“=RANK. EQ(Q3，$Q$3:$Q$12)”。

（2）向下复制 P3 公式到 P4:P12 区域，结果如图 6—67 中的 P3:P12 区域所示。

P3　　fx　=RANK.EQ(Q3,$Q$3:$Q$12)

	H	I	J	K	L	M	N	O	P	Q
1	性别*存款目的					存款目的	男（n=200）		女（n=273）	
2	编码	存款目的	1	2			排名	百分比	排名	百分比
3	9	不知买什么好	121	159		不知买什么好	1	60.5%	2	58.2%
4	4	为子女上学	115	161		为子女上学	2	57.5%	1	59.0%
5	1	办婚事	97	143		办婚事	3	48.5%	3	52.4%
6	3	以备急需	95	112		以备急需	4	47.5%	4	41.0%
7	2	防老	47	67		防老	5	23.5%	5	24.5%
8	8	保值生息	35	55		保值生息	6	17.5%	6	20.1%
9	5	购房	17	35		购房	7	8.5%	7	12.8%
10	6	旅游	14	14		旅游	8	7.0%	9	5.1%
11	10	其他	13	10		其他	9	6.5%	10	3.7%
12	7	添置高档商品	10	15		添置高档商品	10	5.0%	8	5.5%
13										
14		总回答人数	200	273						

图 6—67　调查报告所需的“性别［Q1］*存款目的［$Q4］”交叉表（输入女性“排名”）

选中 M1:Q12 区域（调查报告所需的“性别［Q1］*存款目的［$Q4］”交叉表），复制到 Word 文件中的相应位置，作为调查报告的一部分，结果如表 6—13 所示。

表 6—13　　“性别*存款目的”交叉表（存款目的性别差异）

存款目的	男（n=200）		女（n=273）	
	排名	百分比	排名	百分比
不知买什么好，先存起来	1	60.5%	2	58.2%
为子女上学	2	57.5%	1	59.0%
办婚事	3	48.5%	3	52.4%
以备急需	4	47.5%	4	41.0%
防老	5	23.5%	5	24.5%
保值生息	6	17.5%	6	20.1%
购房	7	8.5%	7	12.8%
旅游	8	7.0%	9	5.1%
其他	9	6.5%	10	3.7%
添置高档商品	10	5.0%	8	5.5%

6.7.3　在 Excel 中绘制多选题交叉表的簇状条形图

参照 6.4.2 小节例 6—5 的方法，绘制存款目的性别差异的簇状条形图，如图 6—68 所示。

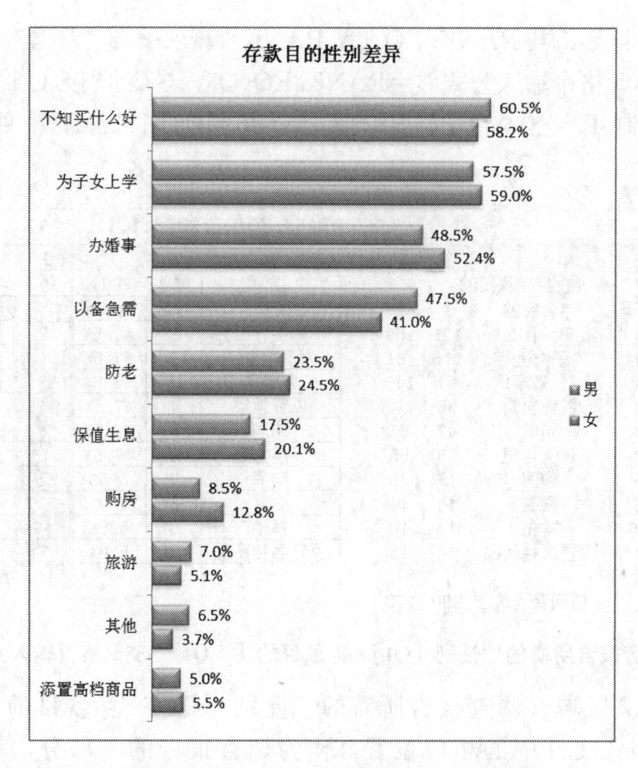

图 6—68 存款目的性别差异的簇状条形图

从表 6—13 和图 6—68 中可以看出：男性受访者存款主要目的前三位是：不知买什么好，先存起来（60.5%）；为子女上学（57.5%）和办婚事（48.5%）；女性受访者存款主要目的前三位是：为子女上学（59.0%）；不知买什么好，先存起来（58.2%）和办婚事（52.4%）。从排名顺序看，存款主要目的存在性别差异，但从百分比看，差异不大。

6.8 思考题与上机实验题

思考题：

1. 在 SPSS 中，用什么菜单实现多选题的一维频率分析？
2. 在 SPSS 中，用什么菜单实现多选题的交叉表分析？
3. 在 Excel 中，用什么函数实现多选题的一维频率分析？
4. 在 Excel 中，用什么函数实现多选题的交叉表分析？

上机实验题：

1. “CCTV《中国经济生活大调查（2013—2014）》”调查问卷请参见第 3 章的 3.6 节上机实验题，数据文件为“第 6 章　CCTV 中国经济生活大调查（2013—2014）.sav”。

要求应用所学的多选变量分析，对下列问题进行基本统计分析并写出相应的调查报告。

（1）受访者认为影响幸福的主要因素是什么？排名顺序如何？

（2）受访者家里的主要困难在哪些方面？排名顺序如何？

（3）不同性别的受访者认为影响幸福的主要因素排名是否相同？

2. “大学入学新生信息技术与计算机基础情况调查问卷”请参见第2章的附录Ⅱ，数据文件为“第6章　新生入学调查（多选题）.xlsx”。

要求应用所学的多选变量分析，对下列问题进行统计分析并写出相应的调查报告。

（1）学生经常使用计算机做的事是什么？排名顺序如何？

（2）男女生经常使用计算机做的事的排名是否相同？

第 7 章

描述统计分析

问卷回收后，对于数值型数据（定量变量，如：填写数字的填空题），通常会以均值、众数、中位数等统计量来描述其集中趋势，也会以标准差、最小值、最大值、极差等统计量来描述其离散程度。最常用的描述统计量是均值和标准差。

对于有序变量（如：量表题、矩阵题、排名题等），也常统计其均值，并进行均值比较。

本章将介绍利用 SPSS 和 Excel 实现定量变量和有序变量的描述统计分析。包括：

（1）利用 SPSS 实现定量变量的描述统计分析；

（2）利用 SPSS 实现定量变量的多组均值比较；

（3）利用 SPSS 实现有序变量的描述统计分析；

（4）利用 SPSS 实现有序变量的多组均值比较；

（5）利用 Excel 实现矩阵题的描述统计分析。

7.1 利用 SPSS 实现定量变量的描述统计分析

例 7—1 护士工作满意度调查分析。

为了了解护士们对工作的满意度，做了一个调查。“第 7 章　护士工作满意度调查 . sav”数据文件①中包含了 100 名护士对工作、工资和升职机会的满意度。这三个方面的评分都是从 0 到 100，分值越大表明满意度越高。另外，调查数据还根据该护士所在的医院

① 也可参见“第 7 章　护士工作满意度调查 . xlsx”中的“调查数据”工作表。

类型，分为3类：私人医院、公立医院和学院医院。

（1）根据整个数据和三个方面的满意度，判断哪一方面是受访护士最为满意的，哪一方面是最不满意的。

（2）根据离散程度（标准差、最小值、最大值、极差）的描述，判断受访护士对哪一方面的满意度差别最大。

（3）从医院类型的数据中可以了解到什么？是否有某一类型的医院在三个方面的满意度上优于其他医院？

7.1.1　利用SPSS的“描述性”命令实现定量变量的描述统计分析

例7—1中的问题（1），可根据100名护士对工作、工资和升职机会的满意度，求三个方面满意度的均值，然后进行均值比较，从而判断哪一方面是受访护士最为满意的，哪一方面是最不满意的。

例7—1中的问题（2）是求三个方面满意度的离散程度（标准差、最小值、最大值、极差），然后进行比较。

在SPSS 20中文版中，打开数据文件“第7章　护士工作满意度调查.sav”后，执行下述操作：

（1）单击菜单“分析”→“描述统计”→“描述”，打开如图7—1所示的“描述性”对话框。

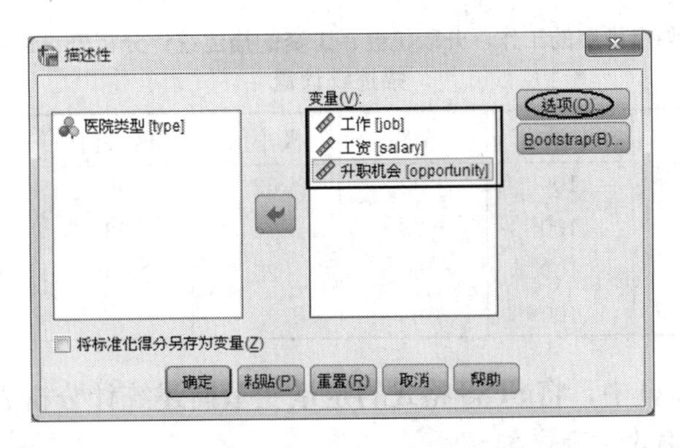

图7—1　SPSS 20中文版的“描述性”对话框（工作、工资、升职机会）

（2）从左侧的源变量框中选择“工作[job]”、“工资[salary]”和“升职机会[opportunity]”（定量变量，三个方面满意度），进入“变量”框中。

（3）单击右上角的“选项”按钮，打开“描述：选项”对话框。保留原有的“均值”、“标准差”、“最小值”、“最大值”；在“离散”框中，选择（勾选）“范围”（最大值减最小值，也称为“极差”或“全距”）；在“显示顺序”框中选择“按均值的降序排序”（因为均值越大表示满意度越高），如图7—2所示。

（4）单击“继续”按钮，返回如图7—1所示的“描述性”对话框。

（5）单击“确定”按钮，提交运行。SPSS在“输出”窗口中输出按均值降序排序的工作、升职机会、工资的描述统计分析表，如表7—1所示。

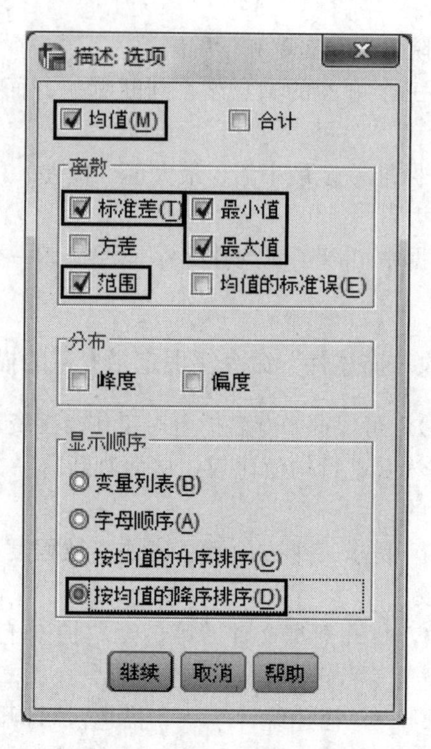

图 7—2　SPSS 20 中文版的“描述：选项”对话框（按均值降序排序）

表 7—1　　按均值降序排序的工作、升职机会、工资的描述统计分析表（SPSS 格式）

描述统计量

	N	全距	极小值	极大值	均值	标准差
工作	100	32	63	95	79.79	8.222
升职机会	100	76	16	92	58.45	16.077
工资	100	65	25	90	54.13	14.659
有效的 N（列表状态）	100					

7.1.2　在 Excel 中，将 SPSS 格式的定量变量描述统计分析表转换为调查报告所需格式

撰写调查报告时，定量变量描述统计分析表的格式，一般包含按均值排序的排名、调查项目（定量变量）、均值、标准差、极差、最小值、最大值、回答人数等，如表 7—2 所示。

表 7—2　　受访护士在三个方面满意度的描述统计分析表（调查报告格式）

排名	方面	均值	标准差	极差	最小值	最大值	人数
1	工作	79.79	8.222	32	63	95	100
2	升职机会	58.45	16.077	76	16	92	100
3	工资	54.13	14.659	65	25	90	100

可参见“第 7 章　护士工作满意度调查 . xlsx”中的“三个方面满意度”工作表。

1. 将SPSS格式的"三个方面满意度"描述统计分析表拷贝到Excel 2010中

(1) 在SPSS的"输出"窗口中，单击选中如表7—1所示的"三个方面满意度"描述统计分析表，然后单击右键，从快捷菜单中单击"复制"（以默认的"Excel工作表（BIFF）"格式复制）。[①]

(2) 打开一个新的Excel工作簿（或工作表），单击B1单元格，然后在"开始"选项卡的"剪贴板"组中，单击"粘贴"按钮。粘贴到Excel中的SPSS格式的"三个方面满意度"描述统计分析表如图7—3中的B1:H6区域所示。

2. 根据调查报告格式，在Excel 2010中转换"三个方面满意度"描述统计分析表

在Excel中，根据表7—2的格式，通过输入标题和排名、选取所需数据（直接复制—粘贴，或利用公式实现均可），然后设置格式（居中对齐显示、有边框线）修饰表格，将SPSS格式的"三个方面满意度"描述统计分析表（如图7—3中的B1:H6区域所示）转换为调查报告所需格式（如图7—3中的A9:H12区域所示）。如果利用公式实现（利用公式实现数据的相对引用），则公式如图7—4所示。

	A	B	C	D	E	F	G	H
1		描述统计量						
2			N	全距	极小值	极大值	均值	标准差
3		工作	100	32	63	95	79.79	8.222
4		升职机会	100	76	16	92	58.45	16.077
5		工资	100	65	25	90	54.13	14.659
6		有效的N（列表状态）	100					
7								
8								
9	排名	方面	均值	标准差	极差	最小值	最大值	人数
10	1	工作	79.79	8.222	32	63	95	100
11	2	升职机会	58.45	16.077	76	16	92	100
12	3	工资	54.13	14.659	65	25	90	100

图7—3 SPSS格式和调查报告格式的"三个方面满意度"描述统计分析表

	A	B	C	D	E	F	G	H
8								
9	排名	方面	均值	标准差	极差	最小值	最大值	人数
10	1	=B3	=G3	=H3	=D3	=E3	=F3	=C3
11	2	=B4	=G4	=H4	=D4	=E4	=F4	=C4
12	3	=B5	=G5	=H5	=D5	=E5	=F5	=C5

图7—4 将SPSS格式转换为调查报告格式的公式（"三个方面满意度"描述统计分析表）

7.1.3 在Excel中绘制定量变量的均值统计图

定量变量的均值统计图，可以是柱形图或条形图。在实际应用中，如果变量个数较少、文字内容较短（标志是：在"水平（类别）轴"中能正常显示"类别名称"）时，则最好绘制柱形图（如图7—5所示），以获得更为修长、优美的图表外观。

按照4.3.2小节介绍的"在Excel中绘制单选题的一维频率分布柱形图"的方法，利用图7—3中的B9:C12数据区域（三个方面，满意度均值），绘制"受访护士在三个

① 或从快捷菜单中单击"选择性复制"，打开"选择性复制"对话框，仅选择（勾选）"Excel工作表（BIFF）"一种要复制的格式，如图4—6所示。

方面的满意度均值”柱形图，结果如图 7—5 所示。

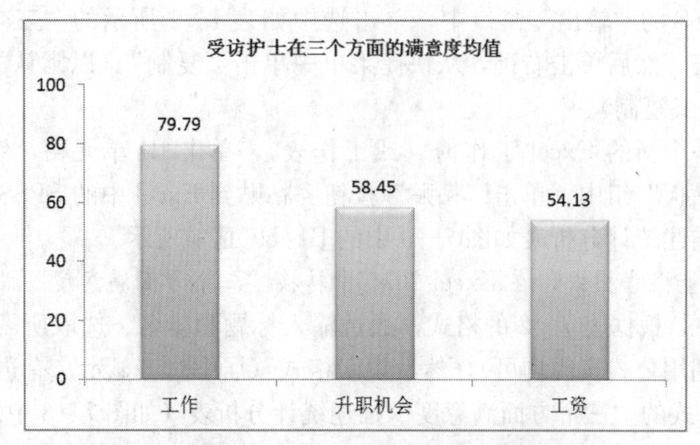

图 7—5　受访护士在三个方面满意度均值的柱形图

7.1.4　在 Word 中撰写定量变量的描述统计分析调查报告

定量变量的描述统计分析调查报告，一般包含表格、统计图和结论（建议）等。

温馨提示：操作方法可参照 4.4 节的例 4—8。

将 Excel 中的“三个方面满意度”描述统计分析表和统计图复制到 Word 文件中的操作步骤如下：

（1）将 Excel 中转换成调查报告格式的“三个方面满意度”描述统计分析表（图 7—3 中的 A9:H12 区域）复制到 Word 文件中的相应位置，作为调查报告的一部分。操作方法可参照 4.4.1 小节。

（2）将 Excel 中绘制的“受访护士在三个方面的满意度均值”柱形图复制（粘贴成“图片”格式）到 Word 文件中的相应位置，作为调查报告的一部分。操作方法可参照 4.4.2 小节。

（3）输入分析结果的文字内容。

受访护士在三个方面满意度的调查报告内容如下：

护士对工作、工资和升职机会的满意度比较

此次有 100 名护士对“工作、工资和升职机会”三个方面的满意度进行了评分，受访护士在三个方面满意度的描述统计分析表如表 1 所示。

表 1　　受访护士在三个方面满意度的描述统计分析表

排名	方面	均值	标准差	极差	最小值	最大值	人数
1	工作	79.79	8.222	32	63	95	100
2	升职机会	58.45	16.077	76	16	92	100
3	工资	54.13	14.659	65	25	90	100

利用表 1 中的三个方面满意度均值绘制如图 1 所示的柱形图。

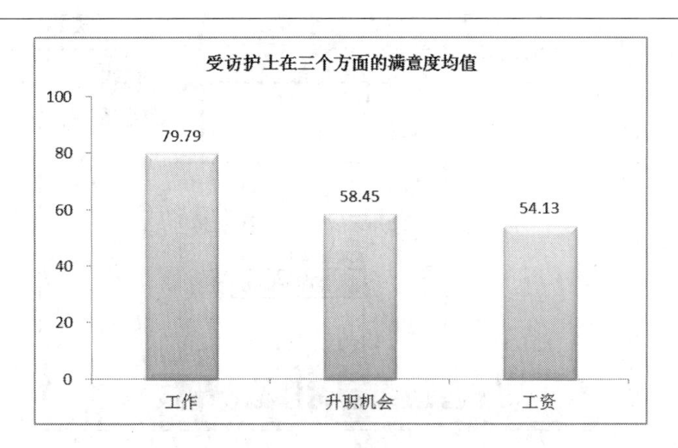

图 1　受访护士在三个方面满意度均值的柱形图

调查结果显示：工作方面（平均分 79.79）是受访护士最为满意的；而工资方面（平均分 54.13）是最不满意的。建议医院给这些“天使”们提高工资待遇。

从表 1 的离散程度（标准差、极差、最小值、最大值）统计量中可以看出，受访护士对升职机会的满意度差别最大，其标准差为 16.077 分、最低 16 分、最高 92 分、差距达到 76 分之多。这可能跟每个护士的感觉有关。

7.2 利用 SPSS 实现定量变量的多组均值比较

例 7—1 中的问题（3），可根据三类医院的护士对工作、工资和升职机会的满意度，求三类医院的受访护士在三个方面满意度的均值，并比较它们的均值，从数值上判断是否有某一类型的医院在三个方面的满意度上优于其他医院。

7.2.1 利用 SPSS 的“均值”命令实现定量变量的多组均值比较

在 SPSS 20 中文版中，打开数据文件“第 7 章　护士工作满意度调查 . sav”后，执行下述操作：

（1）单击菜单“分析”→“比较均值”→“均值”，打开如图 7—6 所示的“均值”对话框。

（2）从左侧的源变量框中选择“工作 [job]”、“工资 [salary]”和“升职机会 [opportunity]”（定量变量，三个方面满意度），进入“因变量列表”框中。

（3）从左侧的源变量框中选择分组变量“医院类型 [type]”，进入“自变量列表”框中。

（4）单击右上角的“选项”按钮，打开“均值：选项”对话框。在右侧的“单元格统计量”框中，选择“标准差”，使之进入（返回）左侧的“统计量”框中。也就是说，在右侧的“单元格统计量”框中，保留“均值”和“个案数”两个统计量，如图 7—7 所示。

（5）单击“继续”按钮，返回如图 7—6 所示的“均值”对话框。

（6）单击“确定”按钮，提交运行。SPSS 在“输出”窗口中输出多组均值比较分析表，如表 7—3 所示。

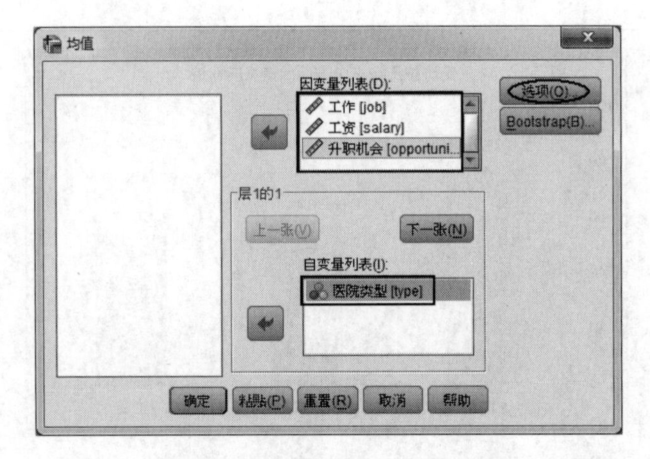

图 7—6　SPSS 20 中文版的“均值”对话框（医院类型，三个方面满意度）

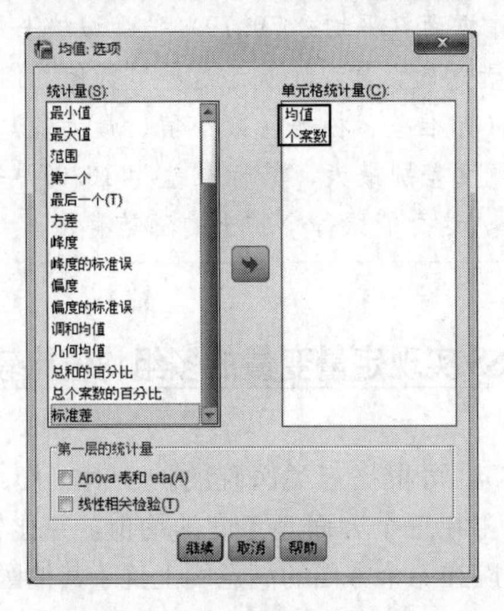

图 7—7　SPSS 20 中文版的“均值：选项”对话框（保留“均值”和“个案数”两个统计量）

表 7—3　　　　多组均值比较分析表（医院类型，三个方面满意度，SPSS 格式）

报告

医院类型		工作	工资	升职机会
私人医院	均值	79.31	52.19	60.47
	N	36	36	36
公立医院	均值	79.57	53.49	55.54
	N	35	35	35
学院医院	均值	80.66	57.31	59.45
	N	29	29	29
总计	均值	79.79	54.13	58.45
	N	100	100	100

表 7—3 的内容是多组均值比较分析表，按照不同的医院类型输出了“工作”、“工资”、“升职机会”（三个方面满意度）的均值和回答人数（N）。

7.2.2　在Excel中，将SPSS格式的定量变量多组均值比较分析表转换为调查报告所需格式

撰写调查报告时，定量变量多组均值比较分析表的格式，一般包含调查项目（定量变量）、分组、各组定量变量均值和排名等，如表7—4所示。

表7—4　　三类医院的受访护士在三个方面满意度的均值和排名（调查报告格式）

医院类型	工作		工资		升职机会	
	排名	均值	排名	均值	排名	均值
学院医院（n=29）	1	80.66	1	57.31	2	59.45
公立医院（n=35）	2	79.57	2	53.49	3	55.54
私人医院（n=36）	3	79.31	3	52.19	1	60.47

可参见“第7章　护士工作满意度调查.xlsx”中的“三类医院三个方面满意度”工作表。

1. 将SPSS格式的定量变量多组均值比较分析表拷贝到Excel 2010中

（1）在SPSS的“输出”窗口中，单击选中如表7—3所示的多组均值比较分析表，然后单击鼠标右键，从快捷菜单中单击“选择性复制”。

（2）在打开的“选择性复制”对话框中，仅选择（勾选）“纯文本”一种要复制的格式，如图6—19所示。单击“确定”按钮。

（3）打开一个新的Excel工作簿（或工作表），单击A1单元格，然后在“开始”选项卡的“剪贴板”组中，单击“粘贴”按钮。粘贴到Excel中的SPSS格式的多组均值比较分析表如图7—8所示。

	A	B	C	D	E
1	报告				
2	医院类型		工作	工资	升职机会
3	私人医院	均值	79.31	52.19	60.47
4		N	36	36	36
5	公立医院	均值	79.57	53.49	55.54
6		N	35	35	35
7	学院医院	均值	80.66	57.31	59.45
8		N	29	29	29
9	总计	均值	79.79	54.13	58.45
10		N	100	100	100

图7—8　粘贴到Excel中的SPSS格式的多组均值比较分析表

2. 根据调查报告所需格式，在Excel 2010中转换多组均值比较分析表

在Excel中，根据表7—4的格式，通过选取所需的多组均值比较分析表中的标题和均值，多次复制—粘贴（不要用公式实现，因为表格结构不同，还要排序），然后修饰和排序粘贴后的表格，将SPSS格式的多组均值比较分析表（如图7—8所示）转换为调查报告所需格式（如图7—9所示）。

	F	G	H	I	J	K	L	M
1								
2		医院类型	工作		工资		升职机会	
3			排名	均值	排名	均值	排名	均值
4		学院医院	1	80.66	1	57.31	2	59.45
5		公立医院	2	79.57	2	53.49	3	55.54
6		私人医院	3	79.31	3	52.19	1	60.47

图 7—9　在 Excel 中的调查报告格式的多组均值比较分析表

操作步骤如下：

（1）在图 7—8 中，选取所需的医院类型、三个方面（工作、工资、升职机会）、满意度均值等标题和数据，多次复制—粘贴（不要用公式实现，因为表格结构不同，还要排序），并在 H3、J3、L3 三个单元格中输入文字“排名”。设置 G2:M6 区域的格式为：居中对齐显示、有边框线。结果（布局）如图 7—10 所示。

温馨提示：（1）为方便后续的排序操作，第 3 行（G3:M3 区域）为数据列表（G3:M6 区域）的标题行。（2）第 2 行的 H2:I2 区域（工作）可以合并也可以不合并。同理，J2:K2 区域（工资）和 L2:M2 区域（升职机会）也是可以合并也可以不合并。这里采用“合并后居中”方式。

	F	G	H	I	J	K	L	M
1								
2			工作		工资		升职机会	
3		医院类型	排名	均值	排名	均值	排名	均值
4		私人医院		79.31		52.19		60.47
5		公立医院		79.57		53.49		55.54
6		学院医院		80.66		57.31		59.45

图 7—10　调查报告格式的多组均值比较分析表（布局，G2:M6 区域，多次复制—粘贴后的结果）

（2）修饰和排序粘贴后的多组均值比较分析表。根据工作满意度“均值”降序排序。单击选中工作满意度“均值”（I4:I6 区域）中的任意一个单元格（如：I4 单元格），然后在“数据”选项卡的“排序和筛选”组中，单击“降序”按钮。

温馨提示：也可以利用“排序”对话框实现对均值的降序排序。排序数据区域是包含标题的 G3:M6 区域（主要关键字是“均值”）。

（3）利用“自动填充”功能，在工作满意度“排名”列中，输入连续排名。[①] 在 H4 单元格输入排名“1”，在 H5 单元格输入排名“2”。选中 H4:H5（两个单元格）区域，然后双击 H4:H5 区域右下角的填充柄，结果如图 7—11 所示。

---

① 更简便快捷的方法：利用 4.2.2 小节介绍的美式排名函数 RANK（或 RANK.EQ）输入排名。操作方法是：（1）利用美式排名函数 RANK.EQ（或 RANK）输入工作满意度“排名”。在 H4 单元格中输入公式“=RANK.EQ(I4, I$4:I$6)”，然后向下复制 H4 公式到 H5:H6 区域。（2）复制 H4:H6 公式，利用美式排名函数 RANK.EQ（或 RANK）输入工资满意度“排名”和升职机会满意度“排名”。在 H4:H6 区域仍被选取状态（否则选中 H4:H6 区域），在“开始”选项卡的“剪贴板”组中，单击“复制”按钮。然后单击 J4 单元格，在“开始”选项卡的“剪贴板”组中，单击“粘贴”按钮，将 H4:H6 公式复制到 J4:J6 区域。再单击 L4 单元格，在“开始”选项卡的“剪贴板”组中，单击“粘贴”按钮，将 H4:H6 公式复制到 L4:L6 区域。（3）此时，可以直接跳转到步骤（12）。

H4　　f_x　1

	F	G	H	I	J	K	L	M
1								
2			工作		工资		升职机会	
3		医院类型	排名	均值	排名	均值	排名	均值
4		学院医院	1	80.66		57.31		59.45
5		公立医院	2	79.57		53.49		55.54
6		私人医院	3	79.31		52.19		60.47
7								

图 7—11　修饰和排序粘贴后的多组均值比较分析表（工作满意度“均值”降序排序，输入连续“排名”）

（4）检查工作满意度“均值”（I4:I6 区域）是否有相同的，如果有相同的，则修改相应的“排名”（采用美式排名）。这里没有相同的。

（5）同理，根据工资满意度“均值”降序排序，输入工资满意度“排名”。单击选中工资满意度“均值”（K4:K6 区域）中的任意一个单元格（如：K4 单元格），然后在“数据”选项卡的“排序和筛选”组中，单击“降序”按钮。

（6）利用“自动填充”功能，在工资满意度“排名”列中，输入连续排名。在 J4 单元格输入排名“1”，在 J5 单元格输入排名“2”。选中 J4:J5（两个单元格）区域，然后双击 J4:J5 区域右下角的填充柄，结果如图 7—12 所示。

J4　　f_x　1

	F	G	H	I	J	K	L	M
1								
2			工作		工资		升职机会	
3		医院类型	排名	均值	排名	均值	排名	均值
4		学院医院	1	80.66	1	57.31		59.45
5		公立医院	2	79.57	2	53.49		55.54
6		私人医院	3	79.31	3	52.19		60.47
7								

图 7—12　修饰和排序粘贴后的多组均值比较分析表（工资满意度“均值”降序排序，输入连续“排名”）

（7）检查工资满意度“均值”（K4:K6 区域）是否有相同的，如果有相同的，则修改相应的“排名”（采用美式排名）。这里没有相同的。

（8）同理，根据升职机会满意度“均值”降序排序，输入升职机会满意度“排名”。单击选中升职机会满意度“均值”（M4:M6 区域）中的任意一个单元格（如：M4 单元格），然后在“数据”选项卡的“排序和筛选”组中，单击“降序”按钮。

（9）利用“自动填充”功能，在升职机会满意度“排名”列中，输入连续排名。在 L4 单元格输入排名“1”，在 L5 单元格输入排名“2”。选中 L4:L5（两个单元格）区域，然后双击 L4:L5 区域右下角的填充柄，结果如图 7—13 所示。

L4　　f_x　1

	F	G	H	I	J	K	L	M
1								
2			工作		工资		升职机会	
3		医院类型	排名	均值	排名	均值	排名	均值
4		私人医院	3	79.31	3	52.19	1	60.47
5		学院医院	1	80.66	1	57.31	2	59.45
6		公立医院	2	79.57	2	53.49	3	55.54
7								

图 7—13　修饰和排序粘贴后的多组均值比较分析表（升职机会满意度“均值”降序排序，输入连续“排名”）

(10) 检查升职机会满意度“均值”(M4:M6 区域)是否有相同的，如果有相同的，则修改相应的“排名”(采用美式排名)。这里没有相同的。

(11) 按照第一方面（这里是“工作”）排名顺序显示。单击选中工作满意度“排名”(H4:H6 区域)中的任意一个单元格(如：H4 单元格)，然后在“数据”选项卡的“排序和筛选”组中，单击“升序”按钮。结果如图 7—14 所示。

H4 fx 1

	F	G	H	I	J	K	L	M
1								
2			工作		工资		升职机会	
3		医院类型	排名	均值	排名	均值	排名	均值
4		学院医院	1	80.66	1	57.31	2	59.45
5		公立医院	2	79.57	2	53.49	3	55.54
6		私人医院	3	79.31	3	52.19	1	60.47

图 7—14 修饰和排序粘贴后的多组均值比较分析表（按照第一方面“工作”排名升序显示）

(12) 将 G2:G3 两个单元格合并（医院类型）。选中 G2:G3 两个单元格，然后在“开始”选项卡的“对齐方式”组中，单击“合并后居中”按钮。结果如图 7—9 所示。

(13) 选中 G2:M6 区域，复制到 Word 文件中的相应位置，作为调查报告的一部分。结果如表 7—4 所示。

温馨提示：将表格复制到 Word 调查报告后，在表格第一列的各医院类型中输入各自的回答人数（n=29、n=35 和 n=36）。其中“学院医院”的回答人数“29”取自图 7—8 中的 C8:E8 区域，“公立医院”的回答人数“35”取自图 7—8 中的 C6:E6 区域，“私人医院”的回答人数“36”取自图 7—8 中的 C4:E4 区域。

7.2.3 在 Excel 中绘制定量变量的多组均值比较统计图

定量变量的多组均值比较统计图，可以是柱形图或条形图。在实际应用中，如果变量个数较少、文字内容较短（标志是：在“水平（类别）轴”中能正常显示“类别名称”）时，则最好绘制柱形图（如图 7—15 所示），以获得更为修长、优美的图表外观。

利用图 7—9 中的有关数据，绘制如图 7—15 所示的“三类医院的受访护士在三个方面的满意度均值”柱形图。

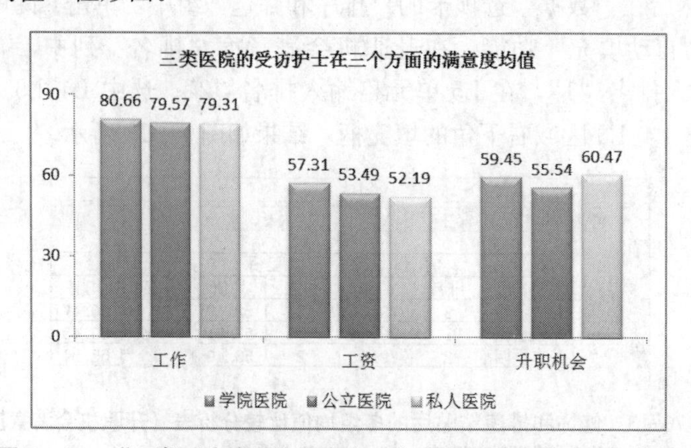

图 7—15 “三类医院的受访护士在三个方面的满意度均值”柱形图

操作步骤如下：

1. 准备簇状柱形图的数据

在如图7—16所示的“三类医院三个方面满意度的均值和排名”（G2:M6区域）中，选取所需的标题和均值数据（直接复制—粘贴，或利用公式实现均可），然后设置格式（均值显示2位小数、居中对齐显示、有边框线）修饰表格，结果如图7—16中的G10:J13区域所示。如果利用公式实现（利用公式实现数据的相对引用），则公式如图7—17所示。

	F	G	H	I	J	K	L	M
1								
2		医院类型	工作		工资		升职机会	
3			排名	均值	排名	均值	排名	均值
4		学院医院	1	80.66	1	57.31	2	59.45
5		公立医院	2	79.57	2	53.49	3	55.54
6		私人医院	3	79.31	3	52.19	1	60.47
7								
8		绘制统计图所需的数据格式						
9								
10			工作	工资	升职机会			
11		学院医院	80.66	57.31	59.45			
12		公立医院	79.57	53.49	55.54			
13		私人医院	79.31	52.19	60.47			

图7—16　准备柱形图的数据（三类医院三个方面满意度均值，G10:J13区域）

	F	G	H	I	J
9					
10			=H2	=J2	=L2
11		=G4	=I4	=K4	=M4
12		=G5	=I5	=K5	=M5
13		=G6	=I6	=K6	=M6

图7—17　准备柱形图数据的公式（三类医院三个方面满意度均值，G10:J13区域）

2. 绘制“三类医院的受访护士在三个方面的满意度均值”柱形图

按照5.2.2小节介绍的“在Excel中绘制两个单选题交叉表的簇状柱形图”的方法，利用图7—16中的G10:J13数据区域，绘制“三类医院的受访护士在三个方面的满意度均值”柱形图。

将Excel中绘制的“三类医院的受访护士在三个方面的满意度均值”柱形图复制（粘贴成“图片”格式）到Word调查报告中，结果如图7—15所示。

此次调查结果（见表7—4和图7—15）显示：从数值上看，在工作方面，学院医院的受访护士满意度最高（平均分80.66）；在工资方面，也是学院医院的受访护士满意度最高（平均分57.31）；而在升职机会方面，私人医院的受访护士满意度最高（平均分60.47）。也就是说，没有某一类型的医院在三个方面的满意度都优于其他医院。

不同类型的医院在三个方面的满意度是否存在显著差异，涉及假设检验问题。由于医院类型有三种，所以要采用“单因素方差分析”，具体请参见9.3节的例9—3。

7.3 利用SPSS实现有序变量的描述统计分析

例 7—2 分析美国人对服从、受欢迎、为自己着想、勤奋工作和乐于助人等五个方面重要性排名顺序如何?

在1991年美国综合社会调查中（数据文件为“第5章 1991年美国综合社会调查.sav”），设计了一个问题，让受访者对“服从［obey］”、“受欢迎［popular］”、“为自己着想［thnkself］”、“勤奋工作［workhard］”和“乐于助人［helpoth］”等五个方面的重要性进行排名，从中可以分析美国人考虑问题的角度和趋向，进一步分析可以得到美国人的社会价值观和人生观。

从调查数据中可以看出，这是一个排名题。还原为调查问卷形式类似于：

您认为以下五个方面的重要性排名如何？请依排名顺序填入1、2、3、4、5：
(1—最重要，2—第二重要，3—第三重要，4—第四重要，5—最不重要)
服从_____ 受欢迎_____ 为自己着想_____ 勤奋工作_____ 乐于助人_____

可以采用第4章介绍的“单选题的一维频率分析”方法，求得受访者选择各答案（各方面排名）的频率（百分比，如表7—5所示），并绘制相应的频率（百分比）柱形图（如图7—18所示）。

表 7—5 五个方面重要性排名的一维频率分析

	服从	受欢迎	为自己着想	勤奋工作	乐于助人
最重要	19.9%	0.4%	**51.9%**	15.0%	12.8%
第二重要	12.5%	2.8%	16.4%	**36.2%**	32.2%
第三重要	14.5%	5.8%	13.2%	32.7%	**33.8%**
第四重要	**34.9%**	18.8%	13.8%	14.7%	17.8%
最不重要	18.2%	**72.2%**	4.7%	1.5%	3.4%

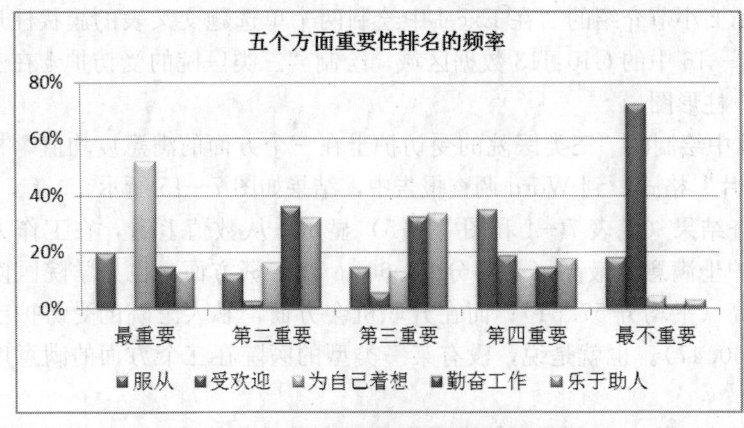

图 7—18 五个方面重要性排名的频率柱形图

从表7—5和图7—18中，大致可以看出受访者对于五个方面重要性排名的顺序。最重要的是“为自己着想”；最不重要的是“受欢迎”；第四重要的是“服从"；而第二重要和第三重要的排名有些接近，从频率（百分比）看，可以认为第二重要的是"勤奋工作"、第三重要的是"乐于助人"。即从频率（百分比）看，受访者对于五个方面重要性排名的顺序为：为自己着想→勤奋工作→乐于助人→服从→受欢迎。

对于排名题，可以采用"描述统计分析"方法，求得受访者选择各答案（各方面排名）的均值，然后进行均值比较，从而得出受访者对于五个方面重要性排名的顺序。

温馨提示：（1）采用第 4 章介绍的"单选题的一维频率分析"方法，每个方面（服从、受欢迎、为自己着想、勤奋工作、乐于助人）都有 5 个百分比（如表 7—5 中的各列所示），这样要比较五个方面重要性排名就有些困难。

（2）采用"描述统计分析"方法，每个方面只有一个均值（如表 7—7 所示），就容易比较了。

7.3.1　利用 SPSS 的"描述性"命令实现有序变量的描述统计分析

在 SPSS 20 中文版中，打开数据文件"第 5 章　1991 年美国综合社会调查 . sav"后，执行下述操作：

（1）单击菜单"分析"→"描述统计"→"描述"，打开如图 7—19 所示的"描述性"对话框。

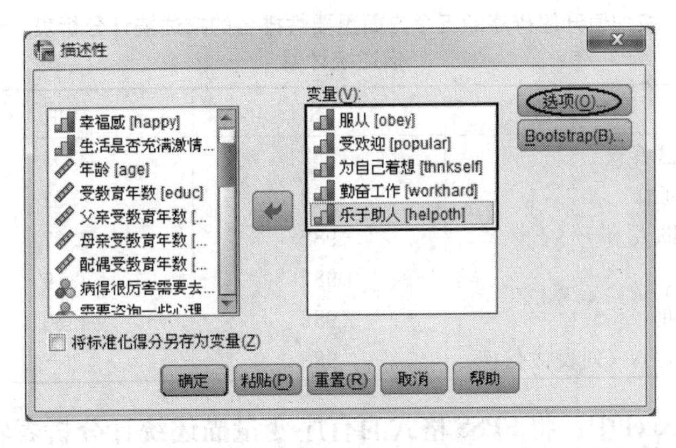

图 7—19　SPSS 20 中文版的"描述性"对话框（五个方面重要性排名）

（2）从左侧的源变量框中选择"服从 [obey]"、"受欢迎 [popular]"、"为自己着想 [thnkself]"、"勤奋工作 [workhard]"和"乐于助人 [helpoth]"（有序变量，五个方面重要性排名），进入"变量"框中。

（3）单击右上角的"选项"按钮，打开"描述：选项"对话框。只保留"均值"；在"显示顺序"框中选择"按均值的升序排序"（因为均值越小表示越重要），如图 7—20 所示。

（4）单击"继续"按钮，返回如图 7—19 所示的"描述性"对话框。

（5）单击"确定"按钮，提交运行。SPSS 在"输出"窗口中输出按均值升序排序的五个方面重要性排名的描述统计分析表，如表 7—6 所示。

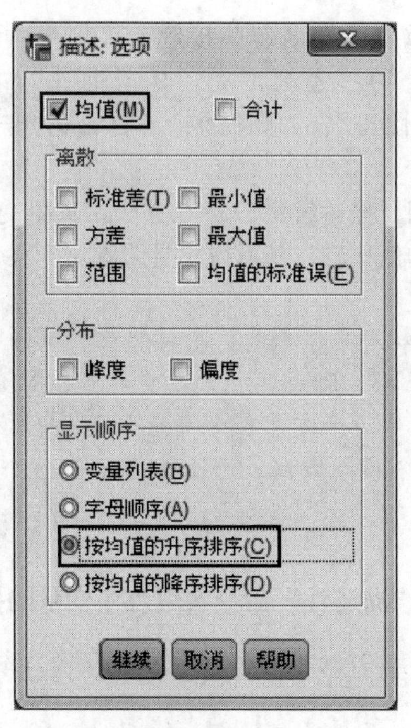

图 7—20 SPSS 20 中文版的“描述：选项”对话框（只保留“均值”，按均值升序排序）

表 7—6 按均值升序排序的五个方面重要性排名的描述统计分析表（SPSS 格式）

描述统计量

	N	均值
为自己着想	982	2.03
勤奋工作	982	2.52
乐于助人	982	2.67
服从	982	3.19
受欢迎	982	4.60
有效的 N（列表状态）	982	

7.3.2 在 Excel 中，将 SPSS 格式的有序变量描述统计分析表转换为调查报告所需格式

撰写调查报告时，有序变量描述统计分析表的格式，一般包含按均值排序的排名、排名题（有序变量）、均值、回答人数等，如表 7—7 所示。

表 7—7 受访者对于五个方面重要性排名的描述统计分析表（调查报告格式）

排名	方面	均值	人数
1	为自己着想	2.03	982
2	勤奋工作	2.52	982
3	乐于助人	2.67	982
4	服从	3.19	982
5	受欢迎	4.60	982

可参见“第7章 1991年五个方面重要性排名（SPSS到Excel）.xlsx”中的“五个方面重要性排名”工作表。

1. 将SPSS格式的“五个方面重要性排名”描述统计分析表拷贝到Excel 2010中

（1）在SPSS的“输出”窗口中，单击选中如表7—6所示的“五个方面重要性排名”描述统计分析表，然后单击鼠标右键，从快捷菜单中单击“复制”（以默认的“Excel工作表（BIFF）”格式复制）。①

（2）打开一个新的Excel工作簿（或工作表），单击B1单元格，然后在“开始”选项卡的“剪贴板”组中，单击“粘贴”按钮。

（3）调整B列的列宽后，粘贴到Excel中的SPSS格式的“五个方面重要性排名”描述统计分析表如图7—21中的B1:D8区域所示。

2. 根据调查报告格式，在Excel 2010中转换“五个方面重要性排名”描述统计分析表

在Excel中，根据表7—7的格式，通过输入标题和排名、选取所需数据（直接复制—粘贴，或利用公式实现均可），然后设置格式（均值显示2位小数、居中对齐显示、有边框线）修饰表格，将SPSS格式的“五个方面重要性排名”描述统计分析表（如图7—21中的B1:D8区域所示）转换为调查报告所需格式（如图7—21中的A11:D16区域所示）。如果利用公式实现（利用公式实现数据的相对引用），则公式如图7—22所示。

	A	B	C	D
1		描述统计量		
2			N	均值
3		为自己着想	982	2.03
4		勤奋工作	982	2.52
5		乐于助人	982	2.67
6		服从	982	3.19
7		受欢迎	982	4.60
8		有效的 N（列表状态）	982	
9				
10				
11	排名	方面	均值	人数
12	1	为自己着想	2.03	982
13	2	勤奋工作	2.52	982
14	3	乐于助人	2.67	982
15	4	服从	3.19	982
16	5	受欢迎	4.60	982

图7—21 SPSS格式和调查报告格式的“五个方面重要性排名”描述统计分析表

	A	B	C	D
10				
11	排名	方面	均值	人数
12	1	=B3	=D3	=C3
13	2	=B4	=D4	=C4
14	3	=B5	=D5	=C5
15	4	=B6	=D6	=C6
16	5	=B7	=D7	=C7

图7—22 将SPSS格式转换为调查报告格式的公式（“五个方面重要性排名”描述统计分析表）

① 或从快捷菜单中单击“选择性复制”，打开“选择性复制”对话框，仅选择（勾选）“Excel工作表（BIFF）”一种要复制的格式，如图4—6所示。

7.3.3 在 Excel 中绘制有序变量的均值统计图

有序变量的均值统计图，可以是柱形图或条形图。在实际应用中，如果变量个数较少、文字内容较短（标志是：在“水平（类别）轴”中能正常显示“类别名称”）时，则最好绘制柱形图（如图 7—23 所示），以获得更为修长、优美的图表外观。

利用图 7—21 中的 B11:C16 数据区域（五个方面、重要性排名均值），在 Excel 中绘制受访者对于五个方面重要性排名均值的柱形图，结果如图 7—23 所示。

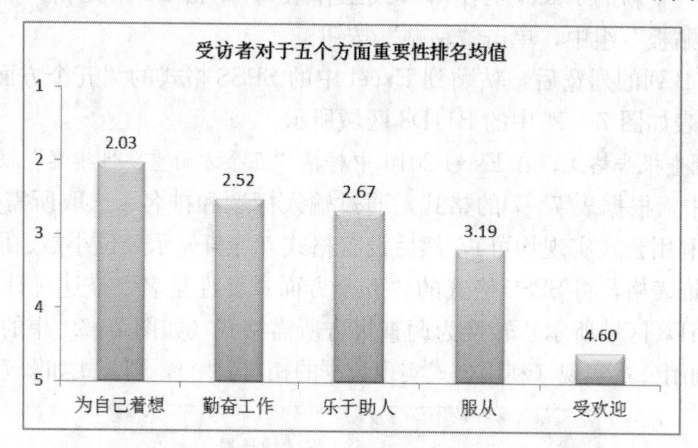

图 7—23　受访者对于五个方面重要性排名均值的柱形图

在 Excel 中绘制受访者对于五个方面重要性排名均值的柱形图的操作步骤如下：

（1）选择柱形图的数据源。在图 7—21 中，选取 B11:C16 数据区域。

（2）创建簇状柱形图。在“插入”选项卡的“图表”组中，单击“柱形图”，展开柱形图的“子图表类型”。在“二维柱形图”中，单击选择“簇状柱形图”，在工作表中插入柱形图，如图 7—24 所示。

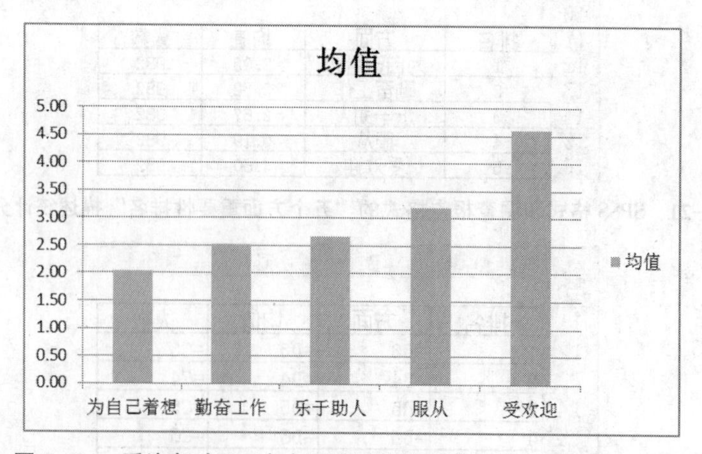

图 7—24　受访者对于五个方面重要性排名均值的柱形图（未修饰）

（3）修饰柱形图。不显示图例。选中“图例”，按 Del 键删除。

（4）不显示网格线。选中“网格线”，按 Del 键删除。

（5）修饰图表标题。选中图表标题，将图表标题改为“受访者对于五个方面重要性排名均值"，并将图表标题字号设置为"10.5"。

(6) 显示数据标签。选中图表，在"图表工具"的"布局"选项卡的"标签"组中，单击"数据标签"，在展开的下拉菜单中，单击选中"数据标签外"。结果如图7—25 所示。

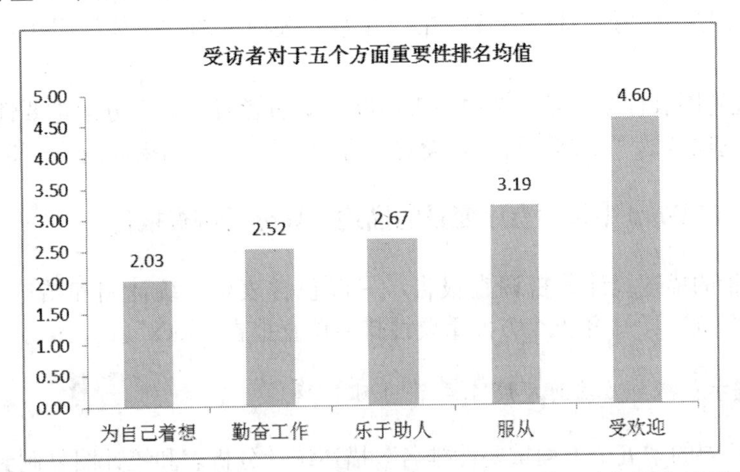

图 7—25　受访者对于五个方面重要性排名均值的柱形图（修饰图表标题，显示数据标签）

(7) 设置垂直（值）轴格式（因为"最重要"为"1"，"最不重要"为"5"，均值越小表示越重要）。选中"垂直（值）轴"，双击后打开"设置坐标轴格式"对话框。在"数字"选项卡的"类别"框中选择"常规"（目的是不显示小数位，小数位数为 0）。在"坐标轴选项"选项卡中，最小值"固定"为"1"，最大值"固定"为"5"，主要刻度单位"固定"为"1"，勾选"逆序刻度值"，在"横坐标轴交叉"框中选中"最大坐标轴值"，如图 7—26 所示。单击"关闭"按钮关闭对话框。

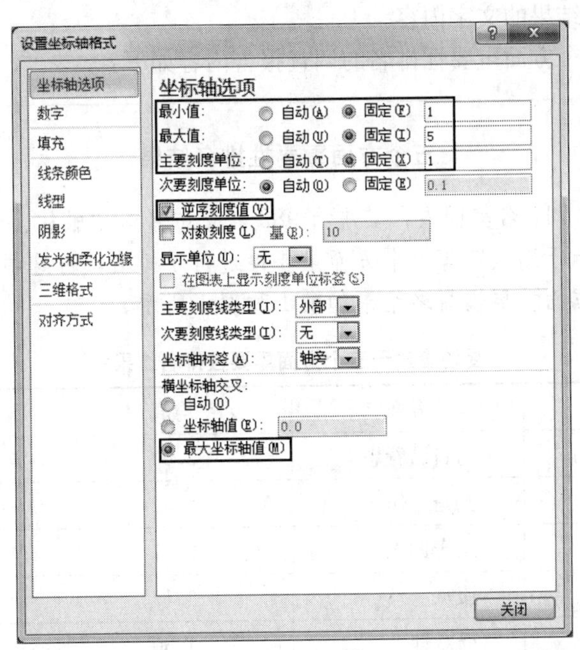

图 7—26　"设置坐标轴格式"对话框（坐标轴选项，逆序刻度值，最大坐标轴值）

（8）设置图表样式。选中图表，在“图表工具”的“设计”选项卡的“图表样式”库中，单击右侧的“其他”扩展按钮，打开整个“图表样式”库，单击选中“样式31”。

（9）设置图表字号。选中图表，在“开始”选项卡的“字体”组中，设置字号为“10”。

（10）设置图表标题字号。选中图表标题“受访者对于五个方面重要性排名均值”，在“开始”选项卡的“字体”组中，设置字号为“10.5”。结果如图7—23所示。

7.3.4 在Word中撰写有序变量的描述统计分析调查报告

有序变量的描述统计分析调查报告，一般包含表格、统计图和结论（建议）等。可参见“第7章 1991年五个方面重要性排名调查报告.docx”。

温馨提示：操作方法可参照4.4节的例4—8。

将Excel中的“五个方面重要性排名”描述统计分析表和统计图复制到Word文件中的操作步骤如下：

（1）将Excel中转换成调查报告格式的“五个方面重要性排名”描述统计分析表（图7—21中的A11:D16区域）复制到Word文件中的相应位置，作为调查报告的一部分。操作方法可参照4.4.1小节。

（2）将Excel中绘制的“受访者对于五个方面重要性排名均值”柱形图（图7—23）复制（粘贴成“图片”格式）到Word文件中的相应位置，作为调查报告的一部分。操作方法可参照4.4.2小节。

（3）输入分析结果的文字内容。

受访者对于五个方面重要性排名的调查报告内容如下：

五个方面重要性排名结果

此次调查了1 517名美国人，其中有982名受访者对“服从、受欢迎、为自己着想、勤奋工作和乐于助人”等五个方面重要性进行了排名，占总调查人数的64.7%。受访者对于五个方面重要性排名结果如表1和图1所示。

表1 受访者对于五个方面重要性排名结果

排名	方面	均值	人数
1	为自己着想	2.03	982
2	勤奋工作	2.52	982
3	乐于助人	2.67	982
4	服从	3.19	982
5	受欢迎	4.60	982

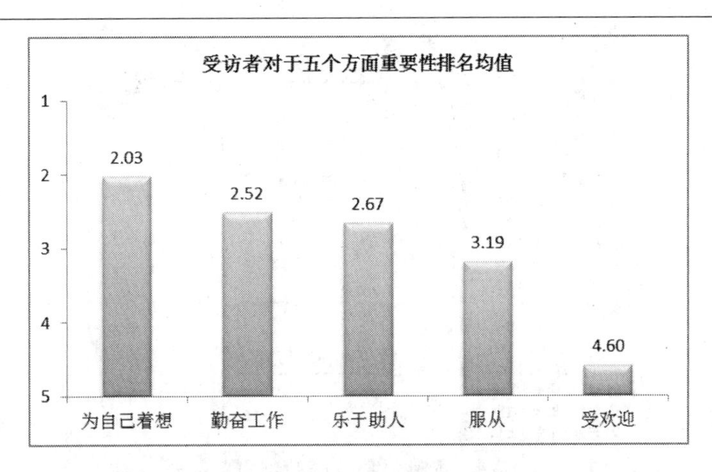

图 1　受访者对于五个方面重要性排名均值的柱形图

从表 1 和图 1 中可以看出，受访者对于五个方面重要性排名的顺序为：为自己着想→勤奋工作→乐于助人→服从→受欢迎。最重要的是“为自己着想”，最不重要的是“受欢迎”。

这个结果并不出乎预料，可以得出这样的结论：美国人还是比较自我的，做事情的时候，大部分从自身的角度出发，而不太看中别人对自己的看法，不在乎自己是否受他人的欢迎和喜爱。同时可以发现，美国人工作比较努力，而且在适当的时候会考虑帮助他人。这个排序结果与我们中国人的思维方式是很不相同的，中国是一个礼仪之邦，大部分人回答这个问题的时候，首先考虑的并不是自己，而更多的可能是他人的看法，或者帮助他人等。这也能很好地说明中国人和美国人的思维方式以及价值观还是有很大差异的，这种差异可能是由社会环境以及多年的文化积累所造成的。

7.4　利用 SPSS 实现有序变量的多组均值比较

例 7—3　分析不同性别（种族、居住地区）受访者对于服从、受欢迎、为自己着想、勤奋工作和乐于助人等五个方面重要性排名顺序是否相同。

这个问题可以分解为 3 个小问题：

（1）分析不同性别的受访者对于五个方面重要性排名顺序是否相同。

（2）分析不同种族的受访者对于五个方面重要性排名顺序是否相同。

（3）分析居住在不同地区的受访者对于五个方面重要性排名顺序是否相同。

7.4.1　利用 SPSS 的“均值”命令实现有序变量的多组均值比较

在 SPSS 20 中文版中，打开数据文件“第 5 章　1991 年美国综合社会调查 .sav”后，执行下述操作：

（1）单击菜单“分析”→“比较均值”→“均值”，打开如图 7—27 所示的“均值”对话框。

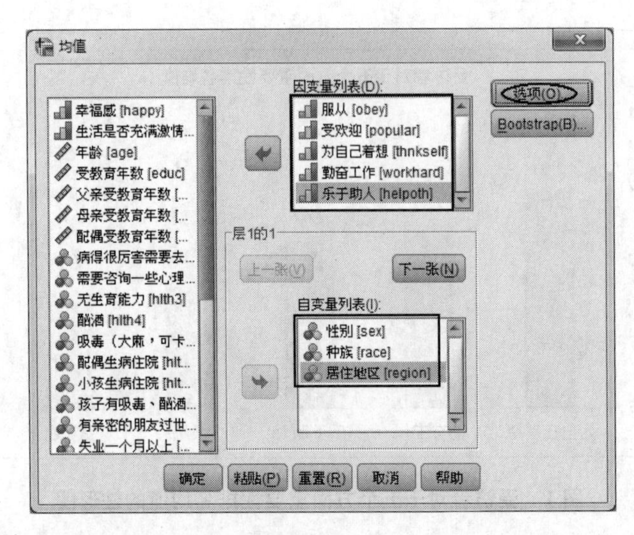

图 7—27　SPSS 20 中文版的“均值”对话框（性别、种族、居住地区，五个方面重要性排名）

（2）从左侧的源变量框中选择“服从［obey］”、“受欢迎［popular］”、“为自己着想［thnkself］”、“勤奋工作［workhard］”和“乐于助人［helpoth］”（有序变量，五个方面重要性排名），进入“因变量列表”框中。

（3）从左侧的源变量框中选择“性别［sex］”、“种族［race］”、“居住地区［region］”（三个分组变量），进入“自变量列表”框中。

（4）单击右上角的“选项”按钮，打开“均值：选项”对话框。在右侧的“单元格统计量”框中，选择“标准差”，使之进入（返回）左侧的“统计量”框中。也就是说，在右侧的“单元格统计量”框中，保留“均值”和“个案数”两个统计量，如图 7—7 所示。

（5）单击“继续”按钮，返回如图 7—27 所示的“均值”对话框。

（6）单击“确定”按钮，提交运行。SPSS 在“输出”窗口中输出三个（性别、种族、居住地区）多组均值比较分析表，如表 7—8、表 7—9 和表 7—10 所示。

表 7—8　　多组均值比较分析表（性别，五个方面重要性排名，SPSS 格式）

服从　受欢迎　为自己着想　勤奋工作　乐于助人 * 性别

性别		服从	受欢迎	为自己着想	勤奋工作	乐于助人
男	均值	3.15	4.50	2.12	2.51	2.71
	N	408	408	408	408	408
女	均值	3.22	4.66	1.96	2.52	2.64
	N	574	574	574	574	574
总计	均值	3.19	4.60	2.03	2.52	2.67
	N	982	982	982	982	982

表 7—9　　多组均值比较分析表（种族，五个方面重要性排名，SPSS 格式）

服从　受欢迎　为自己着想　勤奋工作　乐于助人 * 种族

种族		服从	受欢迎	为自己着想	勤奋工作	乐于助人
白人	均值	3.28	4.62	1.94	2.50	2.66
	N	817	817	817	817	817

续前表

种族		服从	受欢迎	为自己着想	勤奋工作	乐于助人
黑人	均值	2.73	4.53	2.39	2.61	2.75
	N	135	135	135	135	135
其他	均值	2.80	4.33	2.70	2.67	2.50
	N	30	30	30	30	30
总计	均值	3.19	4.60	2.03	2.52	2.67
	N	982	982	982	982	982

表 7—10　　多组均值比较分析表（居住地区，五个方面重要性排名，SPSS 格式）
服从　受欢迎　为自己着想　勤奋工作　乐于助人 * 居住地区

居住地区		服从	受欢迎	为自己着想	勤奋工作	乐于助人
东北部	均值	3.29	4.61	1.94	2.52	2.65
	N	451	451	451	451	451
东南部	均值	2.92	4.63	2.18	2.49	2.78
	N	263	263	263	263	263
西部	均值	3.29	4.55	2.03	2.53	2.59
	N	268	268	268	268	268
总计	均值	3.19	4.60	2.03	2.52	2.67
	N	982	982	982	982	982

7.4.2　在 Excel 中，将 SPSS 格式的有序变量多组均值比较分析表转换为调查报告所需格式

温馨提示：以下以例 7—3 的问题（1）“分析不同性别的受访者对于五个方面重要性排名顺序是否相同”为例，介绍详细的操作步骤。

撰写调查报告时，有序变量多组均值比较分析表的格式，一般包含排名题（有序变量）、分组、各组有序变量均值和排名，如表 7—11 所示。

表 7—11　　不同性别的受访者对于五个方面重要性排名结果

方面	男（n=408）		女（n=574）	
	均值	排名	均值	排名
为自己着想	2.12	1	1.96	1
勤奋工作	2.51	2	2.52	2
乐于助人	2.71	3	2.64	3
服从	3.15	4	3.22	4
受欢迎	4.50	5	4.66	5

可参见“第 7 章　1991 年五个方面重要性排名（SPSS 到 Excel）. xlsx”中的“五个方面重要性排名的性别差异”工作表。

1. 将 SPSS 格式的有序变量多组均值比较分析表拷贝到 Excel 2010 中

（1）在 SPSS 的“输出”窗口中，单击选中如表 7—8 所示的多组均值比较分析表，然后单击鼠标右键，从快捷菜单中单击“选择性复制”。

（2）在打开的“选择性复制”对话框中，仅选择（勾选）“纯文本”一种要复制的格式，如图6—19所示。单击“确定”按钮。

（3）打开一个新的Excel工作簿（或工作表），单击A1单元格，然后在“开始”选项卡的“剪贴板”组中，单击“粘贴”按钮。粘贴到Excel中的SPSS格式的有序变量多组均值比较分析表（五个方面重要性排名的性别差异）如图7—28所示。

	A	B	C	D	E	F	G
1	服从 受欢迎 为自己着想 勤奋工作 乐于助人 ＊性别						
2	性别		服从	受欢迎	为自己着想	勤奋工作	乐于助人
3	男	均值	3.15	4.5	2.12	2.51	2.71
4		N	408	408	408	408	408
5	女	均值	3.22	4.66	1.96	2.52	2.64
6		N	574	574	574	574	574
7	总计	均值	3.19	4.6	2.03	2.52	2.67
8		N	982	982	982	982	982

图7—28 粘贴到Excel中的SPSS格式的有序变量多组均值比较分析表（五个方面重要性排名的性别差异）

2. 根据调查报告所需格式，在Excel 2010中转换有序变量多组均值比较分析表

在Excel中，根据表7—11的格式，通过选取所需的有序变量多组均值比较分析表（五个方面重要性排名的性别差异）中的标题和数据，复制—转置粘贴，然后修饰和排序转置粘贴后的表格，将SPSS格式的有序变量多组均值比较分析表（如图7—28所示）转换为调查报告所需格式（如图7—29所示）。

	H	I	J	K	L	M
1		方面	男（n=408）		女（n=574）	
2			均值	排名	均值	排名
3		为自己着想	2.12	1	1.96	1
4		勤奋工作	2.51	2	2.52	2
5		乐于助人	2.71	3	2.64	3
6		服从	3.15	4	3.22	4
7		受欢迎	4.50	5	4.66	5

图7—29 在Excel中的调查报告格式的有序变量多组均值比较分析表（五个方面重要性排名的性别差异）

操作步骤如下：

（1）在图7—28中，选取所需的数据（A2:G6区域），然后在“开始”选项卡的“剪贴板”组中，单击“复制”按钮。

（2）转置粘贴。单击要开始粘贴数据的单元格（如：I1单元格），然后在“开始”选项卡的“剪贴板”组中，单击“粘贴”下拉按钮，在展开的下拉菜单中，单击“粘贴”中的“转置”，调整I列列宽后的结果如图7—30所示。

	H	I	J	K	L	M
1		性别	男		女	
2			均值	N	均值	N
3		服从	3.15	408	3.22	574
4		受欢迎	4.5	408	4.66	574
5		为自己着想	2.12	408	1.96	574
6		勤奋工作	2.51	408	2.52	574
7		乐于助人	2.71	408	2.64	574

图7—30 复制A2:G6区域，转置粘贴到I1:M7区域后的结果（五个方面重要性排名的性别差异）

（3）修饰和排序转置粘贴后的表格。首先将 K2 和 M2 单元格的内容改为“排名”。

（4）将所有“均值”（J3:J7 区域、L3:L7 区域）格式设置为 2 位小数。这里只有 J4 单元格的均值为 1 位小数，因此，选中 J4 单元格，然后在“开始”选项卡的“数字”组中，单击一次“增加小数位数”按钮，结果如图 7—31 中的 J4 单元格所示。

J4　　f_x　4.5

	H	I	J	K	L	M
1		性别	男		女	
2			均值	排名	均值	排名
3		服从	3.15	408	3.22	574
4		受欢迎	4.50	408	4.66	574
5		为自己着想	2.12	408	1.96	574
6		勤奋工作	2.51	408	2.52	574
7		乐于助人	2.71	408	2.64	574

图 7—31　修饰和排序转置粘贴后的表格（K2 和 M2 内容改为“排名”，均值格式为 2 位小数）

（5）根据第一人群（这里是“男”性受访者）“均值”升序排序（因为均值越小表示越重要）。单击选中男性“均值”（J3:J7 区域）中的任意一个单元格（如：J4 单元格），然后在“数据”选项卡的“排序和筛选”组中，单击“升序”按钮。

温馨提示：也可以利用“排序”对话框实现对均值的升序排序。排序数据区域是不包含标题的 I3:M9 区域（这里的主要关键字是 J 列）。

（6）利用美式排名函数 RANK.EQ（或 RANK）输入男性“排名”。在 K3 单元格中输入公式“=RANK.EQ(J3，J$3:J$7，1)”，然后向下复制 K3 公式到 K4:K7 区域，结果如图 7—32 中的 K3:K7 区域所示。

K3　　f_x　=RANK.EQ(J3,J$3:J$7,1)

	H	I	J	K	L	M
1		性别	男		女	
2			均值	排名	均值	排名
3		为自己着想	2.12	1	1.96	574
4		勤奋工作	2.51	2	2.52	574
5		乐于助人	2.71	3	2.64	574
6		服从	3.15	4	3.22	574
7		受欢迎	4.50	5	4.66	574
8						

图 7—32　修饰和排序转置粘贴后的表格（男性“均值”升序排序，输入男性“排名”）

（7）复制 K3:K7 公式，利用美式排名函数 RANK.EQ（或 RANK）输入女性“排名”。在 K3:K7 区域仍处于被选取状态（否则选中 K3:K7 区域），在“开始”选项卡的“剪贴板”组中，单击“复制”按钮。然后单击 M3 单元格，在“开始”选项卡的“剪贴板”组中，单击“粘贴”按钮。结果如图 7—33 中的 M3:M7 区域所示。

（8）修饰表格标题。在 I1 单元格中输入文字“方面”代替原来的“性别”，并将 I1:I2 两个单元格合并。选中 I1:I2 两个单元格，在“开始”选项卡的“对齐方式”组中，单击“合并后居中”按钮。

M3 =RANK.EQ(L3,L$3:L$7,1)

	H	I	J	K	L	M
1		性别	男		女	
2			均值	排名	均值	排名
3		为自己着想	2.12	1	1.96	1
4		勤奋工作	2.51	2	2.52	2
5		乐于助人	2.71	3	2.64	3
6		服从	3.15	4	3.22	4
7		受欢迎	4.50	5	4.66	5

图 7—33 修饰和排序转置粘贴后的表格（输入女性“排名”）

（9）将 J1:K1 两个单元格合并，并输入男性受访者对该排名题的总回答人数（n）。选中 J1:K1 两个单元格，在“开始”选项卡的“对齐方式”组中，单击“合并后居中”按钮。然后将 J1 单元格的内容改为“男（n=408）”，其中的“408”（男性受访者对该排名题的总回答人数）取自图 7—28 中的 C4:G4 区域。

（10）同理，将 L1:M1 两个单元格合并，并输入女性受访者对该排名题的总回答人数（n）。选中 L1:M1 两个单元格，在“开始”选项卡的“对齐方式”组中，单击“合并后居中”按钮。然后将 L1 单元格的内容改为“女（n=574）”，其中的“574”（女性受访者对该排名题的总回答人数）取自图 7—28 中的 C6:G6 区域。

（11）设置 I1:M7 区域格式：居中对齐显示，有边框线。选中 I1:M7 区域，在“开始”选项卡的“对齐方式”组中，单击“居中”按钮；再在“开始”选项卡的“字体”组中，单击“边框”下拉按钮，在展开的下拉菜单中选择“所有框线”，结果如图 7—29 所示。

（12）选中 I1:M7 区域，复制到 Word 文件中的相应位置，作为调查报告的一部分，结果如表 7—11 所示。

7.4.3 在 Excel 中绘制有序变量的多组均值比较统计图

有序变量的多组均值比较统计图，可以是柱形图或条形图。在实际应用中，如果变量个数较少、文字内容较短（标志是：在“水平（类别）轴”中能正常显示“类别名称”）时，则最好绘制柱形图（如图 7—34 所示），以获得更为修长、优美的图表外观。

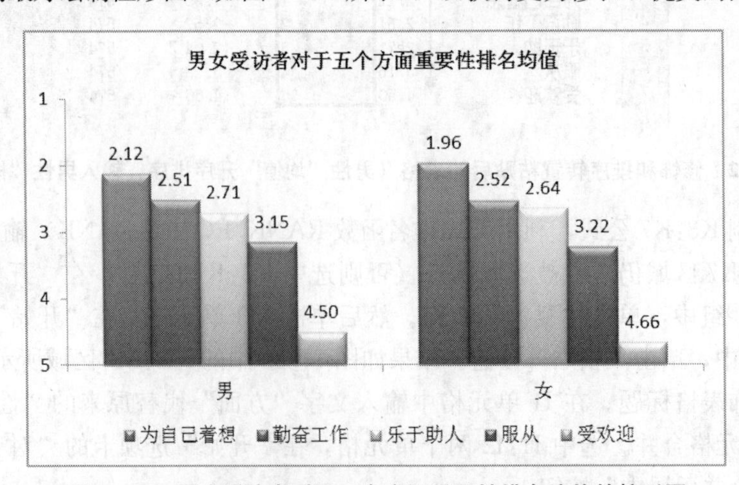

图 7—34 男女受访者对于五个方面重要性排名均值的柱形图

利用图7—29中的有关数据，绘制如图7—34所示的男女受访者对于五个方面重要性排名均值柱形图。

操作步骤如下：

1. 准备簇状柱形图的数据

在如图7—35所示的“五个方面重要性排名的性别差异”（I1:M7区域）中，选取所需的标题和均值数据（直接复制—粘贴，或利用公式实现均可），然后设置格式（均值显示2位小数、居中对齐显示、有边框线）修饰表格，结果如图7—35中的I11:K16区域所示。如果利用公式实现（利用公式实现数据的相对引用），则公式如图7—36所示。

	H	I	J	K	L	M
1		方面	男（n=408）		女（n=574）	
2			均值	排名	均值	排名
3		为自己着想	2.12	1	1.96	1
4		勤奋工作	2.51	2	2.52	2
5		乐于助人	2.71	3	2.64	3
6		服从	3.15	4	3.22	4
7		受欢迎	4.50	5	4.66	5
8						
9		绘制统计图所需的数据格式				
10						
11			男	女		
12		为自己着想	2.12	1.96		
13		勤奋工作	2.51	2.52		
14		乐于助人	2.71	2.64		
15		服从	3.15	3.22		
16		受欢迎	4.50	4.66		

图7—35　准备柱形图的数据（男女受访者对于五个方面重要性排名均值，I11:K16区域）

	H	I	J	K
10				
11			男	女
12		=I3	=J3	=L3
13		=I4	=J4	=L4
14		=I5	=J5	=L5
15		=I6	=J6	=L6
16		=I7	=J7	=L7

图7—36　准备柱形图数据的公式（男女受访者对于五个方面重要性排名均值）

2. 选择柱形图的数据源

选取图7—35中的I11:K16区域。

3. 创建簇状柱形图

在“插入”选项卡的“图表”组中，单击“柱形图”，展开柱形图的“子图表类型”。在“二维柱形图”中，单击选择“簇状柱形图”，在工作表中插入柱形图，如图7—37所示。

4. 修饰簇状柱形图

（1）由于要比较的是男女受访者对于五个方面重要性排名，所以要“切换行/列”。选中图表，在“图表工具”的“设计”选项卡的“数据”组中，单击“切换行/列”（如图5—15所示）。“切换行/列”后的图表如图7—38所示。

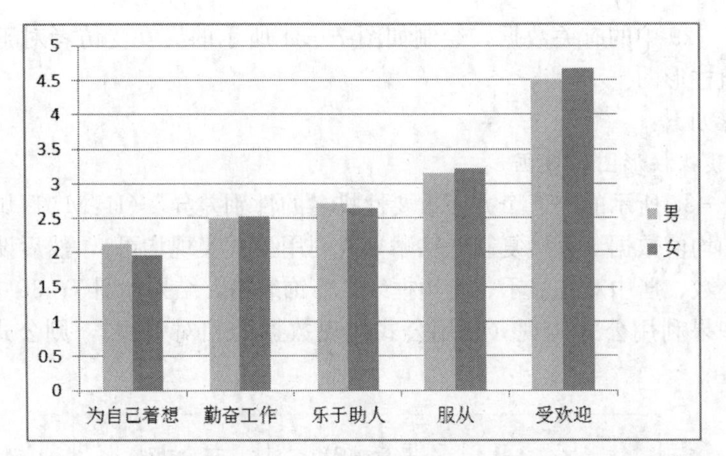

图 7—37　男女受访者对于五个方面重要性排名均值的柱形图（未修饰）

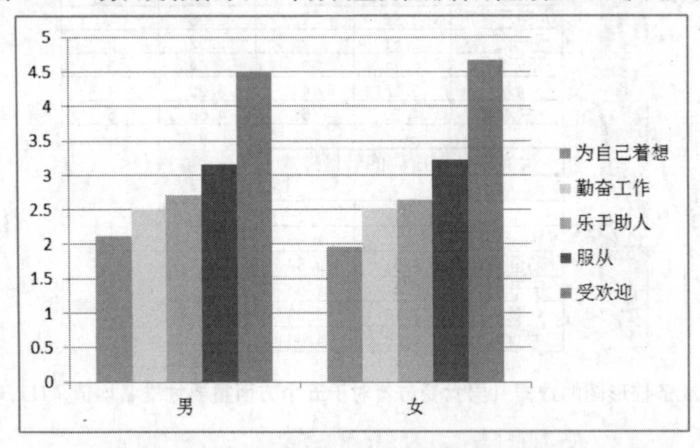

图 7—38　男女受访者对于五个方面重要性排名均值的柱形图（切换行/列后）

（2）不显示网格线。选中“网格线”，按 Del 键删除。

（3）调整图例位置。由于要比较的是男女受访者对于五个方面重要性排名，所以可在底部显示图例。选中图表，在“图表工具”的“布局”选项卡的“标签”组中，单击“图例”，在展开的下拉菜单中，单击选中“在底部显示图例”。

（4）显示数据标签。选中图表，在“图表工具”的“布局”选项卡的“标签”组中，单击“数据标签”，在展开的下拉菜单中，单击选中“数据标签外”。

（5）设置图表样式。选中图表，在“图表工具”的“设计”选项卡的“图表样式”库中，单击右侧的“其他”扩展按钮，打开整个“图表样式”库，单击选中“样式 26”，结果如图 7—39 所示。

（6）设置垂直（值）轴格式（因为“最重要”为“1”，“最不重要”为“5”，均值越小表示越重要）。选中“垂直（值）轴”，双击后打开“设置坐标轴格式”对话框。在“数字”选项卡的“类别”框中选择“常规”（目的是不显示小数位，小数位数为 0）。在“坐标轴选项”选项卡中，最小值“固定”为“1”，最大值“固定”为“5”，主要刻度单位“固定”为“1”，勾选“逆序刻度值”，在“横坐标轴交叉”框中选中“最大坐标轴值”，如图 7—26 所示。单击“关闭”按钮关闭对话框。

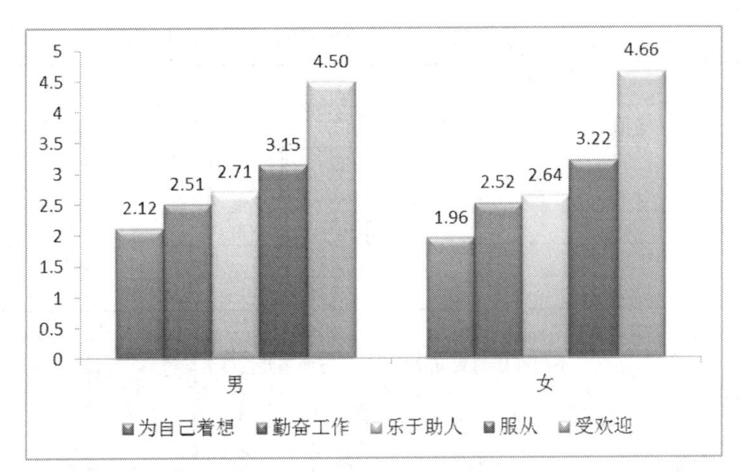

图 7—39　男女受访者对于五个方面重要性排名均值的柱形图（在底部显示图例，显示数据标签，图表样式 26）

（7）添加图表标题。选中图表，在“图表工具”的“布局”选项卡的“标签”组中，单击“图表标题”，在展开的下拉菜单中，单击选择“图表上方”，为图表添加一个内容为“图表标题”的图表标题。将图表标题改为“男女受访者对于五个方面重要性排名均值”。

（8）设置图表字号。选中图表，在“开始”选项卡的“字体”组中，设置字号为“10”。

（9）设置图表标题字号。选中图表标题“男女受访者对于五个方面重要性排名均值”，在“开始”选项卡的“字体”组中，设置字号为“10.5”。

将 Excel 中绘制的“男女受访者对于五个方面重要性排名均值”柱形图复制（粘贴成“图片”格式）到 Word 调查报告中，结果如图 7—34 所示。

从表 7—11 和图 7—34 中可以看出，男女受访者对于五个方面重要性排名的顺序相同：为自己着想→勤奋工作→乐于助人→服从→受欢迎。最重要的都是“为自己着想”，最不重要的也都是“受欢迎”。

温馨提示：有关“五个方面重要性排名的性别差异”调查报告可参见“第 7 章　1991 年五个方面重要性排名调查报告 . docx”。

同理，对于例 7—3 中的问题（2）～（3），可参照问题（1）“分析不同性别的受访者对于五个方面重要性排名顺序是否相同”的实现方法，结果分别可参见“第 7 章　1991 年五个方面重要性排名（SPSS 到 Excel）. xlsx”中的“五个方面重要性排名的种族差异”工作表和“五个方面重要性排名的地区差异”工作表。相应的调查报告可参见“第 7 章　1991 年五个方面重要性排名调查报告 . docx”。

不同种族的受访者对于“服从、受欢迎、为自己着想、勤奋工作和乐于助人”五个方面重要性排名结果如表 7—12 和图 7—40 所示。

从表 7—12 和图 7—40 中可以看出：

（1）白人受访者、黑人受访者和“其他”种族的受访者对于五个方面重要性排名的顺序都互不相同，是有差异的。

表 7—12　　不同种族的受访者对于五个方面重要性排名结果

方面	白人（n=817）		黑人（n=135）		其他（n=30）	
	均值	排名	均值	排名	均值	排名
为自己着想	1.94	1	2.39	1	2.70	3
勤奋工作	2.50	2	2.61	2	2.67	2
乐于助人	2.66	3	2.75	4	2.50	1
服从	3.28	4	2.73	3	2.80	4
受欢迎	4.62	5	4.53	5	4.33	5

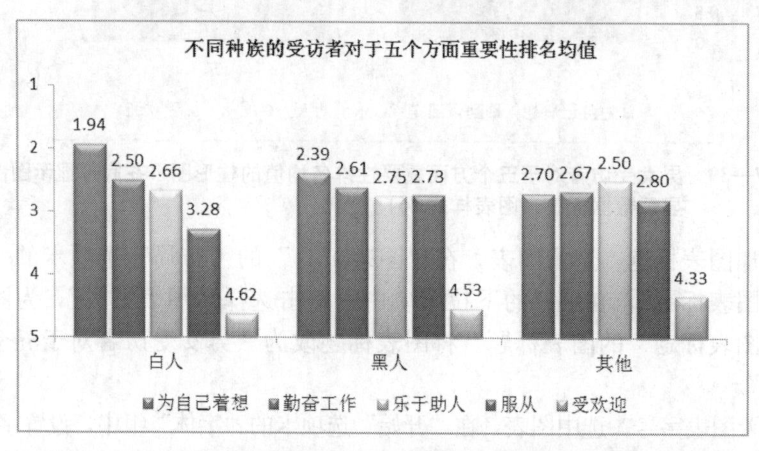

图 7—40　不同种族的受访者对于五个方面重要性排名均值的柱形图

（2）白人受访者对于五个方面重要性排名的顺序为：为自己着想→勤奋工作→乐于助人→服从→受欢迎。最重要的是“为自己着想”，最不重要的是“受欢迎”。

（3）黑人受访者对于五个方面重要性排名的顺序与白人受访者有些差异，其中第1、2、5位相同，第3、4位不同（互换）。排名的顺序为：为自己着想→勤奋工作→服从→乐于助人→受欢迎。最重要的是“为自己着想”，最不重要的是“受欢迎”。

（4）“其他”种族的受访者对于五个方面重要性排名的顺序与白人受访者有些差异，其中第2、4、5位相同，第1、3位不同（互换）。排名的顺序为：乐于助人→勤奋工作→为自己着想→服从→受欢迎。最重要的是“乐于助人”，最不重要的是“受欢迎”。

（5）不同种族的受访者可能接受的是不同的文化和社会环境的熏陶，所接受的教育等方面也有一定的差异，因此对于某些问题的看法会有所不同。

居住在不同地区的受访者对于“服从、受欢迎、为自己着想、勤奋工作和乐于助人”五个方面重要性排名结果如表 7—13 和图 7—41 所示。

表 7—13　　居住在不同地区的受访者对于五个方面重要性排名结果

方面	东北部（n=451）		东南部（n=263）		西部（n=268）	
	均值	排名	均值	排名	均值	排名
为自己着想	1.94	1	2.18	1	2.03	1
勤奋工作	2.52	2	2.49	2	2.53	2
乐于助人	2.65	3	2.78	3	2.59	3
服从	3.29	4	2.92	4	3.29	4
受欢迎	4.61	5	4.63	5	4.55	5

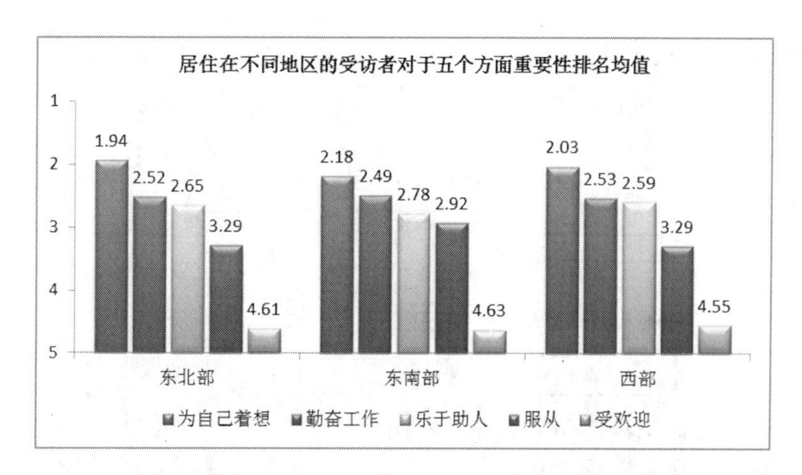

图 7—41　居住在不同地区的受访者对于五个方面重要性排名均值的柱形图

从表 7—13 和图 7—41 中可以看出：居住在不同地区的受访者对于五个方面重要性排名的顺序相同：为自己着想→勤奋工作→乐于助人→服从→受欢迎。最重要的都是“为自己着想”，最不重要的也都是“受欢迎”。

7.5 利用 Excel“描述统计”分析工具实现矩阵题的描述统计分析

例 7—4　*居民生活状况满意度分析。*

为了研究居民收入与生活状况而设计的调查问卷如 3.5 节所示。居民生活状况满意度调查（问题 Q7），采用矩阵题方式。调查数据①在变量 Q7 _ 1～Q7 _ 5 中。请参见“第 7 章　居民收入与生活状况调查（矩阵题，描述统计）. xlsx”中的“居民生活状况满意度”工作表。

例 5—5 采用“单选题的一维频率分析”方法，得到受访居民对各生活状况的满意度（百分比）。这里将采用“描述统计分析”方法，求五个生活状况满意度的均值，然后进行均值比较，从而判断哪一生活状况是受访居民最为满意的，哪一生活状况是最不满意的。

温馨提示：采用“描述统计分析”方法，每个生活状况只有一个满意度均值（如表 7—14 所示），就容易比较了。

7.5.1　利用 Excel 的“描述统计”分析工具实现矩阵题的描述统计分析

在 Excel 2010 中文版中，打开“第 7 章　居民收入与生活状况调查（矩阵题，描述统计）. xlsx”中的“居民生活状况满意度”工作表后，执行下述操作：

（1）在“数据”选项卡的“分析”组中，单击“数据分析”②，打开“数据分析”对话框。在“分析工具”列表框中选择“描述统计”，然后单击“确定”按钮，打开如

① 这些调查数据是虚构的，采用 Excel 2010“数据分析”工具中的“随机数发生器”生成，并经过核对。

② 如果没有“分析”组或“分析”组中没有“数据分析”，则需要激活“分析工具库”加载宏（加载项）。在 Excel 2010 中激活“分析工具库”加载项的操作步骤请参见第 1 章的附录。

图 7—42 所示的“描述统计”对话框。

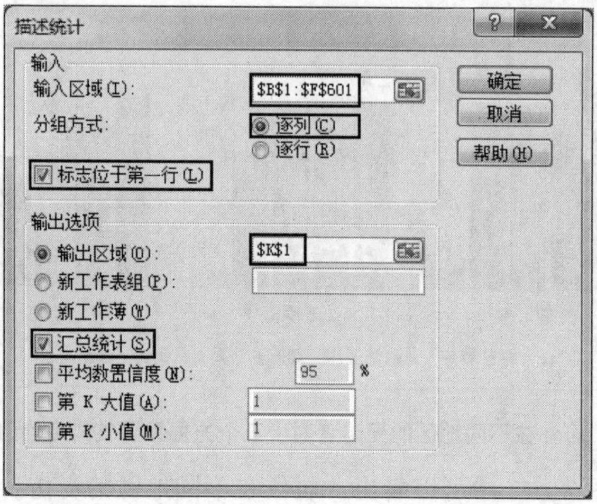

描述统计
输入
输入区域(I): $B$1:$F$601
分组方式: ◉ 逐列(C) ○ 逐行(R)
☑ 标志位于第一行(L)
确定
取消
帮助(H)
输出选项
◉ 输出区域(O): $K$1
○ 新工作表组(P):
○ 新工作薄(W)
☑ 汇总统计(S)
☐ 平均数置信度(N): 95 %
☐ 第 K 大值(A): 1
☐ 第 K 小值(M): 1

图 7—42　Excel 的“描述统计”对话框（矩阵题，生活状况满意度）

（2）在“输入区域”框中，选择（或输入）居民生活状况满意度调查数据区域 B1：F601（五个生活状况）；分组方式保留默认的“逐列”；勾选“标志位于第一行”（由于所选数据区域包含标题）；勾选“汇总统计”。

（3）在“输出区域”框中，选择（或输入）输出结果起始单元格 K1，单击“确定”按钮，输出结果如图 7—43 所示（因为表格较大，隐藏了 Q7 _ 3 和 Q7 _ 4 的输出结果）。

温馨提示：“描述统计”分析工具的输出结果，在 Excel 中均有相应的统计函数。如求“平均（均值）”的 AVERAGE 函数，统计“观测数（人数）”的 COUNT 函数（或 COUNTA 函数）。也就是说，（1）图 7—46 中的满意度均值（N19：N23 区域），可以用 AVERAGE 函数实现。如：在 N19 单元格中输入统计 Q7 _ 1 的均值公式“=AVERAGE(B2：B601)”；在 N23 单元格中输入统计 Q7 _ 5 的均值公式“=AVERAGE(F2：F601)”。（2）图 7—46 中的人数（O19：O23 区域），可以用 COUNT 函数实现。如：在 O19 单元格中输入统计 Q7 _ 1 的人数公式“=COUNT(B2：B601)”；在 O23 单元格中输入统计 Q7 _ 5 的人数公式“=COUNT(F2：F601)”。

	K	L	M	N	S	T
1	Q7_1		Q7_2		Q7_5	
2						
3	平均	2.14587	平均	3.351759	平均	3.378871
4	标准误差	0.052562	标准误差	0.049792	标准误差	0.054243
5	中位数	2	中位数	4	中位数	4
6	众数	1	众数	4	众数	4
7	标准差	1.253792	标准差	1.216587	标准差	1.270952
8	方差	1.571994	方差	1.480085	方差	1.615319
9	峰度	-0.63436	峰度	-0.87104	峰度	-0.90413
10	偏度	0.760596	偏度	-0.45146	偏度	-0.41749
11	区域	4	区域	4	区域	4
12	最小值	1	最小值	1	最小值	1
13	最大值	5	最大值	5	最大值	5
14	求和	1221	求和	2001	求和	1855
15	观测数	569	观测数	597	观测数	549

图 7—43　Excel 的“描述统计”输出结果（生活状况满意度）

7.5.2 将“描述统计”输出结果转换为调查报告所需格式

撰写调查报告时，矩阵题描述统计分析表的格式，一般包含按均值排序的排名、调查项目（矩阵题，有序变量）、均值、回答人数等，如表7—14所示。

表7—14 受访居民对生活状况满意度的描述统计分析表（调查报告格式）

排名	生活状况	满意度均值	人数
1	家庭和睦	3.40	581
2	同事和谐	3.38	549
3	生活状态	3.35	597
4	工作	3.27	580
5	生活条件	2.15	569

在Excel中，根据表7—14的格式，通过输入标题、选取所需数据，多次复制—粘贴（不要用公式实现，因为要排序），然后修饰和排序粘贴后的表格，将矩阵题“描述统计”输出结果（如图7—43所示）转换为调查报告所需格式（如图7—44中的L18：O23区域所示）。

	J	K	L	M	N	O
17						
18		变量	排名	生活状况	满意度均值	人数
19		Q7_4	1	家庭和睦	3.40	581
20		Q7_5	2	同事和谐	3.38	549
21		Q7_2	3	生活状态	3.35	597
22		Q7_3	4	工作	3.27	580
23		Q7_1	5	生活条件	2.15	569

图7—44 在Excel中的调查报告格式的“生活状况满意度”描述统计分析表（L18:O23区域）

操作步骤如下：

（1）在矩阵题“描述统计”输出结果（图7—43）的下方（间隔2行）空白处，输入如表7—14所示的表格标题，设置K18:O23区域的格式为：居中对齐显示、有边框线。结果（布局）如图7—45所示。

温馨提示：（1）多了“变量”列（在K列），与“生活状况”列（在M列）是一一对应关系（如：变量“Q7_1”是有关“生活条件”满意度）。（2）暂时不考虑排名，而是以Q7_1→Q7_5的顺序从上到下输入。

	J	K	L	M	N	O
17						
18		变量	排名	生活状况	满意度均值	人数
19		Q7_1		生活条件		
20		Q7_2		生活状态		
21		Q7_3		工作		
22		Q7_4		家庭和睦		
23		Q7_5		同事和谐		

图7—45 在Excel中的调查报告格式的“生活状况满意度”描述统计分析表（布局，K18:O23区域，以Q7_1→Q7_5的顺序输入）

（2）在图 7—43 中，选取 Q7 _ 1 的均值（平均，L3 单元格），然后在“开始”选项卡的“剪贴板”组中，单击“复制”按钮。单击要粘贴 Q7 _ 1 均值的 N19 单元格，然后在“开始”选项卡的“剪贴板”组中，单击“粘贴”按钮，结果如图 7—46 中的 N19 单元格所示。

温馨提示：（1）注意图 7—43 与图 7—46 之间，矩阵题变量（Q7 _ 1～Q7 _ 5）的一一对应关系（不能错位）。（2）因为要排序，采用多次“复制—粘贴”，不要用公式实现。

（3）同理，在图 7—43 中，分别（分四次）选取 Q7 _ 2～Q7 _ 5 的均值（N3 单元格、P3 单元格、R3 单元格、T3 单元格）后复制，然后粘贴到 N20:N23 区域中的相应单元格。结果如图 7—46 中的 N20:N23 区域所示。

（4）在图 7—43 中，选取 Q7 _ 1 的人数（观测数，L15 单元格），然后在“开始”选项卡的“剪贴板”组中，单击“复制”按钮。单击要粘贴 Q7 _ 1 人数的 O19 单元格，然后在“开始”选项卡的“剪贴板”组中，单击“粘贴”按钮，结果如图 7—46 中的 O19 单元格所示。

（5）采用类似的操作，在图 7—43 中，分别（分四次）选取 Q7 _ 2～Q7 _ 5 的人数（N15 单元格、P15 单元格、R15 单元格、T15 单元格）后复制，然后粘贴到 O20:O23 区域中的相应单元格。结果如图 7—46 中的 O20:O23 区域所示。

（6）设置 N19:O23 区域格式：居中对齐显示，有边框线。选中 N19:O23 区域，在“开始”选项卡的“对齐方式”组中，单击“居中”按钮；再在“开始”选项卡的“字体”组中，单击“边框”下拉按钮，在展开的下拉菜单中选择“所有框线”。结果如图 7—46 中的 N19:O23 区域所示。

	J	K	L	M	N	O
17						
18		变量	排名	生活状况	满意度均值	人数
19		Q7_1		生活条件	2.14587	569
20		Q7_2		生活状态	3.351759	597
21		Q7_3		工作	3.27069	580
22		Q7_4		家庭和睦	3.395869	581
23		Q7_5		同事和谐	3.378871	549

图 7—46　在 Excel 中的调查报告格式的“生活状况满意度”描述统计分析表（多次复制—粘贴均值和人数后的结果）

（7）将满意度均值（N19:N23 区域）格式设置为 2 位小数。选中 N19:N23 区域，然后在“开始”选项卡的“数字”组中，单击多次“减少小数位数”按钮，使得满意度均值显示 2 位小数。

（8）根据满意度均值降序排序。单击选中“满意度均值”（N19:N23 区域）中的任意一个单元格（如：N19 单元格），然后在“数据”选项卡的“排序和筛选”组中，单击“降序”按钮。结果如图 7—47 所示。

温馨提示：也可以利用“排序”对话框实现对满意度均值的降序排序。排序数据区域是包含标题的 K18:O23 区域（主要关键字是“满意度均值”）。

N19　　f_x　3.39586919104991

	J	K	L	M	N	O
17						
18		变量	排名	生活状况	满意度均值	人数
19		Q7_4		家庭和睦	3.40	581
20		Q7_5		同事和谐	3.38	549
21		Q7_2		生活状态	3.35	597
22		Q7_3		工作	3.27	580
23		Q7_1		生活条件	2.15	569

图 7—47　在 Excel 中的调查报告格式的“生活状况满意度”描述统计分析表
（均值显示 2 位小数，按均值降序排序后的结果）

（9）利用“自动填充”功能，在“排名”列中，输入连续排名。在 L19 单元格输入排名“1”，在 L20 单元格输入排名“2”。选中 L19:L20（两个单元格）区域，然后双击 L19:L20 区域右下角的填充柄。

（10）检查“满意度均值”（N19:N23 区域）是否有相同的，如果有相同的，则修改相应的“排名”（采用美式排名）。这里没有相同的。结果如图 7—44 所示。

选中 L18:O23 区域，复制到 Word 文件中的相应位置，作为调查报告的一部分，结果如表 7—14 所示。

7.5.3　在 Excel 中绘制矩阵题的均值统计图

矩阵题的均值统计图，可以是柱形图或条形图。在实际应用中，如果变量个数较少、文字内容较短（标志是：在“水平（类别）轴”中能正常显示“类别名称”）时，则最好绘制柱形图（如图 7—48 所示），以获得更为修长、优美的图表外观。

利用图 7—44 中的 M18:N23 数据区域（生活状况满意度均值），绘制“居民生活状况满意度均值”柱形图，如图 7—48 所示。

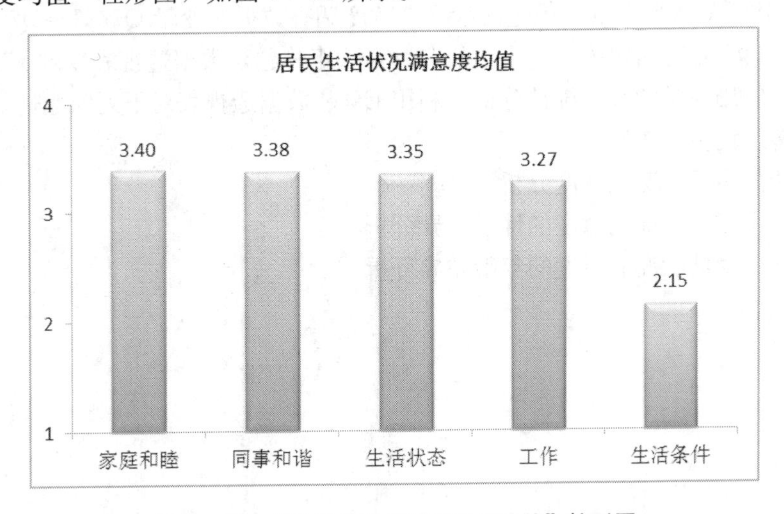

图 7—48　“居民生活状况满意度均值”柱形图

从表7—14和图7—48中可以看出，受访居民对生活状况满意度的排名顺序为：家庭和睦→同事和谐→生活状态→工作→生活条件。满意度最高的是“家庭和睦”，满意度最低的是“生活条件”。从满意度均值看，受访居民对“家庭和睦”、“同事和谐”、“生活状态”和“工作”等四个生活状况满意度的差异不大，都比较满意。

7.6 思考题与上机实验题

思考题：

1. 在SPSS中，用什么菜单实现定量变量（如：填写数字的填空题）和有序变量（如：量表题、矩阵题、排名题等）的描述统计分析？

2. 在SPSS中，用什么菜单实现定量变量（如：填写数字的填空题）和有序变量（如：量表题、矩阵题、排名题等）的多组均值比较？

3. 在Excel中，可用什么分析工具实现矩阵题的描述统计分析？

4. 在Excel中，能否利用数据透视表实现矩阵题的描述统计分析？

5. 在Excel中，能否利用数据透视表实现矩阵题的多组均值比较？

上机实验题：

1. 数据文件为“第5章　2012年美国综合社会调查.sav”，有关说明可参见第5章的5.5节。

要求：应用所学的描述统计分析，对下列问题进行基本统计分析：

(1) 分析美国人对服从、受欢迎、为自己着想、勤奋工作和乐于助人等五个方面重要性排名顺序如何？

(2) 分析不同性别（种族、婚姻状况、健康状况、年龄段）的受访者对于服从、受欢迎、为自己着想、勤奋工作和乐于助人等五个方面重要性排名顺序是否相同。

2. 利用3.5节的“居民收入与生活状况”调查问卷进行调查，共收回有效问卷600份。采用“矩阵题”的居民生活状况满意度调查数据在变量Q7_1～Q7_5中。数据文件为“第7章　居民收入与生活状况调查（矩阵题，数据透视表）.xlsx”。

要求：应用所学的描述统计分析，利用Excel数据透视表对下列问题进行描述统计分析（或多组均值比较）：

(1) 居民生活状况满意度分析。

(2) 居民生活状况满意度的性别差异分析。

(3) 居民生活状况满意度的年龄差异分析。

第 8 章

简单统计推断：假设检验

由于对总体的不了解，任何有关总体的叙述，都只是假设而已（统计假设）。除非进行普查，否则一个统计假设是对或错，根本就不可能获得正确的答案。但因为绝大多数情况是不允许也无法进行普查，所以才会通过抽样调查，用抽查结果所获得的数据，来检验先前的统计假设，以判断其对或错。

本章将介绍定量变量总体均值的假设检验。包括：假设检验的基本原理，利用SPSS 和 Excel 实现单样本 t 检验、独立样本 t 检验和配对样本 t 检验等。

8.1 假设检验的基本原理

如果一个人说他从来没有骂过人，他能够证明吗？如果非要证明他没有骂过人，他必须出示他从小到大每一时刻的录音录像，所有书写的东西等，还要证明这些物证是完全的、真实的、没有间断的。这简直是不可能的。即使他找到一些证人，比如他的同学、家人和同事来证明，那也只能够证明在那些证人在场的某些片刻，他没有被听到骂人。但是，反过来，如果要证明这个人骂过人很容易，只要有一次被抓住就足够了。看来，企图肯定什么事物很难，而否定却要相对容易得多。物理学以及其他科学都是在否定中发展的，这也是假设检验背后的哲学。①

假设检验是一种方法，目的是为了决定一个关于总体特征的定量的断言（比如一个假设）是否真实。通过计算从总体中抽出的随机样本的适当的统计量来检验一个假设。如果得到的统计量的实现值在假设为真时应该是罕见的（小概率事件），那么有理由拒绝这个假设。

---

① 参见吴喜之编著：《统计学：从数据到结论（第二版）》，93 页，北京，中国统计出版社，2006。

在假设检验中，一般要设立一个原假设（前面的“从来没骂过人”就是一个例子）。而设立该假设的动机主要是希望利用人们掌握的反映现实世界的数据来找出假设与现实之间的矛盾（这里所谓的矛盾，就是按照原假设，现实世界数据的出现仅仅属于小概率事件，是不大可能出现的），从而否定这个假设，并称该检验显著（Significant）。多数统计实践中（除了理论探讨之外）的假设检验都是以否定原假设为目标。如果否定不了，那就说明证据不足，无法否定原假设。但这不能说明原假设正确，就像一两次没有听过他骂人还远不能证明他从来没有骂过人。

8.1.1 假设检验的过程和逻辑

例 8—1 一个顾客买了一包标有 500g 重的红糖，觉得分量不足，于是找到监督部门。当然他们会觉得一包份量不够可能是随机的，于是监督部门就去商店称了 50 包红糖（数据请见“第 8 章 红糖重量 . sav”或“第 8 章 红糖重量 . xlsx”），得到均值（平均重量）是 498.35g。这的确比 500g 少，但这是否能够说明厂家生产的这批红糖平均起来不够分量呢？（首先，可以在 Excel 中画出这些重量的直方图，如图 8—1 所示。这个直方图看上去像是正态分布的样本。于是不妨假定这一批袋装红糖重量呈正态分布。）

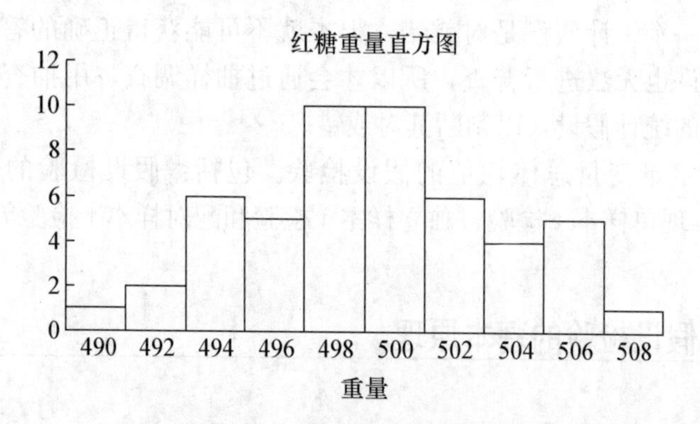

图 8—1 50 包红糖重量的直方图

首先要提出一个原假设，比如例 8—1 的红糖重量（假定符合正态分布）问题，原假设可为总体均值等于 500g（$\mu=500$）。这种原假设也称为零假设（Null Hypothesis），记为 H_0。与此同时必须提出备选假设（也称为备择假设（Alternative Hypothesis）），比如总体均值小于 500g（$\mu<500$）。备选假设记为 H_1（或 H_a）。形式上，该例中关于总体均值的 H_0 相对于 H_1 的检验记为

$$H_0:\mu=500 \Longleftrightarrow H_1:\mu<500$$

这里符号“$\Longleftrightarrow$”就是相应于英文“Versus”，类似于甲队对乙队比赛的“对”字。备选假设应该按照实际所代表的方向来确定，即它通常是被认为可能比零假设更加符合数据所代表的现实。比如上面的 H_1 为 $\mu<500$，这意味着，至少样本均值应该小于 500。至于是否显著，依检验结果而定。检验结果显著意味着有理由拒绝零假设。因此，假设检验也被称为显著性检验（Significant Test）。

有了两个假设，就要根据数据来对它们进行判断。数据的代表是作为其函数的统计量，它在检验中被称为检验统计量（Test Statistic）。根据零假设（注意：不是备选假设），就可以得到该检验统计量的分布，然后再看这个统计量的数据实现值（Realization）是否属于小概率事件。也就是说，把数据代入检验统计量，看其值是否落入零假设下的小概率范畴。如果的确是小概率事件，那么就有可能拒绝零假设，或者说“该检验显著”；否则没有足够证据拒绝零假设，或者说“该检验不显著”。

注意：在我们所涉及的问题中，零假设和备选假设在假设检验中并不对称。因检验统计量的分布是从零假设导出的，因此，如果发生矛盾，就对零假设不利了。不发生矛盾也不能说明零假设没有问题。

在零假设下，检验统计量取其实现值及更加极端的值（沿着备选假设的方向）的概率称为 p 值（p-Value）。本章将涉及单尾和双尾检验问题，p 值与检验统计量的实现值以及备选假设的方向有关。如果得到很小的 p 值，就意味着在零假设下小概率事件发生了。如果小概率事件发生，是相信零假设，还是相信数据呢？当然多半是相信数据，于是就拒绝零假设。但小概率事件也可能发生，仅仅是发生的概率很小罢了。拒绝正确零假设的错误常被称为第一类错误（Type Ⅰ Error）。犯第一类错误的概率等于 p 值，或者不大于（马上要介绍的）事先设定的显著性水平 α。

那什么是第二类错误呢？备选假设正确时没能拒绝零假设的错误，称为第二类错误（Type Ⅱ Error）。在本套教材的假设检验问题中，由于备选假设不是一个点，所以无法算出犯第二类错误的概率。

图 8—2 的示意图说明在第一、二类错误是零假设的真或伪的情况下，你依赖于样本所作出的决策可能出现的错误。注意：在该示意图中，犯不犯错误是人们决策的结果；而零假设的状况（真还是伪）是我们不清楚的客观存在。

		如果零假设为	
		真	伪
你依靠样本作出的决策	拒绝零假设	犯第一类错误	正确决策
	不能拒绝零假设	正确决策	犯第二类错误

图 8—2　第一、二类错误的示意图

零假设和备选假设哪一个正确，这是确定的，没有概率可言。而可能犯错误的是人。涉及假设检验的犯错误的概率就是犯第一类错误的概率和犯第二类错误的概率。负责任的态度是无论做出什么决策，都应该给出该决策可能犯错误的概率。

到底 p 值是多小时才能够拒绝零假设呢？也就是说，需要有小概率的标准。这要看具体应用的需要。但在一般的统计书和软件中，使用最多的标准是在零假设下（或零假设正确时）根据样本所得的数据来拒绝零假设的概率应小于 0.05，当然也可能是 0.01，0.005，0.001 等。这种事先规定的概率称为显著性水平（Significant Level），用字母 α 来表示。α 并不一定越小越好，因为这很可能导致不容易拒绝零假设，使得犯第二类错误的概率增大。当 p 值小于或等于 α（$p \leqslant \alpha$）时，就拒绝零假设。所以，α 是所允许的犯第一类错误的概率的最大值。当 p 值小于或等于 α（$p\leqslant\alpha$）时，就说这个检验是显著的。无论统计学家用多大的 α 作为显著性水平都不能脱离实际问题的背景。统计显著不一定等价于实际显著。反过来也一样。

归纳起来，假设检验的逻辑步骤为：

第一，写出零假设和备选假设。

第二，确定检验统计量。

第三，确定显著性水平 α。

第四，根据数据计算检验统计量的实现值。

第五，根据这个实现值计算 p 值。

第六，进行判断：如果 p 值小于或等于 α（$p\leqslant\alpha$），就拒绝零假设，这时犯（第一类）错误的概率最多为 α；如果 p 值大于 α（$p>\alpha$），就不能拒绝零假设，因为证据不足。

实际上，多数计算机软件仅仅给出 p 值，而不给出 α。这有很多方便之处。比如 $\alpha=0.05$，而假定所得到的 p 值等于 0.001。这时如果采用 p 值作为新的显著性水平，即新的 $\alpha=0.001$，就可以说，在显著性水平为 0.001 时，拒绝零假设。这样，拒绝零假设时犯错误的概率实际只是千分之一而不是原来的 α 所表明的百分之五。在这个意义上，p 值又称为观测的显著性水平（Observed Significant Level）。在统计软件输出 p 值的位置，有的用“p-Value”，有的用 Significant 的缩写“Sig.”就是这个道理。根据数据产生的 p 值来减少 α 的值以展示结果的精确性总是没有坏处的。这好比一个身高 180 厘米的男生，可能愿意被认为高于或等于 180 厘米，而不愿意说他高于或等于 155 厘米，虽然第二种说法在数学上没有丝毫错误。

8.1.2 假设检验的类型与单/双尾检验

假设检验的类型有：单尾检验（也称单侧检验）和双尾检验（也称双侧检验）。

1. 等于与不等于的双尾检验（双侧检验，Two-Tailed Test）

$$H_0:\mu_1=\mu_2\Longleftrightarrow H_1:\mu_1\neq\mu_2$$

无论观测值的检验统计量的实现值落在左侧或右侧的拒绝域（如图 8—3 所示，双尾 p 值$\leqslant\alpha$），均拒绝 H_0（否定 $\mu_1=\mu_2$），表示 $\mu_1\neq\mu_2$。更详细一点，若落在左侧的拒绝域，表示 $\mu_1<\mu_2$；若落在右侧的拒绝域，表示 $\mu_1>\mu_2$。

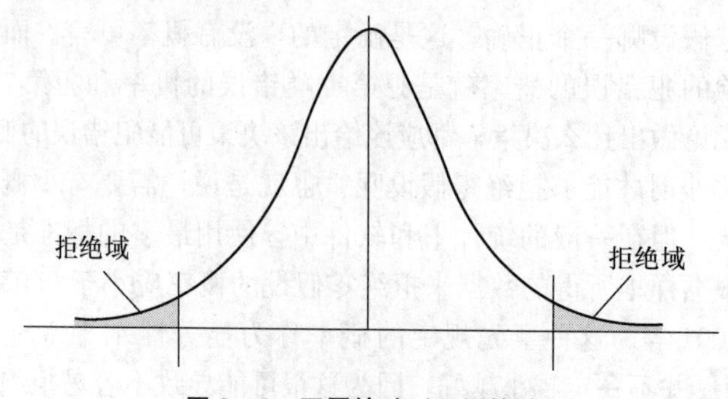

图 8—3 双尾检验（双侧检验）

2. 等于与大于的右侧单尾检验

$$H_0: \mu_1 \leqslant \mu_2 \Longleftrightarrow H_1: \mu_1 > \mu_2 \text{ 或 } H_0: \mu_1 = \mu_2 \Longleftrightarrow H_1: \mu_1 > \mu_2$$

当观测值的检验统计量的实现值落在右侧的拒绝域（如图 8—4 所示，单尾 p 值$\leqslant \alpha$)时，拒绝 H_0（否定 $\mu_1 \leqslant \mu_2$ 或 $\mu_1 = \mu_2$)，表示 $\mu_1 > \mu_2$。

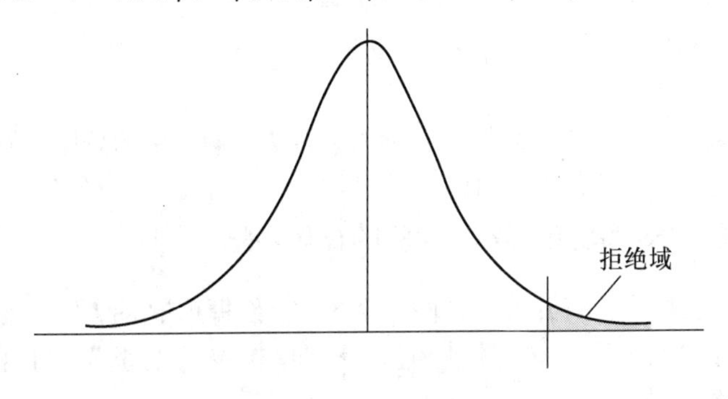

图 8—4　右侧单尾检验

3. 等于与小于的左侧单尾检验

$$H_0: \mu_1 \geqslant \mu_2 \Longleftrightarrow H_1: \mu_1 < \mu_2 \text{ 或 } H_0: \mu_1 = \mu_2 \Longleftrightarrow H_1: \mu_1 < \mu_2$$

当观测值的检验统计量的实现值落在左侧的拒绝域（如图 8—5 所示，单尾 p 值$\leqslant \alpha$）时，拒绝 H_0（否定 $\mu_1 \geqslant \mu_2$ 或 $\mu_1 = \mu_2$)，表示 $\mu_1 < \mu_2$。

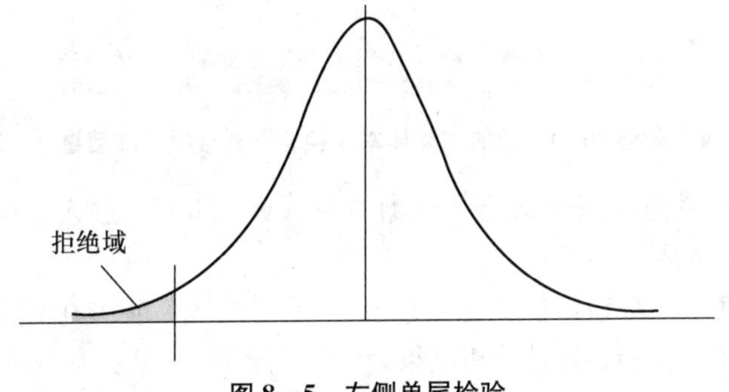

图 8—5　左侧单尾检验

8.2 利用 SPSS 实现单样本 t 检验

单样本 t 检验的目的是利用来自某总体的样本数据，推断该总体的均值与指定的检验值之间的差异在统计上是否为显著的。它是对总体均值的假设检验。其基本思想是：计算出样本均值以后，先根据经验或以往的调查结果，对总体的均值提出一个假设，即 $\mu = \mu_0$。μ_0 就是待检验的总体均值。然后分析计算出的样本均值来自均值为 μ_0 的总体的概率有多大。如果概率很小，就认为总体的均值不是 μ_0。使用 t 检验的方法，要求总体服从正态分布（样本来自正态总体）。

对于例8—1，监督部门称了50包标有500g重的红糖，均值是498.35g，少于所标记的500g，对于厂家生产的这批红糖平均起来是否够分量，需要进行统计检验。由于厂家声称每袋500g，因此零假设为总体均值等于500g（被怀疑对象总是放在零假设）。而且由于样本均值少于500g（这是怀疑的根据），把备选假设定为总体均值少于500g（这种备选假设为单向不等式的检验称为单尾检验，而备选假设为不等号“≠”的称为双尾检验）。即

$$H_0: \mu=500 \Longleftrightarrow H_1: \mu<500 \text{(单尾检验)}$$

检验统计量为：$t=\frac{\bar{x}-\mu_0}{s/\sqrt{n}}$，式中的$\mu_0$通常表示为零假设中的总体均值（这里是500）。

8.2.1 利用SPSS实现单样本t检验的操作步骤

在SPSS 20中文版中，打开数据文件“第8章 红糖重量.sav”后，执行下述操作：

（1）单击菜单“分析”→“比较均值”→“单样本T检验”，打开“单样本T检验”对话框，如图8—6所示。

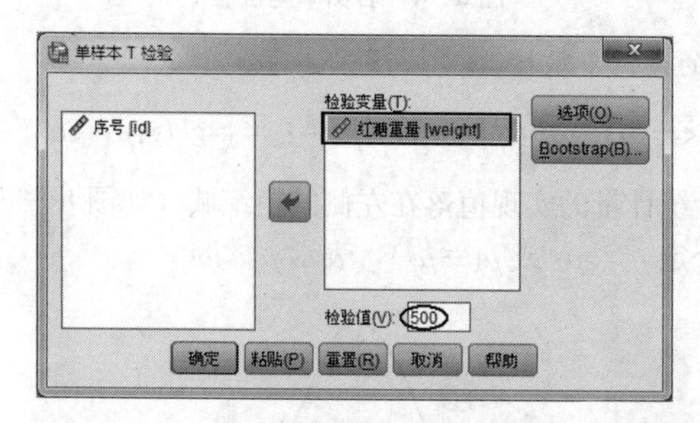

图8—6 SPSS 20中文版的“单样本T检验”对话框（红糖重量，500）

（2）从左侧的源变量框中选择“红糖重量［weight］”，进入“检验变量”框中，在“检验值”框中输入“500”。

（3）单击“确定”按钮，提交运行。SPSS在“输出”窗口中输出如表8—1和表8—2所示的单样本t检验的统计分析结果。

表8—1 红糖重量的描述统计分析结果（SPSS格式）

单个样本统计量

	N	均值	标准差	均值的标准误
红糖重量	50	498.347 2	4.334 66	.613 01

表8—2 红糖重量总体均值的单样本t检验结果（SPSS格式）

单个样本检验

	检验值＝500					
	t	df	Sig.（双侧）	均值差值	差分的95％置信区间	
					下限	上限
红糖重量	－2.696	49	.010	－1.652 80	－2.884 7	－.420 9

表 8—1 的内容是红糖重量的描述统计分析结果，即“红糖重量”有 50 个有效数据（50 包红糖），样本均值为 498.35，标准差为 4.335。

表 8—2 的内容是红糖重量总体均值的单样本 t 检验结果。即在假设总体的红糖平均重量为 500g 的情况下，计算结果是 $t=-2.696$（也称为 t 值），同时得到单尾 p 值为 0.005（由于计算机输出的是双尾 p 值，比单尾的大一倍，应该除以 2。即将双侧的“Sig.”值 0.010 除以 2）。由此看来可以选择显著性水平为 0.01，并宣称拒绝零假设，而错误拒绝的概率为 0.01。

也就是说，在总体均值为 500g 的情况下，抽出的样本均值小于等于 498.35g 的概率为 0.005（是小概率事件）。检验结果拒绝了总体均值为 500g 的零假设。

因此可以认为：红糖平均重量为包装上标记的 500g 是不能接受的，该数据倾向于支持平均重量少于 500g 的备选假设。

8.2.2　单样本 t 检验的调查报告格式

单样本 t 检验的调查报告格式一般包含表格和结论。表格一般包含样本的频数（人数，个数）、均值、标准差、检验值、t 值、p 值（根据实际情况，单尾或双尾）等统计量，如表 8—3 所示。

表 8—3　红糖重量总体均值的单样本 t 检验结果

	包数	均值	标准差	检验值	t 值	p 值（单尾）
红糖重量	50	498.35	4.335	500	−2.696	0.005

此次抽查的统计结果（见表 8—3）显示：监督部门称了 50 包标有 500g 重的红糖，平均重量是 498.35g，少于所标记的 500g，且 t 检验的单尾 p 值为 0.005，小于显著性水平 0.01，因此拒绝零假设，可以认为：红糖平均重量为包装上标记的 500g 是不能接受的，厂家生产的这批红糖平均起来分量是不够的。

例 8—1 的备选假设为小于（“＜”）某个值。同样也可能有备选假设为均值大于（“＞”）某个值的情况。这种取备选假设为均值大于或小于某个值的检验称为单尾检验（One-Tailed Test，也称为单侧检验或单边检验）。下面举一个备选假设为均值大于（“＞”）某个值的例子。

8.2.3　单样本 t 检验的应用实例

例 8—2　某汽车厂商声称其发动机排放标准的一个指标平均低于 20 个单位。在抽查了 10 台发动机之后，得到相应的排放数据（请见“第 8 章　发动机排放数据.sav”或“第 8 章　发动机排放数据.xlsx”）。该样本均值为 21.13。究竟能否由此认为该指标均值超过 20？这次的假设检验问题是

$$H_0:\mu\leqslant 20 \Longleftrightarrow H_1:\mu>20\text{（单尾检验）}$$

与前面的例 8—1 的方法类似，在 SPSS 20 中文版中，打开数据文件“第 8 章　发动机排放数据.sav”后，执行下述操作：

(1) 单击菜单“分析”→“比较均值”→“单样本 T 检验”，打开“单样本 T 检验”对话框，如图 8—7 所示。

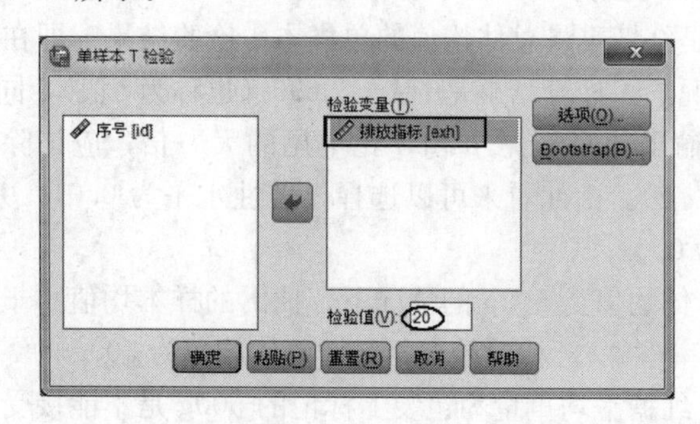

图 8—7 SPSS 20 中文版的“单样本 T 检验”对话框（排放指标，20）

(2) 从左侧的源变量框中选择“排放指标［exh］”，进入“检验变量”框中，在“检验值”框中输入“20”。

(3) 单击“确定”按钮，提交运行。SPSS 在“输出”窗口中输出如表 8—4 和表 8—5 所示的单样本 t 检验的统计分析结果。

表 8—4 排放指标的描述统计分析结果（SPSS 格式）

单个样本统计量

	N	均值	标准差	均值的标准误
排放指标	10	21.130 0	2.896 76	.916 04

表 8—5 排放指标总体均值的单样本 t 检验结果（SPSS 格式）

单个样本检验

	检验值=20					
	t	df	Sig.（双侧）	均值差值	差分的 95%置信区间	
					下限	上限
排放指标	1.234	9	.249	1.130 00	-.942 2	3.202 2

按照调查报告格式，整理输出结果表 8—4 和表 8—5，得到表 8—6。

表 8—6 排放指标总体均值的单样本 t 检验结果

	台数	均值	标准差	检验值	t 值	p 值（单尾）
排放指标	10	21.13	2.897	20	1.234	0.124 5

可以发现单尾 p 值为 0.124 5（双尾 p 值除以 2，即 0.249/2=0.124 5），大于显著性水平 0.05，因此，没有证据否定零假设。也就是说，抽查结果表明该指标均值没有显著超过 20 个单位。

例 8—1 是一个统计显著，但实际不显著的例子。而例 8—2 是一个实际显著，但统计不显著的例子。

8.3 利用 SPSS 实现独立样本 t 检验

独立样本 t 检验的目的是根据来自两个总体的独立样本，推断两个总体均值是否存在显著差异。

如，利用 1991 年美国综合社会调查数据，推断男女的受教育年数的总体均值是否有显著差异；并推断白人和黑人的受教育年数的总体均值是否有显著差异。

这里，方法涉及的是两个总体，并采用 t 检验的方法。同时要求两组样本相互独立。即从一总体中抽取一个样本对从另一总体中抽取另一个样本没有任何影响。两个样本的容量可以不等，因此称为独立样本 t 检验。

独立样本 t 检验，同样需要假定两个总体都服从正态分布（要求样本来自的总体应服从正态分布），也可以做单尾和双尾检验。

例 8—3　利用“1991 年美国综合社会调查数据”，分析美国男女的受教育年数是否有显著差异。

要检验男性的受教育年数的总体均值 $\mu_{男}$ 是否与女性的受教育年数的总体均值 $\mu_{女}$ 有显著差异。相应的假设检验问题为：

$$H_0:\mu_{男}=\mu_{女} \Longleftrightarrow H_1:\mu_{男}\neq\mu_{女}\text{（双尾检验）}$$

也可以写成：

$$H_0:\mu_{男}-\mu_{女}=0 \Longleftrightarrow H_1:\mu_{男}-\mu_{女}\neq 0$$

8.3.1 利用 SPSS 实现独立样本 t 检验的操作步骤

在 SPSS 20 中文版中，打开数据文件“第 5 章　1991 年美国综合社会调查.sav”后，执行下述操作：

（1）单击菜单“分析”→“比较均值”→“独立样本 T 检验”，打开如图 8—8 所示的“独立样本 T 检验”对话框。

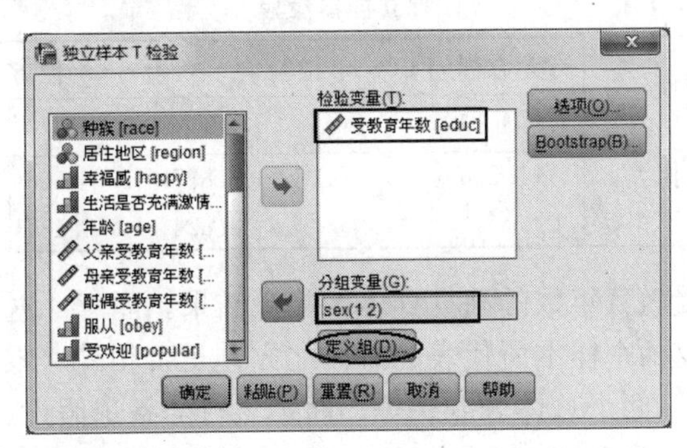

图 8—8　SPSS 20 中文版的“独立样本 T 检验”对话框（受教育年数，性别［sex］）

（2）从左侧的源变量框中选择“受教育年数［educ］”，进入“检验变量”框中。

（3）再从左侧的源变量框中选择“性别［sex］”，进入“分组变量”框中。

（4）在“分组变量”框中选中“sex（？？）”后，单击“定义组”按钮，打开“定义组”对话框，在“使用指定值”的“组 1”框中输入男性编码“1”（表示男性为一组），在“组 2”框中输入女性编码“2”（表示女性为另一组），如图 8—9 所示。

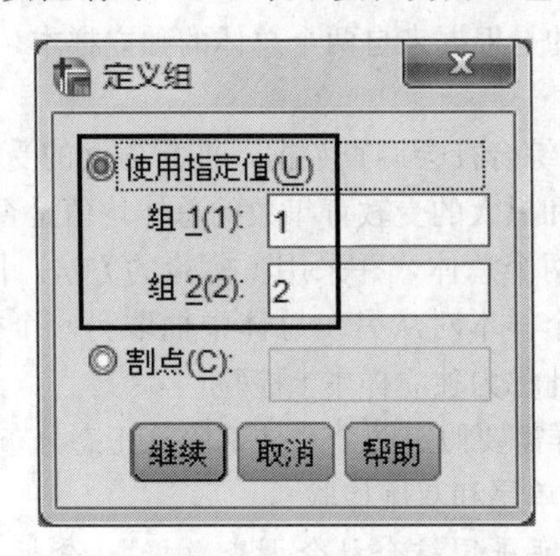

图 8—9　SPSS 20 中文版的“定义组”对话框（两组）

（5）单击“继续”按钮，返回如图 8—8 所示的“独立样本 T 检验”对话框。

（6）单击“确定”按钮，提交运行。SPSS 在“输出”窗口中输出如表 8—7 和表 8—8（由于表格较大，只截取有用的部分）所示的独立样本 t 检验的统计分析结果。

表 8—7　　男女受教育年数的描述统计分析结果（SPSS 格式）

组统计量

	性别	N	均值	标准差	均值的标准误
受教育年数	男	633	13.23	3.143	.125
	女	877	12.63	2.839	.096

表 8—7 是男女受教育年数的描述统计分析结果。其内容的解释与单样本描述统计分析结果的解释完全相同。

表 8—8　　男女受教育年数的独立样本 t 检验结果（SPSS 格式）

独立样本检验

		方差方程的 Levene 检验		均值方程的 t 检验			
		F	Sig.	t	df	Sig.（双侧）	均值差值
受教育年数	假设方差相等	11.226	.001	3.887	1 508	.000	.602
	假设方差不相等			3.824	1 276.454	.000	.602

表 8—8 是男女受教育年数的独立样本 t 检验结果。注意：这个输出的左边三列，用 Levene 检验来看这两个样本所代表的总体之方差是否相等（零假设为相等）。第一行是该检验的零假设：两个总体方差相等；而第二行为备选假设：两个总体方差不相等。如果该检验显著，即在 Sig 列中的该 Levene 检验 p 值很小（这里是 0.001），就应该看第二行备选假设的 t 检验输出。如果 Levene 检验的 p 值较大（本例并不大），则看第一行零假设下的结果。之所以要检验总体方差，是因为总体方差相等时使用的检验

统计量与方差不相等时使用的不一样。

8.3.2　独立样本 t 检验的调查报告格式

独立样本 t 检验的调查报告格式一般包含表格和结论。表格一般包含两组样本的频数（人数）、均值、标准差、两总体方差相等检验的 p 值、均值之差、两总体均值相等检验的 t 值和 p 值（根据实际情况，单尾或双尾）等统计量，如表 8—9 所示。

表 8—9　　男女受教育年数的独立样本 t 检验结果（1991 年的美国）

	性别	人数	均值	标准差	方差相等检验 p 值	均值之差	t 值	均值相等检验 p 值（双尾）
受教育年数	男	633	13.23	3.143	0.001	0.602	3.824	0.000
	女	877	12.63	2.839				

此次调查结果（见表 8—9）显示：633 名男性受访者的平均受教育年数为 13.23 年，877 名女性受访者的平均受教育年数为 12.63 年，相差 0.602 年，两总体方差存在显著差异（p 值为 0.001），两总体均值相等 t 检验的双尾 p 值接近于 0（0.000），小于显著性水平 0.001，因此拒绝零假设，认为两总体均值存在显著差异，即在 1991 年的美国，男女的受教育年数不同，是有显著差异的。

8.3.3　独立样本 t 检验的应用实例

例 8—4　利用“1991 年美国综合社会调查数据”，分析美国白人和黑人的受教育年数是否有显著差异。

要检验白人的受教育年数的总体均值 $\mu_{白人}$ 是否与黑人的受教育年数的总体均值 $\mu_{黑人}$ 有显著差异。相应的假设检验问题为：

$$H_0:\mu_{白人}=\mu_{黑人} \Longleftrightarrow H_1:\mu_{白人}\neq\mu_{黑人}（双尾检验）$$

与前面的例 8—3 的方法类似，在 SPSS 20 中文版中，打开数据文件“第 5 章 1991 年美国综合社会调查.sav”后，执行下述操作：

（1）单击菜单“分析”→“比较均值”→“独立样本 T 检验”，打开如图 8—10 所示的“独立样本 T 检验”对话框。

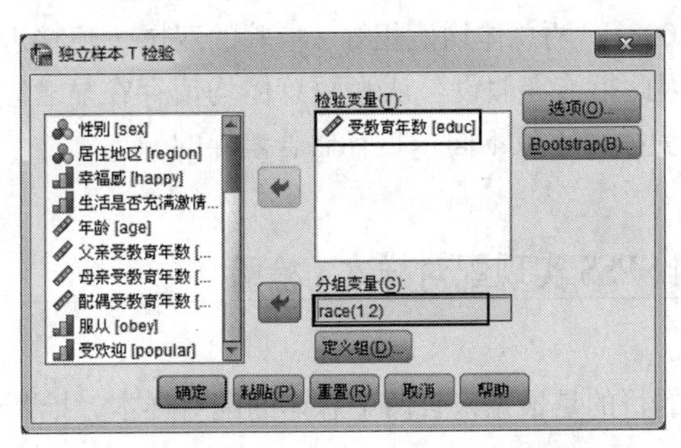

图 8—10　SPSS 20 中文版的“独立样本 T 检验”对话框（受教育年数［educ］，种族［race］）

（2）从左侧的源变量框中选择“受教育年数［educ］”，进入“检验变量”框中。

（3）再从左侧的源变量框中选择“种族［race］”，进入“分组变量”框中。

（4）在“分组变量”框中选中“race(? ?)”后，单击“定义组”按钮，打开“定义组”对话框，在“使用指定值”的“组 1”框中输入白人编码“1”（表示白人一组），在“组 2”框中输入黑人编码“2”（表示黑人为另一组），如图 8—9 所示。

（5）单击“继续”按钮，返回如图 8—10 所示的“独立样本 T 检验”对话框。

（6）单击“确定”按钮，提交运行。SPSS 在“输出”窗口中输出如表 8—10 和表 8—11（由于表格较大，只截取有用的部分）所示的独立样本 t 检验的统计分析结果。

表 8—10　白人和黑人受教育年数的描述统计分析结果（SPSS 格式）

组统计量

	种族	N	均值	标准差	均值的标准误
受教育年数	白人	1 262	13.06	2.955	.083
	黑人	199	11.89	2.677	.190

表 8—11　白人和黑人受教育年数的独立样本 t 检验结果（SPSS 格式）

独立样本检验

		方差方程的 Levene 检验		均值方程的 t 检验			
		F	Sig.	t	df	Sig.（双侧）	均值差值
受教育年数	假设方差相等	9.153	.003	5.219	1 459	.000	1.162
	假设方差不相等			5.607	279.8	.000	1.162

按照调查报告格式，整理输出结果表 8—10 和表 8—11，得到表 8—12。

表 8—12　白人和黑人受教育年数的独立样本 t 检验结果（1991 年的美国）

	种族	人数	均值	标准差	方差相等检验 p 值	均值之差	t 值	均值相等检验 p 值（双尾）
受教育年数	白人	1 262	13.06	2.955	0.003	1.162	5.607	0.000
	黑人	199	11.89	2.677				

此次调查结果（见表 8—12）显示：1 262 名白人受访者的平均受教育年数为 13.06 年，199 名黑人受访者的平均受教育年数为 11.89 年，相差 1.162 年，两总体方差存在显著差异（p 值为 0.003），两总体均值相等 t 检验的双尾 p 值接近于 0（0.000），小于显著性水平 0.001，因此拒绝零假设，认为两总体均值存在显著差异，即在 1991 年的美国，白人和黑人的受教育年数不同，是有显著差异的。

8.4 利用 SPSS 实现配对样本 t 检验

配对样本 t 检验的目的是根据来自两个总体的配对样本，推断两个总体均值是否存在显著差异。

配对样本 t 检验与独立样本 t 检验的差别之一是要求样本是配对的，抽样不是相互独立，而是互相关联的。所谓配对样本可以是个案在“前”、“后”两种状态下某属性的两种不同特征，也可以是对某事物两个不同侧面或方面的描述。

配对样本 t 检验也有单尾和双尾检验。

例 8—5　有两列 50 对减肥数据（请见“第 8 章　减肥前后体重.sav”或“第 8 章　减肥前后体重.xlsx”）。其中一列数据（Before）是减肥前的体重，另一列（After）是减肥后的体重（单位：公斤）。要比较 50 个人在减肥前和减肥后的体重。这样就有了两个样本，每个样本的样本量都是 50。这里不能用前面介绍的独立样本 t 检验，因为两个样本并不独立。每一个人减肥后的体重都和自己减肥前的体重有关。但不同人之间却是独立的。设所有个体减肥前后体重差（减肥前体重减去减肥后体重）的均值为 μ_D，这样所要进行的检验为：

$$H_0:\mu_D=0\Longleftrightarrow H_1:\mu_D>0\text{(单尾检验)}$$

可以把两个样本中配对的观测值逐个相减，形成一个由独立观测值组成的样本，然后用单样本检验方法（单样本 t 检验），看其均值是否为零。当然，如果直接选用软件中配对（成对）样本均值的检验（配对样本 t 检验），就不用事先逐个相减了。

8.4.1　利用 SPSS 实现配对样本 t 检验的操作步骤

在 SPSS 20 中文版中，打开数据文件“第 8 章　减肥前后体重.sav”后，执行下述操作：

（1）单击菜单“分析”→“比较均值”→“配对样本 T 检验”，打开如图 8—11 所示的“配对样本 T 检验”对话框，

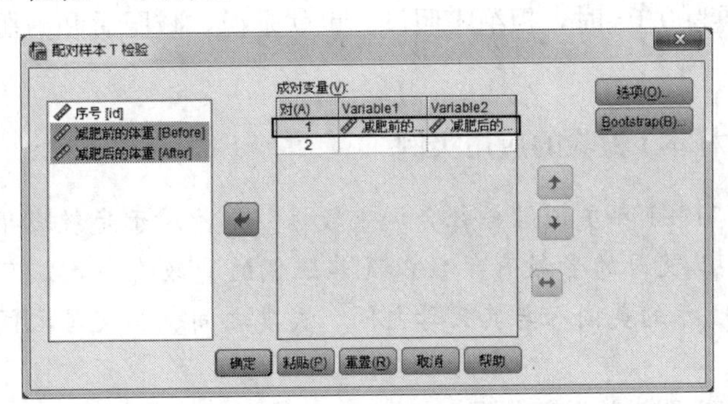

图 8—11　SPSS 20 中文版的“配对样本 T 检验”对话框（减肥前后的体重）

（2）从左侧的源变量框中选择“减肥前的体重［Before］”和“减肥后的体重［After］”，进入“成对变量”框中。

（3）单击“确定”按钮，提交运行，SPSS 在“输出”窗口中输出配对样本 t 检验的统计分析结果，如表 8—13 和表 8—14（由于表格较大，只截取有用的部分）所示。

表 8—13　　减肥前与减肥后体重的配对样本描述统计分析结果（SPSS 格式）

成对样本统计量

		均值	N	标准差	均值的标准误
对 1	减肥前的体重	70.68	50	8.651	1.223
	减肥后的体重	68.80	50	8.734	1.235

表 8—14　　减肥前与减肥后体重的配对样本 t 检验结果（SPSS 格式）

成对样本检验

		成对差分		t	df	Sig.（双侧）
		均值	标准差			
对 1	减肥前的体重 减肥后的体重	1.880	3.962	3.355	49	.002

8.4.2　配对样本 t 检验的调查报告格式

配对样本 t 检验的调查报告格式一般包含表格和结论。表格一般包含前后（配对）两组样本的频数（人数）、均值、标准差、前后（配对）之差的均值、t 检验的 t 值和 p 值（根据实际情况，单尾或双尾）等统计量，如表 8—15 所示。

表 8—15　　减肥前与减肥后体重的配对样本 t 检验结果

体重配对	人数	均值	标准差	减肥前后体重之差的均值	t 值	p 值（单尾）
减肥前	50	70.68	8.651	1.88	3.355	0.001
减肥后		68.80	8.734			

此次调查结果（见表 8—15）显示：在 50 名受访者中，减肥前的平均体重为 70.68 公斤，减肥后的平均体重为 68.80 公斤，平均减重 1.88 公斤，单尾 p 值为 0.001。因此，在显著性水平为 0.01 时，拒绝零假设。也就是说，减肥后和减肥前相比，平均体重显著要轻。

8.4.3　配对样本 t 检验的应用实例

例 8—6　在“1991 年美国综合社会调查数据”中，对于受教育年数，涉及了受访者的受教育年数、其父母的受教育年数以及其配偶的受教育年数。可以对这些数据进行分析，分析 1991 年的美国人与其父母之间、夫妻之间、其父母之间的受教育年数是否有显著差异？

这里涉及的 4 个假设检验问题是：

（1）受访者的受教育年数是否比其父亲的长？设受访者的受教育年数减去其父亲的受教育年数的均值为 μ_{D1}，这样所要进行的检验为：

$$H_0: \mu_{D1}=0 \Longleftrightarrow H_1: \mu_{D1}>0 \text{(单尾检验)}$$

（2）受访者的受教育年数是否比其母亲的长？设受访者的受教育年数减去其母亲的受教育年数的均值为 μ_{D2}，这样所要进行的检验为：

$$H_0: \mu_{D2}=0 \Longleftrightarrow H_1: \mu_{D2}>0 \text{(单尾检验)}$$

（3）受访者的受教育年数是否与其配偶的相等（是否存在显著差异）？设受访者的受教育年数减去其配偶的受教育年数的均值为 μ_{D3}，这样所要进行的检验为：

$$H_0: \mu_{D3}=0 \Longleftrightarrow H_1: \mu_{D3}\neq 0 \text{(双尾检验)}$$

（4）受访者父亲的受教育年数是否与其母亲的相等？设受访者父亲的受教育年数减去其母亲的受教育年数的均值为 μ_{D4}，这样所要进行的检验为：

$$H_0:\mu_{D4}=0 \Longleftrightarrow H_1:\mu_{D4}\neq 0(\text{双尾检验})$$

与前面的例 8—5 的方法类似，在 SPSS 中，打开数据文件“第 5 章　1991 年美国综合社会调查 .sav”后，执行下述操作。

（1）单击菜单“分析”→“比较均值”→“配对样本 T 检验”，打开如图 8—12 所示的“配对样本 T 检验”对话框。

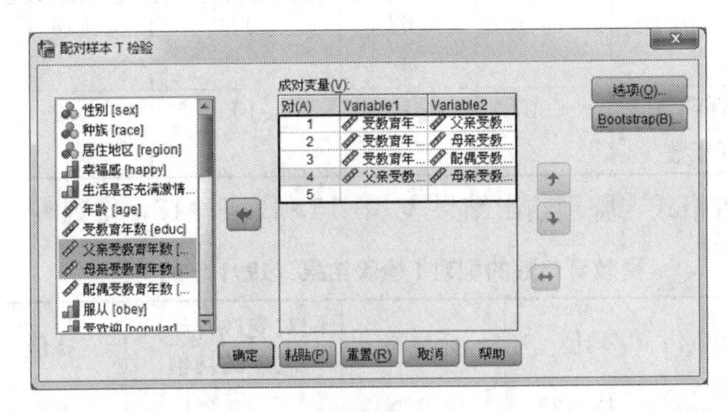

图 8—12　SPSS 20 中文版的“配对样本 T 检验”对话框（受教育年数）

（2）从左侧的源变量框中选择“受教育年数［educ］”和“父亲受教育年数［paeduc］”，进入“成对变量”框中。

（3）再从左侧的源变量框中选择“受教育年数［educ］”和“母亲受教育年数［maeduc］”，进入“成对变量”框中。

（4）再从左侧的源变量框中选择“受教育年数［educ］”和“配偶受教育年数［speduc］”，进入“成对变量”框中。

（5）再从左侧的源变量框中选择“父亲受教育年数［paeduc］”和“母亲受教育年数［maeduc］”，进入“成对变量”框中。

（6）单击“确定”按钮，提交运行，SPSS 在“输出”窗口中输出配对样本 t 检验的统计分析结果，如表 8—16 和表 8—17（由于表格较大，只截取有用的部分）所示。

表 8—16　　受教育年数的配对样本描述统计分析结果（SPSS 格式）

成对样本统计量

		均值	N	标准差	均值的标准误
对 1	受教育年数	13.42	1 065	2.859	.088
	父亲受教育年数	10.87	1 065	4.120	.126
对 2	受教育年数	13.29	1 232	2.817	.080
	母亲受教育年数	10.78	1 232	3.464	.099
对 3	受教育年数	13.06	789	2.948	.105
	配偶受教育年数	12.89	789	3.059	.109
对 4	父亲受教育年数	11.01	974	4.118	.132
	母亲受教育年数	11.02	974	3.407	.109

表 8—17　　　　受教育年数的配对样本 t 检验结果（SPSS 格式）

成对样本检验

		成对差分			t	df	Sig.（双侧）
		均值	标准差	均值的标准误			
对 1	受教育年数—父亲受教育年数	2.548	3.773	.116	22.044	1 064	.000
对 2	受教育年数—母亲受教育年数	2.510	3.429	.098	25.687	1 231	.000
对 3	受教育年数—配偶受教育年数	.170	2.624	.093	1.818	788	.069
对 4	父亲受教育年数—母亲受教育年数	—.007	3.115	.100	—.072	973	.943

按照调查报告格式，整理输出结果表 8—16 和表 8—17，得到表 8—18。

表 8—18　　　　受教育年数的配对 t 检验结果（1991 年的美国）

受教育年数配对	人数	均值	标准差	配对受教育年数之差的均值	t 值	p 值
本人	1 065	13.42	2.859	2.548	22.044	0.000（单尾）
父亲		10.87	4.120			
本人	1 232	13.29	2.817	2.510	25.687	0.000（单尾）
母亲		10.78	3.464			
本人	789	13.06	2.948	0.170	1.818	0.069（双尾）
配偶		12.89	3.059			
父亲	974	11.01	4.118	—0.007	—0.072	0.943（双尾）
母亲		11.02	3.407			

此次调查的结果（见表 8—18）显示：

（1）1 065 名受访者的平均受教育年数为 13.42 年，相应地，其父亲的平均受教育年数为 10.87 年，受访者的受教育年数比其父亲的平均长 2.548 年，且 t 检验的单尾 p 值接近于 0（0.000）。因此，在显著性水平为 0.001 时，拒绝零假设。也就是说，1991 年美国人与其父亲相比，平均受教育年数显著延长。

（2）1 232 名受访者的平均受教育年数为 13.29 年，相应地，其母亲的平均受教育年数为 10.78 年，受访者的受教育年数比其母亲的平均长 2.510 年，且 t 检验的单尾 p 值接近于 0（0.000）。因此，在显著性水平为 0.001 时，拒绝零假设。也就是说，1991 年美国人与其母亲相比，平均受教育年数显著延长。

（3）789 名受访者的平均受教育年数为 13.06 年，相应地，其配偶的平均受教育年数为 12.89 年，受访者的受教育年数仅仅比其配偶的平均长 0.170 年，且 t 检验的双尾 p 值为 0.069。因此，在显著性水平为 0.05 时，不能拒绝零假设。也就是说，1991 年美国人与其配偶相比，平均受教育年数没有显著差异。

（4）974 名受访者，其父亲的平均受教育年数为 11.01 年，相应地，其母亲的平均受教育年数为 11.02 年，受访者父母的平均受教育年数几乎相同（仅相差 0.007 年），且 t 检验的双尾 p 值为 0.943。因此，在显著性水平为 0.05 时，不能拒绝零假设。也就是说，1991 年受访美国人父母的平均受教育年数没有显著差异。

综上所述，1991 年美国人的平均受教育年数比其父母的都长，而与其配偶的平均受教育年数没有显著差异，此外，其父母的平均受教育年数也没有显著差异。可见，随着社会的发展，人们的受教育年数显著延长。而且，从结果中可以发现另外一个现象，就是人们在寻找配偶的时候，倾向于找一个和自己受教育水平相当的人作为对象。这与我们一般的思维是一致的，看来美国人也不是很另类！

8.5 利用 Excel 实现单样本 t 检验

例 8—7　某邮递家具公司收到了许多客户关于不按期送货的投诉。该公司怀疑责任在于他们雇用的货物运输公司。货物运输公司保证说他们的平均运输时间不超过 24 天。家具公司随机抽选 50 次运输记录，得知样本均值为 24.46 天，试以 0.05 的显著性水平对货运公司的保证的准确性作出判断。

本题所关心的是运输时间可能超过 24 天，所以采用单尾检验。假如样本均值小于 24，便不需要作进一步检验。如果样本均值大于 24，则需要判断如此高的均值是否出于偶然。

相应的假设检验问题为：

$$H_0:\mu\leqslant 24 \Longleftrightarrow H_1:\mu>24\text{（单尾检验）}$$

在 Excel 中，用“t-检验：双样本异方差假设”分析工具检验样本均值是否显著高于 24。采用该分析工具的原因是：把 2 个（或 2 个以上）检验值（常数 μ_0）当做一个样本，而几个常数组成的样本的方差为 0。

操作步骤如下：

（1）在 Excel 中，打开“第 8 章　假设检验 . xlsx”中的“单样本 t 检验”工作表，在“运输时间”列的右边，输入文本“检验值”及两个检验值“24”，如图 8—13 中的 C1:C3 区域所示。也就是说，样本 1 的数据在 B1:B51 区域（运输时间），样本 2 的数据在 C1:C3 区域（检验值）。

	A	B	C
1	序号	运输时间	检验值
2	1	23	24
3	2	24	24
4	3	28	
5	4	25	
6	5	24	

图 8—13　在 Excel 中的单样本 t 检验的数据（运输时间）

（2）在“数据”选项卡的“分析”组中，单击“数据分析”[①]，打开“数据分析”对话框。在“分析工具”列表框中选择“t-检验：双样本异方差假设”，然后单击“确定”按钮，打开“t-检验：双样本异方差假设”对话框，如图 8—14 所示。

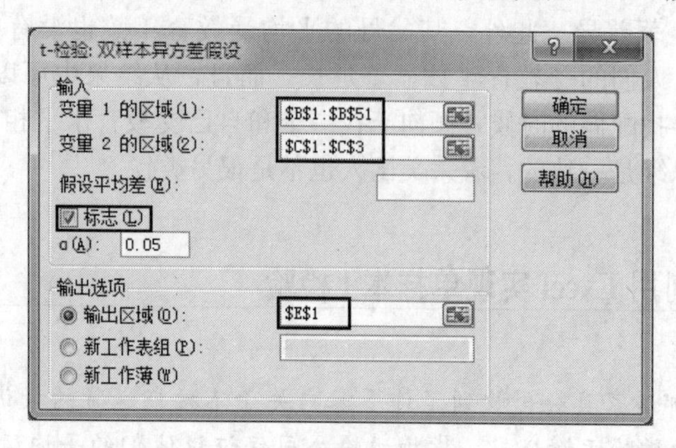

图 8—14 Excel 的“t-检验：双样本异方差假设”对话框（运输时间）

（3）在“变量 1 的区域”框中选择（或输入）“运输时间”数据区域 B1:B51；在“变量 2 的区域”框中选择（或输入）“检验值”数据区域 C1:C3；勾选（选中）“标志”（因为所选数据区域包含标题）。

（4）在“输出区域”框中选择（或输入）输出结果起始单元格 E1。单击“确定”按钮，输出结果如图 8—15 所示。

	E	F	G
1	t-检验：双样本异方差假设		
2			
3		运输时间	检验值
4	平均	24.46	24
5	方差	2.416734694	0
6	观测值	50	2
7	假设平均差	0	
8	df	49	
9	t Stat	2.092321152	
10	P(T<=t) 单尾	0.020806173	
11	t 单尾临界	1.676550893	
12	P(T<=t) 双尾	0.041612346	
13	t 双尾临界	2.009575237	

图 8—15 Excel 的“t-检验：双样本异方差假设”输出结果（运输时间）

按照调查报告格式，整理图 8—15 中的输出结果，得到表 8—19。其中的“标准差”是通过求“方差”的平方根得到的（$\sqrt{2.4167}\approx 1.55$，在 Excel 中可用 SQRT 函数或 0.5 次方实现）。

① 如果没有“分析”组或“分析”组中没有“数据分析”，则需要激活“分析工具库”加载宏（加载项）。在 Excel 2010 中激活“分析工具库”加载项的操作步骤请参见第 1 章的附录。

表 8—19　　运输时间总体均值的单样本 t 检验结果

	次数	均值	标准差	检验值	t 值	p 值（单尾）
运输时间	50	24.46	1.55	24	2.092	0.021

此次抽查的统计结果（见表 8—19）显示：家具公司随机抽选的 50 次运输记录，平均运输时间为 24.46 天，超过了运输公司保证（承诺）的 24 天，且 t 检验的单尾 p 值为 0.021，小于显著性水平 0.05，因此拒绝零假设，可以认为：平均运输时间为运输公司保证不超过的 24 天是不能接受的。说明运输公司的保证是不可信的。

8.6 利用 Excel 实现独立样本 t 检验

例 8—8　某大学管理学院考虑专业设置情况，现已知会计专业与财务专业皆为社会所需求，但似乎会计专业毕业生年薪高于财务专业。现在某地开发区随机调查会计专业毕业生 14 名、财务专业毕业生 12 名，询问他们参加工作第一年的年薪情况。试以 0.05 的显著性水平，推断会计专业毕业生的年薪是否高于财务专业毕业生的年薪。

本题所关心的是会计专业毕业生的年薪的总体均值 μ_1 是否高于财务专业毕业生的年薪的总体均值 μ_2。相应的假设检验问题为：

$$H_0: \mu_1 = \mu_2 \Longleftrightarrow H_1: \mu_1 > \mu_2 \text{（单尾检验）}$$

温馨提示：独立样本 t 检验，要分两步进行检验。第一步，两总体方差差异是否显著的 F 检验（利用“F-检验 双样本方差”分析工具）；第二步，两总体均值差异是否显著的 t 检验。在第一步中，如果两总体方差存在显著差异，应利用“t-检验：双样本异方差假设”分析工具，如果两总体方差没有显著差异，则利用“t-检验：双样本等方差假设”分析工具。

操作步骤如下：

(1) 在 Excel 中，打开“第 8 章　假设检验 . xlsx”中的“独立样本 t 检验”工作表，如图 8—16 所示，样本 1 的数据在 B1:B15 区域（会计专业毕业生的年薪），样本 2 的数据在 C1:C13 区域（财务专业毕业生的年薪）。

	A	B	C
1	序号	会计专业	财务专业
2	1	52,300	52,600
3	2	53,600	47,200
4	3	58,600	48,000
5	4	59,400	52,400
6	5	58,400	53,800

图 8—16　在 Excel 中的独立样本 t 检验的数据（会计和财务专业毕业生的年薪）

（2）在“数据”选项卡的“分析”组中，单击“数据分析”[①]，打开“数据分析”对话框。在“分析工具”列表框中选择“F-检验-双样本方差”，然后单击“确定”按钮，打开“F-检验-双样本方差”对话框，如图 8—17 所示。

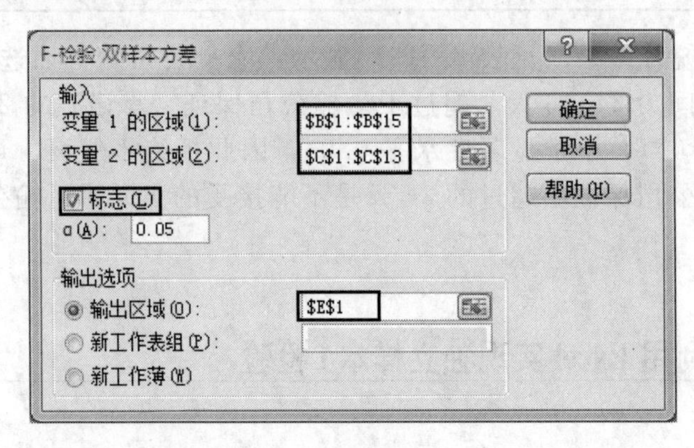

图 8—17 Excel 的“F-检验-双样本方差”对话框（会计和财务专业毕业生的年薪）

（3）在“变量 1 的区域”框中选择（或输入）“会计专业”毕业生的年薪数据区域 B1:B15；在“变量 2 的区域”框中选择（或输入）“财务专业”毕业生的年薪数据区域 C1:C13；勾选（选中）“标志”（因为所选数据区域包含标题）。

（4）在“输出区域”框中选择（或输入）输出结果起始单元格 E1。单击“确定”按钮，输出结果如图 8—18 所示。

	E	F	G
1	F-检验 双样本方差分析		
2			
3		会计专业	财务专业
4	平均	54278.57143	51216.66667
5	方差	10483351.65	15246969.7
6	观测值	14	12
7	df	13	11
8	F	0.687569521	
9	P(F<=f) 单尾	0.257544064	
10	F 单尾临界	0.379556991	

图 8—18 Excel 的“F-检验-双样本方差”输出结果（会计和财务专业毕业生的年薪）

（5）从输出结果中可知：由于 F 检验[②]的双尾 p 值为 0.257 5×2＝0.515[③]，大于

---

① 如果没有“分析”组或“分析”组中没有“数据分析”，则需要激活“分析工具库”加载宏（加载项）。在 Excel 2010 中激活“分析工具库”加载项的操作步骤请参见第 1 章的附录。

② Excel 的双样本等方差 F 检验结果，与 SPSS 的“独立样本 t 检验”中用 Levene 的 F-检验的结果不同。用 SPSS“独立样本 t 检验”中的 Levene 的 F-检验结果是：F 值为 0.912，p 值（Sig.）为 0.349，大于显著性水平 0.05，因此不能拒绝零假设，认为两个独立样本的总体方差相等（没有显著差异）。这是作者到目前为止发现的唯一一处 Excel“数据分析”结果与 SPSS 统计结果不一致的地方。但一般不影响判断结果（如这里的方差没有显著差异）。可能是采用的 F 检验方法不同造成的。

③ 因为两总体方差差异检验（双样本等方差检验）是双侧检验（双尾检验）。

显著性水平 0.05，因此不能拒绝零假设，认为两个独立样本的总体方差相等（没有显著差异）。所以接着利用“t-检验：双样本等方差假设”分析工具检验两个独立样本的总体均值是否存在显著差异。

（6）在“数据”选项卡的“分析”组中，单击“数据分析”，打开“数据分析”对话框。在“分析工具”列表框中选择“t-检验：双样本等方差假设”，然后单击“确定”按钮，打开“t-检验：双样本等方差假设”对话框，如图 8—19 所示。

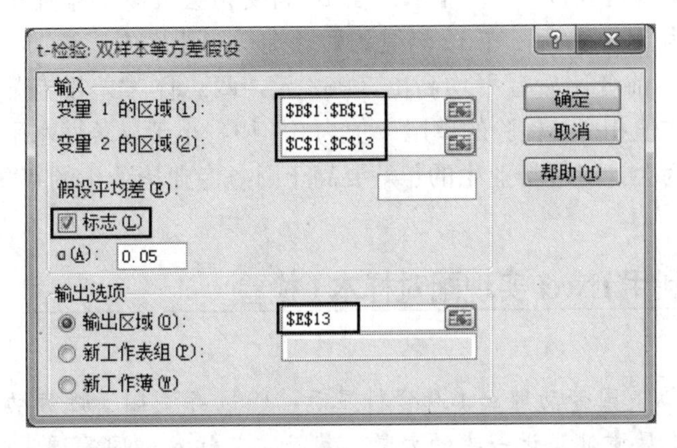

图 8—19　Excel 的“t-检验：双样本等方差假设”对话框（会计和财务专业毕业生的年薪）

（7）在“变量 1 的区域”框中选择（或输入）“会计专业”毕业生的年薪数据区域 B1:B15；在“变量 2 的区域”框中选择（或输入）“财务专业”毕业生的年薪数据区域 C1:C13；勾选“标志”（因为所选数据区域包含标题）。

（8）在“输出区域”框中选择（或输入）输出结果起始单元格 E13。单击“确定”按钮，输出结果如图 8—20 所示。

	E	F	G
13	t-检验：双样本等方差假设		
14			
15		会计专业	财务专业
16	平均	54278.57143	51216.66667
17	方差	10483351.65	15246969.7
18	观测值	14	12
19	合并方差	12666676.59	
20	假设平均差	0	
21	df	24	
22	t Stat	2.186896875	
23	P(T<=t) 单尾	0.019365507	
24	t 单尾临界	1.71088208	
25	P(T<=t) 双尾	0.038731015	
26	t 双尾临界	2.063898562	

图 8—20　Excel 的“t-检验：双样本等方差假设”输出结果（会计和财务专业毕业生的年薪）

按照调查报告格式，整理图 8—18 和图 8—20 中的输出结果，得到表 8—20，其中的“标准差”是通过求“方差”的平方根得到的。

表 8—20　　会计和财务专业毕业生年薪的独立样本 t 检验结果

	专业	人数	均值（元）	标准差（元）	方差相等检验 p 值	均值之差（元）	t 值	均值相等检验 p 值（单尾）
毕业生的年薪	会计	14	54 279	3 238	0.515	3 062	2.187	0.019
	财务	12	51 217	3 905				

此次调查结果（见表 8—20）显示：在 14 名受访会计专业毕业生中，参加工作第一年的平均年薪为 54 279 元，在 12 名受访财务专业毕业生中，参加工作第一年的平均年薪为 51 217 元，前者比后者平均高出 3 062 元，两总体方差没有显著差异（p 值为 0.515），两总体均值相等 t 检验的单尾 p 值为 0.019，小于显著性水平 0.05，因此拒绝零假设，可以认为会计专业毕业生的年薪要高于财务专业毕业生的年薪。

8.7 利用 Excel 实现配对样本 t 检验

例 8—9　根据美国劳动部女工局资料显示，1994 年美国女性劳动力约占 46%，女性为美国的经济发展贡献了近一半的力量。然而，其收入却同美国男性有着显著差别。数据是美国劳动部女工局随机抽取的男女劳动力在 65 个职业中的平均每周收入。

假定平均每周收入服从正态分布，以 0.05 为显著性水平，对美国男女收入差异进行检验，以判断是否存在差异。如果存在差异，则是否相差 120 美元以上？

本题中所关心的是男女平均每周收入差异是否在 120 美元以上，因此采用单尾检验。假如差异的均值小于 120，便不需要作进一步检验。如果大于 120，则需要作进一步检验。相应的假设检验问题为：

$$H_0: \mu_{男} - \mu_{女} \leqslant 120 \Longleftrightarrow H_1: \mu_{男} - \mu_{女} > 120(单尾检验)$$

在 Excel 中，用"t-检验：平均值的成对二样本分析"工具来检验男女平均每周收入差异的均值是否超过 120 美元。

操作步骤如下：

(1) 在 Excel 中，打开"第 8 章　假设检验. xlsx"中的"配对样本 t 检验"工作表，如图 8—21 所示。"男性周收入"的数据在 B1:B66 区域，"女性周收入"的数据在 C1:C66 区域。可以计算每个职业男女周收入的差异。

D2　　fx　=B2-C2

	A	B	C	D
1	序号	男性周收入	女性周收入	差异
2	1	341	293	48
3	2	446	418	28
4	3	269	248	21
5	4	330	275	55
6	5	450	378	72

图 8—21　在 Excel 中的配对样本 t 检验的数据（男女周收入及其差异）

（2）在“数据”选项卡的“分析”组中，单击“数据分析”①，打开“数据分析”对话框。在“分析工具”列表框中选择“t-检验：平均值的成对二样本分析”，然后单击“确定”按钮，打开“t-检验：平均值的成对二样本分析”对话框，如图 8—22 所示。

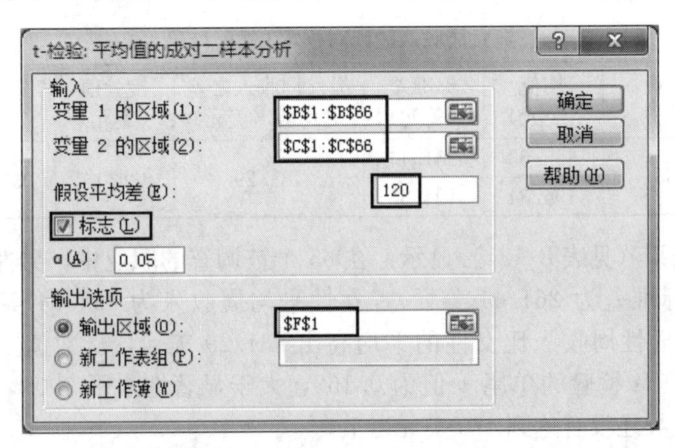

图 8—22　Excel 的“t-检验：平均值的成对二样本分析”对话框（男女周收入）

（3）在“变量 1 的区域”框中选择（或输入）“男性周收入”数据区域 B1：B66；在“变量 2 的区域”框中选择（或输入）“女性周工资”数据区域 C1：C66；在“假设平均差”框中输入差异的均值“120”；勾选“标志”（由于所选数据区域包含标题）。

（4）在“输出区域”框中选择（或输入）输出结果起始单元格 F1，单击“确定”按钮，输出结果如图 8—23 所示。

温馨提示： 由于 Excel 中文翻译问题，输出结果（t-检验：成对双样本均值分析）和对话框名称（t-检验：平均值的成对二样本分析）不完全相同。

	F	G	H
1	t-检验：成对双样本均值分析		
2			
3		男性周收入	女性周收入
4	平均	625.6307692	494.3384615
5	方差	68349.48654	37976.38365
6	观测值	65	65
7	泊松相关系数	0.960753079	
8	假设平均差	120	
9	df	64	
10	t Stat	0.991599461	
11	P(T<=t) 单尾	0.162563626	
12	t 单尾临界	1.669013025	
13	P(T<=t) 双尾	0.325127252	
14	t 双尾临界	1.997729654	

图 8—23　Excel 的“t-检验：平均值的成对二样本分析”输出结果（男女周收入）

① 如果没有“分析”组或“分析”组中没有“数据分析”，则需要激活“分析工具库”加载宏（加载项）。在 Excel 2010 中激活“分析工具库”加载项的操作步骤请参见第 1 章的附录。

（5）按照调查报告格式，整理图 8—23 中的输出结果，得到表 8—21。其中：“标准差”是通过求“方差”的平方根得到的；“男女周收入之差的均值”是男性周收入均值减去女性周收入均值得到的（625.63−494.34＝131.29）。

表 8—21　　男女周收入的配对样本 t 检验结果

<table>
<tr><th>周收入配对</th><th>职业种类</th><th>均值（美元）</th><th>标准差（美元）</th><th>男女周收入之差的均值（美元）</th><th>检验值（美元）</th><th>t 值</th><th>p 值（单尾）</th></tr>
<tr><td>男性</td><td rowspan="2">65</td><td>625.63</td><td>261.44</td><td rowspan="2">131.29</td><td rowspan="2">120</td><td rowspan="2">0.991 6</td><td rowspan="2">0.163</td></tr>
<tr><td>女性</td><td>494.34</td><td>194.88</td></tr>
</table>

此次调查结果（见表 8—21）显示：在 65 个被调查的职业中，男性平均周收入为 625.63 美元（标准差为 261.44 美元），女性平均周收入为 494.34 美元（标准差为 194.88 美元），男性周收入比女性的平均高出 131.29 美元，从数值上看，虽然多于 120 美元，但由于 t 检验的单尾 p 值为 0.163，大于显著性水平 0.05，不能拒绝零假设，因此认为差异还没有达到 120 美元以上。

值得注意的是：在实际应用中，由于可能存在其他因素（如受教育年数、工作岗位、工作时间、工作经验等不同），不能得出平均周收入不同是由性别差异造成的结论，所以根据分析结果得出结论要慎重。

8.8 思考题与上机实验题

思考题：

1. 在 SPSS 中，用什么菜单实现单样本 t 检验？
2. 在 SPSS 中，用什么菜单实现独立样本 t 检验？数据如何组织？
3. 在 SPSS 中，用什么菜单实现配对样本 t 检验？数据如何组织？
4. 在 Excel 中，用什么分析工具实现单样本 t 检验？
5. 在 Excel 中，用什么分析工具实现独立样本 t 检验？数据如何组织？
6. 在 Excel 中，用什么分析工具实现配对样本 t 检验？数据如何组织？
7. 什么情况下，选用独立样本 t 检验？什么情况下，选用配对样本 t 检验？

上机实验题：

1. 利用“2012 年美国综合社会调查数据”，分析以下问题：

（1）分析美国男女的受教育年数是否有显著差异。

（2）分析美国白人和黑人的受教育年数是否有显著差异。

（3）分析美国人与其父母之间、夫妻之间、其父母之间的受教育年数是否有显著差异。

2. 为检测空气质量，某城市环保部门每隔几周就对空气烟尘质量进行一次随机检测。已知该城市过去每立方米空气中悬浮颗粒的平均值是 82 毫克。最近一段时间检测了 32 次，得到了每立方米空气中悬浮颗粒的数值（单位：毫克）。根据最近的检测数据，当显著性水平取 0.01 时，能否认为该城市空气中悬浮颗粒的平均值显著低于过去的平均值？（数据请见“第 8 章　假设检验上机实验数据 .xlsx”中的“检测空气质量”工作表。）

3. 一个以减肥为主要目标的健美俱乐部声称，参加其训练班至少可以使减肥者平均体重减少 9 公斤以上。为了验证该说法是否可信，调查员随机抽取了 20 名参加者，得到他们的体重记录。问：调查结果是否支持该俱乐部的声称？（假定训练前后的体重服从正态分布，显著性水平取 0.05，数据请见“第 8 章　假设检验上机实验数据 .xlsx”中的“减肥数据”工作表。）

4. 某轮胎制造企业想知道一个新的橡胶配方是否能提高胎面摩擦力，即新轮胎寿命与旧轮胎寿命是否有显著差异。质量检查人员使用两套样本，一套是用传统配方制造的轮胎，另一套是用新配方制造的轮胎，两套轮胎除了在橡胶方面不同外其他各方面均相同。现随机选择 6 名汽车司机进行实验，每辆小汽车配两个用原橡胶配方生产的轮胎和两个用新配方生产的轮胎，并且保证每辆汽车的前轮和后轮均装有一个新配方制造的轮胎和用原配方制造的轮胎。开动汽车直到有一轮胎破裂，对这个轮胎的里程寿命进行登记，然后继续开这辆车，直到所有的轮胎破裂为止，记录每个轮胎里程数。根据所得数据，以 0.05 为显著性水平，制造企业是否有足够的证据说明用新配方制造的轮胎的平均寿命超过用原橡胶配方制造的轮胎的平均寿命？请问是独立样本问题还是配对样本问题？结论如何？（数据请见“第 8 章　假设检验上机实验数据 .xlsx”中的“新旧轮胎寿命”工作表。）

5. 为了比较两种鞋底材料，让 20 名试验者左右脚穿两种不同材料的鞋，然后记录左右脚的磨损度。这是独立样本问题吗？如果不是，是什么问题？为什么？利用双尾检验：H_0：$\mu_1=\mu_2 \Longleftrightarrow H_1$：$\mu_1\neq\mu_2$，看两种材料的耐磨度是否一样。（显著性水平取 0.05，数据请见“第 8 章　假设检验上机实验数据 .xlsx”中的“两种材料的耐磨度”工作表。）

6. 两个平行班进行教学效果评估（两个平行班的教学方法不同，哪个班的教学效果更好）。某对外汉语教学中心进行了一项汉字教学实验，同一年级的两个平行班参与了该实验。两个班分别采用两种不同的教学方式学习 40 个生字，其中一班采用的是集中识字的方式，即安排外国留学生在学习课文以前集中学习生字，然后再学习课文；二班采用的是分散识字的方式，即安排外国留学生一边学习课文一边学习生字。为了考察两种教学方式对生字读音的记忆效果是否有影响，教学效果是否有差异，分别从一班和二班随机抽取了 20 人，要求他们对 40 个学过的汉字进行注音，每注对一个得 1 分，注错不得分。两个班同学的测试成绩请见“第 8 章　假设检验上机实验数据 .xlsx”中的“两个班的测试成绩”工作表。问：

（1）两个班的平均成绩、标准差、最高分、最低分分别是多少？

（2）两种教学方式对生字读音的记忆效果是否有显著影响，哪一种教学方式更有效？

7. 挑选学生配对组班，更精确地评估教学效果。在前面实验 6 的研究中，研究者考虑到没有对一班和二班的外国留学生本身的基础、智力水平等因素进行有效的控制，所以重新设计了实验方案。新方案（方案 2）如下：首先从同年级的外国留学生中挑选了40人，这40人两两配对，共形成20对。其中对每对学生的年龄、性别、智力水平、汉语水平、学习汉语的年限等因素进行了匹配，使之尽可能相同。这20对学生进一步分成两组，每对学生中的一个分到A组，另一个分到B组。这样，A组和B组各20人。对A组学生采用的是集中识字的方式，即在学习课文以前集中学习生字，然后再学习课文；B组采用的是分散识字的方式，即一边学习课文一边学习生字。在随后的测试中，要求两组学生对40个学过的汉字进行注音，每注对一个得1分，注错不得分。两组同学的测试成绩请见“第8章　假设检验上机实验数据.xlsx”中的“两组的测试成绩”工作表。问：根据测试成绩，两种教学方式对生字读音的记忆效果是否有显著影响？

第 9 章

单因素方差分析

第 8 章的 t 检验是用来比较两个总体均值是否相等（是否存在显著差异），而比较两个以上总体均值是否相等（是否存在显著差异）时，就需要使用单因素方差分析。也就是说，当检验多个（两个以上）总体均值是否相等时，方差分析是更有效的统计方法。由于是通过对数据误差的分析来判断均值是否相等，故名方差分析（Analysis of Variance，ANOVA）。

在农业、商业、医学、社会学、经济学等诸多领域的数量分析中，方差分析已经发挥了极为重要的作用。这种从数据差异入手的分析方法，有助于人们从另一个角度发现事物的内在规律性。

从形式上看，方差分析是比较多个（两个以上）总体均值是否相等，但本质上，它研究的是分类（分组）自变量对数值因变量的影响。

只考虑一个分类自变量影响的方差分析称为单因素方差分析（One-Way ANOVA）。

本章将介绍单因素方差分析的基本原理、用 SPSS 和 Excel 实现单因素方差分析等内容。

9.1 单因素方差分析的基本原理

单因素方差分析主要用于研究一个分类变量与一个数值变量之间的关系。数值（定量）变量是被分析的变量，也就是因变量。分类变量是影响因素（变量），也就是自变量。影响因素（自变量）的取值被称为影响因素的水平。

研究的目的是想知道当影响因素取不同水平时，因变量是否有显著差异。换句话说，影响因素的不同水平是否对观测变量（因变量）产生了显著影响。例如，分析不同施肥量是否给农作物产量带来显著影响；考察地区差异是否会影响妇女的生育率；

研究学历对工资收入的影响；观看不同电视广告的消费者对某品牌的评价是否有显著差异；零售商、批发商和代理商对公司营销政策的看法是否有显著差异；在不同价格水平下，消费者对某商品的购买欲是否不同；等等。这些问题都可以通过单因素方差分析得到答案。

单因素方差分析是通过比较各个类别的组内差异和类别之间的组间差异大小来确定变量之间是否相关。如果组内差异大而组间差异小，则说明两个变量之间不相关。反之，如果组间差异大而组内差异小，则说明两个变量之间相关。

例 9—1 对 4 所大学的 MBA 学生毕业后的工作和生活情况进行了跟踪调查，表 9—1 是其中一项调查的抽样结果。

根据抽样数据，希望知道：

（1）不同大学的 MBA 毕业生第一年收入是否有明显不同？

（2）如果存在明显差异，哪所大学的 MBA 毕业生第一年收入最高，哪所最低？

表 9—1　　调查的抽样结果

大学	MBA 毕业生第一年收入（单位：万元）											
A1	16.6	15.3	12.2	14.8	19.1	18.2	18.3	21	13.2	16.5	17.6	15.2
A2	12.8	16.2	10.6	14.1	24	12.5	10.2	15.5	14	12.4	9.6	18
A3	10.5	6.8	4.7	5.2	4.4	12.5	7.7	6.8	14.5	7	17.5	8.9
A4	11.5	10.3	13	13.8	11	7.6	11.4	20	12.5	16	19	12.8

实际工作中经常会遇到类似的问题，它们都可以利用方差分析来解决。一般来说，对单个因素（比如例子中“大学”这个因素）的 r 个水平进行随机抽样，可得到如表 9—2 所示的抽样结果。

表 9—2　　单因素方差分析的抽样结果

A 的水平	抽样的指标值	均值
A_1	$X_{11}, X_{12}, \cdots, X_{1n_1}(X_1)$	$\overline{X}_1$
A_2	$X_{21}, X_{22}, \cdots, X_{2n_2}(X_2)$	$\overline{X}_2$
⋮	⋮	⋮
A_r	$X_{r1}, X_{r2}, \cdots, X_{rn_r}(X_r)$	$\overline{X}_r$

进行方差分析时，通常提出假定：每个水平下的样本均取自正态总体，且各总体的方差相等。于是因素 A 的影响是否显著，归结为各水平间是否存在差异，这一问题可转化为检验各总体均值是否相等（是否有显著差异），即检验：

$$H_0:\mu_1=\mu_2=\cdots=\mu_r \Longleftrightarrow H_1:\mu_1,\mu_2,\cdots,\mu_r \text{ 不全相等}$$

单因素方差分析通常利用离差平方和的分解来进行，总离差平方和 SST 分解式为

$$SST=SSA+SSE$$

式中，总离差平方和 SST 为所有样本取值差异程度的度量；SSA、SSE 则是分别用来反映因素 A 的各水平与随机因素造成的样本取值的差异程度，分别称为组间平方和与

组内平方和，它们的相对大小反映了因素 A 对因变量影响的显著程度。

单因素方差分析利用 F 检验来进行，当零假设（H_0）成立时，有

$$F=\frac{SSA/(r-1)}{SSE/(n-r)}=\frac{MSA}{MSE}\sim F(r-1,n-r)$$

式中 r 为水平数；n 为观测总数，即 $n=\sum_{i=1}^{r}n_i$。如上所述，如果 F 值偏大，即 MSA 明显大于 MSE，说明因素 A 的各水平是造成样本取值差异的主要因素，此时应该拒绝零假设，认为因素 A 的影响是显著的；相反，F 值偏小则不能拒绝零假设，认为因素 A 的影响不显著。

为了直观清晰，单因素方差分析通常利用方差分析表进行，如表 9—3 所示。

表 9—3　单因素方差分析表

方差来源	离差平方和（SS）	自由度（df）	均方差（MS）	F 值
组间（因素影响）	SSA	$r-1$	$MSA=\frac{SSA}{r-1}$	$F=\frac{MSA}{MSE}$
组内（误差）	SSE	$n-r$	$MSE=\frac{SSE}{n-r}$	
总和	SST	$n-1$		

从理论上讲，单因素方差分析实际上是在等方差的假定下，进行的多正态总体均值相等检验。它通过对比分析因素的各水平与随机因素导致因变量取值差异的重要程度，来检验确定因素对因变量的影响是否显著。

9.2　利用 SPSS 实现单因素方差分析

例 9—1 相应的假设检验问题为：

$H_0: \mu_1=\mu_2=\mu_3=\mu_4$（4 所大学 MBA 毕业生第一年收入没有显著差异，大学对收入没有显著影响）

$H_1: \mu_1,\mu_2,\mu_3,\mu_4$ 不全相等（4 所大学 MBA 毕业生第一年收入有显著差异，大学对收入有显著影响）

9.2.1　利用 SPSS 实现单因素方差分析的操作步骤

温馨提示：数据的组织方式为：MBA 毕业生第一年收入（因变量）放在一列中，大学（自变量）放在另一列中，与表 9—1 不同。

在 SPSS 20 中文版中，打开数据文件“第 9 章　4 所大学 MBA 毕业生第一年收入 .sav”后，执行下述操作：

（1）单击菜单“分析”→“比较均值”→“单因素 ANOVA”，打开“单因素方差分析”对话框，如图 9—1 所示。

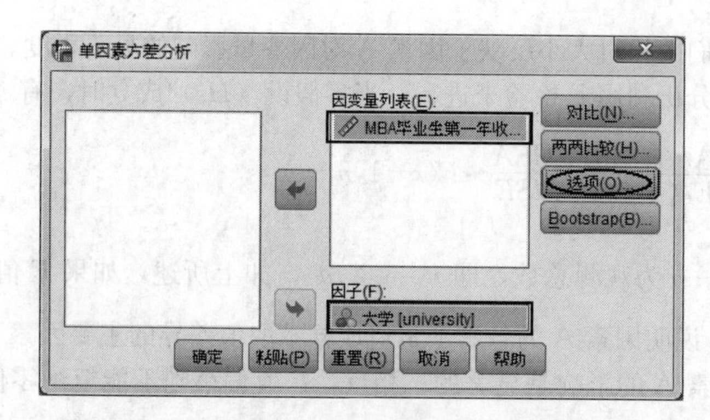

图 9—1　SPSS 20 中文版的“单因素方差分析”对话框（收入，大学）

（2）从左侧的源变量框中选择“MBA 毕业生第一年收入［income］”，进入“因变量列表”框中。

（3）再从左侧的源变量框中选择影响因素（自变量）“大学［university］”，进入“因子”框中。

（4）单击“选项”按钮，打开如图 9—2 所示的“单因素 ANOVA：选项”对话框。在“统计量”框中，勾选“描述性”和“方差同质性检验”（方差齐性检验，方差相等检验）。

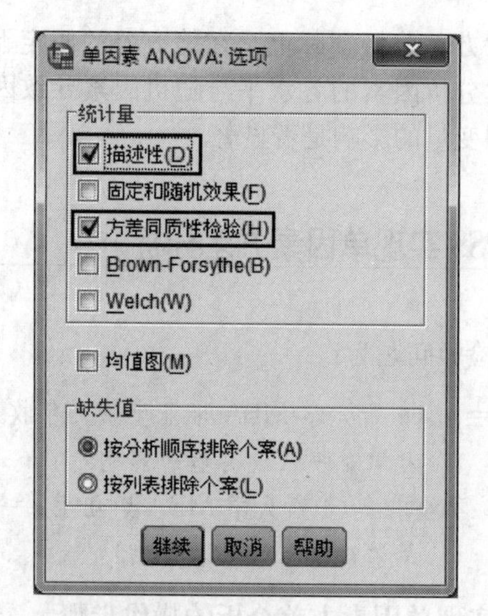

图 9—2　SPSS 20 中文版的“单因素 ANOVA：选项”对话框

（5）单击“继续”按钮，返回如图 9—1 所示的“单因素方差分析”对话框。

（6）单击“确定”按钮，提交运行，SPSS 在“输出”窗口中输出单因素方差分析结果，如表 9—4（由于表格较大，只截取有用的部分）、表 9—5 和表 9—6 所示。

表 9—4 给出了各组（不同大学）及所有组的因变量（这里是收入）的人数（N）、均值、标准差、极小值（最小值）、极大值（最大值）等描述统计量。从输出结果的“均值”直观来看，4 所大学 MBA 毕业生第一年收入是有差异的，它们可分为三等：A1 大学的收入最高，A2 与 A4 大学次之，它们学生的收入比较相近，而 A3 大学则明显偏低。

表 9—4　　不同大学的 MBA 毕业生第一年收入的描述统计分析结果（SPSS 格式）

描述

MBA 毕业生第一年收入

	N	均值	标准差	极小值	极大值
A1 大学	12	16.500	2.518 3	12.2	21.0
A2 大学	12	14.158	3.981 9	9.6	24.0
A3 大学	12	8.875	4.115 2	4.4	17.5
A4 大学	12	13.242	3.561 0	7.6	20.0
总数	48	13.194	4.462 9	4.4	24.0

表 9—5　　不同大学的 MBA 毕业生第一年收入的方差齐性检验结果（SPSS 格式）

方差齐性检验

MBA 毕业生第一年收入

Levene 统计量	df1	df2	显著性
.707	3	44	.553

表 9—5 是方差齐性检验结果。这一检验很重要，它是进行方差分析时通常需要的前提检验。这里 p 值（显著性）为 0.553，大于显著性水平 0.05，因此可以认为各总体方差相等。

表 9—6　　不同大学的 MBA 毕业生第一年收入的单因素方差分析结果（SPSS 格式）

单因素方差分析

MBA 毕业生第一年收入

	平方和	df	均方	F	显著性
组间	366.187	3	122.062	9.423	.000
组内	569.941	44	12.953		
总数	936.128	47			

表 9—6 是单因素方差分析表，表中的各项内容完全与前述单因素方差分析表（表 9—3）对应，只是最后一列给出了显著性（p 值），p 值接近于 0（0.000），显然对于任何给定的显著性水平，都应该拒绝零假设，因此可以认为不同大学的 MBA 毕业生第一年收入是存在显著差异的。

9.2.2　单因素方差分析的调查报告格式

单因素方差分析（检验独立的 3 个或 3 个以上总体均值是否有显著差异）的调查报告格式一般包含表格和结论。表格一般包含各组样本的频数（人数）、均值、标准差、方差齐性（相等）检验 p 值、多个总体均值相等检验的 F 值和 p 值等统计量，如表 9—7 所示。

表 9—7　　不同大学的 MBA 毕业生第一年收入的单因素方差分析结果

大学	人数	均值	标准差	方差齐性检验 p 值	F 值	均值相等检验 p 值
A1	12	16.500	2.518 3	0.553	9.423	0.000
A2	12	14.158	3.981 9			
A3	12	8.875	4.115 2			
A4	12	13.242	3.561 0			

此次调查结果（见表 9—7）显示：在 12 名 A1 大学的受访 MBA 毕业生中，第一年平均收入为16.5 万元（但差异最小，标准差为 2.518 3 万元）；在 12 名 A2 大学的受访 MBA 毕业生中，第一年平均收入为 14.158 万元；在 12 名 A3 大学的受访 MBA 毕业生中，第一年平均收入为 8.875 万元（但差异最大，标准差为 4.115 2 万元）；在 12 名 A4 大学的受访 MBA 毕业生中，第一年平均收入为 13.242 万元。四个总体方差无显著差异（p 值为 0.553），四个总体均值相等检验的 p 值接近于 0（0.000），对于任何给定的显著性水平，都应该拒绝零假设，因此可以认为不同大学的 MBA 毕业生第一年收入存在显著差异。也就是说，大学对收入是有影响的。

9.2.3　单因素方差分析的应用实例

例 9—2　利用“1991 年美国综合社会调查数据”，分析居住在不同地区的美国人的受教育年数是否有显著差异。

如果只分两组，用第 8 章介绍的“独立样本 t 检验”，具体请参见 8.3 节。若组数为两组以上，则用本章介绍的“单因素方差分析”。

例 9—2 相应的假设检验问题为：

$H_0: \mu_1 = \mu_2 = \mu_3$（居住在 3 个不同地区的美国人的受教育年数没有显著差异，地区对受教育年数没有显著影响）

$H_1: \mu_1, \mu_2, \mu_3$ 不全相等（居住在 3 个不同地区的美国人的受教育年数有显著差异，地区对受教育年数有显著影响）

与前面的例 9—1 的方法类似，在 SPSS 20 中文版中，打开数据文件“第 5 章 1991 年美国综合社会调查.sav”后，执行下述操作：

（1）单击菜单“分析”→“比较均值”→“单因素 ANOVA”，打开如图 9—3 所示的“单因素方差分析”对话框。

（2）从左侧的源变量框中选择“受教育年数 [educ]”，进入“因变量列表”框中。

（3）再从左侧的源变量框中选择影响因素（自变量）“居住地区 [region]”，进入“因子”框中。

（4）单击“选项”按钮，打开如图 9—2 所示的“单因素 ANOVA：选项”对话框。在“统计量”框中，勾选“描述性”和“方差同质性检验”（方差齐性检验，方差相等检验）。

（5）单击“继续”按钮，返回如图 9—3 所示的“单因素方差分析”对话框。

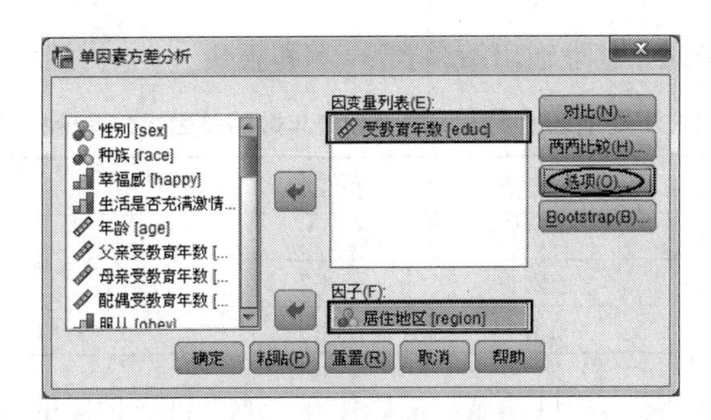

图 9—3　SPSS 20 中文版的“单因素方差分析”对话框（受教育年数，居住地区）

（6）单击“确定”按钮，提交运行，SPSS 在“输出”窗口中输出单因素方差分析结果，如表 9—8（由于表格较大，只截取有用的部分）、表 9—9 和表 9—10 所示。

表 9—8　　居住在不同地区的美国人的受教育年数的描述统计分析结果（SPSS 格式）

描述

受教育年数

	N	均值	标准差	极小值	极大值
东北部	676	13.00	2.778	3	20
东南部	411	12.46	3.352	0	20
西部	423	13.11	2.885	3	20
总数	1 510	12.88	2.984	0	20

表 9—9　　居住在不同地区的美国人的受教育年数的方差齐性检验结果（SPSS 格式）

方差齐性检验

受教育年数

Levene 统计量	df1	df2	显著性
4.565	2	1 507	.011

表 9—9 是方差齐性检验结果。这里 p 值（显著性）为 0.011，在 0.05 的显著性水平上，表明该数据不满足方差齐性。但由于单因素方差分析对方差齐性的要求不十分严格，数据的方差略有不齐时，仍可以进行方差分析。①

表 9—10　居住在不同地区的美国人的受教育年数的单因素方差分析结果（SPSS 格式）

单因素方差分析

受教育年数

	平方和	df	均方	F	显著性
组间	104.635	2	52.317	5.914	.003
组内	13 332.084	1 507	8.847		
总数	13 436.719	1 509			

① 参见贾俊平编著：《统计学（第四版）》，140 页，北京，中国人民大学出版社，2011。

按照调查报告格式，整理输出结果表 9—8 和表 9—10，得到表 9—11。

表 9—11　　居住在不同地区的美国人的受教育年数的单因素方差分析结果

地区	人数	均值	标准差	F 值	均值相等检验 p 值
东北部	676	13.00	2.778	5.914	0.003
东南部	411	12.46	3.352		
西部	423	13.11	2.885		

此次调查结果（见表 9—11）显示：居住在“东北部”地区的 676 名受访美国人的平均受教育年数为 13.00 年，居住在“东南部”地区的 411 名受访美国人的平均受教育年数为 12.46 年，居住在“西部”地区的 423 名受访美国人的平均受教育年数为 13.11 年。三个总体均值相等检验的 p 值为 0.003，小于显著性水平 0.01，因此拒绝零假设。在统计上可以认为：在 1991 年的美国，居住在不同地区的美国人的受教育年数存在显著差异。也就是说，地区对受教育年数是有影响的。

温馨提示：从数值（均值）上看，居住在不同地区的美国人的平均受教育年数差异不大。这应该又是一个统计显著，但实际不显著的例子。

9.3 利用 Excel 实现单因素方差分析

例 9—3　题目请参见第 7 章的例 7—1。在 7.2 节的最后，提到要检验不同类型的医院（私人医院、公立医院和学院医院）在三个方面（工作、工资和升职机会）的满意度是否存在显著差异。

下面是利用 Excel 进行单因素方差分析的过程，包括数据的输入要求、分析工具的选择及相关重要输出结果的解释。

（1）在 Excel 中，单因素方差分析要求因素各水平的数据按列（或按行）输入。例 7—1 的 Excel 数据文件为“第 7 章　护士工作满意度调查 . xlsx”，它是按不同类型的医院（私人医院、公立医院和学院医院）在三个方面（工作、工资和升职机会）的满意度输入的。而本例要求数据按照三个方面（工作、工资和升职机会）重新组织。具体请参见“第 9 章　护士工作满意度调查（ANOVA）. xlsx”中的“方差分析”工作表。

（2）在 Excel 中，打开“第 9 章　护士工作满意度调查（ANOVA）. xlsx”中的“方差分析”工作表。

（3）在“数据”选项卡的“分析”组中，单击“数据分析”[①]，打开“数据分析”对话框。在“分析工具”列表框中，双击“方差分析：单因素方差分析”，打开如图 9—4 所示的“方差分析：单因素方差分析”对话框。

---

① 如果没有“分析”组或“分析”组中没有“数据分析”，则需要激活“分析工具库”加载宏（加载项）。在 Excel 2010 中激活“分析工具库”加载项的操作步骤请参见第 1 章的附录。

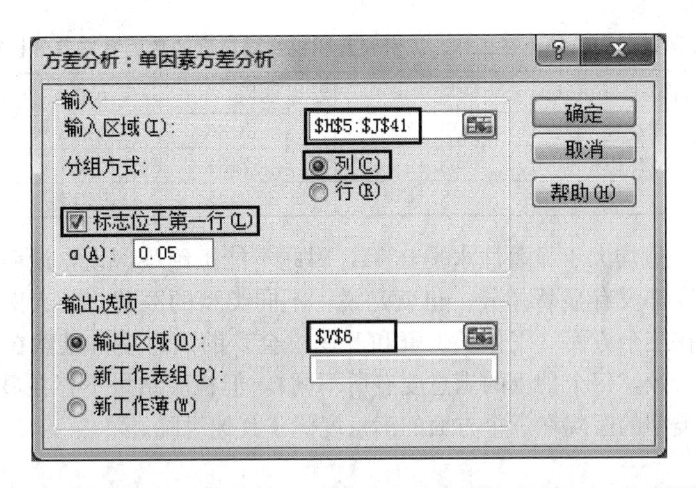

图 9—4　Excel 的“方差分析：单因素方差分析”对话框（工作方面）

（4）在“输入区域”框中选择（或输入）“工作”方面数据区域 H5:J41；在“分组方式”中选择“列”；勾选“标志位于第一行”(因为所选数据区域包含标题)。

（5）在“输出区域”框中选择（或输入）输出结果起始单元格 V6。单击“确定”按钮，输出结果如图 9—5 所示。

	V	W	X	Y	Z	AA	AB
6	方差分析：单因素方差分析						
7							
8	SUMMARY						
9	组	观测数	求和	平均	方差		
10	私人医院	36	2855	79.305556	67.989683		
11	公立医院	35	2785	79.571429	79.840336		
12	学院医院	29	2339	80.655172	55.948276		
13							
14							
15	方差分析						
16	差异源	SS	df	MS	F	P-value	F crit
17	组间	31.827958	2	15.913979	0.2317537	0.7935794	3.0901867
18	组内	6660.762	97	68.66765			
19							
20	总计	6692.59	99				

图 9—5　Excel 的“单因素方差分析”输出结果（工作方面）

输出结果（图 9—5）的上半部分（SUMMARY，V9:Z12 区域）给出了在“工作”方面各组的观测数（人数）、求和、平均（均值）和方差等描述统计量。从输出结果直观来看（看“平均”列，即 Y10:Y12 区域），三类医院在“工作”方面的满意度没有显著差异，都在 80 分左右。

输出结果（图 9—5）的下半部分（方差分析，V16:AB20 区域）给出了方差分析表。从结果中可知，p 值为 0.793 6，显然对于任何给定的显著性水平，都不能拒绝零假设，因此，可以认为不同类型医院的护士们对于“工作”方面的满意度是没有显著差异的。

对于“工资”和“升职机会”方面，其单因素方差分析的 Excel 实现方法类似（请读者自己上机操作）。汇总结果如表 9—12 所示。

表 9—12　三类医院的受访护士在工作、工资和升职机会满意度的单因素方差分析结果

方面	私人医院（n=36）	公立医院（n=35）	学院医院（n=29）	F 值	均值相等检验 p 值
工作	79.31	79.57	80.66	0.232	0.794
工资	52.19	53.49	57.31	1.031	0.361
升职机会	60.47	55.54	59.45	0.911	0.405

由于 3 个 p 值均大于显著性水平 0.05，因此不能拒绝零假设，说明三类医院在三个方面的满意度都没有显著差异。也就是说，不同类型的医院（私人医院、公立医院和学院医院）在三个方面（工作、工资和升职机会）的满意度，虽然在数值上有些差异（抽样误差所致，每个护士的满意度有所不同），但检验结果不存在显著差异。可以认为没有某一类型的医院在三个方面的满意度优于其他医院。

9.4 思考题与上机实验题

思考题：

1. 在 SPSS 中，用什么菜单实现单因素方差分析？数据如何组织？

2. 在 Excel 中，用什么分析工具实现单因素方差分析？数据如何组织？

上机实验题：

1. 某课程结束后，学生对该授课教师的教学质量进行评估，评估结果分为优、良、中、差四等。教师对学生考试成绩的评判和学生对教师的评估是分开进行的，他们都不知道对方给自己的打分。有一种说法认为，给教师评优秀的这组学生的考试分数，可能会显著地高于那些认为教师工作仅是良、中或差的学生的考试分数。同时认为，对教师工作评价差的学生，其考试的平均分数可能最低。为对这种说法进行检验，从对评估的每一个等级中，随机抽取出 26 名学生。其课程分数请参见“第 9 章　单因素方差分析上机实验数据 . xlsx”中的“考试分数”工作表。试检验各组学生的考试分数是否有显著差异。

2. （患抑郁症调查分析）作为对 65 岁以上的老年人长期研究的一部分，某医疗中心的社会学家和内科医生进行了一项研究，以调查地理位置和患抑郁症之间的关系。选择了 90 名相对健康的老年人组成一个样本，其中 30 人居住在地区 1，30 人居住在地区 2，30 人居住在地区 3。对选中的每个人给出了测量抑郁症的一个标准化得分，较高的得分表示抑郁症的较高水平。

研究的第二部分考虑地理位置与有慢性病（诸如关节炎、高血压或心率失调等）的 65 岁以上的老年人患抑郁症之间的关系。这种身体状况的老年人也选出 90 名，同样 30 人居住在地区 1，30 人居住在地区 2，30 人居住在地区 3。数据请参见“第 9 章　单因素方差分析上机实验数据 . xlsx”中的“抑郁症得分”工作表。

（1）用 Excel“描述统计”分析工具分析两组（健康组、有慢性病组）数据，关于抑郁症的得分，你的初步观测结果是什么？

（2）对两组（健康组、有慢性病组）数据，分别使用 Excel“单因素方差分析”工具，陈述每种情况下被检验的假设，你的结论是什么？

第 10 章

线性相关分析与线性回归分析

相关分析是分析客观事物之间关系的数量分析方法。客观事物之间的关系大致可归纳为两大类关系，分别是函数关系和统计关系。相关分析是用来分析事物之间统计关系的方法。

回归分析是一种应用极为广泛的数量分析方法。它用于分析事物之间的统计关系，侧重考察变量之间的数量变化规律，并通过回归方程的形式描述和反映这种关系，帮助人们准确把握变量受其他一个或多个变量影响的程度，进而为预测提供科学依据。

本章将介绍线性相关分析与线性回归分析的基本概念以及如何利用 SPSS 和 Excel 实现线性相关分析与线性回归分析等内容。

10.1 问题的提出

对于现实世界，不仅要知其然，而且要知其所以然。顾客对商品和服务的反映对于商家是至关重要的，但是仅仅有满意顾客的比例是不够的。商家希望了解什么是影响顾客观点的因素，以及这些因素是如何起作用的。发现变量之间的统计关系，并且用此规律来帮助人们进行决策才是统计实践的最终目的。

一般来说，统计可以根据目前所拥有的信息（数据）来建立人们所关心的变量和其他有关变量的关系。这种关系一般称为模型（Model）。假如用 Y 表示感兴趣的变量，用 X 表示其他可能与 Y 有关的变量（X 也可能是若干变量组成的向量），则所需要的是建立一个函数关系 $Y=f(X)$。这里 Y 称为因变量或响应变量（Dependent Variable，Response Variable），而 X 称为自变量，也称为解释变量或协变量（Independent Variable，Explanatory Variable，Covariate）。建立这种关系的过程就叫做回归（Regression）。

一旦建立了回归模型，除了对各种变量的关系有了进一步的定量理解之外，还可以利用该模型（函数或关系式），通过自变量对因变量做预测（Prediction）。这里所说的预测，是用已知的自变量的值（它并不一定涉及时间先后的概念，更不必要有因果关系），通过模型对未知的因变量值进行估计。

为了进一步说明相关关系及其特点，来看一个简单的例子。

例 10—1 有美国 60 个著名商学院的数据（请参见"第 10 章 MBA 收入.sav"），包括的变量有 GMAT 成绩、学费、进入 MBA 前后的工资等。图 10—1 为进入 MBA 前后工资的散点图（用 Excel 绘制的）。可以看出，进入 MBA 前工资高的，毕业后工资也高。希望能够建立一个模型描述这个关系。

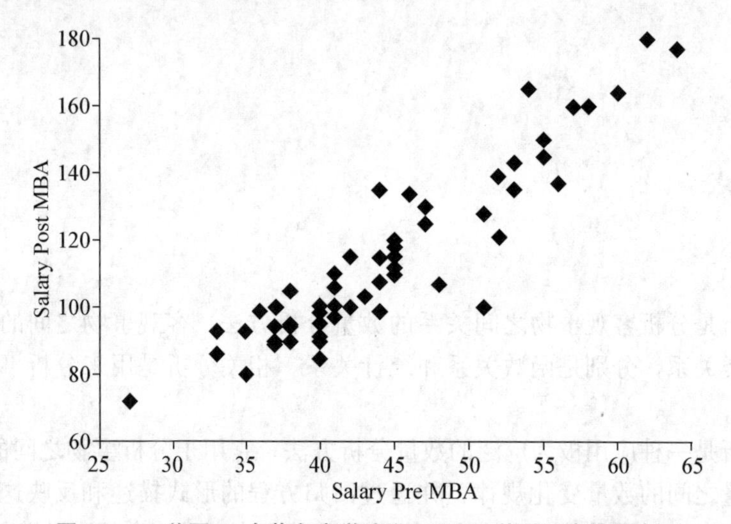

图 10—1 美国 60 个著名商学院进入 MBA 前后工资的散点图

10.2 定量变量的线性相关分析

如果两个定量变量没有关系，就谈不上建立模型或进行回归。但怎样才能发现两个定量变量有没有关系呢？最简单直观的办法就是画出它们的散点图。图 10—2 是四组数据的散点图，每一组数据表示了两个变量 x 和 y 的样本。

这四个散点图很不一样。从图 10—2（a）看不出 x 和 y 有任何关系，这些点完全是杂乱无章的，它们看上去是不相关的；图 10—2（b）显示当 x 增加时，y 大体上也增加，而且增加得较均匀，有大体上斜着递增直线那样的模式，有这种关系的变量就称为（正）线性相关；图 10—2（c）和图 10—2（b）类似，只不过有递减趋势，称为（负）线性相关；图 10—2（d）也表现出两个变量有很强的关系，但并不是线性的。

散点图很直观，但如何在数量上描述相关呢？这里介绍一种对相关程度的度量：Pearson 相关系数（Pearson's Correlation Coefficient）。Pearson 相关系数又称相关系数或线性相关系数。它是由两个变量的样本取值得到的，是一个描述线性相关强度的量，一般用字母 r 表示，取值在-1 和$+1$ 之间。当两个变量有很强的线性相关时，相关系数接近于$+1$（正相关）或-1（负相关），而当两个变量线性相关程度较弱时，相关系数就接近 0。

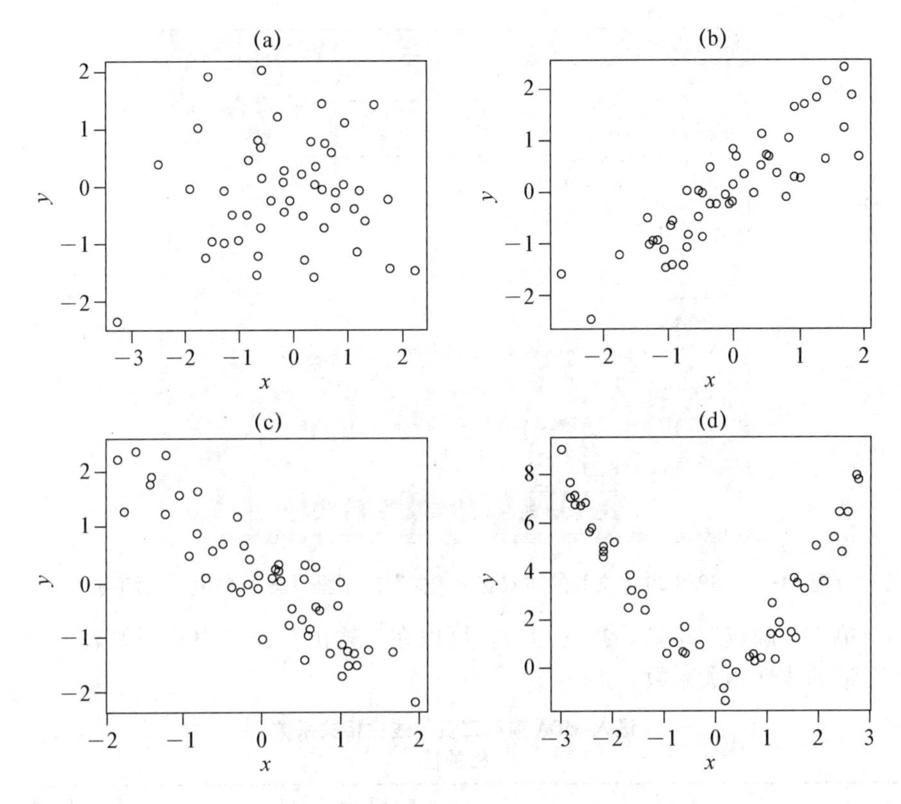

图 10—2　四个散点图

图 10—2 的四对变量的相关系数分别为 0.035，0.880，−0.906，−0.265。因此，图（a）中的变量从相关系数上看，显然不线性相关；图（b）和（c）分别表现为正线性相关和负线性相关；图（d）的变量是肯定相关的，但不是线性相关，因此（线性）相关系数也很小。

在总体的正态性假设下，可以建立与其相关的统计量来检验线性相关性。在两个变量定义了相关系数之后，一组变量可以定义相关矩阵。假定共有 p 个变量，它们的相关矩阵为一个 $p \times p$ 矩阵，其第 ij 个元素为第 i 个变量和第 j 个变量的相关系数。对角线元素是变量和自身的相关系数，等于 1。如表 10—1 所示。

10.3 利用 SPSS 实现线性相关分析

对于例 10—1，利用 SPSS 可以很容易得到进入 MBA 前后工资的线性相关系数。

在 SPSS 20 中文版中，打开数据文件“第 10 章　MBA 收入 .sav”后，执行下述操作：

（1）单击菜单“分析”→“相关”→“双变量”，打开“双变量相关”对话框，如图 10—3 所示。

（2）将“Salary Pre MBA”和“Salary Post MBA”加入到“变量”框中。

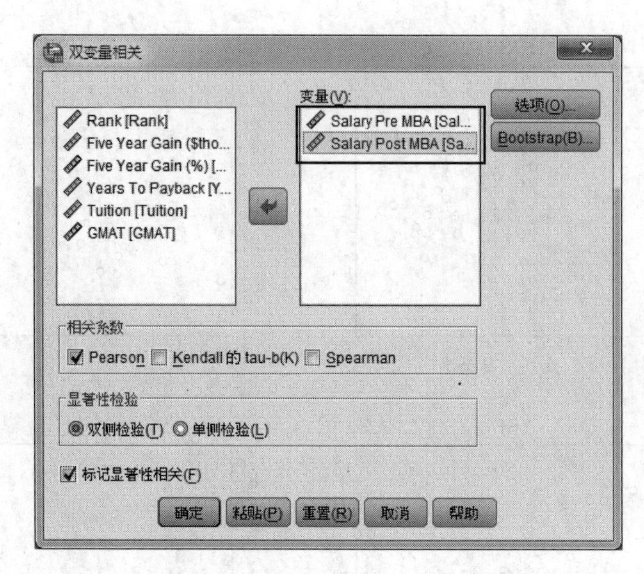

图 10—3　SPSS 20 中文版的“双变量相关”对话框（进入 MBA 前后工资）

（3）单击“确定”按钮，提交运行，可以在“输出”窗口中看到如表 10—1 所示的两个变量的线性相关系数。

表 10—1　　进入 MBA 前后工资的线性相关系数

相关性

		Salary Pre MBA	Salary Post MBA
Salary Pre MBA	Pearson 相关性	1	.924**
	显著性（双侧）		.000
	N	60	60
Salary Post MBA	Pearson 相关性	.924**	1
	显著性（双侧）	.000	
	N	60	60

**. 在.01 水平（双侧）上显著相关。

从表 10—1 中可以看出，进入 MBA 前后工资的线性相关系数为 0.924，且检验的 p 值接近于 0（0.000），说明这两个变量线性相关，因此可以考虑建立线性回归模型。

10.4 定量变量的线性回归分析

回归分析是研究变量间相关关系的最重要、最常用的统计方法，它在工农业生产、金融保险、商业与科研管理、气象地质等方面都有极其广泛的应用，为解决实际中的预测、控制等问题提供了强有力的工具。

在自然现象与社会现象中，经常需要研究变量间的相互关系。这种关系通常可以分为两类。一类是确定性的函数关系，例如圆的面积 S 与其半径 r 之间的关系：$S=\pi r^2$，这里知道了圆的半径 r，就可以唯一确定圆的面积 S。另一类是回归关系，例如人的身高与体重的关系、商品的广告投入与销售额的关系等。这里的两个变量之间虽然并不呈现函数关系：同样身高的人体重往往存在差异；相同的广告投入，商品的销售额也不尽相同。但很明显，人的身高影响着人的体重，商品的广告投入影响着销售额。实际中广泛存在大量的回归关系。回归分析就是利用抽样（或试验）数据，去研究并揭示存在于变量之间的相关关系，为管理决策提供理论依据。

对于例 10—1，为了比较进入 MBA 后工资是否与进入 MBA 前工资相关，我们画出这两个工资的散点图，如图 10—1 所示。

对例 10—1 中的两个变量的数据进行线性回归，就是要找到一条直线来适当地代表图 10—1 中的那些点的趋势。这样做就要在所有可能的直线中进行挑选。首先需要确定选择这条直线的标准。当然，有很多标准，结果也不尽相同。这里介绍的是最小二乘回归（Least Squares Regression）。古汉语“二乘”是平方的意思。最小二乘法就是寻找一条直线，使得所有点到该直线的竖直距离（即按因变量方向的距离）的平方和最小。这样的直线很容易通过计算机得到。用数据寻找一条直线的过程也叫做拟合（Fit）一条直线，如图 10—4 所示。

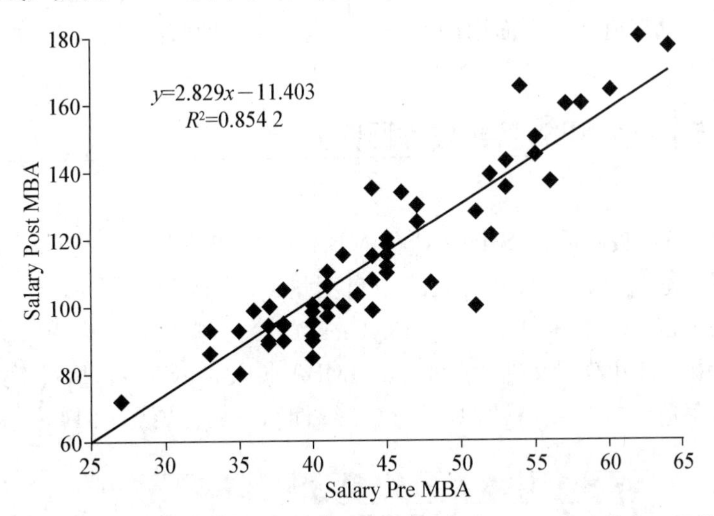

图 10—4　美国 60 个著名商学院进入 MBA 前后工资的散点图、回归直线和一元线性回归方程

该直线的方程为：

$$y=2.829x-11.403$$

这条直线实际上是对下面所假设的线性回归模型的估计：

$$y=\beta_0+\beta_1 x+\varepsilon$$

这里的 ε 是误差项。该模型假定，变量 x 和 y 有上面的线性关系；而凡是不能被该线性关系描述的 y 的变化都由这个误差项来承担。由于误差，观测值不可能刚好在这条直线上，如果这个模型有道理的话，这些观测值不会离这条直线太远。

R^2 称为决定系数（测定系数、可决系数），它是说明自变量解释因变量变化百分比的一个度量。对于例 10—1，$R^2=0.854\,2$，这说明该自变量大约可以解释 85%的因变量的变化。R^2 越接近 1，回归就越成功。实际上，对于只有一个自变量的情况，R^2 等于这两个变量的 Pearson 相关系数 r 的平方。

由于 R^2 有随自变量个数增加而增大的缺点，于是人们对其进行了修正（调整）。因此，计算机输出结果中还有一个修正（调整）的 R^2（调整 R 方）。

与简单的一元线性回归模型类似，一般地，k 个（定量）自变量 x_1，x_2，…，x_k 对因变量 y 的线性回归模型（称为多元线性回归）为

$$y=\beta_0+\beta_1x_1+\beta_2x_2+\cdots+\beta_kx_k+\varepsilon$$

这里 β_1，β_2，…，β_k 称为回归系数。对计算机来说，对多个自变量进行回归的情况和一个自变量类似，只不过多选几个自变量而已。

当选定一个模型，并且用数据来拟合时，并不一定所有的自变量都显著，或者说并不一定所有的回归系数都有意义。软件中一般都有一种边回归边检验的所谓"逐步"回归方法。该方法或者从只有常数项 β_0 的模型开始，逐个地把显著的自变量加入；或者从包含所有自变量的模型开始，逐步把不显著的自变量减去。注意不同方向逐步回归的结果也不一定相同。例如，如果一组自变量和另一组自变量都提供了类似的信息，这时选择哪一组都有道理。下面用例 10—1 来说明逐步回归的过程。

10.5 利用 SPSS 实现线性回归分析

对于例 10—1，关心的是 Salary Post MBA（y）和什么有关。利用"逐步"回归方法进行选择。通过 SPSS 软件得到三个自变量：Salary Pre MBA（x_1），Five Year Gain（$thousand）（$x_2$）和 Years To Payback（$x_3$）。

在 SPSS 中，打开数据文件"第 10 章　MBA 收入 . sav"后，执行下述操作：

（1）单击菜单"分析"→"回归"→"线性"，打开"线性回归"对话框，如图 10—5 所示。

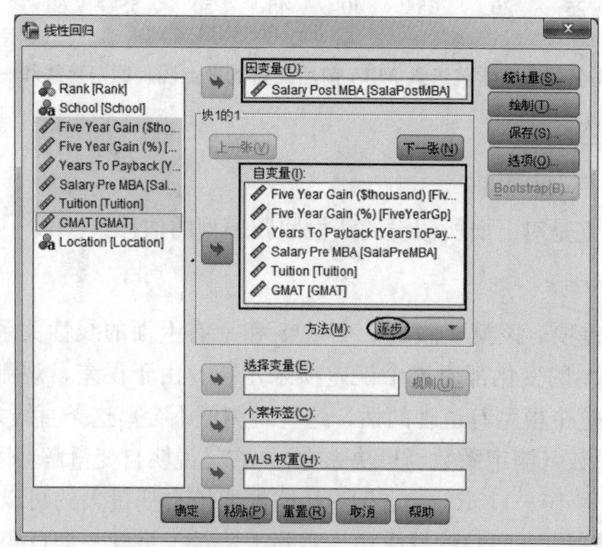

图 10—5　SPSS 20 中文版的"线性回归"对话框（采用"逐步"回归方法）

（2）把“Salary Post MBA”选入到“因变量”框中。

（3）把其他所有定量变量“Five Year Gain（$thousand）”、“Five Year Gain（%）”、“Years To Payback”、“Salary Pre MBA”、“Tuition”和“GMAT”（共 6 个变量）选入到“自变量”框中。

（4）在“方法”下拉列表中选择“逐步”（采用“逐步”回归方法）。

（5）单击“确定”按钮，提交运行，可以在“输出”窗口中看到逐步回归的过程和结果，如表 10—2、表 10—3 和表 10—4 所示。

表 10—2 **逐步回归模型汇总**

模型汇总

模型	R	R 方	调整 R 方	标准估计的误差
1	.924[a]	.854	.852	10.097
2	.956[b]	.914	.911	7.813
3	.986[c]	.972	.970	4.530

a. 预测变量：（常量），Salary Pre MBA。
b. 预测变量：（常量），Salary Pre MBA，Five Year Gain（$thousand）。
c. 预测变量：（常量），Salary Pre MBA，Five Year Gain（$thousand），Years To Payback。

从表 10—2 中可以看出：有 3 个变量依次进入到线性回归模型中：第 1 个变量是 Salary Pre MBA、第 2 个变量是 Five Year Gain（$thousand）、第三个变量是 Years To Payback。当这三个变量依次进入时，“调整 R 方”也依次增加，0.852→0.911→0.970，说明三个自变量可以大约解释 97%的因变量的变化，也就是说，回归方程的拟合效果很好。

表 10—3 **逐步回归模型的方差分析表**

Anova[a]

模型		平方和	df	均方	F	Sig.
1	回归	34 648.324	1	34 648.324	339.827	.000[b]
	残差	5 913.609	58	101.959		
	总计	40 561.933	59			
2	回归	37 082.788	2	18 541.394	303.770	.000[c]
	残差	3 479.145	57	61.038		
	总计	40 561.933	59			
3	回归	39 412.867	3	13 137.622	640.265	.000[d]
	残差	1 149.067	56	20.519		
	总计	40 561.933	59			

a. 因变量：Salary Post MBA。
b. 预测变量：（常量），Salary Pre MBA。
c. 预测变量：（常量），Salary Pre MBA，Five Year Gain（$thousand）。
d. 预测变量：（常量），Salary Pre MBA，Five Year Gain（$thousand），Years To Payback。

表 10—3 为 ANOVA（方差分析表），给出了回归分析的 F 统计量（F 值）和对应的 p 值（Sig.），从 p 值接近于 0（0.000）可以看出，回归方程是非常显著的。

表 10—4　　逐步回归模型的回归系数表

系数[a]

模型		非标准化系数		标准系数	t	Sig.
		B	标准误差	试用版		
1	（常量）	−11.403	6.839		−1.667	.101
	Salary Pre MBA	2.829	.153	.924	18.434	.000
2	（常量）	−12.026	5.293		−2.272	.027
	Salary Pre MBA	2.359	.140	.771	16.834	.000
	Five Year Gain （$ thousand）	.269	.043	.289	6.315	.000
3	（常量）	−106.892	9.416		−11.352	.000
	Salary Pre MBA	1.055	.147	.345	7.183	.000
	Five Year Gain （$ thousand）	.883	.063	.950	14.083	.000
	Years To Payback	32.442	3.044	.614	10.656	.000

a. 因变量：Salary Post MBA。

表10—4为回归系数表，表中的模型3（逐步回归最后一步）给出了常数项（常量），还有Salary Pre MBA（x_1）、Five Year Gain（$thousand）（$x_2$）和Years To Payback（$x_3$）的回归系数估计。由于这三个系数对应的$p$值（Sig.）均小于显著性水平0.001，由此得到因变量Salary Post MBA（y）关于三个自变量的多元线性回归方程：

$$y=-106.892+1.055x_1+0.883x_2+32.442x_3$$

利用求得的多元线性回归方程可知：

（1）三个自变量都正向影响Salary Post MBA（y）；

（2）Salary Pre MBA（x_1）对Salary Post MBA（y）的影响程度：在Five Year Gain（$thousand）（$x_2$）和Years To Payback（$x_3$）不变的条件下，Salary Pre MBA（$x_1$）每增加（或减少）1个单位，Salary Post MBA（y）平均增加（或减少）1.055个单位。

（3）Five Year Gain（$thousand）（$x_2$）对Salary Post MBA（$y$）的影响程度：在Salary Pre MBA（$x_1$）和Years To Payback（$x_3$）不变的条件下，Five Year Gain（$thousand）（x_2）每增加（或减少）1个单位，Salary Post MBA（y）平均增加（或减少）0.883个单位。

（4）Years To Payback（x_3）对Salary Post MBA（y）的影响程度：在Salary Pre MBA（x_1）和Five Year Gain（$thousand）（$x_2$）不变的条件下，Years To Payback（x_3）每增加（或减少）1个单位，Salary Post MBA（y）平均增加（或减少）32.442个单位。

10.6 利用 Excel“图表”实现一元线性回归分析

例 10—2　近年来教育部决定将各高校的后勤社会化。某从事饮食业的企业家认为这是一个很好的投资机会，他得到 10 组高校学生人数与周边饭店的季营业额的数据，如表 10—5 所示，并想根据高校的学生人数决策其投资规模。

表 10—5　　**高校人数与周边饭店的季营业额数据**

饭店	学生人数（千人）	季营业额（千元）	饭店	学生人数（千人）	季营业额（千元）
1	2	58	6	16	137
2	6	105	7	20	157
3	8	88	8	20	169
4	8	118	9	22	149
5	12	117	10	26	202

这是一个回归问题，如果能说明学生人数与饭店经营存在着密切的关系，便可以根据高校的学生人数来估计饭店的投资规模。图 10—6 是学生人数与饭店季营业额的散点图、回归直线和一元线性回归方程。

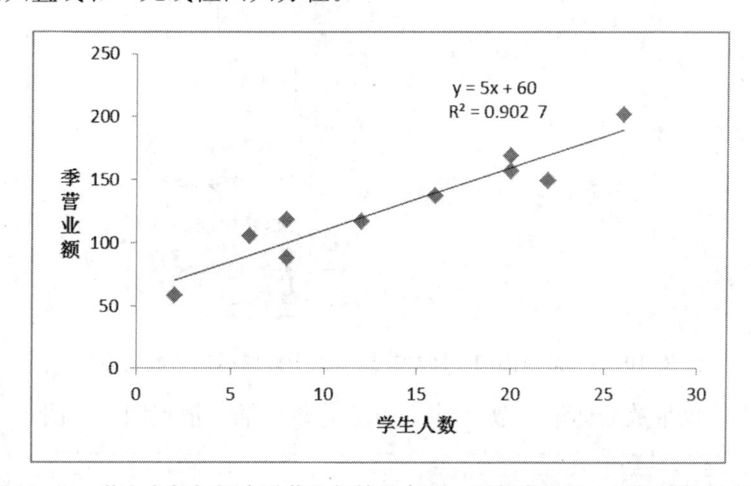

图 10—6　学生人数与饭店季营业额的散点图、回归直线和一元线性回归方程

从图 10—6 中可以看出，学生人数与饭店季营业额之间存在很强的正线性相关关系：随着学生人数的增加，饭店的季营业额呈上升趋势，所有数据点基本上落在一条直线附近。

对于一元回归（一元线性回归和部分的一元非线性回归，见图 10—13 中的回归分析类型），可利用 Excel 图表来实现。Excel 图表具有直观形象、易于理解等优点。

下面是利用 Excel 图表求解一元线性回归模型的过程，包括数据的输入要求、具体操作过程及相关输出结果的解释。

请参见“第 10 章　线性相关分析与线性回归分析 . xlsx”中的“学生人数与营业额”工作表。

操作步骤如下：

（1）在 Excel 中输入数据，如图 10—7 所示。一元回归分析要求自变量 x（学生人数）在一列，因变量 y（季营业额）在另一列。为了方便绘制散点图，最好将自变量 x 放在左列，因变量 y 放在相邻的右列。

	A	B	C
1	饭店	学生人数	季营业额
2	1	2	58
3	2	6	105
4	3	8	88

图 10—7　一元回归数据在 Excel 中的格式

（2）选取自变量 x（学生人数）和因变量 y（季营业额）数据区域 B2:C11（不包括第 1 行标题），作为散点图的数据源。

（3）在“插入”选项卡的“图表”组中，单击“散点图”，展开散点图的“子图表类型”，如图 10—8 所示。

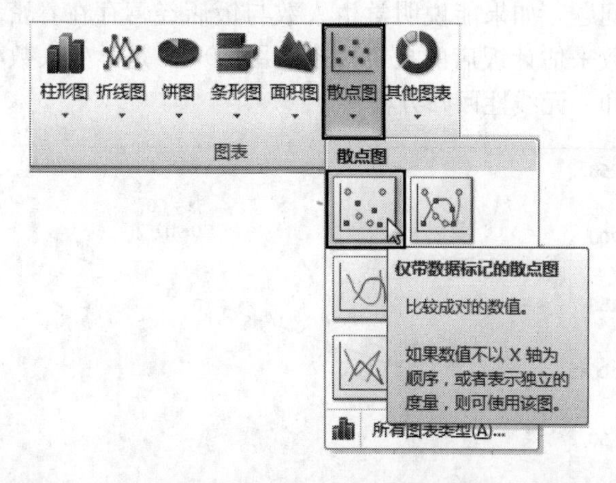

图 10—8　散点图的子图表类型（仅带数据标记的散点图）

（4）单击“仅带数据标记的散点图”，在工作表中插入散点图，如图 10—9 所示。

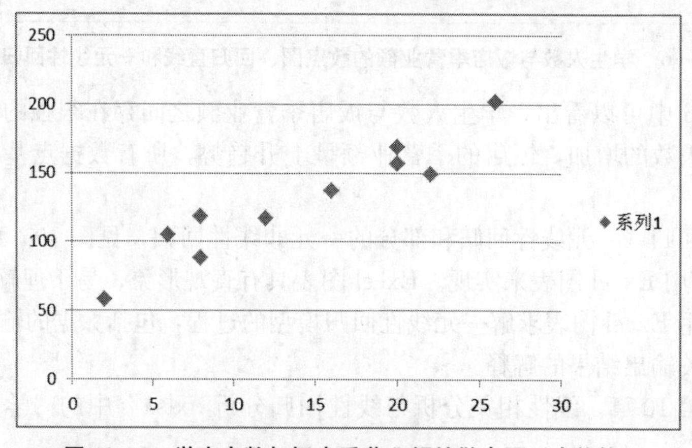

图 10—9　学生人数与饭店季营业额的散点图（未修饰）

(5) 不显示图例。选中“图例”，按 Del 键删除。

(6) 不显示网格线。选中“网格线”，按 Del 键删除。

(7) 显示横坐标轴标题。选中图表，在“布局”选项卡的“标签”组中，单击“坐标轴标题”，在展开的下拉菜单中单击“主要横坐标轴标题”，如图 10—10 所示。

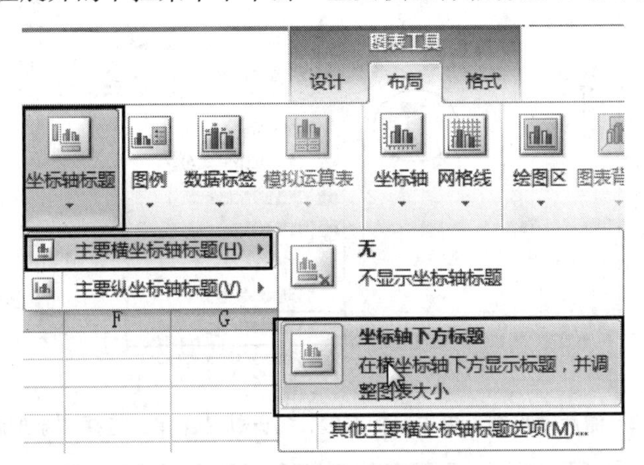

图 10—10 “图表工具”的“布局”选项卡中的“坐标轴标题”及其展开的下拉菜单

(8) 在展开的下一级菜单中单击“坐标轴下方标题”，在“坐标轴标题”中输入“学生人数”。

(9) 显示纵坐标轴标题。选中图表，在“图表工具”的“布局”选项卡的“标签”组中，单击“坐标轴标题”，在展开的下拉菜单中单击“主要纵坐标轴标题”，在展开的下一级菜单中单击“竖排标题”，在“坐标轴标题”中输入“季营业额”。结果如图 10—11 所示。

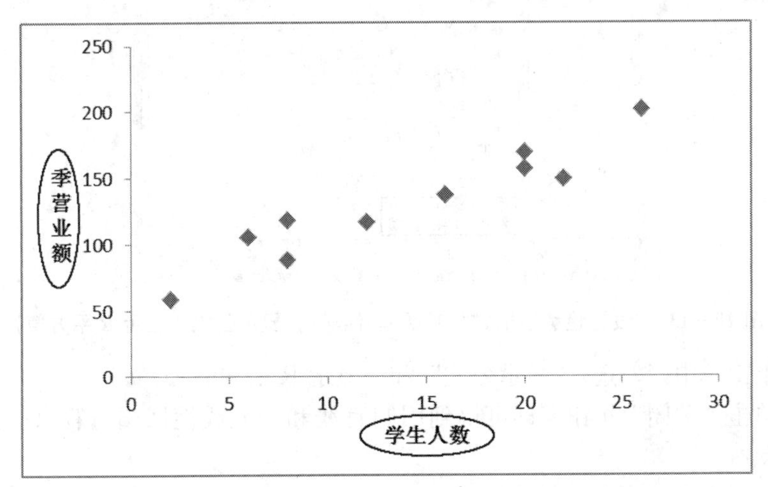

图 10—11 学生人数与饭店季营业额的散点图（显示坐标轴标题）

(10) 用鼠标单击任意一个数据点，激活散点图，再单击鼠标右键，打开快捷菜单，如图 10—12 所示。

(11) 在打开的快捷菜单中，选中“添加趋势线”，打开如图 10—13 所示的“设置趋势线格式”对话框。在“趋势线选项”的“趋势预测/回归分析类型”中，保留默认的“线性”，Excel 将显示一条拟合数据点的直线。

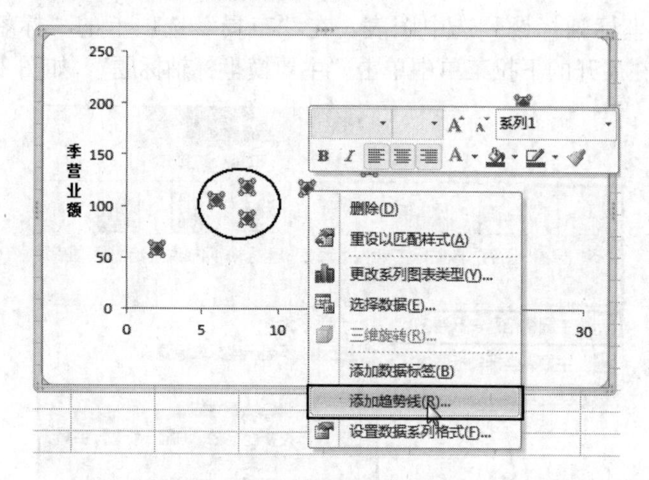

图 10—12 激活散点图，单击鼠标右键，打开快捷菜单，选择“添加趋势线”

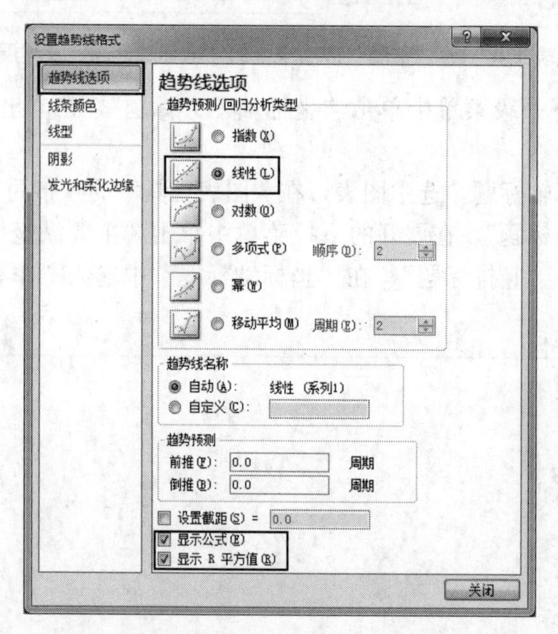

图 10—13 “设置趋势线格式”对话框（线性，显示公式，显示 R 平方值）

（12）单击选中（勾选）“显示公式”和“显示 R 平方值”。

（13）单击“关闭”按钮，即可得到回归直线和一元线性回归方程（公式），如图 10—14 所示。

（14）单击选中“公式”，如图 10—15 所示。

（15）拖动“公式”到合适位置，以便能看清楚公式和 R 平方值，结果如图 10—6 所示。

从图 10—14（或图 10—6）可知，一元线性回归方程为：

$$y=5x+60$$

即：季营业额=5×学生人数+60。

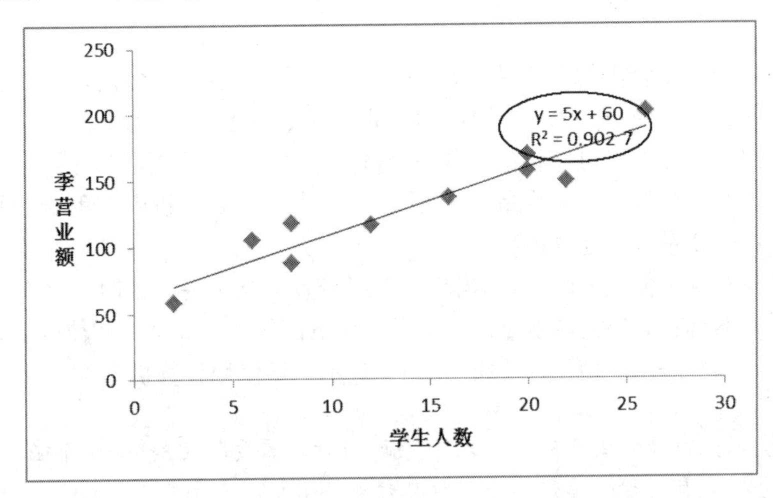

图 10—14　回归直线和一元线性回归方程（拖动“公式”前）

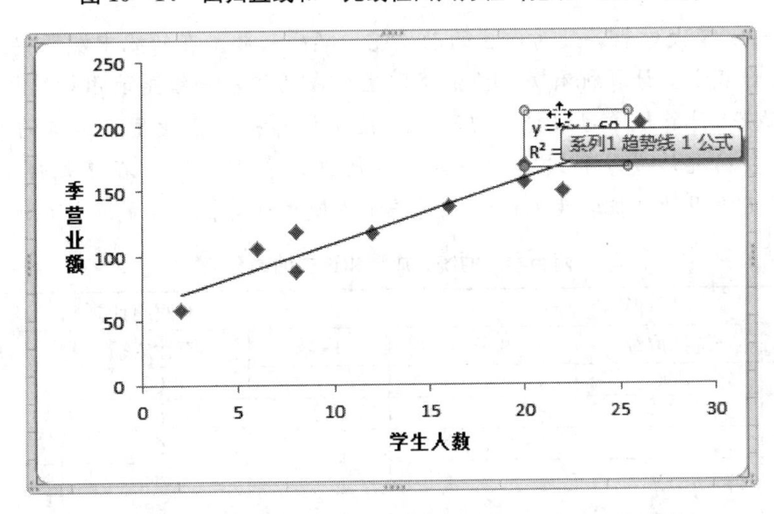

图 10—15　回归直线和一元线性回归方程（选中“公式”）

也就是说，学生每增加（或减少）1 千人，饭店的季营业额平均增加（或减少）5 千元，R^2(决定系数）为 0.902 7，表明学生人数可以大约解释 90%的饭店季营业额的变化。学生人数与饭店季营业额之间存在着高度正线性相关关系，即学生的人数越多，饭店的季营业额越大。

根据求得的一元线性回归方程，可以帮助企业家作出决策。假设企业家想投资的地点是在一所有 2.5 万名大学生的高校周边，即：$x_0=25$（千人），代入回归方程，得

$$y_0=5x_0+60=5\times25+60=185(\text{千元})$$

也就是说，如果该企业家想在一所有 2.5 万名大学生的高校周边开一家饭店，其投资规模可按照季营业额为 18.5 万元来决策。

10.7 利用 Excel“回归”分析工具实现多元线性回归分析

一般来说，回归分析的自变量是数值型变量（定量变量）。然而，在社会经济现象中，还有一些分类变量（定性变量）：如性别（男、女）、购买状况（购买、不购买）等。在多元回归分析中，可以将这些分类变量指定 0 或 1，从而使其在回归模型中作为自变量。这些 0/1 变量称为哑变量（哑元）。与在多元回归分析中使用的数值型变量一样，使用这些哑变量也可建立模型。

哑变量只有两个值——0 或 1，当哑变量用于表示某单一特征时，具有此特征的变量用 1 表示，不具有此特征的变量用 0 表示。如下面例 10—3 中的“使用计算机”变量就是哑变量，用 1 表示“使用计算机”，用 0 表示“不使用计算机”。

温馨提示： 当分类变量有 $n(n>2)$ 个取值时，需要转化成 $n-1$ 个哑变量后才能进行回归分析。有兴趣的读者可进一步参考相关书籍。

例 10—3 某大学教务处对学生的动手能力颇感兴趣。在研究中发现学生的学习成绩特别是统计成绩同计算机有关。他们将学生分成两组，一组是使用计算机学习统计，另一组是不使用计算机学习统计。现随机从使用计算机与不使用计算机的学生中抽取两个样本，包括统计成绩和过去的绩分点（数据见表 10—6）。在显著性水平为 0.05 时，能否确定使用计算机学生的统计成绩高于不使用计算机学生的统计成绩？

表 10—6 两组学生的统计成绩和过去的绩分点

使用计算机			不使用计算机		
序号	统计成绩	绩分点	序号	统计成绩	绩分点
1	100	4	1	66	2.5
2	95	3.4	2	80	3.4
3	70	1.2	3	90	2.9
4	96	3.6	4	84	3.1
5	75	2.1	5	62	1.9
6	86	3.1	6	68	2.2
7	73	1.7	7	60	1.7
8	96	4	8	92	4
9	92	3.7	9	72	2.7
10	76	1.9			
11	75	1.1			

这是一个单侧假设检验问题：

$$H_0:\mu_{使用计算机}=\mu_{不使用计算机} \Longleftrightarrow H_1:\mu_{使用计算机}>\mu_{不使用计算机}$$

可以利用第 8 章假设检验中的“独立样本 t 检验”来实现（请读者自己上机尝试）。这里采用另外一种方法：回归分析。

Excel 回归分析工具通过对一组观测值，使用“最小二乘法”直线拟合来进行线性回归分析。可用来分析单个因变量是如何受一个或几个自变量影响的。

下面是利用 Excel 回归分析工具来求解多元线性回归模型的过程，包括数据的输入要求、具体操作过程及相关输出结果的解释。

请参见“第 10 章　线性相关分析与线性回归分析 . xlsx”中的“使用计算机与统计成绩（回归分析）”工作表。

（1）在 Excel 中输入数据，如图 10—16 所示。多元线性回归分析要求所有自变量（这里是绩分点和使用计算机）在相邻多列（C 列和 E 列），因变量 y 在单独一列（这里是统计成绩，B 列）。

	A	B	C	D
1	组别	统计成绩	绩分点	使用计算机
2	1	100	4	1
3	1	95	3.4	1
4	1	70	1.2	1
5	1	96	3.6	1
6	1	75	2.1	1

图 10—16　多元线性回归数据在 Excel 中的布局

（2）在“数据”选项卡的“分析”组中，单击“数据分析”[①]，打开“数据分析”对话框，在“分析工具”列表框中选择“回归”，单击“确定”按钮，进入“回归”对话框，如图 10—17 所示。

温馨提示： Excel 回归分析工具只能求解（一元或多元）线性回归模型，而且采用的是所选自变量“全部进入”回归方法，而不是前面提到的“逐步”回归方法。自变量是否显著，需要人工判断。

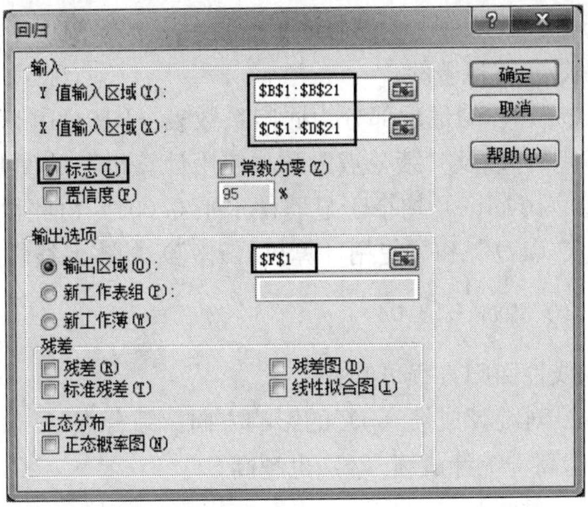

图 10—17　Excel 的“回归”对话框

① 如果没有“分析”组或“分析”组中没有“数据分析”，则需要激活“分析工具库”加载宏（加载项）。在 Excel 2010 中激活“分析工具库”加载项的操作步骤请参见第 1 章的附录。

（3）在“Y值输入区域”框中选择（或输入）因变量（统计成绩）的数据区域B1:B21；在“X值输入区域”框中选择（或输入）两个自变量（绩分点和使用计算机）的数据区域C1:D21。

（4）因为Y值和X值数据区域包含标题，因此单击勾选（选中）“标志”。

（5）在“输出区域”框中选择（或输入）输出结果起始单元格F1。

（6）单击“确定”按钮，输出结果如图10—18所示。

	F	G	H	I	J	K
1	SUMMARY OUTPUT					
2						
3	回归统计					
4	Multiple R	0.927487116				
5	R Square	0.86023235				
6	Adjusted R Square	0.843789097				
7	标准误差	4.897023592				
8	观测值	20				
9						
10	方差分析					
11		df	SS	MS	F	Significance F
12	回归分析	2	2509.125719	1254.562859	52.31521733	5.44448E-08
13	残差	17	407.6742811	23.98084006		
14	总计	19	2916.8			
15						
16		Coefficients	标准误差	t Stat	P-value	Lower 95%
17	Intercept	45.35724667	3.613667174	12.55158389	5.04439E-10	37.73307537
18	绩分点	10.89281885	1.189173272	9.159993	5.51327E-08	8.383882556
19	使用计算机	10.04220771	2.201049733	4.562462886	0.000276311	5.398398701

图10—18　Excel的回归分析结果

在输出结果（图10—18）的“回归统计”（F3:G8区域）中，给出了复相关系数（Multiple R）、判定系数（R Square）、调整的判定系数（Adjusted R Square）。这里Adjusted R Square＝0.843 8，这说明两个自变量（绩分点和使用计算机）大约可以解释统计成绩变动的84％，大约统计成绩变动的16％要由其他因素来解释。说明回归方程的拟合效果很好。

在输出结果（图10—18）的“方差分析”（F10:K14区域）中，给出了回归分析的F统计量（F值）（Significance F）和对应的p值，从p值接近于0（5.44×10^{-8}）也可以看出，回归方程是非常显著的。

输出结果（图10—18）的最后部分为回归系数表（F16:J19区域），表中给出了常数项（Intercept，截距），以及“绩分点”和“使用计算机”的回归系数估计。由于这三个系数对应的p值（p-value）均小于显著性水平0.001，由此得到“统计成绩（y）”关于自变量（“绩分点（x_1）”和“使用计算机（x_2）”）的多元线性回归方程：

$$y=45.36+10.89x_1+10.04x_2$$

利用求得的多元线性回归方程可知：

（1）绩分点（x_1）对统计成绩（y）的影响方向：绩分点（x_1）正向影响统计成绩（y），绩分点（x_1）越高，统计成绩（y）也越高；

（2）绩分点（x_1）对统计成绩（y）的影响程度：在使用计算机（x_2）相同条件下，绩分点（x_1）每增长（或减少）1点，统计成绩（y）平均增长（或减少）10.89分；

（3）使用计算机（x_2）对统计成绩（y）的影响方向：使用计算机（x_2）正向影响

统计成绩（y），使用计算机（x_2）学习统计，统计成绩（y）会提高；

（4）使用计算机（x_2）对统计成绩（y）的影响程度：在绩分点（x_1）相同的条件下，使用计算机学习统计的学生要比那些不使用计算机学习统计的学生的预测分数高出 10.04 分，这个分数（10.04）是使用计算机（x_2）对学生统计成绩（y）影响程度的一种度量。

假设有个学生，绩分点为 3，使用计算机学习统计，那么他的统计成绩大概会是多少分呢？可利用求得的多元线性回归方程帮助预测。

将 $x_{01}=3$，$x_{02}=1$ 代入回归方程，得

$$y_0=45.36+10.89x_{01}+10.04x_{02}=45.36+10.89\times3+10.04\times1=88.07$$

也就是说，他的统计成绩大概会是 88 分，离 90 分很近，所以他再努力些，也许可以达到 90 分及以上。

回归分析是实际工作中应用最多的多元统计方法之一，如在“计量经济学”中的应用，它的理论很多，这里只是简单地介绍了它的最基本内容：线性回归。有进一步实际工作要求的读者可参阅相关书籍。

10.8 思考题与上机实验题

思考题：

1. 在 SPSS 中，用什么菜单实现线性相关分析？
2. 在 SPSS 中，用什么菜单实现线性回归分析？
3. 在 Excel 中，利用图表实现一元线性回归分析的步骤是什么？
4. 在 Excel 中，用什么分析工具实现多元线性回归分析？

上机实验题：

1. 为研究销售收入与广告费用支出之间的关系，某医药管理部门随机抽查 20 家药品生产企业，得到它们的年销售收入和广告费用支出（单位：万元）的数据如表 10—7 所示。数据文件请参见“第 10 章　线性相关分析与线性回归分析上机实验数据 .xlsx”中的“广告费用与销售收入”工作表。

表 10—7　　20 家药品生产企业的广告费用和销售收入

企业编号	广告费用	销售收入	企业编号	广告费用	销售收入
1	45	618	11	40	531
2	430	3 195	12	175	1 691
3	240	1 675	13	510	2 580
4	160	753	14	10	93
5	390	1 942	15	50	192
6	80	1 019	16	340	1 339
7	50	906	17	580	3 627
8	130	673	18	80	902
9	410	2 395	19	360	1 907
10	200	1 267	20	160	967

（1）以广告费用为自变量，销售收入为因变量，求出一元线性回归方程。

（2）当广告费用为200万元时，销售收入大约会是多少？

2. 随机抽取10家航空公司，对其最近一年的航班正点率和顾客投诉次数进行调查，所得数据如表10—8所示。数据文件请参见“第10章　线性相关分析与线性回归分析上机实验数据.xlsx”中的“航班正点率与顾客投诉次数”工作表。

表10—8　　10家航空公司的航班正点率和顾客投诉次数

航空公司编号	航班正点率（%）	顾客投诉次数（次）
1	81.8	21
2	76.6	58
3	76.6	85
4	75.7	68
5	73.8	74
6	72.2	93
7	71.2	72
8	70.8	122
9	91.4	18
10	68.5	125

（1）以航班正点率为自变量，顾客投诉次数为因变量，求出一元线性回归方程。

（2）如果航班正点率为80%，顾客投诉次数大约会是多少？

3. 在研究某超市顾客人数y与该超市促销费用x_1、超市面积x_2、超市位置x_3之间的关系时，选取变量如下：

y——某超市某一周六顾客人数（千人）；

x_1——该超市上周促销所花的费用（万元）；

x_2——该超市的面积（百平方米）；

x_3——超市所处位置（0表示市区，1表示郊区）。

按照y变量排序后的数据如表10—9所示。数据文件请参见“第10章　线性相关分析与线性回归分析上机实验数据.xlsx”中的“超市顾客人数研究”工作表。

表10—9　　超市的有关数据

序号	y	x_1	x_2	x_3	序号	y	x_1	x_2
1	2	1	2	1	11	31	2.5	4
2	3	1.5	1	1	12	35	2.5	3
3	5	2	1.3	1	13	36	4	4
4	7	2	1.3	1	14	42	4.1	3.5
5	8	2	1.5	0	15	44	4	3.5
6	10	2.3	1.5	1	16	45	4.3	3.5
7	17	2.5	2	1	17	48	4.5	5
8	24	2.5	2.5	1	18	50	4.4	5
9	25	2.4	2	0	19	52	4	7
10	30	2.6	2	0	20	54	4.1	8

试预测一家在市区、面积为 350 平方米、上周促销花费 3 万元的超市，本周六的顾客人数将会是多少？

4. 一家商业银行在多个地区设有分行，其业务主要是进行基础设施建设、国家重点项目建设、固定资产投资等项目的贷款。近年来，该银行的贷款额平稳增长，但不良贷款额也有较大比例的提高，这给银行业务的发展带来较大压力。为弄清楚不良贷款形成的原因，希望利用银行业务的有关数据做些定量分析，以便找出控制不良贷款的办法。表 10—10 就是该银行所属的 25 家分行的主要业务数据。试建立不良贷款（y）与贷款余额（x_1）、累计应收贷款（x_2）、贷款项目个数（x_3）和固定资产投资额（x_4）的线性回归方程，并解释各回归系数的含义。

表 10—10　　某商业银行所属 25 家分行的主要业务数据

bh	y	x_1	x_2	x_3	x_4
分行编号	不良贷款（亿元）	贷款余额（亿元）	累计应收贷款（亿元）	贷款项目个数（个）	固定资产投资额（亿元）
1	0.9	67.3	6.8	5	51.9
2	1.1	111.3	19.8	16	90.9
3	4.8	173.0	7.7	17	73.7
4	3.2	80.8	7.2	10	14.5
5	7.8	199.7	16.5	19	63.2
6	2.7	16.2	2.2	1	2.2
7	1.6	107.4	10.7	17	20.2
8	12.5	185.4	27.1	18	43.8
9	1.0	96.1	1.7	10	55.9
10	2.6	72.8	9.1	14	64.3
11	0.3	64.2	2.1	11	42.7
12	4.0	132.2	11.2	23	76.7
13	0.8	58.6	6.0	14	22.8
14	3.5	174.6	12.7	26	117.1
15	10.2	263.5	15.6	34	146.7
16	3.0	79.3	8.9	15	29.9
17	0.2	14.8	0.6	2	42.1
18	0.4	73.5	5.9	11	25.3
19	1.0	24.7	5.0	4	13.4
20	6.8	139.4	7.2	28	64.3
21	11.6	368.2	16.8	32	163.9
22	1.6	95.7	3.8	10	44.5
23	1.2	109.6	10.3	14	67.9
24	7.2	196.2	15.8	16	39.7
25	3.2	102.2	12.0	10	97.1

参考文献

[1] 叶向编著. 统计数据分析基础教程——基于 SPSS 和 Excel 的调查数据分析. 北京：中国人民大学出版社，2010

[2] Excel Home 编著. Excel 2010 应用大全. 北京：人民邮电出版社，2011

[3] Excel Home 编著. Excel 2010 图表实战技巧精粹. 北京：人民邮电出版社，2013

[4] Excel Home 编著. Excel 2010 数据透视表应用大全. 北京：人民邮电出版社，2013

[5] 尤晓东等编著. 大学计算机应用基础（第三版）. 北京：中国人民大学出版社，2013

[6] 张九玖编著. 数据图形化，分析更给力. 北京：电子工业出版社，2012

[7] 张九玖编著. Excel 商务图表应用与技巧 108 例（双色版）. 北京：电子工业出版社，2012

[8] 贾俊平编著. 统计学（第四版）. 北京：中国人民大学出版社，2011

[9] 简倍祥等编著. 客户问卷调查与统计分析——使用 Excel、SPSS 与 SAS. 北京：清华大学出版社，2014

[10] 薛薇编著. SPSS 统计分析方法及应用（第 3 版）. 北京：电子工业出版社，2013

[11] 杨世莹编著. Excel 数据统计与分析范例应用. 北京：中国青年出版社，2008

[12] 吴喜之编著. 统计学：从数据到结论（第二版）. 北京：中国统计出版社，2006

[13] 风笑天. 现代社会调查方法（第三版）. 武汉：华中科技大学出版社，2005

[14] “中国互联网络信息中心（CNNIC）”网站（http://www.cnnic.com.cn）

[15] “数字 100 市场研究公司”网站（http://www.data100.com.cn）

图书在版编目（CIP）数据

统计数据分析基础教程——基于 SPSS 20 和 Excel 2010 的调查数据分析/叶向，李亚平编著. —2 版. —北京：中国人民大学出版社，2015. 4
大学计算机基础与应用系列立体化教材
ISBN 978-7-300-21089-6

Ⅰ. ①统… Ⅱ. ①叶… ②李… Ⅲ. ①统计数据-统计分析-应用软件-高等学校-教材 Ⅳ. ①O212. 1-39

中国版本图书馆 CIP 数据核字（2015）第 069426 号

大学计算机基础与应用系列立体化教材
统计数据分析基础教程（第二版）
——基于 SPSS 20 和 Excel 2010 的调查数据分析
叶　向　李亚平　编著
Tongji Shuju Fenxi Jichu Jiaocheng

出版发行　中国人民大学出版社
社　　址　北京中关村大街 31 号　　**邮政编码**　100080
电　　话　010－62511242（总编室）　010－62511770（质管部）
010－82501766（邮购部）　010－62514148（门市部）
010－62515195（发行公司）　010－62515275（盗版举报）
网　　址　http://www.crup.com.cn
经　　销　新华书店
印　　刷　天津鑫丰华印务有限公司
规　　格　185 mm×260 mm　16 开本　　**版　　次**　2010 年 2 月第 1 版
2015 年 4 月第 2 版
印　　张　22.25 插页 1　　**印　　次**　2022 年 5 月第 9 次印刷
字　　数　491 000　　**定　　价**　46.00 元